管理信息系统

姚 路 李 婧 曾 斌 陈志诚 编著

国防工业出版社

·北京·

图书在版编目（CIP）数据

管理信息系统 / 姚路等编著 . —北京：国防工业
出版社，2021.12
 ISBN 978-7-118-12268-8

Ⅰ.①管… Ⅱ.①姚… Ⅲ.①管理信息系统　Ⅳ.
①C931.6

中国版本图书馆 CIP 数据核字 (2021) 第 036366 号

※

国防工业出版社出版发行
（北京市海淀区紫竹院南路 23 号　邮政编码 100048）
三河市众誉天成印务有限公司印刷
新华书店经售

*

开本 710×1000　1/16　印张 31　字数 560 千字
2021 年 12 月第 1 版第 1 次印刷　印数 1—1500 册　定价 126.00 元

（本书如有印装错误，我社负责调换）

国防书店：(010) 88540777　　书店传真：(010) 88540776
发行业务：(010) 88540717　　发行业务：(010) 88540762

前　言

　　管理信息系统作为一门新兴的交叉学科,构建在管理科学、信息科学、系统科学、计算机科学和通信技术等学科之上。进入信息经济时代后,管理信息系统在管理领域和计算机应用领域中的重要性日益显现,管理信息系统不仅成为信息管理与信息系统专业的核心课程,而且也是管理类专业与计算机专业教学计划中的一门重要课程。

　　管理与技术是管理信息系统发展的两大支柱,管理的不断创新对管理信息系统提出了越来越多的要求。而技术的创新,尤其是计算机网络的创新为管理创新实践提供了广泛的实践舞台。近年来,随着计算机硬件技术、网络技术、通信技术的飞速发展,管理信息系统也正经历着从组成、开发方法到管理等各方面的变革。这要求我们利用新技术不断充实和完善这门新兴的学科。

　　本书理论与实践结合,基础与扩展并重,分为四篇,共 10 章。第一篇为基础篇,包括两章,第一章论述了管理信息系统的概念、管理信息系统的类型、管理信息系统的结构,介绍了通篇案例的背景;第二章论述了管理信息系统的三种开发方法:生命周期法、快速原型法和统一过程(Rational,RUP)开发方法,并对典型案例进行了分析。第二篇为开发篇,包括三章:第三章论述了系统分析的方法,重点是可行性分析、需求分析;第四章论述了系统设计的方法,重点是结构化设计方法、输出设计、输入设计以及用户接口设计;第五章主要介绍在系统设计以后的系统实现与交付过程即系统实施。第三篇为扩展篇,包括三章:第六章论述了管理信息系统(MIS)的软件项目管理;第七章介绍了利用面向对象技术对系统进行分析与设计方法和使用标准建模语言(UML)进行建模方法;第八章对办公自动化系统、企业资产管理(EAM)、供应链管理信息系统、电子商务与电子政务信息系统等 MIS 的应用进行了分析和讨论。第四篇为案例篇,包括两章:第九章介绍了学科资源网站系统的设计和实现案例;第十章介绍了军务管理信息系统的设计与实现案例。在本书中,除继续保留管理信息系统一些广泛使用的、成熟的技术和方法外,根据我们近年来系统开发的实践和国内外大量有关文献,补充了管理信息系统的软件项目管理、MIS 的应用等许多新的重要内容,并着重增加了案例分析的内容。

　　本书由姚路、李婧、曾斌、陈志诚编写。其中:第一、二章由姚路编写,第三、

四、十章由陈志诚编写,第五、七、八、九章由李婧编写,第六章由曾斌编写。李婧、曾斌对全书进行了校核。

  本书可作为各类管理人员、工程技术人员、高等院校有关专业的教师和高年级学生的自学读物,也可作为大专院校经济管理专业、管理工程专业、计算机应用专业以及各有关专业的教材。

  囿于水平,本书难免会有一些错误或不妥之处,敬请读者批评指正。

作 者

2020 年 10 月

目　录

第一篇　基础篇

第一章　绪　论 (3)
- 第一节　管理信息系统概述 (3)
- 第二节　数据、信息、知识和系统 (24)
- 第三节　本书案例简介 (38)
- 习题 (39)
- 参考文献 (39)

第二章　管理信息系统开发方法论 (40)
- 第一节　生命周期法 (40)
- 第二节　快速原型法 (50)
- 第三节　RUP 开发方法介绍 (52)
- 第四节　案例分析 (63)
- 习题 (64)
- 参考文献 (64)

第二篇　开发篇

第三章　系统分析 (67)
- 第一节　初步调查 (67)
- 第二节　可行性分析 (77)
- 第三节　需求分析 (83)
- 第四节　系统分析报告 (103)
- 第五节　案例分析 (104)
- 习题 (110)
- 参考文献 (110)

第四章 系统设计 (111)

第一节 总体设计 (111)
第二节 详细设计 (132)
第三节 案例分析 (153)
习题 (160)
参考文献 (160)

第五章 系统实施 (161)

第一节 系统实施概述 (161)
第二节 集成平台搭建 (164)
第三节 编程标准 (209)
第四节 程序设计 (216)
第五节 系统测试 (221)
第六节 培训与服务 (229)
第七节 系统交接 (232)
第八节 系统的运行与维护 (235)
第九节 案例分析 (241)
习题 (246)
参考文献 (246)

第三篇 扩展篇

第六章 管理信息系统的软件项目管理 (249)

第一节 软件过程 (249)
第二节 软件项目管理过程 (251)
第三节 MIS 软件项目开发过程中的项目管理内容 (253)
第四节 MIS 软件项目的估算 (255)
第五节 MIS 软件项目风险分析 (277)
第六节 MIS 软件项目进度安排 (284)
第七节 MIS 软件项目的组织 (290)
第八节 MIS 软件的质量管理 (297)
第九节 MIS 的配置管理 (300)
第十节 MIS 项目的跟踪 (311)
第十一节 案例分析 (313)

习题 …………………………………………………………………………………… (313)
参考文献 ………………………………………………………………………………… (314)

第七章　面向对象的系统分析与设计技术 ……………………………………………… (315)

第一节　面向对象技术概述 ……………………………………………………………… (315)
第二节　面向对象的基本概念 …………………………………………………………… (318)
第三节　面向对象的分析方法 …………………………………………………………… (323)
第四节　面向对象的设计方法 …………………………………………………………… (333)
第五节　UML 概述 ……………………………………………………………………… (336)
第六节　使用 UML 建立模型 …………………………………………………………… (338)
第七节　UML 对基于 B/S 模式的图书管理系统的分析与设计 ……………………… (348)
习题 …………………………………………………………………………………… (351)
参考文献 ………………………………………………………………………………… (352)

第八章　管理信息系统的应用 ……………………………………………………………… (353)

第一节　办公自动化系统 ………………………………………………………………… (353)
第二节　企业资产管理 …………………………………………………………………… (362)
第三节　供应链管理信息系统 …………………………………………………………… (369)
第四节　电子商务与电子政务信息系统的设计 ………………………………………… (373)
习题 …………………………………………………………………………………… (385)
参考文献 ………………………………………………………………………………… (386)

第四篇　案例篇

第九章　学科资源网站设计与实现 ………………………………………………………… (389)

第一节　相关技术背景 …………………………………………………………………… (389)
第二节　网站需求分析 …………………………………………………………………… (394)
第三节　网站系统设计 …………………………………………………………………… (397)
第四节　网站的主要实现 ………………………………………………………………… (408)

第十章　军务管理信息系统的设计与实现 ………………………………………………… (427)

第一节　系统分析 ………………………………………………………………………… (427)
第二节　系统设计 ………………………………………………………………………… (431)
第三节　系统实现 ………………………………………………………………………… (465)

第一篇 基础篇

第一章 绪论
第二章 管理信息系统开发方法论

資料篇　第一冊

第一章 绪 论

第一节 管理信息系统概述

一、管理信息系统的定义

1.定义

管理信息系统(Management Information System,MIS)一词最早出现在1970年,由瓦尔特·肯尼万(Walter T.Kennevan)给它下了定义:"以书面或口头的形式,在合适的时间向经理、职员以及外界人员提供过去的、现在的、预测未来的有关企业内部及其环境的信息,以帮助他们进行决策。"很明显,这个定义是出自管理,而不是出自计算机的。它没有强调一定要用计算机,它强调了用信息支持决策,但没有强调应用模型,所有这些均显示了这个定义的初始性。

直到20世纪80年代,管理信息系统的创始人,明尼苏达大学卡尔森管理学院的著名教授高登·戴维斯(Gordon B·Davis)在1985年才给出管理信息系统一个较完整的定义:"它是一个利用计算机硬件和软件,手工作业、分析、计划、控制和决策模型,以及数据库的用户——机器系统。它能提供信息,支持企业或组织的运行、管理和决策功能。"这个定义说明了管理信息系统的目标、功能和组成,而且反映了管理信息系统当时已达到的水平。它说明了管理信息系统的目标是在高、中、低三个层次,即决策层、管理层和运行层上支持管理活动。

管理信息系统一词在中国出现于20世纪70年代末80年代初,根据中国的特点,许多从事管理信息系统工作最早的学者给管理信息系统也下了定义,登载于《中国企业管理百科全书》上。该定义为:管理信息系统是"一个由人、计算机等组成的能进行信息的收集、传递、储存、加工、维护和使用的系统。管理信息系统能实测企业的各种运行情况;利用过去的预测未来;从企业全局出发辅助企业进行决策;利用信息控制企业的行为;帮助企业实现其规划目标。"

朱镕基主编的《管理现代化》一书中的定义:"管理信息系统是一个由人、机械(计算机等)组成的系统,它从全局出发辅助企业进行决策,它利用过去的数据预测未来,它实测企业的各种功能情况,它利用信息控制企业行为,以期达到企业的长远目标。"这个定义指出了当时中国一些人认为管理信息系统就是计算机应用的误区,强调了管理信息系统的功能和性质,再次强调了计算机只是管理信息系统的一种工具。对于一个企业来说没有计算机也有管理信息系统,管理信息系统是任何企业都不能没有的系统。所以,对于企业来说管理信息系统只有优劣之分,不存在有无的问题。

20世纪90年代以后,支持管理信息系统的一些环境和技术有了很大的变化,因而管理信息系统的定义也发生了一些变化。

国外的信息系统概念可以在近年来的一些管理信息系统的著名学者的著作中查出。例如,1996年劳登(Laudon)教授在其所著《管理信息系统》(第4版)一书中写道:"信息系统技术上可以定义为支持组织中决策和控制的进行信息收集、处理、存储和分配的相互关联部件的一个集合。"从这句话我们很容易看出,信息系统就是管理信息系统。而且我们可以看出近年来的理解更偏向于管理,而不是偏向计算机。

当代的世界发生了巨大的变化,因此管理信息系统的环境、目标、功能、内涵等也都出现了很大的变化。

环境:世界已变成市场全球化,需求多元化,竞争激烈化,战略现代化。一切事物变化加快使得企业不得不更加重视变化管理和战略管理。

目标:企业要在激烈的竞争中立于不败之地,首先产品或服务要适应市场的需要,其次企业要有效益和效率,要在交货时间(T)、产品或服务质量(Q)、产品或服务成本(C)方面处于优越地位,再次就是不仅是短时而且能长期保持战略优势。企业的管理信息系统应有利于企业战略竞优,有利于企业提高效益和效率,有利于改善TQC。

支持层次:高层经理、中层管理、基层业务处理。

功能:进行信息的收集、传输、加工、储存、更新和维护。

组成:人工手续、计算机硬件、软件、通信网络、其他办公设备(复印、印刷、传真、电话等)以及人员。

这样我们可以重新描述一下管理信息系统的定义。

管理信息系统是一个以人为主导,利用计算机硬件、软件、网络通信设备以及其他办公设备,进行信息的收集、传输、加工、储存、更新和维护,以企业战略竞优、提高效益和效率为目的,支持企业高层决策、中层控制、基层运作的集成化的人机系统。

管理信息系统正在形成一门学科,我国已把它列为管理科学与工程一级学科下的二级学科。它引用其他学科的概念,把它们综合集成为一门系统性的学科。它面向管理,利用系统的观点、数学的方法和计算机应用三大要素,形成自己独特的内涵,从而形成系统型、交叉型、边缘型的学科。

管理信息系统又是一个专业,在国内的多所大学有这个专业,香港几所大学和台湾地区二十多所大学均有资讯管理专业。

2.概念

由管理信息系统的定义中我们已得出了一些管理信息系统的概念,下面给出总体概念图,如图1.1所示。

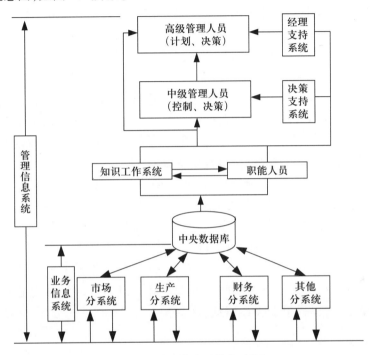

图1.1 管理信息系统概念图

由上图可以看出,管理信息系统是一个人机系统,机器包含计算机硬件及软件(软件包括业务信息系统、知识工作系统、决策和经理支持系统),各种办公机械及通信设备;人员包括高层决策人员、中层职能人员和基层业务人员。由这些人和机器组成两个和谐的配合默契的人机系统。所以,有人说管理信息系统是一个技术系统,有人说管理信息系统是个社会系统,根据前文所述,我们说管理信息系统主要是个社会系统,然后是一个社会和技术综合的系统。系统设计者应当很好地分析把什么工作交给计算机做比较合适,什么工作交给人做比较合适,人和机器如何联系,从而充分发挥人和机器各自的特长。现在还有一种计算机基(Computer-based)的管理信息系统的说法,就是充分发挥计算机作用的信息系统。为了设计好人机系统,系统设计者不仅要懂得计算机,而且要懂得分析人。

我们说管理信息系统是一个一体化系统或集成系统,这就是说管理信息系统进行企业的信息管理是从总体出发,全面考虑,保证各种职能部门共享数据,减少数据的冗余度,保证数据的兼容性和一致性。严格地说,只有信息的集中统一,信息才能成为企业的资源。数据的一体化并不限制个别功能子系统可以保存自己的专用数据,为保证一体化,首先要有一个全局的系统计划,每一个小系统的实现均要在这个总体计划的指导下进行;其次,是通过标准、大纲和手续达到系统一体化。这样数据和程序就可以满足多个用户的要求,系统的设备也应当互相兼容,即使在分布式系统和分布式数据库的情况下,保证数据的一致性也十分重要。

具有集中统一规划的数据库是管理信息系统成熟的重要标志,它象征着管理信息系统是经过周密地设计而建立的,它标志着信息已集中成为资源,为各种用户所共享。数据库有自己功能完善的数据库管理系统,管理着数据的组织、数据的输入、数据的存取,使数据为多种用户服务。

管理信息系统用数学模型分析数据,辅助决策。只提供原始数据或者总结综合数据对管理者来说往往感到不满足,管理者希望直接给出决策的数据。为得到这种数据往往需要利用数学模型,如联系于资源消耗的投资决策模型,联系于生产调度的调度模型等。模型可以用来发现问题,寻找可行解、非劣解和最优解。在高级的管理信息系统中,系统备有各种模型,供不同的子系统使用,这些模型的集合称为模型库。高级的智能模型能和管理者以对话的形式交换信息,从而组合模型,并提供辅助决策信息。

二、管理信息系统的类型

1. 管理信息系统的分类和特点

一般可以把管理信息系统分成 6 种不同的类型,即事务处理系统(TPS)、办公自动化系统(OAS)、管理信息系统(MIS)、决策支持系统(DSS)、高层支持系统(ESS)、企业间信息系统(IOIS)。

这些不同类型的管理信息系统都有自己的特点。有关这些不同类型的管理信息系统的输入、输出、处理过程和典型用户的描述如表 1.1 所列。

2. 事务处理系统

事务处理系统是在最早的计算机信息系统——数据处理系统——的基础上发展起来的。

在一个企业或组织机构中,事务处理的主要内容是执行例行的日常办公事务。该系统涉及大量的基础性的工作,这些工作大多数由秘书级人员或办公室一般职员完成。

事务处理系统中的事务处理过程如图 1.2 所示。

事务处理系统定义为：事务处理系统是这样的一种计算机信息系统，它可以完成事务数据的收集、分类、存储、维护、更新和恢复，从而保存数据，并且为其他类型的计算信息系统提供输入。

组织中的典型事务处理系统的类型如表1.2所列。

表1.1 不同类型的管理信息系统的特点

类型	输入	处理过程	输出	典型用户
TPS	事务数据、事件	分类、存储、排序、合并、插入、修改	详细的报告、处理过程的数据等	业务操作人员、管理人员
OAS	通知、文件	文字处理、文档管理、调度安排、通信联系、存储、获取	文档、计划、备忘录、管理报告	办公室职员
MIS	处理过的事务数据、面向管理的数据、程序化的模型、简单的模型	报告生成、数据管理、简单的建模、统计、查询	总结和报告、例行的决策	中层管理人员
DSS	一些处理过的数据、大量的面向管理的数据、专用的决策模型	交互式的查询响应、管理科学和运筹学建模、仿真运算	特殊的报告、决策方案、管理查询的响应	专家、经理人员
ESS	各种处理过的事务数据、外部数据、内部数据	信息获取、个性化分析、交互式操作、仿真	当前的状况、发展的趋势、管理查询的响应	高层管理人员
IOIS	各种处理过的事务数据	报告生成、数据管理、简单的建模、统计、查询	总结和报告	企业间的协调人员

3. 办公自动化系统

办公自动化系统是目前发展迅速的一种管理信息系统。办公室内的主要工作可以看作是信息处理，信息系统技术在帮助提高办公室工作人员的工作效率方面发挥了重要的作用。

目前，办公自动化系统中包含的功能越来越强，多数办公自动化系统中都包含了电子日历、电子会议、电子文件等功能。有越来越多的经理正在自己的办公室中使用个人计算机。这些情况都说明目前办公室正在不断地增加计算机和与计算机有关的设备来支持办公室内的各项工作。

办公自动化系统定义为：多功能的、集成的、基于计算机网络的系统，它使得许多办公室的工作以电子方式完成。

不仅办公自动化系统本身在不断地发展，而且它与其他类型的计算机信息系统之间的联系越来越紧密。例如，由于字处理器主要是计算机，有些组织也应用这些计算机进行事务处理。同样的一台计算机，还可以作为终端，让办公室工作人员从企业的管理信息系统中获取有关信息。另外，一些为经理和其他人员服务的决策支持系统也是基于计算机开发的，计算机还可以运行相应的决策支持系统。

办公自动化系统发展趋势表明，它将支持大量的办公室内的工作，且与其他类型的管理信息系统有着密切的联系，且最终将集成在一起。

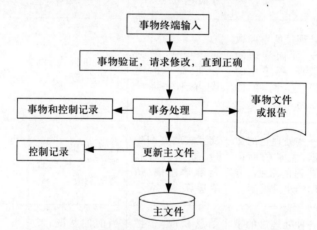

图 1.2　事务处理系统中的事务处理过程示意图

表 1.2　事务处理系统的类型

项目	营销系统	制造/生产系统	财务/会计系统	人力资源系统
系统主要功能	销售管理	调度	预算	个人信息记录
	市场研究	采购	总账	劳动关系
	促销策略	运输	支票	培训
	定价	工程设计	成本核算	津贴
	新产品	操作		

续表

项目	营销系统	制造/生产系统	财务/会计系统	人力资源系统
典型应用程序	销售订票处理系统	物料资源计划系统	总账管理系统	工资系统
	市场研究系统	采购订单控制系统	应收账款系统	雇员信息管理系统
	产品报价系统	工程系统	基金管理系统	劳动合同管理系统
		质量控制系统	预算管理系统	

4. 管理信息系统

这里介绍的管理信息系统是狭义的管理信息系统。管理信息系统也是由数据处理系统发展而来的。在20世纪60年代中期，随着计算机技术在经营管理方面的应用不断扩大，越来越明显的趋势是面向事务的数据处理已经不能满足面向管理的新用户的要求。管理人员希望利用计算机进行规划、控制和决策。在这种情况下，管理信息系统应运而生。

管理信息系统与数据处理系统和事务处理系统的一个主要区别是管理信息系统能够提供分析、计划和辅助决策功能，这就意味着管理信息系统中包含着各种模型和方法，用户可以通过一定的方式使用这些模型和方法帮助领导进行决策。这时，信息资源被用于辅助决策和改进企业组织的效能，并且信息资源可以被用作竞争的手段。

管理信息系统的辅助决策功能是有限的。它主要是用来帮助企业和组织解决结构化的、程序化的决策问题。例如，企业经营管理中的车间调度计划安排、库存管理中的订货决策、评价企业的信用度等都属于高度结构化的决策问题。对于结构化的决策所需要的信息系统，其所需的数据输入过程是非常清楚和明确的，系统的输出也应该清楚地表明如何使用这些结果，并且应该包含足够的数据以帮助信息的接收者评价这个决策的合理性。

管理信息系统中通常包含了数据处理和事务处理的功能，但是管理信息系统主要是用来满足管理者所需要的管理信息。早期的管理信息系统非常类似于事务处理系统，而目前的许多事务处理系统与早期的管理信息系统相比，为管理者提供了更多的支持。管理信息系统和事务处理系统之间的关系示意图如图1.3所示。

管理信息系统的定义：管理信息系统是一个集成的人机系统，它利用计算机的硬件技术、软件技术和各种分析、计划、控制和决策模型，为企业和组织内的管理人员提供各种管理信息和结构化决策支持，为企业和组织更好地运行、管理和决策提供帮助。管理信息系统的特征如表1.3所列。

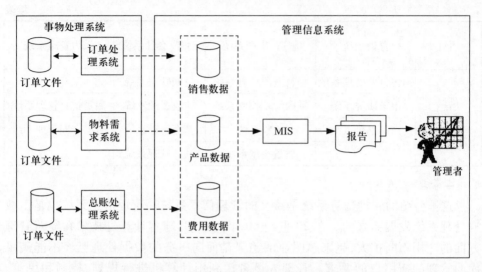

图 1.3　管理信息系统和事务处理系统之间的关系示意图

表 1.3　管理信息系统的特征

序号	管理信息系统的特征
1	管理信息系统支持结构化决策功能。结构化决策功能主要是由一般的管理人员执行的决策。高层管理人员可以利用这种功能制订计划
2	管理信息系统主要是面向报告和控制,即提供当前企业经营活动的报告,帮助管理人员执行日常的控制和反馈功能
3	管理信息系统依赖于企业和组织中现有的数据和业务流程
4	管理信息系统几乎没有深入分析数据的功能,或者说只具有简单的统计分析功能
5	在决策支持方面,管理信息系统只是使用过去的和现有的数据支持决策
6	与决策支持系统相比,管理信息系统是不灵活的
7	从使用者的角度来看,管理信息系统主要是面对企业或组织内部的,而不是面向外部的

5.决策支持系统

决策问题划分成两类:一类广泛存在的决策问题是带有例行办事性质的、结构化的问题,这些问题的解决可以按照固定的程序进行,基本不需要人的参与。一般地,使用管理信息系统解决这类决策问题。另外一类广泛存在的问题是独特的、半结构化或非结构化的,这些问题的解决难以按照固定的程序进行,因此不能完全依靠计算机信息系统执行。但是,人们在解决这些问题时计算机信息系统可以提供有价值的支持和帮助,这些支持和帮助一般是由决策支持系统来实现的。

决策支持系统是一个人机交互式的计算机系统,它利用数据库、模型库、知识库和友好的人机对话部分和图形部分,帮助决策者解决半结构化或非结构化的问题。决策支持系统的典型结构示意图如图 1.4 所示。

决策支持系统应该具有的特征如表 1.4 所列。

表 1.4　决策支持系统的特征

序号	决策支持系统的特征
1	决策支持系统可以把模型或分析技术的使用与传统的数据存取功能结合起来,即能够利用计算机把定量计算和推理分析结合起来
2	决策支持系统应该具有良好的人机交互界面,使人们能够非常方便地使用
3	决策支持系统应该具有充分的灵活性和适应能力,能够跟踪用户的决策方法和决策环境的变化
4	决策支持系统应该能够围绕决策问题,组织数据和模型,即应该具有数据生成和模型生成功能
5	决策支持系统支持的决策问题和其解决方案是无法提前提供的
6	决策支持系统应该由用户启动和控制

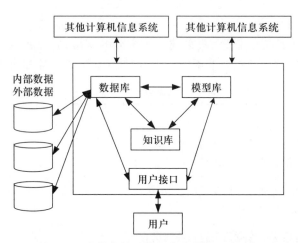

图 1.4　决策支持系统的典型结构示意图

管理信息系统和决策支持系统之间的区别和联系如下:

在一个企业和组织内部,决策支持系统和管理信息系统应该是并存的,不存在互相取代的问题。这是因为它们所要解决的问题是不同的。管理信息系统主要用于为解决结构化的管理和决策问题提供信息和决策支持,而决策支持系统是为解决半结构化或非结构化的决策问题提供信息和决策支持。这两类问题在一个企业和组织内部通常是同时存在的。

决策支持系统和管理信息系统提供信息和决策支持都需要大量的输入信息,这些输入信息主要来自于事务处理系统。但是,决策支持系统所需要的信息还可能来自管理信息系统和企业外部环境。

一个管理信息系统往往支持人们解决多个决策问题,而一个决策支持系统往往是针对一个特定的半结构化或非结构化的决策问题开发的。因此,如果把管理信息系统看成是在一个面上辅助决策的话,那么决策支持系统可以看成是在一个点上支持决策。

管理信息系统进行决策支持时,往往只使用各种数学模型。但是,决策支持系统进行决策支持时不仅要使用各种数学模型,而且还使用各种知识模型,并且特别强调把数学模型和知识模型有效地结合起来。

6. 高层支持系统

随着计算机技术的不断发展,为了完成自身的工作,经理们对所需信息的及时性、完整性和准确性的要求越来越高,他们越来越需要利用计算机信息系统收集、分析和获取数据的能力来满足特殊的信息需求,这样就诞生了高层支持系统。

从表面上来看,高层支持系统是完成决策支持系统原先的承允,即支持解决企业和组织高层的管理和决策。因此,高层支持系统可以定义为:利用计算机技术和通信技术,专门设计和开发用于为企业和组织中最高层的管理和决策人员的日常管理和决策提供信息、决策和通信方面的支持,并且由这些最高层的管理和决策人员使用的计算机信息系统。高层支持系统的特征如表 1.5 所列。

表 1.5 高层支持系统的特征

序号	高层支持的特征
1	高层支持系统是为企业和组织中的经理级的管理和决策人员专门设计和开发的,且无须他人帮助就能使用的计算机信息系统
2	高层支持系统通过在广泛范围抽取、筛选和跟踪内部信息和外部信息为管理人员执行管理和决策提供支持
3	高层支持系统能够联机进行目前状况查询、趋势分析、异常报告等工作
4	高层支持系统的用户界面非常友好,经理们只需不多培训或无需培训就能够直接使用这种系统
5	高层支持系统能够支持经理们与企业和组织的内部和外部进行电子通信
6	高层支持系统能够为完成管理和决策工作提供决策支持,即帮助经理们执行决策

从系统的性质和特点的角度来看,高层支持系统和决策支持系统之间的区别如下:

第一,决策支持系统是用于帮助一个或一群决策者解决一个特定的半结构化或非结构化的决策问题,而高层支持系统则是用于帮助企业中的高层管理人员解决各种管理和决策问题。显然前者以问题为导向,后者主要以决策者为导向。

第二,决策支持系统辅助解决的决策问题往往是重复出现的,但是高层支持系统辅助高层决策者解决的决策问题往往是不断变化的。

第三,决策支持系统是面向模型和数据密集型的问题,但是高层支持系统不一定如此。

第四,高层支持系统比决策支持系统涉及的问题范围更广。高层决策者的工作性质决定了他们可能同时处理多个具体的决策问题。这时,辅助解决某个特定决策问题的决策支持系统可能是高层支持系统中的一个子系统。

第五,在工具软件方面,早期开发高层支持系统使用的工具软件与开发管理信息系统和决策支持系统使用的工具软件没有什么差别。但是随着高层支持系统应用的不断增加,充分考虑经理级的高层管理人员的工作性质而专门为此开发的工具软件正在不断地出现,其使用性能也正在进一步改进。因此,开发高层支持系统和开发决策支持系统往往要使用不同的软件开发工具。

第六,高层管理者的工作性质决定了其分析、设计和开发高层支持系统时,会遇到在分析、设计和开发其他类型的信息系统过程中不会遇到,或即便遇到其矛盾也不很突出的许多问题。

不管开发何种类型的计算机信息系统,确定用户的系统需求是保证系统成功的关键因素之一。但是,要正确确定高层管理人员的高度个性化的系统需求,必须要求高层管理人员有足够的时间配合系统分析和设计人员的工作。但是,时间对高层管理者而言是非常宝贵的,通常很难做到这一点。

由于高层管理者面对的许多问题是处在复杂多变的环境中带有战略性和非结构化性质的问题。因此,高层支持系统必须有充分的适应性以适应这种迅速变化的环境。

高层管理者的工作性质决定了对他们从事的管理和决策工作提供信息支持往往要从多个数据源存取数据。由于技术的、管理的或政治的原因,开展这些工作很困难。

第七,相对于别的类型的计算机信息系统而言,高层支持系统对整个企业和组织有更加广泛、更加深远的影响。

通过上面的分析可以看出,高层支持系统是一种与事务处理系统、管理信息系统和决策支持系统等不同的计算机信息系统。但是，从应用的角度来看，这些系统之间又存在着密切的联系。对于一个企业或组织来说，只有在已经建立了事务处理系统、管理信息系统乃至决策支持系统的基础上才能够建立高层支持系统。

7.组织间信息系统

随着组织面临市场环境的变化，为了谋求生存和发展，组织必须具有快速响应市场变化的能力，即要能及时提供适应市场需要，且质量高、价格低、服务好的产品或服务。为了能快速响应市场，一方面从管理角度来看，组织必须加强与其合作伙伴之间的协作；另一方面从信息角度来看，必须要及时、准确、完整地收集、分析、处理和传递大量的组织内部和外部信息。因此，信息系统技术在组织中的应用，不仅要解决组织内部各部门之间的信息快速、准确传递和信息资源共享问题，更为重要的是实现组织与其合作伙伴之间的信息快速、准确传递和资源共享。

例如，在汽车制造行业，汽车制造商非常希望及时、准确、全面地了解其原材料和零部件供应商的可供货时间、价格、数量、质量等信息。同时，汽车制造商还非常希望及时、准确地了解汽车经销商的销售情况，以便自己制订与市场需要相一致的生产计划和发货计划。类似地，汽车经销商以及原材料和零部件供应商也需要从汽车制造商处获取所需的信息。显然，汽车制造商、经销商以及原材料和零部件供应商之间的高效合作对他们都会产生显著的经济效益。

在这种企业内部需求的拉动下，在迅猛发展的计算机网络技术的推动下，出现了一种新型的计算机信息系统，即企业间信息系统。企业间信息系统是由系统的参与者（应用系统的企业）和系统的支持者（如通信公司）利用计算机技术和通信技术专门设计和开发，由两个或多个不同的企业共同使用，实现企业之间信息的自动交换和信息资源共享的计算机信息系统。

企业间信息系统与事务处理系统、管理信息系统、决策支持系统和高层支持系统等在许多方面存在着比较大的差别。

第一，事务处理系统、管理信息系统、决策支持系统和高层支持系统等这些企业内部的信息系统是在单个企业的控制下，进行企业内部的各种数据处理。而企业间信息系统则跨越了企业的边界，处理多个企业之间的信息快速、准确传递和信息共享。系统中的某一个参与企业的员工可以在另外一个参与企业中借助系统直接进行资源的分配，并且进行其业务处理。这种跨越企业边界运行其业务的能力使得企业内部现有的一些控制、规划以及资源分配系统都面临着新的挑战。大多数企业都必须修改其已有的一些管理控制系统，以适应企业间信息系统所必然带来的跨越企业边界的一些请求的协调和控制。

第二，企业内部的各种信息系统是在企业的统一领导下，通过统一的规划、设计而开发出来的信息系统。由于企业间的信息系统是多个企业参与的系统，因此企业间信息系统是由多个企业通过互相协商、共同分析、设计、开发和应用的系统。这两种系统的产生机制是不一样的。

第三，由于企业间信息系统跨越了企业边界，一方面使得企业内信息系统的管理问题上升为跨越企业边界的不同实体之间的信息交换问题；另一方面，由于系统的不同参与企业具有不同的管理机制、规章制度等，因此他们之间的信息交换必然会带来一些新问题，这些问题中的关键是信息传递的可靠性问题。例如，在企业间信息系统的通信网络上传递的电子信息什么时候、什么条件下才能真正转换为一个订单？当系统的参与企业互为竞争对手时，系统上的哪些操作行为会引发不公平的竞争？而对于事务处理系统、管理信息系统、决策支持系统和高层支持系统，则根本不存在这些问题。

第四，在组织内部的各种信息系统中，不存在系统的支持者这一概念。但是，在组织间信息系统中，系统的支持者是一个非常重要的概念，它是组织间信息系统所特有的。虽然大多数行业中的中间媒介不是一个新概念，但是在组织间信息交换中却处于一个全新的、具有特殊作用的地位。例如，美国的 Cirrus 公司就是一个组织间信息系统的支持组织，虽然该公司不是银行，但是它所提供的 ATM 国内网络系统可以方便银行为其客户提供全国范围内的 24 小时服务。

第五，组织间信息系统通常比传统的组织内部的各种信息系统对参与系统的组织有更广泛的、更重大的潜在竞争影响力。

三、管理信息系统的结构

管理信息系统的结构是指各部件的构成框架，由于对部件的不同理解就构成了不同的结构方式，其中最重要的是概念结构、功能结构、软件结构和硬件结构。

1. 管理信息系统的概念结构

从概念上看，管理信息系统由四大部件组成，即信息源、信息处理器、信息用户和信息管理者，如图 1.5 所示。

图中，信息源是信息产生地；信息处理器担负信息的传输、加工、保存等任务；信息用户是信息的使用者，他们应用信息进行决策；信息管理者负责信息系统的设计实现，在实现以后，他们负责信息系统的运行和协调。按照以上四大部件及其内部组织方式可以把信息系统看成以下各种结构。

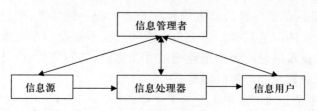

图 1.5　管理信息系统总体结构

首先，根据各部件之间的联系可分为开环和闭环结构。开环结构又称无反馈结构，系统在执行一个决策的过程中不收集外部信息，并不根据信息情况改变决策，直至产生本次决策的结果，事后的评价只供以后的决策作参考。闭环结构是在过程中不断收集信息、不断送给决策者，不断调整决策。事实上最后执行的决策已不是当初设想的决策，如图 1.6 所示。

一般来说，计算机实时处理的系统均属于闭环系统，而批处理系统均属于开环系统，但对于一些较长的决策过程来说批处理系统也能构成闭环系统。

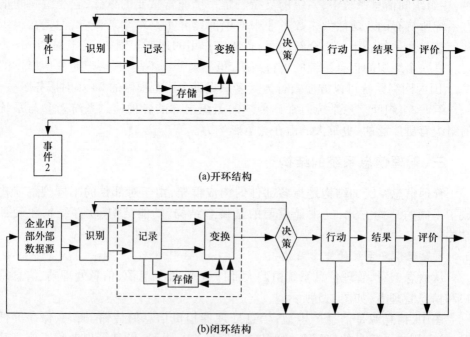

图 1.6　开环与闭环结构

根据处理的内容及决策的层次来看，我们可以把管理信息系统看成一个金字塔式的结构，如图 1.7 所示。

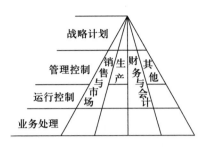

图 1.7 管理信息系统的金字塔结构

由于一般的组织管理均是分层次的,如分为战略计划、管理控制、运行控制三层,为它们服务的信息处理与决策支持也相应分为三层,并且还有最基础的业务处理,就是打字、算账、造表等工作。由于一般管理均是按职能分条的,信息系统也就可以分为销售与市场、生产、财务与会计、人事及其他等。一般来说,下层的系统处理量大,上层的处理量小,所以就组成了纵横交织的金字塔结构。管理信息系统的结构又可以用于系统及它们之间的连接来描述,所以又有管理信息系统的纵向综合、横向综合以及纵横综合的概念。

2.管理信息系统的功能结构

一个管理信息系统从使用者的角度看,它总是有一个目标,具有多种功能,各种功能之间又有各种信息联系,构成一个有机结合的整体,形成一个功能结构。例如,一个企业的内部管理系统可以具有如图 1.8 所示的结构。

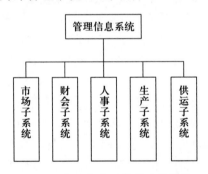

图 1.8 管理信息系统的功能结构

由图 1.8 我们可以看出,这里子系统的名称所标注的是管理的功能或职能,而不是计算机的名词。它说明管理信息系统能实现哪些功能的管理,而且说明如何划分子系统,并说明是如何联结起来的。

实际上这些子系统下面还要再划分子系统,称二级子系统。信息系统的职能结构不是组织结构。例如,有个二级子系统是职工考勤子系统,在组织上它可能属于生产系统,而在职能上它属于人事子系统。

职能的完成往往是通过"过程",过程是逻辑上相关的活动的集合。因而往往把管理信息系统的功能结构表示成功能—过程结构,如图1.9所示。

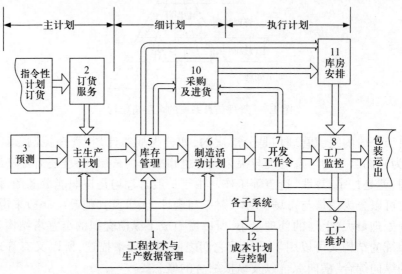

图1.9 管理信息系统的功能—过程结构

这个系统标明了企业各种功能子系统怎样互相联系,形成一个全企业的管理系统,它好像是企业各种管理过程的一个缩影。整个流程自左至右展开,这里企业的主生产计划4是根据指令性计划、订货服务以及预测的结果来制定的。通过库存管理,决定需要多少原料、半成品、外购件以及资金,而且确定物料的到达时间及库存水平,要产生这些信息用到的产品数据由工程技术与生产数据管理1得到。根据库存管理5的安排,采购及进货10决定何时进行采购和订货手续;库房安排11决定何时何地接收货物;制造活动计划6决定何时何车间(或工位)进行何种生产工作。制造活动计划6所安排的仍只是一个计划,只有通过开发工作令7发出命令,一切工作才见诸行动。库房安排11在整个工作开始后,不断监视各种工作完成的情况,并进行调整和安排应急计划。最后,进行包装运出。图中还有工厂维护9,是安排大修的。成本计划与控制12是进行成本计划与控制的。这里所画的均是计算机的信息流程,看上去它好像是工厂物理流程的缩影。

3.管理信息系统的软件结构

支持管理信息系统各种功能的软件系统或软件模块所组成的系统结构,是管理信息系统的软件结构。一个管理系统可用一个功能/层次矩阵表示,如图1.10所示。

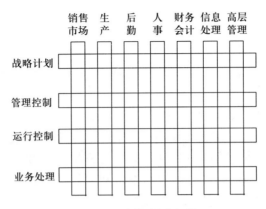

图1.10　功能/层次矩阵

这个图的每一列代表一种管理功能,图上共有7种。其实这种功能没有标准的分法,因组织不同而异。图中每一行表示一个管理层次,行列交叉表示每一种功能子系统。各个职能子系统的简要职能如下:

(1)销售市场子系统,包括销售和推销。在运行控制方面包括雇用和训练销售人员、销售和推销的日常调度,还包括按区域、产品、顾客的销售数量的定期分析等。在管理控制方面,包含总的成果和市场计划的比较,它所用的信息有顾客、竞争者、竞争产品和销售力量要求等。在战略计划方面包含新市场的开发和新市场的战略,它使用的信息包含顾客分析、竞争者分析、顾客评价、收入预测、人口预测和技术预测等。

(2)生产子系统,包括产品设计、生产设备计划、生产设备的调度和运行、生产人员的雇用和训练、质量控制和检查等。典型的业务处理是生产订货(即将成品订货展开成部件需求)、装配订货、成品票、废品票、工时票等。运行控制要求把实际进度与计划相比较,发现卡脖子环节。管理控制要求进行总进度、单位成本和单位工时消耗的计划比较。战略计划要考虑加工方法和自动化的方法。

(3)后勤子系统,包括采购、收货、库存控制和分发。典型的业务包括采购的征收、采购订货、制造订货、收货报告、库存票、运输票和装货票、脱库项目、超库项目、库营业额报告、卖主性能总结、运输单位性能分析等。管理控制包括每一后勤工作的实际与计划的比较,如库存水平、采购成本、出库项目和库存营业额等。战略分析包括新的分配战略分析、对卖主的新政策、新技术信息、分配方案等。

(4)人事子系统,包括雇用、培训、考核记录、工资和解雇等。其典型的业务有雇用需求的说明、工作岗位责任说明、培训说明、人员基本情况数据(学历、技术专长、经历等)、工资变化、工作小时和离职说明等。运行控制关心的是雇佣、培训、终止、变化工资率、产生效果。管理控制主要进行实情与计划的比较,包括雇佣数、招募费用、技术库存成分、培训费用、支付工资、工资率的分配和政府要求符合的情况。战略计划包括雇用战略和方案评价、工资、训练、收益、建筑位置及对留用人员的分析等,把本国的人员流动、工资率、教育情况和世界的情况进行比较。

(5)财务和会计子系统,按原理说财务和会计有不同的目标,财务的目标是保证企业的财务要求,并使其花费尽可能得低。会计则是把财务业务分类、总结,填入标准财务报告,准备预算、成本数据的分析与分类等。运行控制关心每天的差错和异常情况报告、延迟处理的报告和未处理业务的报告等。管理控制包括预算和成本数据的分析比较,如财务资源的实际成本,处理会计数据的成本和差错率等。战略计划关心的是财务保证的长期计划,减少税收影响的长期计划,成本会计和预算系统的计划。

(6)信息处理子系统,该系统的作用是保证企业的信息需要。典型的任务是处理请求、收集数据、改变数据和程序的请求、报告硬件和软件的故障,以及规划建议等。运行控制的内容包括日常任务调度、差错率、设备故障。对于新项目的开发还应当包括程序员的进展和调试时间。管理控制关心计划和实际的比较,如设备成本、全体程序员的水平、新项目的进度和计划的对比等。战略计划关心功能的组织是分散还是集中、信息系统总体计划、硬件软件的总体结构。办公室自动化也可算作与信息处理分开的一个子系统或者是合一的系统。当前办公室自动化主要的作用是支持知识工作和文书工作,如字符处理、电子信件、电子文件和数据与声音通信。

(7)高层管理子系统,每个组织均有一个最高领导层,如公司总经理和各职能域的副总经理组成的委员会,这个子系统主要为他们服务。其业务包括查询信息和支持决策、编写文件和信件便笺、向公司其他部门发送指令。运行控制层的内容包括会议进度、控制文件、联系文件。管理控制层要求各功能子系统执行计划的总结和计划的比较等。战略计划层关心公司的方向和必要的资源计划。高层战略计划要求广泛的、综合的外部信息和内部信息,这里可能包括特级数据检索和分析,以及决策支持系统。它所需要的外部信息可能包括竞争者的信息、区域经济指数、顾客喜好、提供的服务质量。

对应于这个管理系统,在管理信息系统中的软件系统或模块组成一个软件结构,如图 1.11 所示。

这个图中每个方块是一段程序块或一个文件,每一个纵行是支持某一管理领域的软件系统。例如,生产管理的软件系统是由支持战略的模块、支持管理控制、运行控制以及业务处理的模块所组成的系统,同时还带有它自己的专用数据文件。整个系统有为全系统所共享的数据和程序,包括公用数据文件、公用程序、公用模型库及数据库管理系统等。

当然这个图所画的是总的粗略一级的结构,事实上每块均可再用一个树结构表示,每个树的叶子均表示一个小的程序模块。

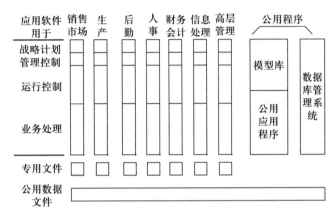

图1.11　管理信息系统的软件结构

4.管理信息系统的硬件结构

管理信息系统的硬件结构说明硬件的组成及其连接方式,还要说明硬件所能达到的功能。广义而言,它还应当包括硬件的物理位置安排,如计算中心和办公室的平面安排。

目前我国的应用情况是,硬件结构所要关心的首要问题是用微机网还是用小型机及终端结构,如图1.12所示。

主机终端网结构是由一台或两台主机,图1.12(a)中的CPU,通过通信控制器和许多终端相联,也和机器所用的各种外部设备相联。一般主机放在信息中心的机房中,而终端放在各办公室或远离中央办公室的车间中。微机网的结构是由许多台微机通过网络把它们连接起来的。网络的形式有星形、环形和母线形,如图1.12(b)所示。

硬件结构还要关系硬件的能力,如有无实时、分时或批处理的能力等。

四、管理信息系统的发展历程

随着计算机硬件和软件技术水平的不断提高,计算机技术在企业中的应用越来越深入,管理信息系统从低级的业务处理系统不断地向高级的战略信息系统发展。

计算机刚刚诞生的时候,主要是执行各种科学计算。从20世纪50年代中期开始,计算机开始在企业管理中应用。计算机在企业管理中最早的应用是工资数据处理,目的是加快数据的处理速度和提高数据处理的精确度。这时的计算机应用只是偶尔的情况,这个阶段被称为电子数据处理(Electronic Data Processing,EDP)。

后来,计算机技术在企业中的许多管理领域使用,这时候的计算机系统开始普遍使用,许多重复性、数据量庞大的工作都使用计算机来完成。但是,这种应用还只是作为事务处理的工具。这个阶段的计算机应用被称为事务处理系统(Transaction Processing System,TPS)。

进入到20世纪60年代以后,操作系统、数据库系统都已经开始出现和逐步成熟,因此计算机在企业管理中的应用更加普及。这时计算机不仅被用于完成业务数据的处理,还被用于按照预先规定好的数学模型,处理一些诸如统计等复杂的操作。这个阶段的计算机应用被称为管理信息系统(MIS)。

进入20世纪70年代末,个人计算机、局域网迅速发展起来,且性能越来越高。人们希望利用计算机技术来完成那些琐碎、繁重的文档管理、公文流转、记事、调度等工作,并且把办公室中的所有工作人员置入一个协同的工作环境中,以便共享网络中的各种资源。这个阶段的计算机应用被称为办公自动化系统(Office Automation System,OAS)。

20世纪80年代初,决策支持系统(Decision Support System,DSS)的概念开始出现。之所以出现了决策支持系统的概念,这是因为企业中的决策者已经不满足于使用计算机技术处理那些常规的操作,而是希望自己也参与到计算机系统中,并且可以根据需要随时调整模型的参数,以便分析和比较复杂的决策问题。

这时还出现了另外一个趋势,这就是高层支持系统(Executive Support System,ESS)。高层支持系统主要是为企业的高层管理人员提供服务,并且以非常友好的方式,辅助高层管理人员执行特定用途的管理和决策。

进入20世纪90年代以来,随着计算机技术的高速发展和Internet的出现,计算机技术在企业中的作用越来越重要。许多企业不再把计算机技术仅仅看成一种手段,而是当作保证企业成功的一种战略资源。计算机的应用不仅局限于一个企业内部,而是遍及到许多企业。企业资源计划(Enterprise Resources Planning,ERP)、供应链管理(Supply Chain Management,SCM)、客户关系管理(Customer Relationship Management,CRM)、产品数据管理(Product Data Management,PDM)、企业间信息系统(Inter Organizational Information System,IOIS)、电子商务(Electronic Commerce,EC)、战略信息系统(Strategic Information System,SIS)等新概念层出不穷。

从计算机应用的发展历程可以看出,管理信息系统的概念是一个动态的,其内容不断地发生变化。20世纪70年代的管理信息系统的概念是一种狭义的管

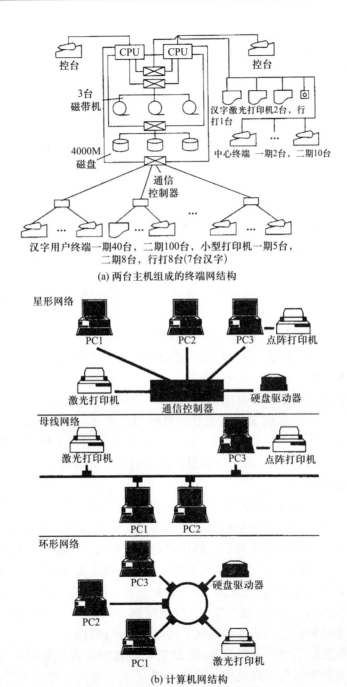

(a) 两台主机组成的终端网结构

(b) 计算机网结构

图 1.12 管理信息系统的硬件结构

理信息系统,而当前的管理信息系统的概念则是一种广义的概念。无论是决策支持系统、高层支持系统,还是战略信息系统,都可以称为广义的管理信息系统,或者简称为信息系统。

第二节　数据、信息、知识和系统

一、数据

1. 数据的定义

数据的定义可分狭义和广义两种。

广义定义:一切数字、符号、文字、图形、声音等都是数据。

狭义定义:数据是记录下来的,可以输入到计算机里由计算机鉴别和处理的对象。

由此可见,如果数据处理机是人脑,则产生广义定义;如果处理机是计算机,则产生狭义的定义。在 MIS 中,常使用狭义的定义。

数据经过处理之后还是数据,经过解释才有意义,才成为信息。所以,代码是数据的代名词,而不是信息。信息是数据的解释。代码是为便于 MIS 的设计而人为产生的对数据的唯一标识。

数据和信息的关系可以看成原料和成品、载体和负载的关系。换句话说,通常的信息系统可以将数据加工成信息。更确切地说,信息处理系统将不可用的数据形式加工成可利用的数据形式,对于接收者来说这种可利用的数据形式就是信息。从这个意义上讲,数据的质量直接影响到信息的质量。

2. 数据的结构

数据就其存在而言是相互独立的,不会因为数据 A 的损坏而影响到数据 B,但是就其表达的含义来说却是相互紧密联系的。也就是说,由于信息的相互联系而使其载体之间也产生了关系。例如,"班级"和"学生"这两个数据就存在着一种隶属关系,因为某个学生必然属于某个班级。除了上述隶属关系外,数据间常见的关系还有顺序关系、对立关系、并列关系等。把具有上述关系的数据用恰当的方式将关系表达出来,就产生了"数据结构"的概念。显然,数据结构的实质是数据所表达的信息及信息之间联系的结构化的抽象表示。

下面给出数据结构的一般定义:将数据元素之间的联系形式和关系称为数据结构。可见数据结构不是数据的具体内容,而是数据关系的抽象表示。

数据结构严格地说还可以分为物理结构和逻辑结构,前者又称存储结构,是指数据元素在计算机存储器中的表示及其配置。而数据的逻辑结构是指数据元素之间的逻辑关系,是数据元素所代表的客体之间关系的抽象,是数据在用户和程序员面前呈现的方式,是用户对数据及其关系的表示方式和存取方式。常用的逻辑结构有顺序线性表结构、链表结构、树结构、网络结构等。常用的存储结构有顺序存储结构和随机存储结构。用逻辑结构表示的数据最终都要转化为存储结构以进入计算机存储器,这需要程序员通过编程来实现。

一组相互关联的数据往往可以用多种数据结构来表达。如一个可以用顺序线性表结构表达的数列,也总是可以用链表结构表示,而一个多叉树结构却总是可以变换为二叉树结构并保持其遍历顺序不变。那么为什么会存在这么多种数据结构呢?问题在于,不同的数据结构,不仅在数据存储空间上存在很大差异,而且,针对不同的用户应用,其算法的复杂性和运算速度差异更为巨大。这就要求程序设计员根据应用的实际情况,综合考虑利弊,选择最适合需要的数据结构。

有关数据结构更多的知识,读者可参阅有关数据结构的书籍。

3. 数据的分析

数据分析的主要内容就是分析信息系统中各个数据的属性。这在 MIS 的系统分析中是不可缺少的、十分重要的一步,也是系统设计和编程的重要依据。数据分析主要分析确定数据的如下属性:

(1) 数据类型:数字型、字符型、逻辑型、指针型、组合型等。

(2) 数据长度:数字的位数、字符的个数等。

(3) 允许值:数据的取值范围和其他限制。

(4) 数据来源:数据由何处提供。

(5) 数据处理:计算或非计算。

(6) 存取方式:直接存取或间接存取。

(7) 使用频率:某一时间段中的使用次数。

(8) 数据格式:定点数或浮点数,八进制、十六进制等。

(9) 定义:是否编码。

(10) 作用:是否是关键字。

4. 数据的输入检测

人们必须设法事先将数据输入到计算机中,计算机才能对其进行加工、处理、存储、传输和输出。

为使计算机处理数据时输出错误率保持在允许范围内,必须着重对输入数据准备阶段的错误予以认真检查,否则轻者引起输出错误数据,严重的会引起计算机系统的混乱。输入数据的检查和测试可使用一系列检查程序,对每个输入记录的各个字段进行测试。一般的检查测试内容有:

(1) 标识码的合法性。

(2)事务码的合法性。

(3)字符码的合法性。

(4)字段长度、符号的合法性。

(5)事务数据的合法性。

(6)遗漏数据的检查。

(7)顺序性测试。

(8)界限、范围或合理性测试。

二、信息

1.MIS 中信息的含义

在 MIS 中,信息可定义如下:用语言、文字、图形等表达的资料经过解释就是信息,也就是说,信息是我们对数据的解释,或者说是数据的内在含义。根据这个定义,那些能表达某种含义的信号、密码、情报、消息都可概括为信息。

例如,一个"会议通知",可以用文字(字符)写成,也可用广播方式(声音)传送,还可用闭路电视(图像)来通知,不管用哪种形式,含义都是通知,它们所表达的信息都是"会议通知",所以"会议通知"就是信息。

注意:在 MIS 中的信息的定义比较接近生活中的含义,而在信息论中,这一术语通常指通信中的数学理论,它把信息数学化了。信息系统中的信息通信问题可以从下面三个方面研究。

(1)技术方面:如何准确传输信息。

(2)语义方面:如何确切表达预定的意义。

(3)效率方面:如何更好地用信息来激励人们行动。

信息论只涉及技术方面的问题,而不考虑含义和效率。

在信息系统中,信息这个术语一般具有下列含义:

(1)信息与表现形式相结合才会有价值。

(2)它能告诉接收者过去所不知道或不能预言的某些事情。

(3)在一个充满不定因素的环境中,信息能减少这种不确定因素。

(4)信息能改变决策中预期结果的概率,对决策过程有价值。

2.信息的特性

信息有六大特性:

(1)可扩充性。随着时间的变化,大部分信息将不断扩充。例如,人们对宇宙的认识就在不断增加。

(2)可替代性。信息的利用可替代资本、劳动和物质材料,即利用信息减少它们的消耗。这一点,在当今的市场经济中表现得十分明显。

(3)可传输性。这是信息的本质特征。

(4)可压缩性。人们对信息进行加工、整理、概括、归纳,就可以使之精练。

(5)可扩散性。由于传输渠道多样,信息可以迅速扩散开来,因而保密工作也就成为信息处理技术中十分重要的一环。

(6)可分享性。信息与物质不同,将信息告诉别人并不意味着你将失去该信息。

3.信息的属性

知道信息的属性对我们分析、设计 MIS 十分重要,它告诉我们应该从哪些方面去分析、理解、使用和定义一则信息。

信息有如下属性:

(1)真伪性。信息所描述的状态的真实性、准确性。

(2)时间性。信息是新的还是旧的。

(3)更新性。对已有信息的扩充、更新和修改。

(4)验证性。对现有信息予以验证。

(5)信息格式。信息是定性的还是定量的。

(6)信息频度。对信息发生次数的度量。

(7)信息的空间。是局部的还是全局的。

(8)信息来源。信息的来源是内部还是外部。

(9)信息的重要性。

4.信息的分类

信息的分类对我们分析、设计 MIS 也十分重要,它告诉我们针对不同种类的信息使用不同的处理方法。

从系统角度分,信息可分为内部的和外部的。作业层信息是内部信息,它的特点是数量大,级别低,结构化程度高,可用定量、定型、实时的方式处理;管理控制层信息也是内部信息,数量中等,级别较高,可用分批的方式处理;战略层信息是外部信息,数量小,级别高,结构化程度低,可用随机方式处理。

从信息的性质分,分为约束性、分析性、变动性信息。

从信息的时间性分,分为历史性、现时性和预测性信息。

5.信息的质量

信息的质量是指信息的准确性、及时性、保密性(独享性)和适用性,其中最重要的是适用性。

信息的提供者(或 MIS)往往要在信息的质量和数量之间权衡。信息量大往往能为信息使用者提供更多的决策依据,但是,从信息使用者的角度来看,信息的质量和数量不能画等号,有时甚至是对立的。也就是说,信息量大,并不一定对决策起到的作用就大,有时反倒使决策者无所适从,甚至产生错误的判断。所以,信息使用者更看重信息的质量,质量高的信息越多越好。

质量高的信息来自信息提供者对系统目标的深刻理解和对大量原始信息的深刻理解,这样才能去芜存菁。所以在设计 MIS 时,一定要对企业内部和外部的信息进行深的分析,对用户的需求进行深入的分析,这样才能使之为企业决策者提供高质量的信息。

6.信息的生命周期

信息和其他资源一样,也有生老病死,它的生命周期为四个阶段:需求、获得、服务和退出。

需求:信息的孕育和构思阶段。人们根据所发生的问题、所要达到的目标和可能采用的方法,构思所需信息的种类和结构,产生信息"需求"。

获取:信息得到阶段。产生需求后,就去获得。获取包括信息的收集、传输以及加工成适用的方式,达到使用要求。

服务:包括信息的存储和使用。

退出:信息已老化,失去价值,没有再保留的必要,就把它更新或销毁。

在 MIS 中,流入企业的信息同样经历上述过程。

三、知识

1.有关知识的不同理解

亚里士多德将人类的知识分为三类:纯粹理性、实践理性和技艺。纯粹理性是指几何、代数以及逻辑之类可以精密研究的学科;实践理性是指人们在实践活动中用来做出选择的方法,如伦理学;技艺是指"只可意会不可言传"的知识,如工匠的手艺等。

罗素把人类知识分为直接的经验、间接的经验以及内省的经验。直接的经验是指通过实践活动直接得到的知识;间接的经验是从他人那里继承的知识;内省的经验是"悟"出的知识,近于智慧了。波兰尼将人类知识分为明晰的知识和默会的知识两类,前者是可以用文字、语言等清楚表达的知识,而后者则难以表述,需要在实践和行动中体会。

中国传统上认为知识就是学问或所知道的道理。而对"学问"又有三种解释:一是求学所得的知识,指的是学习的内容;二是"学问",是指学与问,作动词解,认为知识要经过学与问的互动过程才能产生;三是"学问"即道理,也就是说"知识"要经过学习、互动以及运用的过程,才能升华为"道理"的最高境界。

野中、竹内则在隐性和显性两类知识划分的基础上,又根据企业的实际情况,借鉴彼得·圣吉学习型组织的理论创意,区别了个体知识与组织知识的概念,他们将知识按载体不同分为个体知识、团体知识、组织知识和组织间知识四种。对于企业来讲,我们可以将知识的层次具体划分为个人层次、团队层次、企业层次以及企业外部知识(表1.6),每个层次又都有相应的隐性和显性知识。

表1.6 多个层次的显性和隐性知识

知识类型	个人层次	团队层次	企业层次	企业外部
显性知识	可以描述的个人知识	团队资源的分配规则	企业的生产计划方法	合作伙伴的产品专利
隐性知识	专家意会型经验知识	工作组的协作技能	企业文化、价值观	客户的隐含需求

联合国经济合作与发展组织(OECD)在《以知识为基础的经济》的报告中,将知识分为四种:①知道是什么的事实知识(Know-what),是指可以观察、感知或数据呈现的知识,如统计、调查等。对于企业来讲就是那些关于企业事实方面的知识,如企业有多少员工、企业的主要产品等。②知道为什么的原理知识(Know-why),包括自然原理或法则的科学知识。对于企业而言就是研发、生产、销售等的方法和规律,如为什么选用某种原料、为什么开发某种产品等。③知道怎样做的技能知识(Know-how),是指有关技术的知识或做事的技术,如研发人员解决问题的技巧和经验、有经验的工人操作设备的技术等。④知道谁有知识的人际知识(Know-who)。有了这种知识,员工在工作过程中,出现问题时能够很快地知道应该请教谁。这四种知识通常又分为两类:Know-what 和 Know-why 通常属于编码类知识,即显性知识;而 Know-how 和 Know-who 则属于隐含经验类知识,即隐性知识。

罗伯特·J·麦奎因(Robert J.McQueen)从组织知识的存在方式及其管理形式的角度,提出了对知识的四个不同视角的认识。

视角1:认为"知识是对信息的通路",数据库设计者及出版商会持这种观点,这种知识通常表达为明晰方式,其概念的范畴已经广义化,不仅仅包含知识,也包括了数据以及信息。这种情况下,知识管理的含义就在于实现数据、信息和知识的数据库和文件方式的存储以及能够实现对存储数据、信息和知识的灵活访问。

视角2:认为"知识存在于电子化交流中",这种观点为大多数咨询公司所认同。咨询公司最大的资产在于具有渊博知识和丰富经验的咨询顾问,它们通过向客户提供有价值的咨询服务而盈利。由于咨询顾问的知识大多是具有浓厚个人色彩的隐性知识,因此建立起不同咨询顾问间通畅的交流渠道是非常重要的。如普华永道就是一个最早使用群件系统 Lotus Notes 的咨询企业,通过这种方式可以使咨询顾问对感兴趣的问题进行充分交流,并进而提供给客户更优质的服务。

视角3:认为"知识是一种规则的集合",这种观点被专家系统设计者、机器学习研究人员以及经营过程分析师等所认同。知识工程师从领域专家那里请教具体的领域问题,并从中抽取出特定的规则,进而建立基于规则的系统,如产品设计专家系统、故障诊断专家系统等。这种观点认为,专家的明晰性知识可以通过规则的形式表示出来,并借由知识工程、机器学习等技术手段提取专家知识,进而为大多数人所分享。此外,过程重组和改善活动也被视为一种用以表达经营过程设计的隐性知识的方法,一群人可以通过头脑风暴,共同进行经营过程的再设计,并最终表示为一系列过程和规则。

视角4:认为"知识是一种会意或理解",知识只存在于人而无法通过机械装置来实现。从这种观点看,信息技术以及知识管理的作用就在于提供一定的技术手段以实现个人知识的增长,并帮助组织达成其目标。

2. 从数据、信息到知识

达文波特(Davenport)认为知识既不等于数据,也不等于信息,它们是无法互换的概念,但这三者息息相关。彼得·德鲁克曾说"信息是包括关联性与目标的数据",这说明数据本身并不具有关联性和目的。简单地说,知识不是数据的简单累积,也不同于信息,信息只是知识的原料。某种程度上,信息和知识的区别有点像字典和语言,如何利用信息获得知识,很大程度上是一种创造性的艺术。

1998年,世界银行推出了《1998年世界发展报告——知识促进发展》对数据、信息和知识之间的区别进行了阐述,报告指出:数据是未经组织的数字、词语、声音、图像等;信息是以有意义的形式加以排列和处理的数据(有意义的数据);知识是用于生产的信息(有意义的信息),信息经过加工处理、应用于生产,才能转变成知识。

微软的知识管理战略这样理解数据、信息和知识之间的关系和区别,它认为:"数据"的一般特征是关于事件和关于世界的一组独立的事实,围绕着数据建立活动,其核心价值在于分析、合成,并把这些数据转化成信息和知识。"信息"是捕捉了来龙去脉的内容并结合经验和想法后的产出物,它是以半结构化的内容存储的,像文件资料、电子邮件、声音邮件以及多媒体等,围绕信息建立活动,其核心价值在于管理内容的方法,这种方法要易于找到内容,反复使用它们,并方便从经验中学习,这样就不会重复错误,工作也不会被复制。"知识"是由个人的隐式经验、想法、洞察力、价值以及判断等组成的,它是动态的,而且只能通过与有知识的专家直接合作与交流才能得到。

又有研究者在更高程度上解释了信息、知识以及智慧这三个不同的概念,认为信息是过去知识的编码,是静态的概念;知识是认识世界的显性和隐性知识的总和,是一种产品又是一个过程;智慧是把知识应用于活动并产生新的知识的一个动态过程,即创新能力,一个真正的知识型企业不仅需要组织的知识,更需要组织的智慧。

乔纳森·吴(Jonathan Wu)通过一个实例对数据、信息、知识以及智慧之间的区别进行了形象的阐述。他认为,在一个组织的信息系统和数据库里蕴藏着巨大的机会,组织可以利用特定技术对数据和信息进行挖掘,使组织从由其形成的竞争优势中获益。这种从数据中挖掘竞争优势的做法实际上就是一种由数据到知识及智慧的过程(图1.13),分为数据、信息、分析、知识和智慧5个层次。

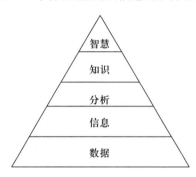

图 1.13　5 个层次:数据、信息、分析、知识、智慧

(1)数据,由于数据库管理系统以及数据存储技术的产生和发展,在很多企业和组织中都已收集、处理、存储了大量的有关人、交易、事件等类型的数据,这些数据和组织的业务过程息息相关。例如,一个杂货店收集和存储了有关顾客购物的交易数据,包括如下的数据元素:货物名称、数量、价格、日期等(表1.7)。交易处理系统存储了大量的相关数据,为更高层次的理解奠定了基础。

表 1.7　交易数据实例

货物名称	数量	价格/美元	日期	登记号	店员 ID	会员卡 ID
尿布	1	4.99	11/1/00	001	213	1200

(2)信息,在交易数据不断地处理和收集的同时,该杂货店实际上在收集着潜在的数据财富。交易数据中的每个数据元素个体并不能够提供任何有价值的意义,但是数据元素都处于一定的上下文结构中,它们在这种结构中就提供了信息。商业智能系统具有从数据库中提取和转化数据为信息的功能。例如,不同货物名称、数量和价格就提供了被购货物的信息,包括货物种类、数量和价格等。通过计算每种货物的销售额,就可以进行货物销售额排序(表1.8)。

表 1.8　数据积累形成信息

货物名称	数量	价格/美元	销售总额/美元
啤酒	265	6.85	1815.25

续表

货物名称	数量	价格/美元	销售总额/美元
谷物	430	3.90	1677.00
面包	850	1.59	1351.50
牛奶	1100	1.20	1320.00
尿布	200	4.99	998.00

（3）分析，将不同的数据元素积聚形成信息是很有用的，同时，将数据分离和重新组织将能够提升信息的价值，这就是进行信息分析的意义。OLAP（在线分析）应用就具有类似的信息分析功能，它能够从信息中发现关联、模式、趋势、例外等更有价值的信息。例如，可以对杂货店中存储的信息按照特定的时间周期进行分析，可以得到有价值的分析结果（表1.9），尿布和啤酒的销售受到时间周期的影响，而谷物、面包和牛奶则保持稳定的销售态势。通过上述的信息分析，得到了这样的一种销售趋势和模式信息，这将给决策提供支持。

表1.9 对信息的分析

货物名称	时期1	时期2	时期3	时期4	总数量	价格/美元	销售额/美元
啤酒	35	75	100	55	265	6.85	1815.25
谷物	110	110	100	110	430	3.90	1677.00
面包	200	215	235	200	850	1.59	1351.50
牛奶	200	300	300	300	1100	1.20	1320.00
尿布	10	20	50	120	200	4.99	998.00

（4）知识，知识不同于数据、信息及分析，它可以来源于数据、信息和分析的任一层次，同时也可以从现有知识中通过一定的逻辑推理而得到。商业智能应用具有数据挖掘能力，能够从数据中发现隐藏的趋势以及不寻常的模式。通过对杂货店的数据进行称为规则归纳的数据挖掘，可以得到如下一条结论：买尿布的顾客通常有一半时候也买啤酒。尿布和啤酒初看起来毫无关联，但是通过数据挖掘得到了这种隐含的模式，这就是知识。

（5）智慧，智慧可以说是基于知识基础上的一种判断、谋略或行动。通过对杂货店数据的挖掘分析，得到了一种隐含的顾客购买模式。通过这个知识，杂货店主就可以对数据集合进行调查分析，从而开发一系列的销售模式（表1.10）。在时期1、2、3，啤酒的销售除了遵循顾客购买模式（买尿布的顾客通常有一半时候也买啤酒）的销售量外，还有额外销售，但在时期4却没有额外销售。这样可以通过分析时期 4 相对于时期 3 的啤酒销售情况,制定特定的销售策略来提高时期 4 的啤酒销售量,同时也通过分析时期 2 的尿布和啤酒的购买情况,以发现是什么导致了额外啤酒销售的产生。这样,通过利用知识,对于数据的更高层次的理解就被创造出来了,形成了一种智慧并转化为了价值。

表 1.10 识别购买模式

货物名称	时期 1	时期 2	时期 3	时期 4	总数量
啤酒	35	75	100	55	265
尿布	10	20	50	120	200
啤酒的关联购买数	5	15	25	55	100

在实际应用中,对应于上述的 5 个理解层次,分别有相应的技术对不同层次提供支持(表 1.11)。目前很多企业都具有了一定的分析数据的能力,但是只有那些能够充分从数据里发现"金子"——知识,并进而上升为智慧的企业才能够获得真正的竞争优势。另外,我们决不能忽视人类思维的作用,当人工智能企图模仿人类的思维过程时,事实上一直都没有研究出真正可以代替人类思维的技术。

表 1.11 对应不同层次的技术

理解层次	技术
数据	在线交易处理系统
信息	查询和报表应用系统
分析	在线分析处理应用(OLAP)
知识	数据挖掘系统
智慧	人类的思维

由此,或许可以这样给出数据、信息、知识以及智慧之间的辩证关系(图 1.14)。数据、信息及知识是处于一个平面上的三元关系,分别从语法、语义以及效用三个层面反映了人们认知的深化过程,即信息是基于数据进行上下文解释和分析得到的有规律的数据,知识则是在信息基础上进行行为解释而得到的有价值的信息。目前,有很多计算机辅助工具可以帮助人们完成从语法、语义到效用这一认知过程。而智慧则超越了这个平面,它是人们在数据、信息以及知识基础之上的独创性活动,并主要以已有的知识存量为基础,可以说是一种更高层次的知识创造过程。

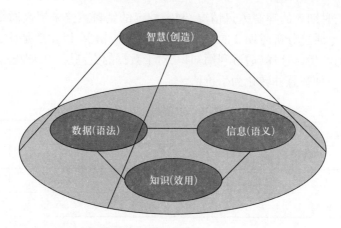

图 1.14 "数据—信息—知识—智慧"间的关系

四、系统

1. 系统的定义

系统的概念是管理信息系统三大概念基础之一。什么是系统呢？系统是由一些部件组成的,这些部件间存在着紧密的联系,通过这些联系达到某种目的。因而系统也可以说是为了达到某种目的相互联系的事物的集合。这里,目标、部件、连接都是不可缺少的因素。系统有如下特点：

（1）系统是由部件组成,部件处于运动状态。

（2）系统行为的输出也就是对目标的贡献,系统各主量和的贡献大于各主量贡献的和。

（3）部件之间存在着联系。

（4）系统的状态是可以转换的,在某些情况下系统有输入、输出,系统状态的转换是可以控制的。

所谓"系统的思想",就是在这个统一体中,对各事物加以深入的研究,再从整体出发分析各事物的相互联系、相互作用。系统的思想是承认物质世界普遍联系且具有整体性的思想。

2. 管理系统

管理系统是一个复杂的系统,各子系统之间存在着各种各样的联系。根据这种联系方式,不同系统的组织结构各不相同。

1）系统的组织结构

管理信息系统大致存在三种结构:树状结构、网状结构和矩阵结构。

树状结构如图 1.15 所示,它像一座金字塔,每层都存在一定权限,权限是根据控制任务、资源和报酬的情况而定,层次越高,权限越大。树状组织结构每个下级只有一个上级,而每个上级可以有多个下级。这种结构比较简单,但企业各部门专业化、正规化和集中化程度的不同,对建立信息系统的难易程度有较大影响。专业化是指各部门劳动内容的分工。专业化程度高,意味着这个部门分工较细,这对信息系统的分析和设计是有利的。专业化程度低,意味着一个部门内要处理多项业务,这种多项业务混杂的情况是较难分析和设计的。正规化是指处理组织活动的规则和手续的健全程度。企业越正规化,意味着其信息的流动越正规,这对信息的建立是有利的。集中化通常指管理决策的层次高低的程度。在高层决策有利于信息系统的开发。企业专业化、正规化、集中化的程度决定了企业的管理风格,信息系统的建立应该和企业的管理风格一致。

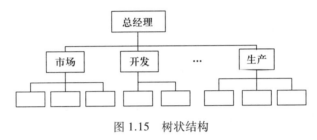

图 1.15　树状结构

网状结构中,每个组织可接受两个以上的单位的直接指令性领导或两个以上的单位的指导性领导,分别称为职能制和直线职能制,如图 1.16 所示。

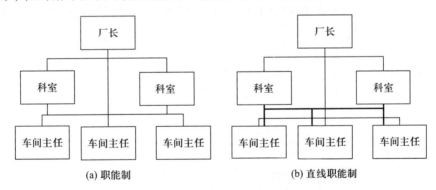

图 1.16　网状结构

矩阵结构发展了网状结构,如图 1.17 所示,其垂直方向是职能方面的权利线,水平方向是产品安排方面的权利线。矩阵组织能保证纵向的领导,又能保证横向的联系,因而是当前组织结构的发展方向。

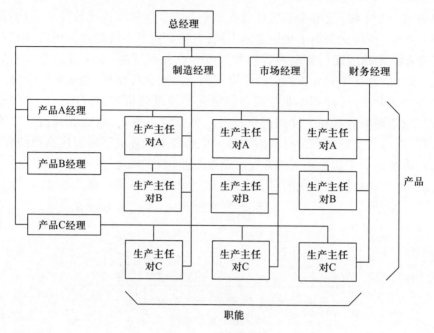

图 1.17 矩阵结构

2）企业系统是一个有输入、有输出的多变量系统

企业的输入为能源、材料、信息,输出为产品、服务和新信息,如图 1.18 所示。企业内部存在着物流和信息流。材料和能源的输入转化为产品和服务的输出形成物流,技术资料、图纸、账单、订货单、计划表、统计表上的数据伴随物流在流动,形成信息流。信息流反映物流的状态,又反过来控制物流的流动。管理部门的职责就是不断地通过信息流来控制物流。

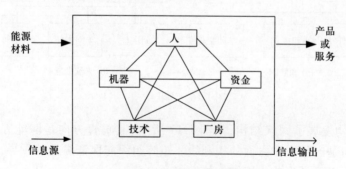

图 1.18 企业系统概貌图

企业系统既有输入又有输出,因而是一个开放系统,它与环境密切相关。系统环境的确定依赖于下列三个条件:

(1)是否与系统的输入有关联。
(2)是否与系统的输出有关联。
(3)对系统的输入、输出是否有影响。

3)企业系统是个反馈系统

由图1.19可以看到,企业计划的下达要不断地和现场实际情况比较以后,决策才送去执行,然后执行结果又送回来比较以指导进一步决策。这也就是说,企业系统是一个反馈系统。

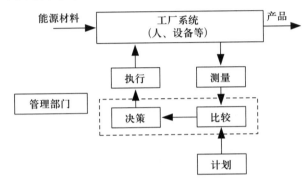

图1.19　工厂管理反馈原理图

4)企业管理系统都是多目标的

系统各目标间往往不能相比,因而可以说企业管理系统没有绝对最优。即使有也是转瞬即逝的,所以过分追求最优没有意义。

3.信息系统

1)信息系统的定义

所谓信息系统,就是输入数据经过加工后又输出信息的系统,如图1.20所示。

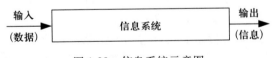

图1.20　信息系统示意图

任何一个组织中都存在一个信息子系统,它渗透到组织的每一部分。信息系统虽然不从事具体工作,但它关系全局并使各个子系统协调工作,就像前面所说的物流和信息流的相互作用一样。所以,研究和建立信息系统,使组织内部信息流动保持有序、畅通、完整,是每一个组织越来越关心的问题。

2)信息系统的基本模式

我们知道一个信息系统的基本功能是将输入转换为输出,这种转换过程就是一种加工(处理)的过程。我们称这种"输入—加工—输出"为系统模块,它是构成管理信息系统的基本组成单位,也是后面要着重研究的系统设计的基本单位,在信息运动过程中是一个信息处理的环节。信息系统的基本模式如图 1.21 所示。

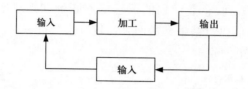

图 1.21　信息系统的基本模式

3)信息系统的基本功能

信息系统的基本功能可以归纳为以下五个方面:

(1)数据的收集和整理。

(2)信息的存储。

(3)信息的传输。

(4)信息的加工。

(5)信息的输出。

MIS 的系统分析和设计主要围绕这几个方面进行。

第三节　本书案例简介

某舰艇支队装备部的主要职责是管理舰艇装备的使用和维修保障。装备部机关有若干科室。装备部下面一般配有装备修理所、保障大队、舰艇器材仓库等。

随着装备复杂程度增加,技术难度增高,装备部需要进一步提升管理水平以适应新的维修保障需求。装备部主要面临以下问题:

(1)各种报表、单据、资料仍然以纸质形式储存,保存和查找较为困难。

(2)办公主要使用 Word、Excel,效率较低,信息间的联系也难以反映。

(3)信息传输不便,无法实现信息共享。

(4)器材仓库的库存管理仍采用手工账,仓库管理员工作量较大。

(5)对舰艇装备信息的管理还不够精确,无法查阅各装备的历史维修信息和维修帮助信息。

(6)在收集装备、故障、器材等数据的基础上,对其进行统计分析,辅助装备部领导和成员进行更加科学的决策。

为了解决这些问题,支队装备部准备建立一套装备维修保障管理信息系统。

该系统主要完成以下几个方面的工作:

(1)按照装备层次形成装备树,详细记录装备信息、维修信息、技术人员信息、器材信息等,通过数据库技术使这些信息相互关联。

(2)采用局域网,实现信息的共享。

(3)能够打印出用户需要的报表、单据,能够实现数据库中的数据与Excel表的相互转化。

(4)库存管理采用电算化,减小仓库管理员工作量,使库存管理规范统一。

(5)实现对信息的统计分析功能、辅助决策功能。

习题

1. 管理信息系统是什么?
2. 有哪些主要的信息系统类型?
3. 事务处理系统的作用是什么?
4. 为什么要使用办公自动化系统?
5. 决策支持系统的特点是什么?
6. 能否说决策支持系统包括了高层支持系统? 为什么?
7. 为什么使用企业间信息系统?
8. 管理信息系统有哪几种结构?
9. 管理信息系统的结构有几个视图?
10. 管理信息系统中信息的含义是什么? 信息的特性有哪些?
11. 从数据到知识,有哪几个层次?
12. 什么是系统? 系统的特点是什么?
13. 信息系统的基本模式是什么?

参考文献

[1] 薛华成.管理信息系统(第6版)[M].北京:清华大学出版社,2017.
[2] David Kroenke. Management Information System(Seventh Edition)[M]..McGraw-Hill Inc.,2017.
[3] 肯尼思,劳东.管理信息系统(第11版)[M].劳帼龄,译.北京:中国人民大学出版社,2018.

第二章 管理信息系统开发方法论

第一节 生命周期法

一、管理信息系统的生命周期

生命周期的概念来源于系统工程方法。20世纪60年代末,随着软件规模越来越大,使用传统的软件研制方法的可靠性越来越低,出现了"软件危机"。因此,提出了结构化程序设计或软件工程的概念,把软件研制纳入到工程轨道。管理信息系统的研制也存在类似的问题。系统工程方法,就是研制人员首先进行逻辑构思,通常画出设计草图,然后建立模型,绘制设计蓝图,最后完成工程的物理概念。这种方法开始于整体任务的逻辑分析,并按一定的顺序和步骤逐步细化,最后物理实现。从接受任务到完成任务的整个过程就是这项工程的生命周期。也可以说,任何系统都有其发生、发展和消失的过程,系统从发生到消失的整个过程称为系统的"生命周期"。生命周期的概念对控制管理信息系统的规划、分析、设计和实现都是十分重要的。管理信息系统生命周期的各个阶段,把一个复杂的发展系统的工作,分解成一个较小的、可以管理的步骤,为系统开发提供了有效的组织管理和控制的方法。

通常可以把管理信息系统的开发过程分为四个主要阶段:系统分析、系统设计、系统实施、系统维护与评价。各个阶段的主要工作如下:

1.系统开发的准备阶段

当现行系统不能适用时,用户提出开发新系统的请求。有关人员进行初步调查,然后组成专门的新系统开发领导小组,制订新系统开发进度计划,领导和负责新系统开发中的一切工作。

2.调查研究阶段

系统分析员采用各种方式进行调查研究,厘清现行系统的界限、组织分工、业务流程、资源及薄弱环节等,绘制现行系统的有关图表;提出初步的新系统目标,并进行新系统开发的可行性研究,提交可行性研究报告。

3.系统分析阶段

系统分析的任务是根据用户需求,明确系统目标和边界,定义一个可行的成本效益合理的系统。因此，要求对系统做全面的、长远的充分考虑，并研究系统的可行性，提出财力、物力、人力等各方面的要求，以及以后各阶段的投入计划和阶段目标。系统分析实际上是新系统的逻辑设计，要构造出独立于物理设备的新系统逻辑模型。这是一个反复调查、分析、综合和优化的过程。也可以说，系统分析就是明确新系统做什么。

4. 系统设计阶段

系统设计的任务是将系统分析所确定的各种功能要求转化为具体的物理系统。就是根据新系统的逻辑模型进行物理模型设计，因此，系统设计又称新系统的物理设计，要具体进行各种详细设计。简单地说，系统设计就是确定新系统怎么做。

5. 系统实施阶段

系统实施的任务是完成硬件设备的安装调试，对操作人员进行必要的技术培训，编制系统操作手册、使用手册和有关说明书，并进行程序设计和调试。

6. 系统维护与评价阶段

调试工作结束后，不能马上转入正常运行，需要一段修改和考验的时间。评价系统的优劣，主要是系统的工作质量和经济效益。维护和评价反复进行多次，最后，对新系统做出评价分析报告。

通过以上各个阶段，新系统代替原系统进入正常运行。由于系统的环境是不断变化的，为了使系统能适应环境，必须进行少量的维护工作。当系统运行到一定时期，再次不适于系统的总目标时，又提出新系统的开发要求，于是，另一个新系统的生命周期就开始了（图 2.1）。

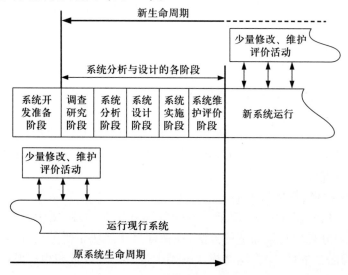

图 2.1　系统的生命周期图

对于管理信息系统生命周期的阶段和步骤的划分和阐述,不同的学者有不同的看法。其主要区别在于详细的程度或分类的方法上,而在研制阶段的流程以及对研制周期进行控制的必要性方面,都有基本一致的观点。主要有:

(1)新系统的研制要建立在对原系统充分调查和分析的基础之上。

(2)系统分析、系统设计、系统实施和系统维护与评价几个阶段不能任意颠倒或省略。尤其应当注意的是,硬件设备是管理信息系统的一个组成部分,其购置应在相应阶段、相应步骤上来完成。程序编制应在系统分析和设计的基础上进行,要完全明确系统到底要做什么和怎样做。

(3)系统研制的任何阶段和步骤都不是绝对孤立的,而是相互联系和影响的。

二、结构化方法的特点

结构化系统分析与设计的方法要求管理信息系统的开发研制工作要按照规定步骤,使用一定的图表工具,在结构化和模块化的基础上进行。结构化思想是把系统功能当作一个大模块,根据系统分析与设计的不同要求,进行模块的分解或组合工作,这种方法贯穿于系统分析、系统设计和程序设计的各个过程。主要有以下几个特点:

1. 建立面向用户的观点

管理信息系统是直接为用户服务的,因此,在开发的全过程中要有用户观点,一切从用户利益考虑。在开发的具体工作中,尽量吸收用户单位的管理人员和业务人员参加,加强与用户的联系,要与用户及时交流,讨论开发中的各种问题。

2. 加强调查研究和系统分析

为了使新系统满足用户要求,要对现行系统作充分细致的全面调查。在此基础上进行系统分析,通过方案对比,确定新系统最佳方案。

3. 逻辑设计与物理设计分别进行

在系统开发前期,开发人员利用一定的图表工具构造出新系统的逻辑模型,使用户看到新系统的梗概。然后,在系统设计阶段再依据新系统的逻辑模型进行具体的物理设计。

4. 使用结构化、模块化方法

采用结构化的设计方法,使新系统的各部分独立性强,便于设计、实施和维护。模块的划分采取自顶而下的方法,在保证总体模块正确的前提下,逐步分层细化,划分为适当的模块,在这些模块基础上进行物理设计和程序设计。

5.严格按照阶段进行

将整个新系统的开发过程分为若干个阶段,每个阶段都有其明确的任务和目标,而各个阶段又可分为若干工作和步骤。这种有序的安排,条理清楚,便于制订进度计划和进行控制,而且,后面阶段的工作又是以前面阶段的成果为依据,基础扎实,返工率低。

6.工作文件标准化和文献化

新系统开发过程中所有工作内容,都要填写在一定格式的图表上。各种图表工具要求标准化、规范化,使系统开发人员及用户有共同语言。所有文献资料均要编号存档,作为系统今后维护和改造的重要技术资料。

三、研制方法与工具

生命周期法主要的研制方法有结构化分析、结构化设计与 HIPO 等,在后面有关章节将详细介绍。研制工具主要有显示工具与判别决策工具两大类。其中显示工具有流程图、决策表、问题分析图、NS 图、进度表和曲线图等。判别决策工具主要有网络计划技术、排队论、线性规划、仿真技术决策理论等。

1.流程图

流程图是一种表示操作顺序和信息流动过程的图表。其基本元素或概念用标准化的图形符号来表示,相互关系用连线来表示。

在数据处理过程中,不同的工作人员使用不同的流程图。大多数设计单位、程序设计人员之间进行学术交流时,都要用流程图表达各自的想法。流程图是交流各自思想的一种强有力的工具。

实际上流程图是有向图,其中每个节点代表一个或一组操作。

流程图的目的是把复杂的系统关系用一种简单的直观的图表表示出来,以便帮助处理问题的人员更清楚地了解系统。也可以用它来检查系统的逻辑关系是否正确。

绘制流程图的法则是优先关系法则,其基本思想是:先把整个系统当作一个"功能"来看待,先画出最粗略的流程图,然后逐层次向下分析,加入各种细节,直到所需要的详尽程度为止。

流程图一般分为四级:

第一级流程图称为代码图,用来表示计算机的指令顺序。

第二级流程图称为程序流程图,它是计算机程序设计人员与程序编制员之间使用的工具。

第三级流程图称为方案流程图,用来描述信息流程,并用处理业务的顺序来表示系统的结构。它是从第四级流程图引申出来的,可以弥补经理人员和技术人员之间的脱节。

第四级流程图称为系统流程图。它把各系统或子系统联在一起,对整个系统的初步设想非常有用。系统流程图着重说明这个系统包括哪些部分和各部分之间的关系。

前两级统称为程序流程图,后两级统称为系统流程图,如下所示:

$$
流程图\begin{cases}程序流程图\begin{cases}代码图\\程序流程图\end{cases}\\系统流程图\begin{cases}方案流程图\\系统流程图\end{cases}\end{cases}
$$

1)程序流程图

程序流程图,说明在某一专用程序中的各项操作和判断,着重说明程序的逻辑性、处理方法、处理顺序。

程序的逻辑性、处理方法及顺序都是通过一些基本符号来表示的。利用这些基本符号,按照程序的逻辑性与处理顺序构成的完整图形,就称为程序流程图。

程序流程图的设计步骤:

(1)建立数学模型。建立数学模型应首先设置变量,再分析变量间的关系,最后用数学公式来描述它们之间的关系。

(2)分析处理程序。由计算机处理已建立的数学模型,必须分析清楚处理逻辑程序,首先应输入什么数,应赋予哪一个变量,依次应作何类处理,最后应输出什么变量的值等。

(3)绘制流程图。利用流程图的基本符号,依照严格的逻辑关系来描述处理程序,便得到程序流程图。

例 某厂实行计件工资,工资率(每件产品所付工资)为 η,代扣费为所得税 P,试设计其程序流程图。

首先,应输入姓名,由于每种产品的工资率不同,因此,必须输入工资率 η,产品量 n,然后,计算应发额:$m = \eta \times n$。

所得税 P 的计算为

$$P = \begin{cases} 0, & m < 300 \\ 0.2\% \times m, & m \geq 300 \end{cases}$$

然后计算实发金额:$S = m - P$。最后,打印输出工资单。

再输入下一个人的姓名,工资率 η,产品量 n,计算应发金额,计算所得税,计算实发金额,打印输出工资单,直到全部工资单都打印完毕。

按照逻辑顺序,可绘制出图2.2所示的流程图。

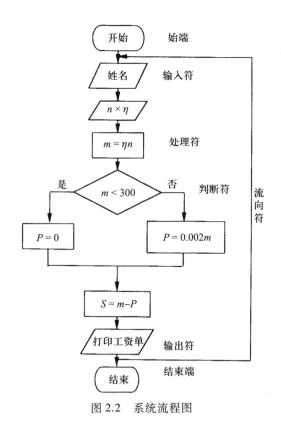

图 2.2 系统流程图

2）系统流程图

系统流程图用来描绘管理信息系统所有各部分的流程路线,以及有关的存储媒体及其所经过的工作站之间的关系。

利用一些基本符号,按照系统的逻辑顺序,以及系统中各部分的制约关系绘制成的一个完整图形,就是系统流程图。

系统流程图的设计步骤是：

(1)分析实现程序必需的设备。

(2)分析数据在各种设备之间的交换过程。

(3)用系统流程图或程序流程图的基本符号描述其交换过程。

例 零售收款过程的实现,需要使用显示器、打印机、磁盘。通过键盘从磁盘调入收款程序,输入货物的名称或代码、数量,用显示器向营业员和顾客显示货物的名称、单价、数量和总金额,并进行必要的收款对话处理,最后把统计量送入磁盘,或打印输出收款凭证,下班时打印当班销售统计表。其系统流程图如图 2.3 所示。

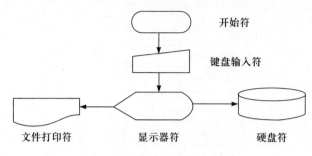

图 2.3 零售收款系统流程图

2.决策表

决策表是用来表示重复发生事件规则的一种直观方法。管理信息系统的目的之一是把管理人员从日常例行的事务中解脱出来。因此,可以把日常例行的事务建立一个决策表,利用形式化了的决策表,就可以编制出计算机程序来。决策表的一个目的是迫使决策者从客观角度,而不是从主观角度来做决策,即使调换了另外一位决策者,也会做出与前一位同样的决策,这样就保证了决策的一致性。决策表的另一个目的是,便于决策者与系统分析、设计人员和程序编制员间的相互联系。程序设计人员可以将流程图转换成决策表交给决策者,供他们在检查程序的正确性时使用。同样,决策者也可以把他们的决策过程用决策表的形式送给系统分析员,便于进行系统分析。关于决策表的绘制,以及如何根据决策表绘制程序流程图或再由流程图编写程序等内容,将在系统分析一章中详细叙述。

3.问题分析图

问题分析图(Problem Analysis Diagram,PAD)是以图形的形式来表现程序的逻辑结构,减轻系统设计和应用程序编制者的脑力劳动。使用 PAD 可以大大地提高编制程序/调试修改程序和系统维护的效率。

PAD 的开发方法是将一个大而模糊的过程分成几个模糊部分,并且不断地按此方法细分,一直到有了明确解决问题的过程为止。基本思路是与自上而下的程序设计和逐步求精的思想是一致的。

PAD 法的控制结构,主要是 PASCAL 语言的二维展开树图。

PAD 法有基本图式(图 2.4)和扩充图式(图 2.5)两种。这两种图式除与 PASCAL 对应外,还可以和其他任何语言相对应。PAD 所用的符号如图 2.6 所示。

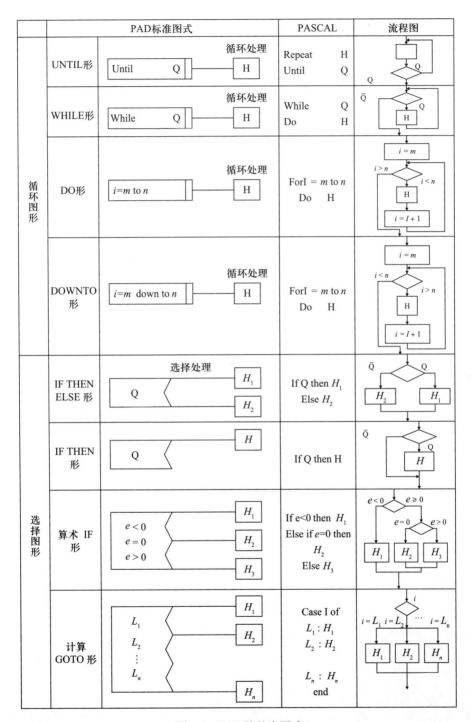

图 2.4 PAD 的基本图式

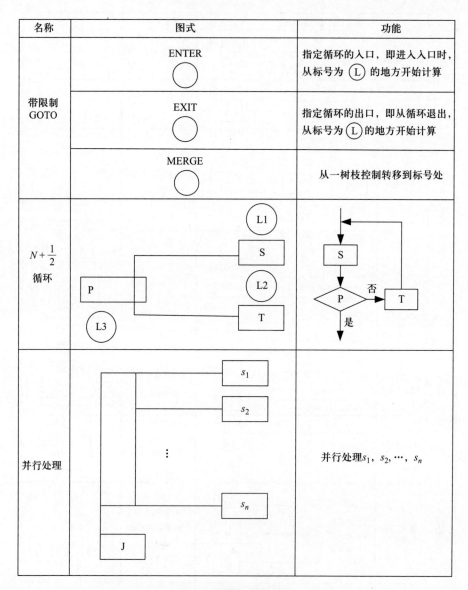

图 2.5 PAD 的扩充图式

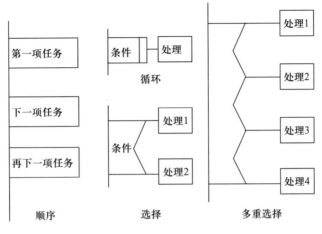

图 2.6　PAD 符号

4.NS 图

NS 图(The Nassi-Shneiderman Chart)是为了开发一个不允许破坏结构化的软件而发展起来的一种图形工具。

NS 图的基本元素是框,一般可分为顺序框、条件框和重复框三种。条件框表示 if-then-else 规则,含有一种多值选择。重复框是表示循环的,循环部分有 Do-While 或 Repeat-Until。三种基本框如图 2.7 所示。

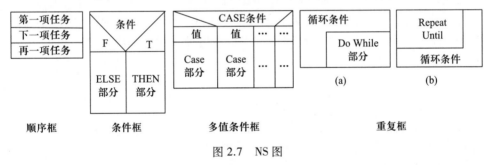

图 2.7　NS 图

有了 NS 图,就可以将流程图转换为 NS 图,然后将 NS 图转换为决策表,反之亦然。

四、生命周期法的特点

生命周期法是结构化的方法,强调自顶向下分阶段开发,在系统开发初期必须对需求严格定义,建立一个详细的系统逻辑模型,从而提高开发的成功率,消除软件危机。

在以生命周期法开发管理信息系统的过程中,用户参与的主要方式有三种:一是在系统研制开始之前,先由用户提交对所要求开发的应用系统的功能要求;然后由系统研制人员与用户协作,调查研究,对用户请求进行分析,确定系统目标,以便使系统研制人员能真正理解用户的意图;之后,由系统研制人员进行系统分析和设计,并进一步根据对用户的分析以及现行运行条件和环境,生成有关系统的详细说明书,即系统要求说明书和模块说明书。二是在研制人员生成了说明书之后,需要由用户再次参与,共同讨论修改这些说明,直到用户满意。三是在用户和研制人员共同确定了最终技术说明书之后就由系统研制人员进行编程、调试和实现。在实际投入运行之前,还必须对用户进行培训,投入运行后,由用户和研制人员一起对系统进行评价和审计。因此,要求系统分析员必须熟悉和了解现行系统,而且,所研制的系统目标应该是明确稳定的,所解决的问题应该具有较强的结构。

第二节　快速原型法

为了解决生命周期法存在的周期长、成本高的缺点,许多研究人员提出了开发管理信息系统的快速应用程序开发方法(Rapid Application Development,RAD)。这种方法的本质是尽快地开发出可以使用的原型系统,因此也把此方法称为快速原型开发方法(简称快速原型法)。

快速原型法的特点是快速地创建出管理信息系统的测试版本,该版本可以用来演示和评估,用户可以借助这种测试版本更加详细地提出自己的需求,系统开发人员可以借助这种测试版本挖掘用户的需求,然后在此基础上对系统的测试版本进行修改。

在快速原型法中,包含了四个不同的基本阶段,即设计阶段、系统构造阶段、实现阶段、分析阶段。除此四个基本的循环阶段之外,还包括准备和调查阶段、分析问题阶段和运行维护阶段。快速原型法的示意图如图2.8所示。

首先定义将要开发的信息系统项目,提出相应的问题、目标和方向,然后进入准备和调查阶段,提出信息系统项目的范围、约束等章程,接下来进入问题认可阶段,提出业务需求描述,最后进入快速原型法的循环阶段。

循环阶段包括设计阶段、系统构造阶段、实现阶段和分析阶段。在这些循环阶段中,借助于一些软件工具快速开发出一个可以使用的工作原型。这种工作原型只能完成用户需要的最主要的功能,但是这种工作原型可以提供给用户使用。在循环阶段,最重要的内容是鼓励用户使用工作原型,然后挖掘自己的需求和进一步提出修改意见。系统开发人员根据用户的需求和原型系统存在的问题

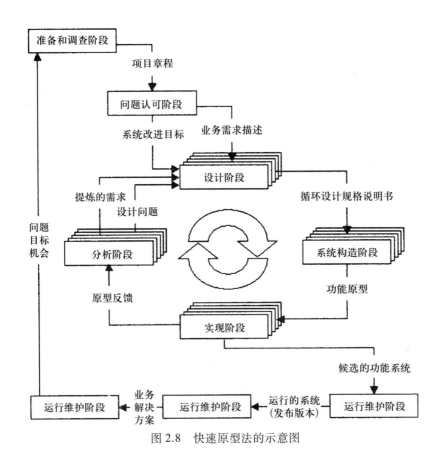

图 2.8　快速原型法的示意图

对工作原型系统进行修改和增强。这个循环过程反复进行,直到原型系统满足了用户的需求为止。这时,得到的原型系统就是候选的功能系统。

完善候选的功能系统,则得到可以发布的可运行的系统。这时,进入到了信息系统的运行维护阶段,满足用户提出的开发信息系统的要求。

使用快速原型开发方法,有下面一些明显的优点:

对于那些用户需求无法确定的项目来说,是一个非常有效的开发方法。

这种方法鼓励用户参与系统开发的积极性,提高了终端用户使用系统的热情。

由于许多用户参与到了信息系统的开发过程中,因此项目开发过程的透明度和支持度都非常高。

用户和管理阶层可以更快地看到可以工作的信息系统原型,也就是可以更早地得到企业的解决方案。

与其他开发方法相比,可以尽快地发现系统中存在的错误和疏漏,提高信息系统的开发质量。

测试和培训是一件简单的事情,因为许多终端用户在开发过程中已经参与了测试和培训。

应该说,这种循环开发方法是一种更加自然的系统开发方法,因为符合改变管理的要求;这种开发方法大大降低了信息系统的开发风险,这是因为使用不断循环的技术解决方案取代了一次性提交的技术解决方案。

但是,也不是说这种方法没有缺点。快速原型法存在的主要缺点如下:

这种方法鼓励采用了"编码、实现、修复"的开发方式,这样有可能提高整个系统生命周期的运行、支持和维护成本。

这种方法失去了开发过程中选择更好的技术方案的机会,因为技术人员和用户都希望尽快地看到可以使用的原型,认为更加优化的技术方案可以在下一次循环中采纳。

这种方法过于强调速度,使得许多潜在的系统质量缺陷没有得到很好的解决。

一般地,快速原型方法适于开发小型的信息系统项目。

第三节 RUP 开发方法介绍

Rational 统一过程(Rational Unified Process,RUP)是由 Rational 软件公司开发的一种预定义好的软件过程框架,它作为 Rational Suite Enterprise 套件中的一个组成部分以 Web 文档的形式发布,此套件中包括著名的 UML 建模工具 Rose 以及多种用于软件开发各个阶段的辅助性工具。RUP 的主要创始人是面向对象领域中最杰出的三位科学家,标准建模语言(UML)的缔造者——Booch、Rumbaugh 和 Jacobson。RUP 的核心是 Objectory Process,后者是 Rational 软件公司几年前合并 Jacobson 的 Objectory Organization 时所获得的产品之一,之后 Rational 用其自己的过程对 Objectory 进行改进和增强,最终形成 RUP。

RUP 是一个面向对象且基于网络的程序开发方法论。根据 Rational (Rational Rose 和统一建模语言的开发者)的说法,好像一个在线的指导者,它可以为所有方面和层次的程序开发提供指导方针、模版以及事例支持。RUP 和类似的产品——如面向对象的软件过程(OOSP),以及 OPEN Process 都是理解性的软件工程工具——把开发中面向过程的方面(如定义的阶段,技术和实践)和其他开发的组件(如文档、模型、手册以及代码等)整合在一个统一的框架内。

一、六大经验

(1)迭代式开发。在软件开发的早期阶段就想完全、准确地捕获用户的需求几乎是不可能的。实际上,我们经常遇到的问题是需求在整个软件开发工程中经常会改变。迭代式开发允许在每次迭代过程中需求可能有变化,通过不断细化来加深对问题的理解。迭代式开发不仅可以降低项目的风险,而且每个迭代过程以可以执行版本结束,可以鼓舞开发人员。

（2）管理需求。确定系统的需求是一个连续的过程,开发人员在开发系统之前不可能完全详细地说明一个系统的真正需求。RUP 描述了如何提取、组织系统的功能和约束条件并将其文档化,用例和脚本的使用以被证明是捕获功能性需求的有效方法。

（3）基于组件的体系结构。组件使重用成为可能,系统可以由组件组成。基于独立的、可替换的、模块化组件的体系结构有助于管理复杂性,提高重用率。RUP 描述了如何设计一个有弹性的、能适应变化的、易于理解的、有助于重用的软件体系结构。

（4）可视化建模。RUP 往往和 UML 联系在一起,对软件系统建立可视化模型帮助人们提供管理软件复杂性的能力。RUP 告诉我们如何可视化地对软件系统建模,获取有关体系结构于组件的结构和行为信息。

（5）验证软件质量。在 RUP 中软件质量评估不再是事后进行或单独小组进行的分离活动,而是内建于过程中的所有活动,这样可以及早发现软件中的缺陷。

（6）控制软件变更。迭代式开发中如果没有严格的控制和协调,整个软件开发过程很快就陷入混乱之中,RUP 描述了如何控制、跟踪、监控、修改以确保成功的迭代开发。RUP 通过软件开发过程中的制品,隔离来自其他工作空间的变更,以此为每个开发人员建立安全的工作空间。

二、统一软件开发过程 RUP 的二维开发模型

RUP 软件开发生命周期是一个二维的软件开发模型。横轴通过时间组织,是过程展开的生命周期特征,体现开发过程的动态结构,用来描述它的术语主要包括周期（Cycle）、阶段（Phase）、迭代（Iteration）和里程碑（Milestone）;纵轴以内容来组织为自然的逻辑活动,体现开发过程的静态结构,用来描述它的术语主要包括活动（Activity）、产物（Artifact）、工作者（Worker）和工作流（Workflow）,如图 2.9 所示。

三、统一软件开发过程 RUP 核心概念

RUP 中定义了一些核心概念,如图 2.10 所示。

角色:描述某个人或者一个小组的行为与职责。RUP 预先定义了很多角色。
活动:一个有明确目的的独立工作单元。

管理信息系统

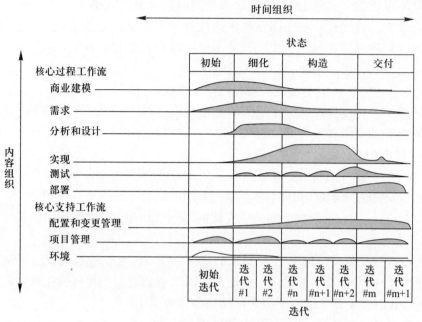

图 2.9　RUP 的二维开发模型

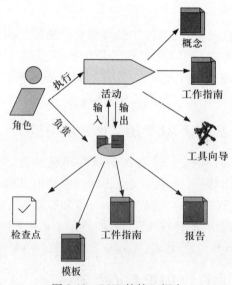

图 2.10　RUP 的核心概念

工件：活动生成、创建或修改的一段信息。

四、统一软件开发过程 RUP 裁剪

RUP 是一个通用的过程模板，包含了很多开发指南、制品、开发过程所涉及的角色说明，由于它非常庞大，因此对具体的开发机构和项目，用 RUP 时还要做裁剪，也就是要对 RUP 进行配置。RUP 就像一个元过程，通过对 RUP 进行裁剪可以得到很多不同的开发过程，这些软件开发过程可以看作 RUP 的具体实例。RUP 裁剪可以分为以下几步：

(1) 确定本项目需要哪些工作流。RUP 的 9 个核心工作流并不总是需要的，可以取舍。

(2) 确定每个工作流需要哪些制品。

(3) 确定四个阶段之间如何演进。确定阶段间演进要以风险控制为原则，决定每个阶段要那些工作流，每个工作流执行到什么程度，制品有哪些，每个制品完成到什么程度。

(4) 确定每个阶段内的迭代计划。规划 RUP 的四个阶段中每次迭代开发的内容。

(5) 规划工作流内部结构。工作流涉及角色、活动及制品，它的复杂程度与项目规模即角色多少有关。最后规划工作流的内部结构，通常用活动图的形式给出。

五、开发过程中的各个阶段和里程碑

RUP 中的软件生命周期在时间上被分解为四个顺序的阶段，分别是初始阶段(Inception)、细化阶段(Elaboration)、构造阶段(Construction)和交付阶段(Transition)。每个阶段结束于一个主要的里程碑(Major Milestones)；每个阶段本质上是两个里程碑之间的时间跨度。在每个阶段的结尾执行一次评估以确定这个阶段的目标是否已经满足。如果评估结果令人满意的话，可以允许项目进入下一个阶段。

1. 初始阶段

初始阶段的目标是为系统建立商业案例并确定项目的边界。为了达到该目的必须识别所有与系统交互的外部实体，在较高层次上定义交互的特性。本阶段具有非常重要的意义，在这个阶段中所关注的是整个项目进行中的业务和需求方面的主要风险。对于建立在原有系统基础上的开发项目来讲，初始阶段可能很短。初始阶段结束时是第一个重要的里程碑：生命周期目标(Lifecycle objective)里程碑。生命周期目标里程碑评价项目基本的生存能力。

2. 细化阶段

细化阶段的目标是分析问题领域，建立健全的体系结构基础，编制项目计

划,淘汰项目中最高风险的元素。为了达到该目的,必须在理解整个系统的基础上,对体系结构做出决策,包括其范围、主要功能和诸如性能等非功能需求。同时为项目建立支持环境,包括创建开发案例,创建模板、准则并准备工具。细化阶段结束时第二个重要的里程碑:生命周期结构(Lifecycle Architecture)里程碑。生命周期结构里程碑为系统的结构建立了管理基准并使项目小组能够在构建阶段中进行衡量。此刻,要检验详细的系统目标和范围、结构的选择以及主要风险的解决方案。

3. 构造阶段

在构建阶段,所有剩余的构件和应用程序功能被开发并集成为产品,所有的功能被详细测试。从某种意义上说,构建阶段是一个制造过程,其重点放在管理资源及控制运作以优化成本、进度和质量。构建阶段结束时是第三个重要的里程碑:初始功能(Initial Operational)里程碑。初始功能里程碑决定了产品是否可以在测试环境中进行部署。此刻,要确定软件、环境、用户是否可以开始系统的运作。此时的产品版本也常被称为"beta"版。

4. 交付阶段

交付阶段的重点是确保软件对最终用户是可用的。交付阶段可以跨越几次迭代,包括为发布做准备的产品测试,基于用户反馈的少量的调整。在生命周期的这一点上,用户反馈应主要集中在产品调整、设置、安装和可用性问题,所有主要的结构问题应该已经在项目生命周期的早期阶段解决了。在交付阶段的终点是第四个里程碑:产品发布(Product Release)里程碑。此时,要确定目标是否实现,是否应该开始另一个开发周期。在一些情况下这个里程碑可能与下一个周期的初始阶段的结束重合。

六、统一软件开发过程 RUP 的核心工作流

RUP 中有 9 个核心工作流(Core Workflows),分为 6 个核心过程工作流(Core Process Workflows)和 3 个核心支持工作流(Core Supporting Workflows)。尽管 6 个核心过程工作流可能使人想起传统瀑布模型中的几个阶段,但应注意迭代过程中的阶段是完全不同的,这些工作流在整个生命周期中一次又一次被访问。9 个核心工作流在项目中轮流被使用,在每一次迭代中以不同的重点和强度重复。

1. 商业建模

商业建模(Business Modeling)工作流描述了如何为新的目标组织开发一个构想,并基于这个构想在商业用例模型和商业对象模型中定义组织的过程、角色和责任。

2.需求

需求(Requirements)工作流的目标是描述系统应该做什么,并使开发人员和用户就这一描述达成共识。为了达到该目标,要对需要的功能和约束进行提取、组织、文档化;最重要的是理解系统所解决问题的定义和范围。

3.分析和设计

分析和设计(Analysis & Design)工作流将需求转化成未来系统的设计,为系统开发一个健壮的结构并调整设计使其与实现环境相匹配,优化其性能。分析设计的结果是一个设计模型和一个可选的分析模型。设计模型是源代码的抽象,由设计类和一些描述组成。设计类被组织成具有良好接口的设计包(Package)和设计子系统(Subsystem),而描述则体现了类的对象如何协同工作实现用例的功能。设计活动以体系结构设计为中心,体系结构由若干结构视图来表达,结构视图是整个设计的抽象和简化,该视图中省略了一些细节,使重要的特点体现得更加清晰。体系结构不仅是良好设计模型的承载媒介,而且在系统的开发中能提高被创建模型的质量。

4.实现

实现(Implementation)工作流的目的包括以层次化的子系统形式定义代码的组织结构;以组件的形式(源文件、二进制文件、可执行文件)实现类和对象;将开发出的组件作为单元进行测试以及集成由单个开发者(或小组)所产生的结果,使其成为可执行的系统。

5.测试

测试(Test)工作流要验证对象间的交互作用,验证软件中所有组件的正确集成,检验所有的需求已被正确的实现,识别并确认缺陷在软件部署之前被提出并处理。RUP 提出了迭代的方法,意味着在整个项目中进行测试,从而尽可能早地发现缺陷,从根本上降低了修改缺陷的成本。测试类似于三维模型,分别从可靠性、功能性和系统性能来进行。

6.部署

部署(Deployment)工作流的目的是成功地生成版本并将软件分发给最终用户。部署工作流描述了那些与确保软件产品对最终用户具有可用性相关的活动,包括软件打包、生成软件本身以外的产品、安装软件、为用户提供帮助。在有些情况下,还可能包括计划和进行 beta 测试版、移植现有的软件和数据以及正式验收。

7.配置和变更管理

配置和变更管理(Configuration & Change Management)工作流描绘了如何在多个成员组成的项目中控制大量的产物。配置和变更管理工作流提供了准则来管理演化系统中的多个变体,跟踪软件创建过程中的版本。工作流描述了如何管理并行开发、分布式开发、如何自动化创建工程。同时,也阐述了对产品修改原因、时间、人员保持审计记录。

8.项目管理

软件项目管理(Project Management)平衡各种可能产生冲突的目标,管理风险,克服各种约束并成功交付使用户满意的产品。其目标包括为项目的管理提供框架,为计划、人员配备、执行和监控项目提供实用的准则,为管理风险提供框架等。

9.环境

环境(Environment)工作流的目的是向软件开发组织提供软件开发环境,包括过程和工具。环境工作流集中于配置项目过程中所需要的活动,同样也支持开发项目规范的活动,提供了逐步的指导手册并介绍了如何在组织中实现过程。

七、RUP 的迭代开发模式

RUP 中的每个阶段可以进一步分解为迭代。一个迭代是一个完整的开发循环,产生一个可执行的产品版本,是最终产品的一个子集,它增量式地发展,从一个迭代过程到另一个迭代过程到成为最终的系统。传统上的项目组织是顺序通过每个工作流,每个工作流只有一次,也就是我们熟悉的瀑布生命周期(图 2.11)。这样做的结果是到实现末期产品完成并开始测试,在分析、设计和实现阶段所遗留的隐藏问题会大量出现,项目可能要停止并开始一个漫长的错误修正周期。

图 2.11 瀑布生命周期

一种更灵活、风险更小的方法是多次通过不同的开发工作流,这样可以更好地理解需求,构造一个健壮的体系结构,并最终交付一系列逐步完成的版本,这称为一个迭代生命周期。在工作流中的每一次顺序的通过称为一次迭代。软件生命周期是迭代的连续,通过它,软件是增量的开发。一次迭代包括了生成一个可执行版本的开发活动,还有使用这个版本所必需的其他辅助成分,如版本描述、用户文档等。因此一个开发迭代在某种意义上是在所有工作流中的一次完整的经过,这些工作流至少包括需求工作流、分析和设计工作流、实现工作流、测试工作流。其本身就像一个小型的瀑布项目(图 2.12)。

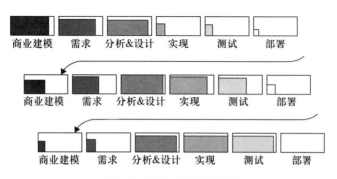

图 2.12 RUP 的迭代模型

与传统的瀑布模型相比较,迭代过程具有以下优点:

降低了在一个增量上的开支风险。如果开发人员重复某个迭代,那么损失只是这一个开发有误的迭代的花费。

降低了产品无法按照既定进度进入市场的风险。通过在开发早期就确定风险,可以尽早来解决而不至于在开发后期匆匆忙忙。

加快了整个开发工作的进度。因为开发人员清楚问题的焦点所在,他们的工作会更有效率。

由于用户的需求并不能在一开始就做出完全的界定,它们通常是在后续阶段中不断细化的,因此,迭代过程这种模式使适应需求的变化会更容易些。

八、统一软件开发过程 RUP 的十大要素

统一软件开发过程 RUP 有十大要素,下面让我们逐一地审视这些要素,看一看它们什么地方适合 RUP,找出它们能够成为十大要素的理由。

1.开发一个前景

有一个清晰的前景是开发一个满足大众真正需求的产品的关键。前景抓住了 RUP 需求流程的要点:分析问题,理解涉众需求,定义系统,当需求变化时的管理需求。前景给更详细的技术需求提供了一个高层的、有时候是合同式的基础。正像这个术语隐含的那样,它是软件项目的一个清晰的、通常是高层的视图,能被过程中任何决策者或者实施者借用。它捕获了非常高层的需求和设计约束,让前景的读者能理解将要开发的系统。它还提供了项目审批流程的输入,因此就与商业理由密切相关。最后,由于前景构成了"项目是什么"和"为什么要进行这个项目",所以可以把前景作为验证将来决策的方式之一。对前景的陈述应该能回答以下问题,需要的话这些问题还可以分成更小、更详细的问题:关键术语是什么(词汇表)?我们尝试解决的问题是什么(问题陈述)?涉众是谁?用户是谁?他们各自的需求是什么?产品的特性是什么?功能性需求是什么

(Use Cases)？非功能性需求是什么？设计约束是什么？

2.达成计划

"产品的质量只会和产品的计划一样好。"在 RUP 中,软件开发计划(SDP)综合了管理项目所需的各种信息,也许会包括一些在先启阶段开发的单独的内容。SDP 必须在整个项目中被维护和更新。SDP 定义了项目时间表(包括项目计划和迭代计划)和资源需求(资源和工具),可以根据项目进度表来跟踪项目进展。同时也指导了其他过程内容(Process Components)的计划:项目组织、需求管理计划、配置管理计划、问题解决计划、QA 计划、测试计划、评估计划以及产品验收计划。

在较简单的项目中,对这些计划的陈述可能只有一两句话。例如,配置管理计划可以简单地这样陈述:每天结束时,项目目录的内容将会被压缩成 ZIP 包,拷贝到一个 ZIP 磁盘中,加上日期和版本标签,放到中央档案柜中。软件开发计划的格式远远没有计划活动本身以及驱动这些活动的思想重要。正如艾森豪威尔所说:"计划什么也不是,制订计划才是一切。""达成计划"和列表中第3、4、5、8 条一起抓住了 RUP 中项目管理流程的要点。项目管理流程包括以下活动:构思项目、评估项目规模和风险、监测与控制项目、计划和评估每个迭代和阶段。

3.标识和减小风险

RUP 的要点之一是在项目早期就标识并处理最大的风险。项目组标识的每一个风险都应该有一个相应的缓解或解决计划。风险列表应该既作为项目活动的计划工具,又作为确定迭代的基础。

4.分配和跟踪任务

有一点在任何项目中都是重要的,即连续的分析来源于正在进行的活动和进化的产品的客观数据。在 RUP 中,定期的项目状态评估提供了讲述、交流和解决管理问题、技术问题以及项目风险的机制。团队一旦发现了这些障碍物,他们就把所有这些问题都指定一个负责人,并指定解决日期。进度应该定期跟踪,如有必要,更新应该被发布。这些项目"快照"突出了需要引起管理注意的问题。随着时间的变化/虽然周期可能会变化,定期的评估使经理能捕获项目的历史,并且消除任何限制进度的障碍或瓶颈。

5.检查商业理由

商业理由从商业的角度提供了必要的信息,以决定一个项目是否值得投资。商业理由还可以帮助开发一个实现项目前景所需的经济计划。它提供了进行项目的理由,并建立经济约束。当项目继续时,分析人员用商业理由来正确地估算投资回报率(Return on Investment,ROI)。商业理由应该给项目创建一个简短但是引人注目的理由,而不是深入研究问题的细节,以使所有项目成员容易理解和记住它。在关键里程碑处,经理应该回顾商业理由,计算实际的花费、预计的回报,决定项目是否继续进行。

6.设计组件构架

在 RUP 中,软件系统的构架是指一个系统关键部件的组织或结构,部件之间通过接口交互,而部件是由一些更小的部件和接口组成的。即主要的部分是什么？它们又是怎样结合在一起的？RUP 提供了一种设计、开发、验证构架的系统方法。在分析和设计流程中包括以下步骤:定义候选构架、精化构架、分析行为(用例分析)、设计组件。要陈述和讨论软件构架,你必须先创建一个构架表示方式,以便描述构架的重要方面。在 RUP 中,构架表示由软件构架文档捕获,它给构架提供了多个视图。每个视图都描述了某一组涉众所关心的正在进行的系统的某个方面。涉众有最终用户、设计人员、经理、系统工程师、系统管理员等。这个文档使建立系统构架的人员和其他项目组成员能就与构架相关的重大决策进行有效的交流。

7.对产品进行增量式的构建和测试

在 RUP 中实现和测试流程的要点是在整个项目生命周期中增量的编码、构建、测试系统组件,在先启之后每个迭代结束时生成可执行版本。在精化阶段后期,已经有了一个可用于评估的构架原型；如有必要,它可以包括一个用户界面原型。然后,在构建阶段的每次迭代中,组件不断地被集成到可执行、经过测试的版本中,不断地向最终产品进化。动态及时的配置管理和复审活动也是这个基本过程元素(Essential Process Element)的关键。

8.验证和评价结果

顾名思义,RUP 的迭代评估捕获了迭代的结果。评估决定了迭代满足评价标准的程度,还包括学到的教训和实施的过程改进。根据项目的规模和风险以及迭代的特点,评估可以是对演示及其结果的一条简单的纪录,也可能是一个完整的、正式的测试复审记录。这里的关键是既关注过程问题又关注产品问题。越早发现问题,就越没有问题。

9.管理和控制变化

RUP 的配置和变更管理流程的要点是当变化发生时管理和控制项目的规模,并且贯穿整个生命周期。其目的是考虑所有的涉众需求,尽可能地满足,同时仍能及时地交付合格的产品。用户拿到产品的第一个原型后(往往在这之前就会要求变更),他们会要求变更。重要的是,变更的提出和管理过程始终保持一致。在 RUP 中,变更请求通常用于记录和跟踪缺陷和增强功能的要求,或者对产品提出的任何其他类型的变更请求。变更请求提供了相应的手段来评估一个变更的潜在影响,同时记录依据这些变更所做出的决策。他们也帮助确保所有的项目组成员都能理解变更的潜在影响。

10.提供用户支持

在 RUP 中,部署流程的要点是包装和交付产品,同时交付有助于最终用户学习、使用和维护产品的任何必要的材料。项目组至少要给用户提供一个用户指南(也许是通过联机帮助的方式提供),可能还有一个安装指南和版本发布说明。根据产品的复杂度,用户也许还需要相应的培训材料。最后,通过一个材料清单(BOM 表,即 Bill of Materials)清楚地记录应该和产品一起交付哪些材料。关于需求有人看了笔者的要素清单后,可能会非常不同意我的选择。例如,他会问,需求在哪儿呢？他们不重要吗？笔者会告诉他我为什么没有把它们包括进来。有时笔者会问一个项目组(特别是内部项目的项目组):"你们的需求是什么？"而得到的回答却是:"我们的确没有什么需求。"刚开始笔者对此非常惊讶。他们怎么会没有需求呢？当我进一步询问时,笔者发现,对他们来说,需求意味着一套外部提出的强制性的陈述,要求他们必须怎么样,否则项目验收就不能通过。但是他们的确没有得到这样的陈述。尤其是当项目组陷入了边研究边开发的境地时,产品需求从头到尾都在演化。因此,笔者接着问他们另外一个问题:"好的,那么你们的产品的前景是什么呢？"这时他们的眼睛亮了起来。然后,我们非常顺利的就第一个要素("开发一个前景")中列出的问题进行了沟通,需求也自然而然地流动着。也许只有对于按照有明确需求的合同工作的项目组,在要素列表中加入"满足需求"才是有用的。请记住,笔者的清单仅仅意味着进行进一步讨论的一个起点。

九、RUP 的优缺点

RUP 具有很多优点:提高了团队生产力,在迭代的开发过程、需求管理、基于组件的体系结构、可视化软件建模、验证软件质量及控制软件变更等方面,针对所有关键的开发活动为每个开发成员提供了必要的准则、模板和工具指导,并确保全体成员共享相同的知识基础。它建立了简洁和清晰的过程结构,为开发过程提供较大的通用性。

但同时它也存在一些不足:RUP 只是一个开发过程,并没有涵盖软件过程的全部内容,例如:它缺少关于软件运行和支持等方面的内容；此外,它没有支持多项目的开发结构,这在一定程度上降低了在开发组织内大范围实现重用的可能性。可以说 RUP 是一个非常好的开端,但并不完美,在实际的应用中可以根据需要对其进行改进并可以用 OPEN 和 OOSP 等其他软件过程的相关内容对 RUP 进行补充和完善。

第四节 案例分析

支队装备部请海军工程大学管理工程系为其开发装备维修保障管理信息系统,管理系接受任务后立即组织项目小组前往支队装备部展开调研。

通过调研,项目小组发现支队装备部以前没有类似的管理信息系统,用户的系统需求较为模糊,因此选用原型法作为开发方法。

2006年6月中旬,项目小组前往支队装备部开展第一次调研,主要目的是了解用户需求,为开发系统原型做准备。通过这次调研,项目小组对装备部的组织结构、基本业务和目前存在的问题有了初步的了解,确定了软件的开发平台(Windows2000+VB2005+SQL2000)和软件的主要功能。项目小组回到管理系后,用了大约一个月的时间,快速完成系统分析和设计,开发出系统原型(原型1)。

2006年7月下旬,项目小组前往支队装备部开展第二次调研,主要是向用户提交一个系统原型,使用户能够看到并使用一个真实的系统,在此基础上项目小组与用户交换意见,从而进一步明确需求。这次,系统原型的功能基本符合要求,但界面方面还不够。通过这次调研,明确了系统界面,进一步划清了系统范围。从2006年10月上旬至2006年11月中旬,项目小组完成对系统原型的调整,得到了新的原型(原型2)。模型的主要改变是调整界面使其符合用户的要求,同时增加系统的可靠性和安全性。原型2基本可以投入使用,通过初步测试,形成了系统的安装光盘。

2006年11月下旬,项目小组前往支队装备部开展第三次调研,主要是向用户提交原型2,在装备部进行安装和试用,在此基础上与用户进一步交换意见。这次,原型2的界面已符合用户需求,主要问题有三点:①增加报表功能;②增加数据的Excel表导入导出功能;③库存管理模块与实际业务不一致,用户希望改为与实际业务一致。这次调研主要有三点收获:①系统除库存模块外,其他模块已基本确定;②获得了用户进一步的功能需求(如报表、Excel表导入导出);③通过和用户交流,明确了库存模块的调整方向。从2006年12月中旬到2007年1月中旬,项目小组针对第三次调研中的主要问题进行了调整,得到了原型3。

2007年1月下旬,项目小组前往支队装备部开展第四次调研,主要是向用户提交原型3,在装备部进行安装和试用,在此基础上与用户进一步交换意见。这次,原型3的各方面都已基本符合用户需求,用户认为可以投入正式使用。至此,系统开发基本完成,项目小组以后要做的就是系统的后期维护和升级。

习题

1. 管理信息系统的生命周期是什么?
2. 生命周期法的各个阶段的内容是什么?
3. 快速原型法的特点是什么?
4. RUP 开发方法的六大经验是什么?
5. RUP 开发过程中有几个阶段?
6. RUP 开发方法有哪些优缺点?

参考文献

[1] 薛华成.管理信息系统(第6版)[M].北京:清华大学出版社,2017.

第二篇 开发篇

第三章 系统分析
第四章 系统设计
第五章 系统实施

第三章　系统分析

系统分析就是利用科学的分析工具和方法,分析并确定管理信息系统的目的、功能与结构、费用与效益等问题,确定系统目标,构造系统模型,提出若干可行方案,进行优化分析与评价,整理出完整的系统分析报告。也就是说,要明确现行系统在做什么,新系统应该做什么。

可行性分析是要决定"做还是不做"。

需求分析是要决定"做什么,不做什么"。

第一节　初步调查

一、初步调查的主要内容

(1)系统的基本情况,包括系统的外部约束环境、规模、历史、管理目标、主要业务以及当前面临的主要问题。

(2)系统中信息处理的概况,包括现行系统的组织机构、基本工作方式、工作效率、可靠性、人员素质和技术手段等。

(3)系统的资源情况,包括系统的财经状况、技术力量以及为改善先行系统能够投入的人力和财力资源等。

(4)系统各类人员对系统的态度,包括领导和有关管理业务人员对现行系统的看法,对新系统开发的支持和关心程度等。

二、初步调查的方法

在详细介绍事实发现方法之前,还必须提及道德问题,无论是系统分析人员,还是系统设计和开发人员,由于深入到企业的各种业务过程中,采集各种各样的数据。这些数据报告企业的商业机密和雇员自己的隐私等,必须保护这些数据不被窃取。信息系统开发人员必须具备良好的事实发现的道德。

1.收集现有文档、表格、数据库的样本

系统分析人员应该收集的第一个文档是企业的组织结构图。接下来,应该了解导致该项目的原因。为了完成这些工作,系统分析人员应该收集和评审下面的文档:

(1)会议记录、调查、笔记、顾客投诉以及描述问题的各种报告。

（2）会计记录、性能检查、工作度量检查以及其他已经完成的经营报告。

（3）过去的和现在的信息系统项目请求。

除了这些描述问题的文档之外，还需要收集那些描述将要研究和设计的业务功能的文档。这些文档包括：

（1）公司的使命描述和战略计划。

（2）下达到各个部门的正式目标。

（3）政策手册，这些内容可能形成系统的约束。

（4）标准操作过程（Standard Operating Procedure，SOP）、工作要点以及日常操作的任务。

（5）指令。

（6）已经完成的表示实际交易数据的各种表格。

（7）计算机化的数据库和使用手册。

（8）各种报告和手册。

另外，还需要检查当前系统由以前的系统分析人员和设计、开发人员完成的各种文档。这些文档包括：

（1）各种类型的流程图、表。

（2）项目字典和仓储库。

（3）输入、输出、数据库等各种设计文档。

（4）程序文档。

（5）计算机操作手册和培训手册。

2. 观察工作环境

为了深入地了解系统，观察是一种非常有效的数据采集技术。观察工作环境就是由系统分析人员或信息系统项目小组的其他成员到现场观看实际工作场景。这种技术一般用来验证通过其他方法调查得到的数据，系统特别复杂时，为了得到更加清晰和全面的数据，必须采用观察工作环境技术。

观察工作环境技术的优点在于：

（1）通过观察得到的数据是准确的。经常通过采用观察方法验证通过个人得到的数据。

（2）系统分析人员可以准确地看到正在做的事情。对于复杂的工作来说，很难用几句话来描写清楚。通过观察，系统分析人员可以发现使用其他方法描述的任务是否准确和是否完整。另外，系统分析人员还可以得到描述物理环境的数据，包括设备布局、交通、灯光、噪声等。

（3）与其他的技术相比，观察是成本最低的技术。其他事实发现技术都需要占用工作人员的时间、复制各种资料等。

（4）观察技术允许系统分析人员评估工作量。

当然，这种技术也存在着一些缺点。例如，使用观察工作环境技术采集数据的主要缺点包括：

（1）一般正在工作的员工不喜欢别人观看他的工作，因此当其他人员观看他的工作时，他所做的工作可能与平时的工作表现不同。

（2）有可能出现这种情况，平时某项工作的操作非常复杂，但是观察时正好观察到操作比较简单的情况。

（3）有些系统的活动只能在某些特定时间操作，安排系统分析人员观察这些工作时，非常麻烦。

（4）正在观察的工作出现了故障。

（5）有些任务不可能总是按照观察人员观察时看到的样式执行。

（6）如果有些人看到有人在观察他的工作，那么他就会按照标准操作过程来执行他的任务。但是这些人平时的操作有可能经常是违反标准操作过程的。也就是说，有些人可以让观察人员看到他们希望后者看到的东西。

那么，系统分析人员如何通过观察得到希望得到的数据呢？一般地，在进行观察之前要做一些准备工作。也就是说，为了得到正确的观察结果，应该遵循下面的指导原则：

（1）确定谁执行观察任务？观察哪些内容？在什么地方观察？何时进行观察？为什么要观察？如何进行观察？

（2）从相应的管理者那里得到去现场观察的许可。

（3）预先通知将要被观察的工作人员，告诉他们这次观察的目的。

（4）观察人员的衣着、行为不要太显眼。

（5）边观察，边记笔记。

（6）禁止打断别人的工作。

（7）不要把精力过于集中于某些活动。

（8）不要事先进行假设。

为了观察真实的工作场景，观察者可以作为一个实际工作人员，在这些场所实习一段时间。这时候，可以对实际工作有更多的认识和理解。一般地，如果某个信息系统主要是针对某项业务，那么可以采取实习观察的方式。

3. 调查问卷

调查问卷方法是通过调查问卷的方式进行调查的一种事实发现技术。调查问卷可以大量发送，因此这种方法可以从许多不同的人员处得到相应的数据。不过，系统分析人员应该避免使用这种事实发现技术，因为许多人认为调查问卷是一种不适合信息系统项目的调查方法。但是由于调查问卷方法有许多优点，因此这种方法还是可以使用的。

1）调查问卷的优点和缺点

使用调查问卷技术的优点：

（1）大多数的调查问卷可以快速做答。人们可以在方便的时候完成和返还调查问卷。

（2）如果希望从许多个人处获取信息，那么调查问卷是一种低成本的数据采集技术。

（3）调查问卷形式允许保护个人的隐私。因此，当面对调查者，某个人不愿意说出他对自己老板的看法，但是他愿意使用调查问卷的方式表达对自己老板的真实看法。

（4）可以按照指定的格式进行。

但是，调查问卷技术也存在着许多缺点：

（1）调查问卷的返还数量的比例通常较低。

（2）没有办法保证每个人回答所有的问题。

（3）调查问卷方式不灵活。系统分析人员没有机会从每一个回答者中得到更多的信息，另外，某些问题的回答可能不符合题目的要求，即误解了题目的意思。

（4）系统分析人员不可能观察和分析回答者的身体语言。

（5）不能立即把模糊的或不完整的回答解释清楚。

2）调查问卷的类型

一般地，把调查问卷分成两种类型，即自由格式的调查问卷和固定格式的调查问卷。自由格式的调查问卷为回答者提供了非常灵活的回答问题的方式。例如，下面两个问题都是自由格式的调查问题：

（1）你每天收到哪些报表和数据，以及如何使用这些报表和数据？

（2）这些报表中存在那些问题？例如，数据不准确、表格形式不合理等。如果存在问题，请详细解释这些问题。

第二种类型的调查问卷是固定格式的调查问卷。固定格式的调查问卷就是包含了通过选择合适的选项来回答问题的调查问卷。一种典型的固定格式的调查问卷样式如图 3.1 所示。

3）使用调查问卷技术的步骤

好的调查问卷形式可以提高调查问卷技术获取数据的准确度。一般地，开发一个调查问卷的步骤如下：

（1）确定必须收集哪些事实和从哪些人收集数据。如果对象的数量过于庞大，那么可以采取随机样本的方式。

(2)基于所需的事实数据,确定是使用自由格式的调查问卷还是使用固定格式的调查问卷。也可以把这两种类型的调查问卷综合在一起,目的是获取最好的答案。

(3)写出问题,认真检查这些问题,确保不出现任何错误、歧义或遗漏。编辑调查问卷。

(4)测试这种调查问卷。选择小样本人群,测试调查问卷。修改调查问卷,重新编辑调查问卷。

(5)复制和分发调查问卷,开始调查。

```
                        调查问卷

1. 你是否认为退货的频率过于频繁?
        □ 是              □ 不是
2. 你认为当前的销售统计报表的格式是否合适?
        □ 是              □ 不是
3. 你认为可以通过降低价格吸引更多的客户订单。
        □ 非常同意
        □ 同意
        □ 无所谓
        □ 反对
        □ 强烈反对
4. 根据当前的业务状况,你认为所花费的时间是如何分布的?
        ____%的时间用于处理新的客户订单
        ____%的时间用于取消客户订单
        ____%的时间用于修改客户订单
        ____%的时间用于支付

5. …
```

图 3.1 固定格式的调查问卷样式

4.访谈

访谈就是面对面地交谈。在信息系统的开发过程中,与业务人员、管理人员、终端用户等个人的访谈是非常重要的。现在,这种访谈技术是非常流行的事实发现技术。

1)访谈的特点

信息系统的最重要的元素是人。在信息系统的开发过程中,任何其他的事实发现技术都不能取代访谈技术。为了使用访谈技术,必须拥有良好的人际关系,并且掌握与各种类型的人员打交道的技巧。当然,与其他事实发现技术类似,访谈技术也不是完好的事实发现技术。这种技术既有优点也有缺点。

访谈技术有许多优点,这些优点包括:

(1)访谈为系统分析人员提供了一种与访谈对象自由谈论的机会。通过建立良好的人际关系,系统分析人员可以让访谈对象愿意为该信息系统项目的开发做出努力。

(2)访谈允许系统分析人员从访谈对象的回答中得到更多的反馈信息。

(3)访谈允许系统分析人员使用一些个性化的问题。

(4)访谈为系统分析人员提供了一个观察访谈对象非语言表示的机会。一个优秀的系统分析员可以通过观察访谈对象的身体移动、面部表情来理解访谈对象的回答。

不过,访谈技术也存在着一些缺点:

(1)访谈占用大量的时间,因此这是一种高成本的事实发现技术。

(2)成功的访谈,很大程度上取决于系统分析人员自身的人际关系技巧。

(3)在某些情况下,访谈是否可以举行受限于访谈对象的工作地点。

2)访谈的类型

一般地,可以把访谈分成两种类型,即结构化访谈和非结构化访谈。在结构化访谈中,系统分析人员向访谈对象提问一系列事先确定好的问题。但是,在非结构化的访谈中,没有事先确定的一系列问题,系统分析人员只是向访谈对象提出了访谈的主题或目标,只有一个谈话的框架。

在结构化的访谈中,可以提出两种类型的问题,即开放式问题和封闭式问题。开放式问题允许访谈对象按照某种合适的方式来回答问题。例如,"为什么你不满意当前的销售统计报表?"

封闭式问题限制回答者只能按照指定的选择或简短、直接的回答。例如,"你能否按时收到销售统计报表?"或"你是否认为当前的统计报表所包含的信息是正确的?"

3)访谈的步骤

访谈是否成功在很大程度上取决于系统分析人员的访谈能力。为了保证访谈成功,必须按照下面的步骤准备和进行访谈。

(1)选择访谈对象。首先,应该访谈那些将要开发的信息系统的终端用户。可以通过组织结构图来确认将要选择的访谈对象。在访谈之前,应该尽可能地了解一些访谈对象的背景资料。另外,还要与访谈对象进行事先的安排,切莫突然提出与访谈对象谈话。一般地,访谈以 30 min 或 1 h 为限。访谈对象在企业管理层次中的层次越高,访谈时间应该越短。如果访谈对象是一个普通的职员、服务员、操作人员等,访谈之前一定要征得其主管的同意。访谈地点应该安排在一个合适的位置,最好没有双方的同事参与。

(2)准备访谈资料。准备齐全是成功访谈的基础。访谈对象可以轻易地发现你是否已经做了访谈的准备,因为你可能忘记提出一些关键性的问题等。如果访谈对象认为你没有做访谈的准备,那么他可能认为访谈浪费了自己的时间。

访谈的内容应该有一个比较详细的访谈内容和进度安排表,访谈内容和进度安排表应该包括将要提出的问题、估计的时间以及将要补充的问题。一个访谈内容和进度安排表的样式如表 3.1 所列。

表 3.1　访谈内容和进度安排表

访谈对象:章明德,销售经理		
访谈日期:2002 年 10 月 18 日,星期五		
时间:下午 1:30		
访谈位置:总部办公大楼 2 楼小会议室		
访谈主题:当前销售货款分析		
分配的时间	系统分析人员的问题和目标	访谈对象的回答
1~2 min	目标 访谈开始 双方自我介绍 感谢章明德经理参加访谈 解释访谈的目的,双方应该理解当前销售货款存在的问题	
5 min	第一个问题: 什么情况下允许顾客使用信用付款的方式? 补充问题	
5 min	第二个问题 当面临着这些情况时,怎样来评价和做出决策? 补充问题	
3 min	第三个问题 如果不同意顾客使用信用付款的方式,那么顾客的态度是什么? 补充问题	

续表

1 min	第四个问题 如果同意新订单采用信用付款并且已经把该订单存放到了数据库中,但是突然顾客提出修改订单,并且修改后的订单金额超出了以前订单的金额,那么这种订单是否必须重新经过信用审批? 补充问题	
1 min	第五个问题 谁负责检查信用付款? 补充问题	
1~3 min	第六个问题 我是否可以了解,这种检查信用付款的步骤或业务流程是什么? 补充问题	
1 min	目标 访谈总结: 感谢章明德经理的合作,并且保证他将收到这次访谈记录整理后的复制件	
21 min	用于基本的问题和目标	
9 min	用于补充问题	
30 min	访谈总计 30 min(下午 1:30 到 2:00)	
结论或备注		

在提出问题是应该非常小心。大多数的问题应该使用谁、什么、何时、何处、为什么、如何等词语开始。避免使用下面一些问题:

①装载问题。避免把系统分析人员的个人意见加入到了问题中,例如,"当前业务是否应该由两个人检查这种信用付款情况?"

②引导问题。例如,"你不同意当前的操作方式,对吗?"这种问题将引导访谈对象回答:"对,我不同意。"

③强调问题。例如,"我们需要的零部件代码的类型是多少?20 个对吗?"这种问题干扰了访谈对象的思路和回答,应该让访谈对象自己来回答。

为了避免出现干扰访谈的正常进行,应该在提出问题时遵循下面一些规则:
①使用清晰、简洁的语言。
②不要包含自己的意见。
③避免提出特别长或特别复杂的问题。
④避免提出恐吓之类的问题。
⑤如果指一群人,不要使用"你"这个词。

(3)进行访谈。

实际上,可以把访谈分成三步曲:开场白、访谈主体和总结。开场白的目的是建立一个良好的访谈环境。访谈主体就是从访谈对象中获取信息的耗时最长的过程。总结应该包括对访谈对象的感谢和访谈总结。

为了保证访谈的顺利进行,在访谈中,应该做到下面的7件事情:
①有礼貌。
②认真聆听。
③深入查究。
④观察身体动作和面部表情。
⑤有耐心。
⑥使访谈对象心情放松。
⑦控制访谈过程。

为了避免访谈的失败,尽量避免做下列8件事情:
①无话找话,继续进行没有必要的访谈。
②假设某个问题的答案已经由其他访谈对象完成了。
③暗示的语言或表情。
④使用方言。
⑤表露系统分析人员个人的观点。
⑥用交谈代替了聆听。
⑦为任何访谈主题或访谈对象提出一些假设。
⑧录音。

(4)访谈的后续工作。访谈结束之后,应该把整理好的访谈内容作为一个备忘录发送给访谈对象。这种备忘录可以起到两个方面的作用:一方面提醒访谈对象对该项目所做的贡献;另外一方面给访谈对象一个澄清自己不准确回答的机会。

如果这次访谈失败或不完整,应该再给访谈对象一个提供补充或解释的机会。

(5)聆听。很多人认为,沟通就是说和写。实际上,聆听是访谈中非常重要

的技巧。为了使访谈取得成功,在聆听过程中应该遵循下面6个原则:

①创建一个融洽的访谈环境,避免出现对峙状态。

②使访谈对象处于一个愉快的心情中。

③使访谈对象知道你正在认真聆听他的回答。

④向访谈对象提出一些问题,表明你理解或不理解他的回答。

⑤不要做任何假设。

⑥适当地做些笔记。

5. 原型法

原型法的含义就是通过开发一个小型的工作模型,以便快速发现或确认用户的需求。

当前原型法技术的应用非常普遍。使用原型法开发的原型,可以有三种类型,即扔掉原型、增量原型和演进原型。

使用原型法也有相应的优点和缺点。其优点如下:

(1) 允许用户和开发人员尽快地体验到所开发的信息系统,并且理解该系统是如何工作的。

(2) 如果将要开发的信息系统开发成本很高,那么可以原型系统辅助确定信息系统的灵活性和使用性。

(3) 可以用于培训用户。

(4) 辅助建立系统的测试计划。

(5) 可以缩短事实发现的周期。

原型法的缺点是:

(1) 开发人员需要经过培训,掌握原型法开发的方法。

(2) 开发的原型具有不完善的性能、可靠性、功能等特点,因此可能误导用户。

(3) 由于开发原型,有可能延长整个开发周期、增加了开发成本。

6. JRP 技术

与终端用户、管理者的单独访谈是一种传统的事实发现技术。但是,这些传统的事实发现技术存在许多缺点,如收集到的事实、建议、优先级经常是冲突的,并且耗费的时间也很长。为了缩短事实发现的周期、提高收集到的信息的准确度,那么可以使用 JRP 技术。

JRP 是 Joint Requirements Planning(联合需求计划)的缩写。JRP 技术是通过举行会议来分析问题和确定需求。

在使用 JRP 技术时,必须有许多人参与。在这些 JRP 的参加人员中,应该包括下列一些角色。

（1）指导者：这是高层管理人员，用于监督、指导和管理 JRP 的进行。
（2）主办者：负责这次 JRP 的举行，提出问题供大家讨论。
（3）用户和经理：提供各种业务知识。
（4）记录员：记录会议的内容。
（5）IT 人员：信息系统项目开发小组的成员。

一个典型的 JRP 会场布置如图 3.2 所示。JRP 的指导者一般不参加会议。

使用 JRP 技术的好处：
（1）JRP 把用户和各部门的经理都参与到了项目开发小组中。
（2）JRP 降低了开发系统的周期。这时，降低了传统的一对一的访谈时间，而代之以群会议。这种群会议有助于降低信息和需求之间的冲突。

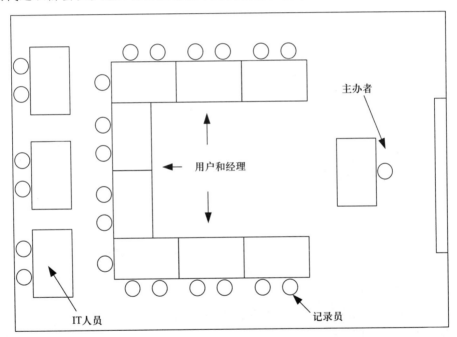

图 3.2 典型的 JRP 会场布置

第二节 可行性分析

一、可行性分析概述

1. 可行性分析的目的

要用最小的代价在尽可能短的时间内确定问题是否能够解决。

这个阶段要回答的关键问题是"对于上一阶段确定的问题有行得通的解决方法吗?"

2.可行性分析的基础

可行性研究的基础是对系统的初步调查。

3.可行性分析的任务

概括地讲,可行性研究包括两大部分的分析研究,分别是:

(1)分析建立信息系统的必要性。

(2)分析建立信息系统的可能性。

4.可行性分析的主要内容

(1)技术可行性分析是指技术资源能否满足用户的需求。技术资源包括系统硬件、系统软件、人力资源以及系统确定的开发技术等。

(2)经济可行性分析,包括成本分析和效益分析。成本分析是对系统开发、运行整个过程的总费用进行估算和预测,效益分析只能凭借经验根据已建成的类似系统取得的效益,预测可能取得的效益。

(3)管理可行性分析,主要包括管理人员对系统开发的态度和管理方面的基础工作等。

其中经济可行性分析较为复杂,本章将详细介绍经济可行性分析。

二、经济可行性分析

1.思想

有两种基本的估算方法:自顶向下和自底向上。

自顶向下的方法是对整个项目的总开发时间和总工作量做出估算,然后把它们按阶段、步骤和工作单元进行分配。

自底向上的方法则正好相反,分别估算各工作单元所需的工作量和开发时间,然后相加,就得出总的工作量和总的开发时间。但是,两种方法都要求采用某种方法做出具体的估算。

2.代码行技术

代码行技术是比较简单的定量估算方法,也是一种自底向上的估算方法。它把开发每个软件功能的成本和实现这个功能需要用的源代码行数联系起来。通常根据经验和历史数据估计实现一个功能需要的源程序行数。

一旦估计出源代码行数以后,用每行代码的平均成本乘以行数即可确定软件的成本。每行代码的平均成本主要取决于软件的复杂程度和开发小组的工资水平。

大致分如下两步:

对要求设计的系统进行功能分解,直到可以对为实现该功能所要求的源代码行数做出可靠的估算为止。根据经验和历史数据,对每个功能块估计一个最有利的 LOC 值(a)、最可能的 LOC 值(m)和最不利的 LOC 值(b),则代码行的期望(平均)值 l_c 和对期望值偏离的方差 l_d 为

$$l_c = \frac{(a + 4m + b)}{6}$$

$$l_d = \sqrt{\sum_{i=1}^{n}(\frac{b-a}{6})^2}$$

再根据历史数据和经验,选择每个软件功能块的 LOC 价格。

计算每个功能块的价格及工作量,并确定该软件项目总的估算价格和工作量。

举例:CAD 软件,项目范围确定了其主要功能:

(1)用户接口控制(UIC)。
(2)二维几何图形分析(2DGA)。
(3)三维几何图形分析(3DGA)。
(4)数据结构管理(DSM)。
(5)图形显示(CGD)。
(6)外围设备控制(PC)。
(7)设计分析(DA)。

利用代码行技术对该 CAD 软件开发价格的估算过程见表 3.2。

表 3.2 代码行技术

功能	最有利	最可能	最不利	期望值	方差数	$/行	行/人月	人月	价格
UIC	1800	2400	2650	2340	140	14	315	7.4	32760
2DGA	4100	5200	7400	5380	550	20	220	24.4	107600
3DGA	4600	6900	8600	6800	670	20	220	30.9	136000
DSM	2950	3400	3600	3350	110	18	240	13.9	60300
CGD	4050	4900	6200	4950	360	22	200	24.7	108900
PC	2000	2100	2450	2140	75	28	140	15.2	59920
DA	6600	8500	9800	8400	540	18	300	28	151200
估算值				33360	1100			144.5	656680

注:人月=期望值/行/人月,价格= $/行×期望值

3.任务分解技术

首先把软件开发工程分解为若干个相对独立的任务,再分别估计每个单独

的开发任务的成本,最后累加起来就得出软件开发工程的总成本。估计每个任务的成本时,通常先估计完成该项任务需要用的人力(以人月为单位),再乘以每人每月的平均工资而得出每个任务的成本。

最常用的方法是按开发阶段划分任务。如果软件系统很复杂,由若干个子系统组成,则可以把每个子系统再按开发阶段进一步划分为更小的任务。

用这种方法估算,CAD 软件成本和工作量总计为 708075 美元和 152.5 人月(表3.3)。将这些数据与代码行的成本估算比较(分别为 656680 美元和 144.5 人月),前者相差 7%,后者相差 5%,结果非常接近,可以接受。若相差较大,应该分析原因后再重新估算,结果应基本一致。

表 3.3 任务分解技术

功能	需求分析	设计	编码	测试	总计
UIC	1.0	2.0	0.5	3.5	7.0
2DGA	2.0	10.0	4.5	9.5	26.0
3DGA	2.5	12.0	6.0	11.0	31.5
DSM	2.0	6.0	3.0	4.0	15.0
CGD	1.5	11.0	4.0	10.0	27.0
PC	1.5	6.0	3.5	5.0	16.0
DA	4.0	14.0	5.0	7.0	30.0
总计	14.5	61.0	26.5	50.5	152.5
劳务费($/人月)	5200	4800	4250	4500	
成本/美元	75400	292800	112625	227250	708075

4.货币的时间价值

通常用利率的形式来表示货币的时间价值。假设年利率为 i,如果现在存入 P 元,则 n 年后可以得到

$$F = P(1+i)^n$$

这个 F 就是现在的 P 元钱在 n 年后的价值。

反之,如果 n 年后能收入 F 元,那么这些钱现在的价值就是

$$P = \frac{F}{(1+i)^n}$$

例如:修改一个已有的库存清单系统,使它能在每天送给采购员一份订货报表。修改已有的库存清单并且编写产生报表的程序,估计共需 5000 元;系统修改后,能及时订货将消除零件短缺影响生产的问题,估计因此每年可以节省

2500元。5年可以节省12500元。但不能简单地把现在的5000元与5年后的12500元相比。

假设年利率为12%,可以算出修改库存清单系统后每年预计节省的钱的现在价值。具体计算过程见表3.4。

5. 投资回收期

通常将投资回收期作为效益的一项指标衡量开发工程的价值。所谓投资回收期就是使累计的经济效益等于最初投资所需要的时间。

表3.4 货币的时间价值

年	将来值/元	$(1+i)^n$	现在值/元	累计的现在值/元
1	2500	1.12	2232.14	2232.14
2	2500	1.2544	1992.98	4225.12
3	2500	1.40493	1779.45	6004.57
4	2500	1.57352	1588.80	7593.37
5	2500	1.76234	1418.57	9011.94

例如,上例中 2+(5000-4225.12)/1779.45=2.44,或者 3-(6004.57-5000)/1779.45=2.44,即投资回收期为2.44年。

投资回收期仅仅是一项经济指标,为了衡量一项开发工程的价值,还应考虑其他的经济指标。

6. 纯收入

衡量工程价值的另一项经济指标是工程的纯收入,也就是在整个生命周期之内系统的累计经济效益(折合成现在值)与投资之差。

例 上述修改库存清单系统,工程的纯收入预计是9011.94-5000=4011.94(元)。

7. 投资回收率

设想把数量等于投资额的资金存入银行,每年年底从银行取回的钱等于系统每年预期可以获得的效益,在时间等于系统寿命时,正好把在银行中的存款全部取光,那么,这个年利率等于多少呢? 这个假想的年利率就等于投资回收率。在衡量工程的经济效益时,它是最重要的参考数据。

已知现在的投资额 P,已估计出将来每年可以获得的经济效益 F_i,那么,在给定软件的使用寿命 n 年后,由 $P = \dfrac{F}{(1+i)^n}$,可列方程式:

$$P = \frac{F_1}{(1+j)} + \frac{F_2}{(1+j)^2} + \cdots + \frac{F_n}{(1+j)^n}$$

式中：P 为现在的投资额（即 5000 元），F_i 为第 I 年年底的效益（$i=1,2……n$）（本例中均为 2500 元）；n 为系统的使用寿命（5 年）；j 为投资回收率。

解这个方程就可求出投资回收率。

如上例，解出 $j=41\%-42\%$，远大于 12%，一般认为是值得投资的。

三、可行性报告

可行性报告是初步调查分析的结果，是系统建设的一个必备文件。其主要内容如表 3.5 所列。

表 3.5 可行性报告的主要内容

一、系统建设的背景、必要性和意义	1.现行系统分析摘要。对现行系统进行初步调查结果，包括现行系统的组织结构、业务流程、工作负荷；现行系统的人员情况、运行费用开支及设备状况和设备使用情况；现行系统的硬件配置、使用效率和局限性；现行系统在上述各方面的问题和要求。 2.需求调查和分析。对系统的需求进行调查和说明，并考虑各种制约因素。 3.需求预测
二、拟建系统的候选规模及方案	1.拟建系统的目标。 2.系统的建设规模和初步设计方案。 3.系统建设的实施计划。 4.投资方案。 5.人员培训及补充方案。 6.其他
三、可行性分析	1.技术可行性。 2.经济可行性。 3.管理可行性
四、几种方案的比较研究	对所有的候选方案从技术、经济和管理三个方面进行比较分析
五、建设性结论	论述可以按某方案立即开始开发，或待某些条件成熟时再按某方案开发，或干脆不必开发

第三节　需求分析

所谓软件需求是指用户对目标软件系统在功能、行为、性能、设计约束等方面的期望。

一、需求分析概述

1.需求分析要解决的问题是：目标系统到底做什么
（1）齐全、准确地找出目标系统全部的功能、性能、限制。
（2）找出全部的输出流、输入流。
（3）找出所有的加工。
（4）产生完整的分层的 DFD、数据字典、加工的描述。
（5）补充的意见。

2.需求分析阶段的具体任务
（1）确定对系统的综合要求：
①系统功能要求；
②系统性能要求；
③运行要求；
④将来可能提出的要求。
（2）分析系统的数据要求（需求分析的本质就是对数据和加工进行分析）。
（3）导出系统的逻辑模型。
（4）修正系统开发计划。
（5）开发原型系统。

3.需求分析的过程
需求分析阶段的工作，可以分成以下四个方面：对问题的识别、分析与综合、制定规格说明和需求评审。
（1）问题识别。
（2）分析与综合。
（3）编制需求分析的文档。
（4）需求分析评审。

4.需求的四项基本标准
（1）明确（Clear）。
（2）完整（Complete）。
（3）一致（Consistent）。

（4）可测试（Testable）。

5.需求调查对象

（1）对组织的高层管理者，进行组织管理目标或经营方针等组织战略问题的调查。

（2）对中层的管理者，进行全部业务流的调查。

（3）对业务工作人员，进行详细业务信息的调查。

6.需求调查的内容

分为四部分：

（1）组织概况。

（2）组织的业务活动：

①组织的业务状态。

②业务的详细内容。

③输入输出信息从六个方面着手：

a.信息流向；

b.信息种类；

c.利用的目的；

d.信息的使用者和制造者；

e.输入和输出地点；

f.输入和输出信息量。

（3）存在问题、约束条件。

（4）未来要求。

7.需求获取技术

与初步调查方法类似，此处不再赘述。

二、流程建模

1.管理业务的调查

管理业务调查包括系统环境调查、组织机构和职责的调查、管理业务流程调查等。

1）系统环境调查

系统环境调查的内容包括：现行系统的管理水平，原始数据的精确程度，规章制度是否健全和切实可行，用户单位对开发新系统的认识等。

2）组织机构和职责的调查

调查系统内部各级组织机构，详细了解各部门人员的业务分工情况和有关人员的姓名、工作职责、决策内容、存在问题和对新系统的要求等。调查结果用组织机构图来表示,图 3.3 是一个工厂的组织机构图。

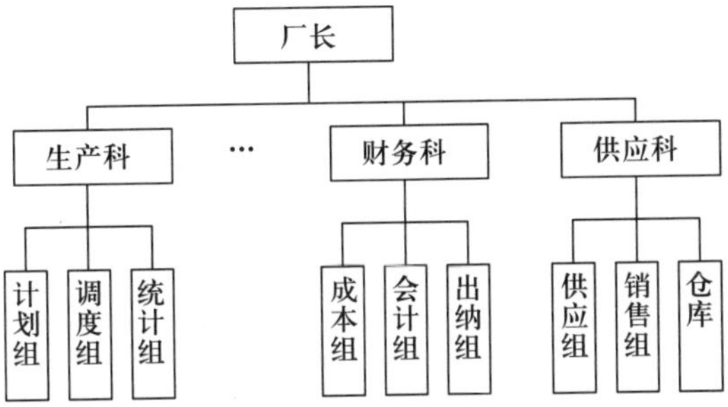

图 3.3 一个工厂的组织机构图

3) 管理业务流程调查

应按照原有信息流动过程,逐个调查所有环节的处理业务、处理内容、处理顺序和对处理时间的要求,弄清各个环节需要的信息、信息来源、流经去向、处理方法、计算方法、提供信息的时间和信息的形态等。描述管理业务流程的图表主要有管理业务流程图和表格分配图。

(1) 管理业务流程图。这是一种表明系统内各单位、人员之间业务关系、作业顺序和管理信息流动的流程图,可以帮助分析人员找出业务流程中的不合理迂回等。图 3.4 是某工厂成品销售及库存子系统的管理业务流程图,图中采用了流向线、单据、人员和单位名称四种符号。图中所示是推销员与用户订立销售合同,销售科计划员将合同登录入合同台账。计划员对合同台账和库存台账进行查询后决定发货对象和数量,填写发货通知交成品库。对于确实无法执行的合同要向用户发出取消合同通知。每隔一段时间,要对合同执行情况做出统计表,交本部门负责人审查后,送厂长办公室。发货员按发货通知单出库,并发货,填写出库单交成品库保管员。保管员按出库单和从车间来的入库单登记库存台账。出库单的另两联分别送销售科和会计科。销售计划员按出库单将合同执行情况登录入合同账。销售部门负责人定期将合同、合同执行情况及库存情况汇总后向生产科提交有关需求预测报告,用来辅助制订生产计划和作业计划。

(2) 表格分配图。为了传达信息,管理部门经常将某种单据或报告复制多份分发到其他多个部门。在这种情况下,可以采用表格分配图来描述有关业务。图 3.5 是一张描述物资采购业务的表格分配图。图中采购部门准备采购单一式四份,第一张送供货单位,第二张送收货部门,用于登入待收货登记册,第三张交财会部门作应付款处理,记入应付账,第四张留采购部门备查。表格分配图表达清晰,可以帮助系统分析人员描述系统中复制多份的报告或单据的数量以及这些报告或单据都与哪些部门发生业务联系。

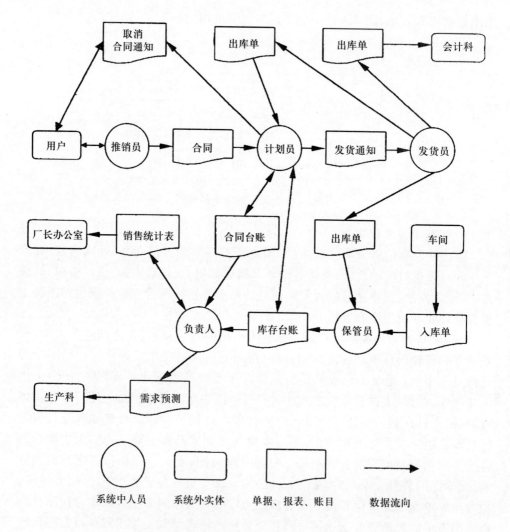

图 3.4 销售库存子系统的业务流程图

2. 数据流程的调查

管理业务流程图和表格分配图形象地表达了系统中信息的流动和存储情况，得到了现行系统的物理模型。为了进一步得到系统的逻辑模型，还需要进行数据及数据流程的详细调查分析。主要内容有：

1）收集资料

（1）收集现行系统全部输入单据、输出报表和数据存储介质的典型格式。

（2）弄清各环节上的处理方法和计算方法。

（3）在上述各种单据、报表、账本的典型样品上注明制作单位、报送单位、存

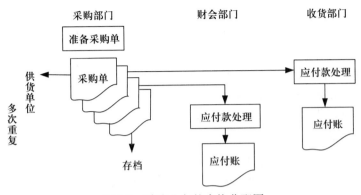

图 3.5 采购业务的表格分配图

放地点、发生频度、发生的高峰时间及发生量等。

（4）在上述各种单据、报表、账本的典型样品上注明各项数据的类型、长度、取值范围。

2）绘制数据流程图

数据流程图是描述管理信息系统逻辑模型的主要工具。它有两个特点：一是抽象性，把具体的组织机构、工作场所、物流等内容抽掉，只剩下信息和数据存储、流动、使用及加工处理的情况，使得系统分析人员有可能抽象出管理信息系统的任务，以及各项任务之间的顺序和关系；二是概括性，它把系统对各种业务的处理过程联系起来，形成一个总体。

数据流程图利用一定的基本符号综合地反映出信息在系统中的流动、处理和存储的情况。由以下四种基本元素组成，其符号如图 3.6 所示。

图 3.6 数据流程图的符号

（1）外部实体，指本系统之外的人或单位，它们和本系统有信息传递关系。在绘制某一个子系统的数据流程图时，凡属本子系统之外的人或单位，也都列为外部实体。

（2）数据流，表示流动的数据，可以是一项数据，也可以是一组数据，也可用来表示数据文件的存储操作。通常在数据流符号的上方标明数据流的名称。

（3）处理（加工），是对数据进行操作，用一个长方形来表示，图形的下部填写处理的名称，上部填写该处理的标识符。

（4）数据存储(文件)，是指通过数据文件、文件夹或账本等存储数据，用一个右开口的长方形来表示。图形右部填写该数据存储的名称，左部填写标识符。

绘制数据流程图采用自顶向下逐层分解的方法，先将整个系统按总的处理功能画出顶层的流程图，然后逐层细分，画出下一层的数据流程图。顶图只有一张，它说明了系统总的功能和输入输出的数据流。

图 3.7 是订货处理的顶层数据流程图，表示销售部门接到用户的订货单后，根据库存情况向用户发货。

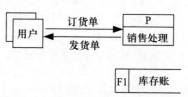

图 3.7　订货处理的顶层数据流程图

对顶层数据流程图的分解从"处理"开始，将"销售处理"分解为五个主要的处理逻辑，如图 3.8 所示。

（1）验收订货单 P1。将填写不清的订货单和无法供货的订货单退回用户，将合格的订货单送到下一步"处理"。

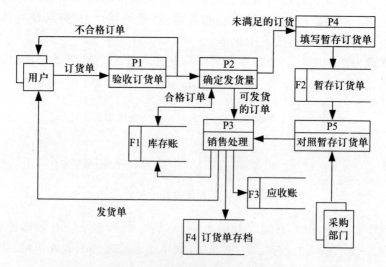

图 3.8　订货处理的扩展数据流图

（2）确定发货量 P2。查库存台账，根据库存情况将订货分为两类，分别送到下一步"处理"。

（3）开发货单、修改库存、记应收账和将订货单存档。

(4)填写暂存订货单 P4。对未满足的订货填写暂存订货单。

(5)对照暂存订货单 P5。接到采购部门到货通知后应对照暂存订货单。如可发货,则执行"开发货单和修改库存"处理功能。

数据流程图与传统的程序流程图是不同的,数据流程图是从数据的角度来描述一个系统,数据流程图中的箭头是数据流;程序流程图则是从对数据进行处理加工的人员的角度来描述系统,图中的箭头是控制流,它表达的是程序执行的次序;数据流程图适合于描述一个组织业务的概况,而程序流程图只适用于描述系统中某个处理加工的执行细节。

数据流程图分多少层次要视实际情况而定,一般来说,由顶层、中间层和底层组成。顶层图说明了系统的边界,即系统的输入和输出数据流,顶层图只有一张;中间层的数据流程图描述了某个处理(加工)的分解,而它的组成部分又要进一步被分解,较小的系统可能没有中间层,而大的系统中间层可达八九层之多;底层图由一些不必再分解的处理(加工)组成。

例 绘制"订书单处理"的数据流程图。

(1)把订书单处理看作一个整体,得到顶层数据流程图,如图 3.9 所示。此图从业务功能出发,反映了订书单处理过程的概貌,即顾客将订书单发至出版社邮购部,邮购部根据出版社的出版信息和顾客的信誉等有关情况进行分析,对订书单做出处理意见,然后将提货单寄给顾客。

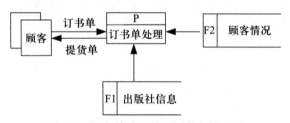

图 3.9 订书单处理的顶层数据流程图

(2)对顶层数据流程图进行扩展,如图 3.10 所示。当顾客将订书单寄给邮购部后,邮购部对订书单上所填写的书名、数量进行检验,并对顾客的信誉进行审核,把符合要求的订单暂时储存起来,达到一定数量后,再分类汇总,根据书库文件中所指出的书库地址送往书库。

(3)当正确订单送至书库时,书库管理人员应根据顾客的信誉、收款情况等因素将提货单、将发票寄给顾客,顾客也应将书款汇给售书单位,如图 3.11 所示。

(4)根据实际情况,还可对图 3.11 进一步扩充,得到系统数据流程图。

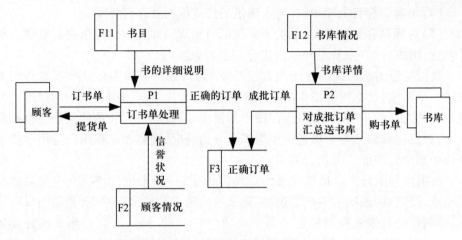

图 3.10 顶层图的扩展图

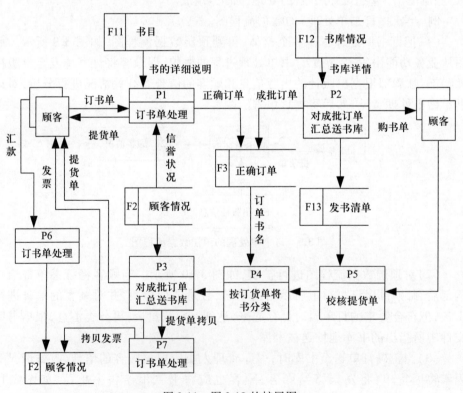

图 3.11 图 3.10 的扩展图

3.数据字典

数据流程图从数据流向的角度描述了系统的组成和各部分之间的联系,但并没有具体说明各个组成部分和数据流的内容。数据字典的任务就是对数据流程图上的各个元素做出详细的定义和说明。数据流程图加上数据字典，就可以从图形和文字两个方面对系统的逻辑模型进行描述。

数据字典的内容包括数据项、数据结构、数据流、处理逻辑、数据存储、外部实体等。

1) 数据项

数据项是数据的最小单位。对数据应从静态和动态两个方面进行分析。在数据字典主要是对数据静态特性加以定义，其内容包括：

(1) 数据项的名称、编号、别名和简述。

(2) 数据项的取值范围。

(3) 数据项的长度。

例 数据项定义。

数据项编号：103-04

数据项名称：库存量

别名：数量

简述：某种配件的库存量

长度：6个字节

取值范围：0~999999

2) 数据结构

数据结构描述了某些数据项之间的关系。一个数据结构可以由若干个数据项组成也可以由若干个数据结构组成，还可以由若干个数据项和数据结构组成。例如，下列订货单就是一个由三个数据结构组成的数据结构。若用S表示数据结构，用I表示数据项，则订货单的数据结构如表3.6所列。

表3.6 订货单的数据结构

S1:用户订货单		
S2:订货单标识	S3:用户情况	S4:配件情况
I1:订货单编号 I2:日期	I3:用户代码 I4:用户名称 I5:用户地址 I6:用户姓名 I7:用户电话 I8:开户银行 I9:账号	I10:配件代码 I11:配件名称 I12:配件规格 I13:订货数量

数据结构的定义有以下内容：

（1）数据结构的名称和编号。

（2）简述。

（3）数据结构的组成。

如果是一个简单的数据结构，只要列出它所包含的数据项。如果是一个嵌套的数据结构，只需列出它所包含的数据结构的名称。

例 数据结构定义。

数据结构编号：DS03—06

数据结构名称：用户订货单

简述：用户所填写用户情况及订货要求等信息

数据结构组成：DS03—01+DS03—02+DS03—03

3）数据流

数据流由一个或一组固定的数据项组成。定义数据流时，不仅要说明数据流的名称、组成等，还要说明它的来源、去向和流通量等。描述数据流时需要使用以下一些简单的符号：

A+B 表示数据项 A 与数据项 B("与")。

[A|B]   表示数据项 A 或 B("或")即选择括号中的某一项。

{A}表示若干个 A(可以是 0 个)，(重复)即括号中的项要重复若干次。

$\{A\}_m^n$ 表示重复的数据项 A 最少有 m 个，最多有 n 个。

(A)表示可选项，即此项可有可无。

例 数据流定义。

数据流名称：发货单

编号：D03—08

简述：销售部门为用户开出的发货单

数据流来源：开发货单处理功能

数据流去向：用户

数据流组成：发货单数据结构

流通量：60 份/每天

高峰流通量：80 份/每天上午 9：00—11：00

4）处理逻辑

处理逻辑的定义仅对数据流程图中最底层的处理逻辑加以说明，内容包括：

（1）处理逻辑名称及编号。

（2）简述。

（3）输入的数据流。

（4）处理过程。

（5）输出的数据流。

（6）处理频率。

例 处理逻辑定义。

处理逻辑名称:验收订货单

处理逻辑编号:P03—01

简述:确定用户所填写的订货单是否有效

输入数据流:订货单,来自"用户"

处理:检验订货单数据,查明是否符合供货范围

输出数据流:合格的订单去向"确定发货量";不合格的订单去向"用户"

处理频率:60次/天

5）数据存储

数据存储是数据结构停留或保存的场所。在数据字典中,数据存储只描述数据的逻辑存储的结构,而不涉及它的物理组织。主要内容有：

（1）数据存储的名称及编号。

（2）简述。

（3）数据存储的组成。

（4）关键字。

（5）相关联的处理。

例 数据存储定义。

数据存储名称:库存账

数据存储编号:F03—08

简述:存放配件的库存量和单价

数据存储组成:配件编号+配件名称+单价+库存量+备注

关键字:配件编号

相关联的处理:P2、P3

6）外部实体

外部实体的定义包括：

（1）外部实体的名称及编号。

（2）简述。

（3）输入数据流。

（4）输出数据流。

例 外部实体定义。

外部实体名称:用户

外部实体编号:S03—01
简述:购置本单位配件的用户
输入数据流:D03—06、D03—08
输出数据流:D03—06

综上所述,数据字典是关于数据的数据库,一旦数据字典建立起来,就是一本可供查阅的字典。编制和维护数据字典是一项十分繁重的任务,不但工作量大,而且单调乏味。在数据字典编写的基础上,通过综合分析,根据数据量和数据处理内容,可估算出现行系统的业务量。根据数据存储的情况,可以估算出整个系统的总数据量,并进一步分析系统的处理特点和存在问题。

4.功能分析

数据流程图中的处理逻辑已在数据字典中作了简要的定义。功能分析的任务是对比较复杂的处理逻辑作详细的说明。数据流程图中的处理,包括以下几种含义:

(1)算术运算。

(2)逻辑判断,并根据逻辑判断的结果执行不同的功能。

(3)与数据存储或外部实体进行信息交流。

算术运算很容易用数学工具来表达;信息交流也比较容易描述。比较困难的是逻辑判断功能的描述。为了能够清楚、准确地表达逻辑功能,可以采用决策树和决策表这两种工具。

1)决策树

决策树是计量决策效果的一种方法,一般用于计量长期目标的决策结果。这样,比较直观,容易理解,但当条件太多时,不容易清楚地表达出整个决策过程。

(1)决策树的图形结构。决策树方法一般有单级决策和多级决策,其结构图分别如图3.12与图3.13所示。

图中,方框I为决策树的决策出发点,称为决策点。从决策点出发画出若干条直线,每条直线代表一个方案,称为方案枝。在每个方案枝的末端的圆圈,称为方案点。从方案点引出若干条直线,代表自然状态,称为概率枝。把各个方案在各种自然状态下的损益的数字记在概率枝的末端,这样构成的图形,称为决策树。

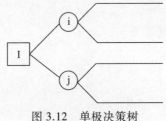

图3.12 单极决策树

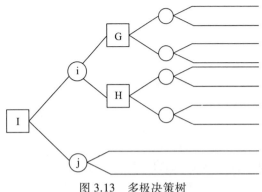

图 3.13 多极决策树

（2）期望值的计算。期望值(也称损益期望值)是决策树方法中所使用的一个专用词汇,用以比较各种选择方案效果的一个准则。

某决策问题的各个选择方案,如果所考虑的是利润额或投资回收额,则在比较各方案时,取其期望值的最大值;如果所考虑的是费用的支出额,则比较方案时,取其期望值的最小值。

例 为生产某种产品而设计了两个基本建设方案:一个是建大工厂,一个是建小工厂。大工厂需要投资300万元,小工厂需要投资160万元,两者的使用期限都是10年。估计在此期间,产品销路好的可能性是0.7,销路差的可能性是0.3。两个方案的年度损益表如表3.7所列。试确定哪个方案比较合理。

表 3.7 年度损益表　　　　　　　　　　（单位:万元）

自然状态	概率	大工厂	小工厂
销路好	0.7	100	40
销路差	0.3	-20	10

决策树图形如图 3.14 所示。

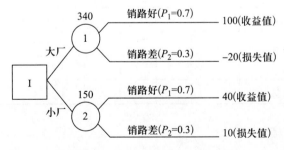

图 3.14 确定合理方案的决策树

计算期望值：
方案 1 的期望值：
$$[P_1 \times N_1 + P_2 \times N_2] \times L - M$$
$$= [0.7 \times 100 + 0.3 \times (-20)] \times 10 - 300$$
$$= 340(万元)$$
方案 2 的期望值为 150 万元。

两者比较，建大工厂的方案比较合理。

解决策树首先计算各概率枝上的收支费用，然后乘以各自的概率，得各概率枝的期望值，最后，把同一方案点上的各概率枝上的期望值相加，就得到该方案点的期望值。

2）决策表

决策表可以在复杂的情况下，很直观地表达出具体条件、决策规则和应采取的行动之间的逻辑关系。表 3.8 是库存控制过程的决策表，利用它可以很快知道各种具体条件下应当采取的行动。表中决策规则号 1~9 表示 9 种不同的情况，它们各有自己的具体条件。每一列中的 X 号表示根据具体条件应当采取的行动。

表 3.8 库存控制过程的决策表

	决策规则号	1	2	3	4	5	6	7	8	9
条件	库存>极限量	是	是	否	否	—	—	—	—	—
	库存>订货点	—	—	是	是	否	否	否	—	—
	库存>最低储备量	—	—	—	—	是	是	是	否	否
	已订货吗	是	否	是	否	是	是	否	是	否
	订货是否迟到	—	—	—	—	是	否	—	—	—
应采取的行动	取消订货	×								
	要求订货延期			×						
	什么也不做		×		×		×			
	催订货					×			×	
	订一次货							×		
	紧急订货									×

三、数据建模

1.数据模型的概念

1）数据模型的概念和应满足的要求

模型就是对现实世界特征的模拟和抽象,数据模型是对现实世界数据特征的抽象(如船模、沙盘)。

要求:一是能比较真实地模拟现实世界;二是容易为人所理解;三是便于在计算机上实现。

2)数据模型的抽象层次

为了把现实世界中的具体事物抽象、组织为某一 DBMS 支持的数据模型,常常首先将现实世界抽象为信息世界,然后将信息世界转换为机器世界。

3)现实世界

现实世界的数据就是客观存在的各种报表、图表和查询格式等原始数据。计算机只能处理数据,所以首先要解决的问题是按用户的观点对数据和信息建模,即抽取数据库技术所研究的数据,分门别类,综合出系统所需要的数据。

4)信息世界

信息世界是现实世界在人们头脑中的反映,人们用符号、文字记录下来。在信息世界中,数据库常用的术语是实体、实体集、属性和码。

5)机器世界

机器世界是按计算机系统的观点对数据建模。换句话说,对于现实世界的问题如何表达为信息世界的问题,而信息世界的问题如何在具体的机器世界表达。机器世界中数据描述的术语有字段、记录、文件和记录码。

6)数据模型的组成

数据模型是严格定义的一组概念的集合。这些概念精确地描述了系统的静态特性、动态特性和完整性约束条件。因此,数据模型通常由数据结构、数据操作和完整性约束三部分组成。

(1)数据结构,是所研究的对象类型的集合,是对系统静态特性的描述。

(2)数据操作,对数据库中各种对象(型)的实例(值)允许执行的操作的集合,包括操作及操作规则。数据操作是对系统动态性的描述。

(3)数据的约束条件,是一组完整性规则的集合。也就是说,对于具体的应用数据必须遵循特定的语义约束条件,以保证数据的正确、有效和相容。

2. E-R 概念模型

1)概念模型的意义和 E-R 概念模型的组成

概念模型用于信息世界的建模,是现实世界到信息世界的第一层抽象,是数据库设计人员进行数据库设计的有力工具,也是数据库设计人员和用户之间进行交流的语言。所以,概念模型一方面应该具有较强的语义表达能力,能够方便、直接地表达应用中的各种语义知识;另一方面还应该简单、清晰、易于用户理解。

（1）概念结构独立于数据库逻辑结构，也独立于支持数据库的DBMS，不受其约束。

（2）它是现实世界与机器世界的中介，它一方面能够充分反映现实世界，包括实体和实体之间的联系，同时又易于向关系、网状、层次等各种数据模型转换。

（3）它应是现实世界的一个真实模型，易于理解，便于和不熟悉计算机的用户交换意见，使用户易于参与。

（4）当现实世界需求改变时，概念结构又可以很容易地做相应调整。因此，概念结构设计是整个数据库设计的关键所在。

最常用的是实体—联系方法(Entity-Relationship Approach)，该方法用E-R图来描述现实世界的概念模型，称为实体—联系模型(Entity-Relationship Model)，简称E-R模型。

E-R模型的基本元素是实体、联系和属性。

E-R概念模型基本概念：

实体：表示客观存在并可相互区别的事物。实体可以是具体的人、事、物，也可以是抽象的概念或联系。

属性：实体所具有的某一特性称为属性。一个实体可以由若干个属性来刻画。

码：能唯一标识实体的属性集称为码。

域：属性的取值范围称为该属性的域。

实体型：用实体名及其属性名集合来抽象和刻画同类实体，称为实体型。

实体集：同型实体的集合称为实体集。

联系：现实世界中事物内部及事物之间的联系在信息世界反映为实体内部的联系和实体之间的联系。实体内部的联系指组成实体的各属性之间的联系。实体之间的联系指不同实体集之间的联系。

E-R图的画法：

(1)实体。在E-R模型中，实体用矩形表示，矩形框内写明实体名。

(2)联系。在E-R模型中，联系用菱形表示，菱形框内写明联系名，并用无向边分别与有关实体连接起来，同时在无向边旁标注上联系的类型($1:1,1:n$或$m:n$)。

(3)两个不同实体集之间的联系。两个不同实体集之间存在一对一、一对多和多对多的联系类型。

一对一联系：指实体集A中的每一个实体最多(也可没有)只与实体集B中的一个实体相联系；反之亦然，称实体集A与实体集B具有一对一联系。记为$1:1$。

一对多联系:如果实体集 A 中的每一个实体可与实体集 B 中的多个实体相联系;反之,对于实体集 B 中的每一个实体,实体集 A 中至多只有一个实体与之联系,则称实体集 A 与实体集 B 具有一对多联系。记为 $1:n$。

多对多联系:如果对于实体集 A 中的每一个实体,实体集 B 中的多个实体与之联系;反之,对于实体集 B 中的每一个实体,实体集 A 中也有多个实体与之联系,则称实体集 A 与实体集 B 具有多对多联系。记为 $m:n$。

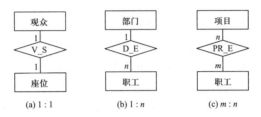

图 3.15 两个不同实体集之间的联系

(4) 两个以上不同实体集之间的联系。两个以上不同实体集之间的存在 $1:1:1$,$1:1:n$,$1:m:n$ 和 $r:m:n$ 的联系。图 3.16 表示了 3 个不同实体集之间的联系。

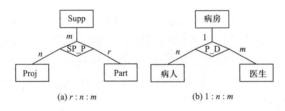

图 3.16 3 个不同实体集之间的联系

3 个实体集之间多对多的联系指:一个供应商可以供给多个项目多种零件,而每个项目可以使用多个供应商供应的零件,每种零件可由不同供应商供给。和 3 个实体集两两之间多对多的联系的语义是不同的。例如,供应商和项目实体集之间的"合同"联系,表示供应商为哪几个工程签了合同。供应商与零件两个实体集之间的"库存"联系,表示供应商库存零件的数量。项目与零件两个实体集之间的"组成"联系,表示一个项目有哪几种零件组成。

(5) 同一实体集内的二元联系。同一实体集内的各实体之间也存在 $1:1$,$1:n$ 和 $m:n$ 的联系,如图 3.17 所示。

(6) 属性。在 E-R 模型中,属性用椭圆形表示,并用无向边将其与相应的实体联系起来。E-R 模型中的属性又分为:

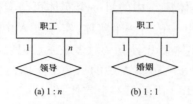

图 3.17 同一实体集之间的 1∶n 和 1∶1 联系

①简单属性和复合属性。简单属性是原子的、不可再分的。复合属性可以细分为更小的部分(即划分为别的属性)。

②单值属性和多值属性。对于一个特定的实体只有单独一个值的属性称为单值属性。

③NULL 属性。当实体在某个属性上没有值或属性值未知时,使用 NULL 值,表示无意义或不知道。

④派生属性。派生属性可以从其他属性得来。例如,职工实体集中有"参加工作时间"和"工作年限"属性,那么"工作年限"的值可以由当前时间和参加工作时间得到。这里,"工作年限"就是一个派生属性。

2) E-R 概念模型举例

例 学校由若干个系,每个系有若干名教师和学生;每个教师可以担任若干门课程,并参加多项项目;每个学生可以同时选修多门课程。请设计某学校的教学管理的 E-R 模型,要求给出每个实体、联系的属性。

解:某学校的教学管理的 E-R 模型应该有五个实体:系、教师、学生、项目、课程。

设计各实体属性如下:

系(系号、系名、主任名)

教师(教师号、教师名、职称)

学生(学号、姓名、年龄、性别)

项目(项目号、名称、负责人)

课程(课程号、课程名、学分)

上述实体及属性可以用 E-R 模型来描述,如图 3.18 所示。

各实体之间的联系有:

教师担任课程的 $1:n$ "任课"联系;

教师参加项目的 $n:m$ "参加"联系;

学生选修课程的 $n:m$ "选修"联系;

教师、学生与系之间的所属关系的 $1:n:m$ "领导"联系。

其中"参加"联系有一个排名属性,"选修"联系有一个成绩属性。完整的 E-R 模型如图 3.19 所示。

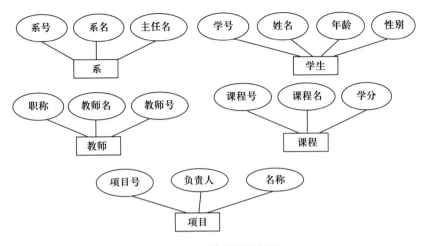

图 3.18 实体及其属性图

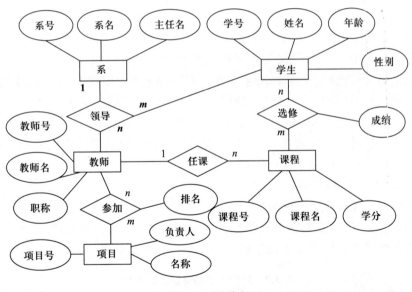

图 3.19 最终解

四、软件需求规格说明和需求评审

1.制定软件需求规格说明的原则

1979年由Balzer和Goldman提出了做出良好规格说明的8条原则。

原则1:功能与实现分离,即描述要"做什么"而不是"怎样实现"。

原则2:要求使用面向处理的规格说明语言,讨论来自环境的各种刺激可能导致系统做出什么样的功能性反应,来定义一个行为模型,从而得到"做什么"的规格说明。

原则3:如果目标软件只是一个大系统中的一个元素,那么整个大系统也包括在规格说明的描述之中。描述该目标软件与系统的其他系统元素交互的方式。

原则4:规格说明必须包括系统运行的环境。

原则5:系统规格说明必须是一个认识的模型,而不是设计或实现的模型。

原则6:规格说明必须是可操作的。规格说明必须是充分完全和形式的,以便能够利用它决定对于任意给定的测试用例,已提出的实现方案是否都能满足规格说明。

原则7:规格说明必须容许不完备性并允许扩充。

原则8:规格说明必须局部化和松散的耦合。它所包括的信息必须局部化,这样当信息被修改时,只要修改某个单个的段落(理想情况)。同时,规格说明应被松散地构造(即耦合),以便能够很容易地加入和删去一些段落。

尽管Balzer和Goldman提出的这8条原则主要用于基于形式化规格说明语言之上的需求定义的完备性,但这些原则对于其他各种形式的规格说明都适用。当然要结合实际来应用上述的原则。

2.软件需求规格说明

软件需求规格说明是分析任务的最终产物,通过建立完整的信息描述、详细的功能和行为描述、性能需求和设计约束的说明、合适的验收标准,给出对目标软件的各种需求。软件需求规格说明的一般内容框架如表3.9所列。

表3.9 软件需求规格说明的框架

Ⅰ.引言	A.系统参考文献	B.整体描述	C.软件项目约束	
Ⅱ.信息描述	A.信息内容表示	B.信息流表示	ⅰ数据流	ⅱ控制流
Ⅲ.功能描述	A.功能划分	B.功能描述 ⅰ处理说明	ⅱ限制/局限	ⅲ性能需求
	ⅳ设计约束	ⅴ支撑图 C.控制描述	ⅰ控制规格说明	ⅱ设计约束
Ⅳ.行为描述	A.系统状态	B.事件和响应		

续表

| Ⅴ.检验标准 | A.性能范围 | B.测试种类 | C.期望的软件响应 | D.特殊的考虑 |

Ⅵ.参考书目

Ⅶ.附录

3. 需求规格说明评审

作为需求分析阶段工作的复查手段,在需求分析的最后一步,应该对功能的正确性、完整性和清晰性,以及其他需求给予评价。评审的主要内容是:

(1) 系统定义的目标是否与用户的要求一致。
(2) 系统需求分析阶段提供的文档资料是否齐全。
(3) 文档中的所有描述是否完整、清晰、准确反映用户要求。
(4) 与所有其他系统成分的重要接口是否都已经描述。
(5) 被开发项目的数据流与数据结构是否足够,确定。
(6) 所有图表是否清楚,在不补充说明时能否理解。
(7) 主要功能是否已包括在规定的软件范围之内,是否都已充分说明。
(8) 软件的行为和它必须处理的信息、必须完成的功能是否一致。
(9) 设计的约束条件或限制条件是否符合实际。
(10) 是否考虑了开发的技术风险。
(11) 是否考虑过软件需求的其他方案。
(12) 是否考虑过将来可能会提出的软件需求。
(13) 是否详细制定了检验标准,它们能否对系统定义是否成功进行确认。
(14) 有没有遗漏,重复或不一致的地方。
(15) 用户是否审查了初步的用户手册或原型。
(16) 软件开发计划中的估算是否受到了影响。

为保证软件需求定义的质量,评审应以专门指定的人员负责,并按规程严格进行。评审结束应有评审负责人的结论意见及签字。除分析员之外,用户/需求者,开发部门的管理者,软件设计、实现、测试的人员都应当参加评审工作。一般地,评审的结果都包括了一些修改意见,待修改完成后再经评审通过,才可进入设计阶段。

第四节 系统分析报告

系统分析报告(系统分析说明书)是系统设计的依据,是与用户交流的工具,是应用软件的重要组成部分,其主要内容如表 3.10 所列。

表3.10 系统分析报告内容

一、引言	1.摘要 摘要说明所建议开发的系统名称、目标和功能。 2.背景 说明项目的承担者、用户及本系统与其他系统的关系和联系。 3.参考和引用的资料及专门术语定义 说明本项目的经过核准的计划任务书、合同及上级的批文;与本项目有关的文件资料。 本报告所使用到的专门术语的定义
二、项目概述	1.主要工作内容 简要说明本项目在开发中须进行的各项主要工作。 2.系统需求说明 对现行系统的真实情况及问题所在和用户的新要求进行说明,其中包括现行系统的目标、主要功能、组织结构、用户要求及存在问题、现行系统工作流程和事务流程及有关的业务流程图。 3.系统功能说明 明确新系统的功能要求,并用数据流程图概括说明系统的功能要求,对主要的处理过程用决策分析工具进行描述。 4.系统的数据要求说明 从数据流程图和数据字典分析逻辑数据结构,对数据进行规范化分析,对某些数据存取要求给出数据存取图。对主要的数据项、数据结构给出定义,并估算系统在运行中动态数据的内容和数量。 5.其他
三、实施计划	1.工作任务的分解 说明开发中应完成的各项工作,并按系统功能(或子系统)划分,进行任务分工,指明每项任务的负责人。 2.进度 说明每项工作任务的预定开始时间和完成时间,规定各项任务完成的先后次序以及任务完成的界面。 3.预算 逐项列出本开发项目所需的经费预算

第五节 案例分析

由于项目采用的开发方法是原型法,因此该项目系统分析不是一次性完成的工作,而是一个贯穿于项目始终、不断进行着的工作。

一、初步调查

1. 初步调查的主要内容

初步调查的目的是了解支队装备部的基本情况(管理目标、主要任务)、信息处理概况(组织结构和基本工作方式)、资源和各类人员对新软件系统的看法。基本情况、信息处理概况的了解是后面可行性分析、需求分析的前提,是需求分析中流程建模、数据建模前期工作。当然,装备部的资源情况以及装备部和有关管理业务人员对新系统开发的支持和关心程度也很重要,这些外部因素将影响系统的可行性、制约系统的规模。

2. 初步调查的方法

初步调查采用的方法包括:

1) 收集现有文档、表格、数据库的样本

收集现有的资料非常重要。借助已有的劳动成果可以省去一些不必要的工作,达到事半功倍的效果。

例如,对于该项目而言,可以收集到舰艇装备的完工资料,仓库的各种单据(入库单、出库单、分类账),某科室的各种修理单据(报修单、修理反馈单),一个类似的舰员级维修管理软件的分析、设计文档等。这些资料告诉了分析人员很多有用的东西,如舰艇装备的概况、装备的备品备件情况、仓库和某科室的主要任务,类似的分析、设计文档更是具有很大的参考意义。这些资料在以后的工作中还将不断地发挥重要作用,它们会帮助分析人员进行流程建模和数据建模,帮助设计人员进行输入、输出设计。

2) 观察工作环境

眼见为实,观察工作环境可以让分析人员最直接、最真实地感受到他们的系统未来的服务对象,使分析人员脑中抽象的概念变成实物。例如,在对仓库进行初步调查时,分析人员观察了各个仓库,一眼就能知道仓库的大概规模、物品摆放情况等信息。

观察是随时随地进行的,只要进入了工作环境,就要注意观察。能够有特定的观察时间,甚至参加实习当然最好了,有些"非正式"的观察也要留心。例如,分析人员对仓库管理员进行访谈的场所就是他们的工作场,在访谈进行中仓库管理员仍在工作,不时要进行器材入库和发放工作,所以分析人员在等待或交谈过程中都可以观察。

3) 访谈

访谈前,分析人员会预先将需要明确的问题汇总出来,做到调查时有的放矢。问题要尽量让用户易于理解,注意不能过于偏重计算机专业。在没有系统原型时,用户的需求一般会比较模糊,此时不易提过于细节的问题。和一些用户交谈时,采用轻松交谈的方式可能比一味地提问更容易获得分析人员想要的信息。调查结束后,项目小组要对调查得到的资料进行整理。下面是一个访谈问题的例子(部分):

> 仓库管理子系统(问仓库管理人员)
> *个库之间的区别是否比较大、还是略有区别?
> 仓库除了出入库单、分类账、年度总账之外,是否还有其他具体业务需求?
> 物品消耗量,进出货流量统计:需要对那些量进行统计分析? 统计周期?
> 物品的位置如何管理?
> 物品分类账、总账上的单价问题?
> 物品要有统一规范的编码?
> 舰艇装备管理子系统(问副部长,某科室科长及人员)?
> 具体如何形成系统层次结构树?
> 确定设备需要的哪些详细资料?
> 确定要关注哪些设备?
> 都需要哪些查询方式?
> 仪器故障预警如何做到?
> 重要设备具体都有哪些?
> 登记簿中的问题(带上指挥仪装备技术管理登记簿,问**科人员)
> 备品备件是对应某一装备吗?
> "战斗备品的准备情况"是指什么?
> ……

4)原型法

在完成第一次调研后,项目小组就用了一个月的时间开发出了系统原型,以后的调研都是系统原型的调研。用户可以观看、试用原型,并提出自己的看法。由于用户能够实实在在地见到、试用原型,此时的调查就可以更加细致,用户提出的意见也就更加准确。

二、需求分析

需求分析就是要搞清楚软件系统到底做什么,不做什么。需求分析的前提是调查,搞清楚用户希望软件系统做什么,然后综合分析外部约束(资金、技术、人力、时间等),最终决定软件系统要做什么。用户的一些不切实际的需求要去掉,一些用户没有提出却很重要的需求要加上。

该项目的需求分析主要包括确定对系统的综合要求,分析系统的数据要求,导出系统的逻辑模型,开发原型系统。

1.确定对系统的综合要求

主要是系统的功能要求,性能要求,运行要求。功能要求可以用功能结构图结合文字说明进行表述。下面是项目的综合要求(部分):

系统总体要求

对象管理标准化:以海军管理统一标准码为参考依据,实现物品、装备的编码管理。

数据资料的导出应具备统一的输出格式,输出报表格式应简洁明了。

对管理对象具有较强的可操作性,在规定的管理类别中可自行定义,增减和修改具体的管理对象。

软件立足支队装备部使用需求,力求简洁实用,能够快速投入使用。

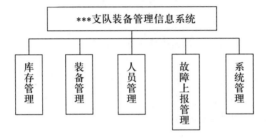

系统总体功能结构图

仓库管理模块

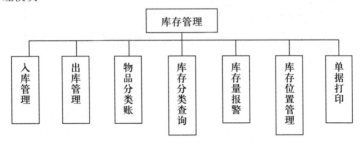

库存管理功能结构图

建立*个类别的管理库,分别为**、**、**仓库。**仓库和**仓库的管理暂不列入仓库管理子系统。

**仓库功能需求:……

……

2.分析系统的数据要求,导出系统的逻辑模型

主要是对系统进行流程建模和数据建模。分析需要借助组织结构图、业务流程图,成果是系统的数据流程图、数据字典和 E-R 概念模型,也就是系统的逻辑模型。

1）组织结构图

支队装备部组织结构图如图 3.20 所示。

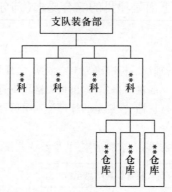

图 3.20　支队装备部组织结构图

说明:支队下辖若干科室,其中一个科室主管舰艇的修理,负责管理几个器材仓库。

2）业务流程图

舰艇修理业务流程图如图 3.21 所示。

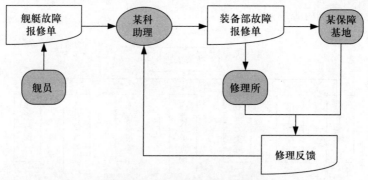

图 3.21　舰艇修理业务流程图

说明:舰艇出现舰员无法修复的故障后,由舰员将故障报给某科助理,由某科助理将故障分类汇总后报修理所和某保障基地进行修理,修理完成后将修理反馈单给某科助理。

3）数据流程图

舰艇修理数据流程图如图 3.22 所示。

说明:抽出舰艇修理业务流程图中的数据流,就得到了舰艇修理数据流程图。舰艇报修单、装备部报修单和修理反馈单中的信息汇总到一起,形成装备故障信息,可用于故障统计分析。

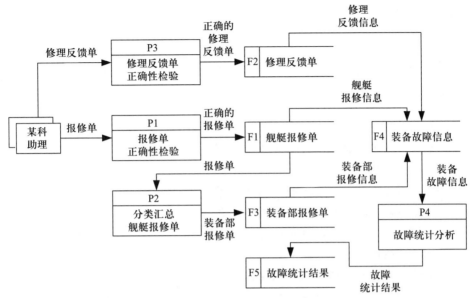

图 3.22 舰艇修理数据流程图

4）E-R 概念模型

仓库的 E-R 概念模型如图 3.23 所示。

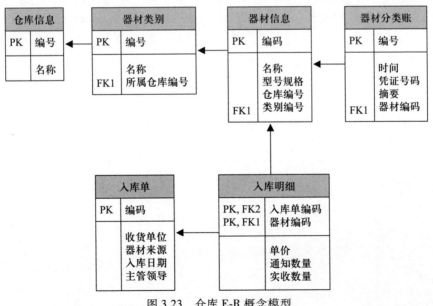

图 3.23 仓库 E-R 概念模型

3.开发原型系统

完成系统分析后,简化系统设计,利用高效的软件开发工具,迅速开发出软件原型。项目小组在第一次调研后的一个月内开发出了软件原型。该原型实现了主要功能,可以进行简单的操作,但没有经过充分的测试。

习题

1. 系统分析的主要任务是什么?
2. 经济可行性分析包括哪些方法?
3. 什么是软件需求?
4. 试绘制图书馆借书处理的数据流程图。
5. 数据字典包括哪些内容?作用是什么?
6. 如何计算决策树中的期望值?
7. 数据模型由哪几部分组成?
8. 试设计某食堂管理的 E-R 模型。
9. 系统分析报告包括哪些内容?

参考文献

[1] 薛华成.管理信息系统(第6版)[M].北京:清华大学出版社,2017.
[2] David Kroenke.Management Information System(Seventh Edition)[M].McGraw-Hill Inc.,2017.
[3] 肯尼思·劳东.管理信息系统(第11版)[M].劳帼龄,译.北京:中国人民大学出版社,2018.

第四章　系统设计

系统设计在整个管理信息系统研制过程中起着十分重要的作用,它将系统分析阶段建立的新系统逻辑模型转化为系统的结构模型,并做好编程前的一切准备。

系统分析阶段是解决管理信息系统干什么的问题,而系统设计阶段则是解决怎么干的问题。

系统分析最终是提出系统分析说明书,建立管理信息系统的逻辑模型,而系统设计阶段最终则是提出系统实施方案,建立系统的物理模型。如果说系统分析是从用户和现场入手进行详细的调查研究,把物理因素一个个抽去,从具体到抽象,那么系统设计则是从管理信息系统的逻辑模型出发,以系统说明书为依据,一步步地加入物理内容,由抽象到具体。

系统设计的内容根据系统目标的不同、处理的问题不同而各不相同。一般而言,它是从管理信息系统的目标出发,建立系统的总体模型,确定系统的总体结构,规划系统的规模,确立各个基础部分,并说明它们在整个系统中的作用及其相互关系,选择恰当的设备,采用合适的技术规范,以保证总体目标的实现。另外,在系统设计中还要完成一些比较具体的设计内容,如输入和输出格式的设计,记录、表格的设计以及包括人机对话在内的系统详细流程的设计。

根据系统设计的内容,我们可以把系统设计分为两个阶段:总体设计阶段和详细设计阶段。总体设计阶段决定系统的模块结构,而详细设计阶段是具体考虑每一模块内部采用什么算法。具体来说,在总体设计中,根据系统分析的成果——数据流程图,进行代码设计、输入输出设计、信息分类和数据库设计,最后是模块设计。详细设计是对上述总体设计的结果进行进一步细化,直至符合小组编程的要求。

当然,在管理信息系统整个设计阶段,总体设计和详细设计并无十分明显的界限,常常是我中有你,你中有我,相互交错,相互补充,反复修改,反复进行。前者是后者的前提和先导,后者是前者的细化和说明,它们合在一起,构成了系统设计的整体。

第一节　总体设计

一、结构化设计方法

结构化设计(Structured Design,SD)方法是各种设计方法中最成熟、最完整的一种方法,因而也是使用最广的一种设计方法,适用于任何管理信息系统的总体设计,它可以同系统分析阶段中的结构化系统分析与实现阶段中的结构化程序设计方法前后衔接起来使用。

近几年来,随着面向对象技术的发展,面向对象的分析和设计方法日益流行。从理论上讲,它具有很多优越性,如数据封装、多形性和可重用性等,是未来分析和设计技术发展的方向。但到目前为止,面向对象的方法至少存在两方面的不足:一是目前大多数数据库系统是关系数据库系统;二是许多面向对象的分析设计方法还不完善,仍处在发展之中。另外,纯粹用面向对象的方法开发的企业级应用系统目前还不多见。鉴于这种情况,本书的论述仍以结构化分析和设计方法为主,并在第九章单独介绍一种面向对象的分析和设计方法,以供参考。

结构化设计方法是从建立一个系统的良好结构的观点出发的,它给出了从表达用户要求的数据流程图导出模块结构图的规则,并提出了评价模块结构质量的两个具体标准:模块凝聚和耦合。

结构化分析和设计方法也有一定的缺陷,主要是开发周期较长,开发出的产品应变能力较差,识别可重用成分的能力较差,不适应分布式应用的开发等。这需要不断对结构化方法进行扩充和改造,以适应新技术的发展。

1.什么是模块

结构化设计方法的任务之一是把整个系统模块化。因此,我们首先必须了解什么是模块。

模块定义了一组逻辑上有关的对象,这组对象是一组数据和施于这些数据上的操作,通过模块说明和引用方式把这组数据的内部结构和操作细节掩藏了起来,提供给模块外部使用的只是这些数据和操作的名称等。模块可以看作是一座围绕有关数据和操作的围墙。

模块是一个封闭体,在模块内部定义的对象在其他模块中是不能使用的,除非这些对象的标识符出现在移出表中。

在一定条件下,内部定义的某些数据结构和操作可被外部使用,即对外部是可见的,模块内部可以使用其他模块中那些可见的数据结构和操作。

模块通常用一组程序设计语言的语句来实现,这一组程序语句可用一个已定义的名字来标识,因此,它可以是一个程序或一个子程序。形象地说,它就类似于 C 语言中的一个函数。由此可见,模块应该具有一个变量名,并可单独存放、独立调用,具有相对的独立性。

2.结构化设计思想及其目标

结构化方法的基本思想是将系统设计成由相对独立的、单一功能的模块组成的结构。

模块之间的相对独立性使每个模块可以独立地被理解、编写、测试、排错和修改，这就使复杂的研制工作得以简化。另外，模块的相对独立性还能有效地防止错误在模块之间扩散蔓延，因此提高了系统的可靠性。

模块单一功能的特性是指在划分时，应该使每个模块尽可能的小，最好做到：一个模块只执行一种功能，一种功能只用一个模块来实现。这使得模块最小化、最简化，同样提高了模块的可维护性，减少错误发生。另外，模块的细化还有利于发觉模块的可重用性，减少重复编程。

结构化设计方法的目标是使系统模块化，并使模块间的联系最小、模块内部元素之间联系最大。

模块间联系和模块内联系是同一系统结构的两个方面，是结构化设计方法的两个重要的概念，它对一个系统结构是否良好起着直接的影响。

3.结构化设计方法的具体步骤

结构化设计方法的具体步骤是：从数据流程图导出控制结构图，再对控制结构图进行改进，然后在改进的结构图的基础上进行数据库设计、处理过程设计等详细设计，最后形成新系统的物理模型，并写出实施方案说明书。

二、应用程序结构设计

1.控制结构图

结构化设计方法所使用的描述方式是控制结构图，如图4.1所示。它描述了一个系统的模块结构，并反映了块间联系和块内联系等特性。

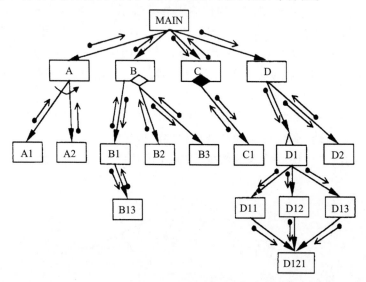

图4.1 控制结构图

控制结构图(Control Structure Diagram,CSD)是构造结构化管理信息系统的一种重要工具。模块是控制结构图的最基本、最主要的元素,它实质上表示功能的作用,是一种物理模块,它是逻辑模块功能的具体实现,包括的不再是抽象的逻辑关系,通常用一组程序设计语言的语句来体现。

1)控制结构图中的主要成分

(1)模块。模块通常有四种:

①独立模块。用方框"□"表示,方框里可以标注模块代码或较直观的模块名。独立模块通常完成某个在逻辑上比较完整和独立的功能。

②分派模块。用方框上方加"^"标志来表示,它实际上并非是一个独立的模块。

③全程数据项。全程数据项是一组定义的数据项,它可以由其他若干个模块来赋值、引用和更新。在控制结构图中用两边是半圆形的四边形"　　"表示。

④广义模块(包)。包是模块的一种推广,所以称为广义模块。一个包从外部看是一个由若干个模块和全程数据项组成的集合。如标准子程序库、图形核心系统 GKS 等都是包。

(2)调用。从一个模块指向另一个模块的箭头(→),表示前一个模块中含有对后一个模块的调用。

(3)数据。调用箭头边上的小箭头(•→),表示调用时从一个模块传送给另一个模块的数据。

(4)控制。模块间控制信息的传输用"↦"表示。

的结构图说明模块 A 含有一个或多个对模块 B、C、D 的调用。

A 调用 B 时,A 将数据 x 和 y 传送给 B,B 返回到 A 时,将数据 z 传送给 A。

如果模块 C 对数据 y 需作修改,然后再将 y 返回给 A,则数据 y 应出现在调用箭头的两边。

一般地,称图 4.2 中的 A 为 B、C、D 的调用模块,称 B、C、D 为 A 的被调用者或下层模块。有时,调用模块和被调用模块对传送的数据使用不同的名字,为清楚起见,结构图中模块间传送的数据,按调用模块使用的名字命名。

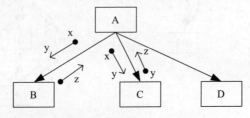

图 4.2　控制结构画法示例

2)模块间的调用关系

（1）顺序调用顺序调用关系是一种最简单的调用关系。在图 4.3 中,模块 A、B、C、D 是模块 K 的下层模块,它们由模块 K 来调用,并协同完成模块 K 的功能。这里的调用关系是 K 模块先调用 A 模块,然后是 B 模块,依次是 C 和 D 模块,从左到右顺序调用。

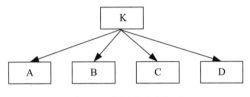

图 4.3　顺序调用关系

（2）选择调用（条件调用）。上层模块对下层模块的选择调用用菱形符号表示,其含义是,根据条件满足情况决定调用哪一个模块,如图 4.4 所示。

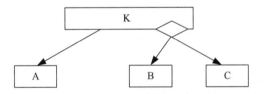

图 4.4　选择调用关系

图中模块 K 在调用模块 A 后,并不一定每次均调用 B 和 C,而是在调用 A 后,根据条件满足情况,决定调用 B 还是 C,这种调用称为选择调用或条件调用。

（3）重复调用关系。重复（循环）调用关系用跨越调用箭头的弧形箭头表示,它是上层模块对下层模块多次反复的调用,如图 4.5 所示。

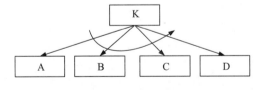

图 4.5　重复调用关系

图中表明模块 K 对 A、B、C、D 的多次反复调用,而不是只调用一次,这种调用关系称为重复调用或循环调用。

（4）重复判断调用。上层模块对下层模块送出信息,并对该模块进行重复判断调用,用实心菱形符号表示,如图 4.6 所示。这是重复调用和条件调用相结合的调用关系。

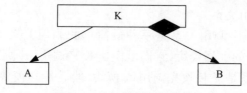

图 4.6 重复判断调用关系

3)控制结构图与程序框图的区别

控制结构图与程序框图是完全不同的,一个系统有层次性和过程性两个方面的特性,通常我们应该先考虑层次性,再考虑过程性问题。控制结构图虽然能够表示一定的过程性信息,如用顺序调用关系等表示方式,但它对过程的描述能力是极其有限的,这也不是它的主要目的。控制结构图主要描述的是系统的层次特性,即层次结构,而程序框图是系统的流程图,它描述的是系统的过程特性,即先执行哪一部分,后执行哪一部分等。在设计阶段,首先关心的是系统的层次结构,而不是执行过程。

2. 由数据结构图导出控制结构图

绘制控制结构图的主要目的是帮助划分系统的功能模块,揭示各功能模块间的调用关系及系统模块结构。控制结构图的依据就是在系统分析阶段产生的数据流程图。有一套较完整系统的方法让开发人员从数据流程图生成控制结构图。

1)控制结构图画法的基本思想

在系统分析阶段用结构化分析方法获得了用数据流程图等描述的系统说明书,结构化设计方法则以数据流程图为基础设计系统的模块结构。从表达用户需求的数据流程图,应用一些简单的规则可以导出初始的模块结构图。

我们先分析数据流程图的结构。数据流程图一般有两种典型的结构:变换型结构和事务型结构。

变换型结构是一种线形的结构,它可以明显地分成输入—主加工—输出三部分,如图 4.7 所示。

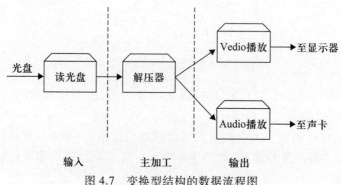

图 4.7 变换型结构的数据流程图

事务型结构,如图 4.8 所示。图中的某个加工(这里是"分类"加工)将它的输入分离成一串平行的数据流,然后选择性地执行后面的某个加工。对比图 4.8 中的加工"解压缩",它虽然也有两个数据输出,但这两个输出是同时的,后面两个加工也是同时进行、缺一不可的,不是选择性的,因而,它是变换型结构的数据流程图。可见,变换型结构与事务型结构的主要区别在于加工的执行是否具有选择性,而不单是加工是否输出多数据流的问题。

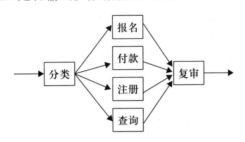

图 4.8　事务型结构数据流程图

对于这两种典型的数据流程图结构,可分别采用变换分析技术和事务分析技术导出标准形式的控制结构图。

变换分析技术和事务分析技术,都是先找出变换中心,将这个变换中心用一模块表示,这就是控制结构图的顶层模块,或称主模块。然后"从顶向下"逐步细化,最后得到一个满足数据流程图所表达的用户要求的模块结构图。

2) 用变换分析法画控制结构图

在数据流程图中,每个加工(处理)过程实质是一种"输入—加工—输出"的系统模式,而每个加工(处理)功能框又是系统中的一个独立的部分,是一个子系统、子过程。

由数据流程图导出结构图时,用变换分析技术,需首先找出变换中心,然后逐步扩展,不断完善。

这个变换中心就是系统一般模式的"加工",称为主加工。

一般选择系统的中心工作作为主加工,从这里开始扩展,就可以从变换型数据流程图导出标准形式的系统(程序)控制结构图。

变换分析过程可分为以下三步:

第一步,找出变换中心,确定主加工;第二步,设计模块结构图的顶层和第一层;第三步,设计中、下层模块。

下面分别进行讨论:

(1) 找出变换中心。根据系统说明书的说明,可决定数据流程图中哪些加工是系统的主加工。一般来说,一个流程图中最重要、最核心的加工(处理)就是主加工,这个加工的名字往往可以从数据流程图的名称和有关说明中看出。如果单从数据流程图的图形形式上分析,几股数据流的汇合处或者一个数据流的分流处往往就是系统或某个功能的主加工,也就是系统的变换中心。

如果一时确定不出主加工在哪里,则可以按下列方式进行:

在数据流程图中标出输入数据的最后点和输出数据的第一点。这两点之间留下的所有加工用一个大加工框框起来,成为一个逻辑加工,这个逻辑加工就是主加工,将此加工框的功能用一个模块来表示,就是结构图的顶层模块。

(2)设计结构图的顶层和第一层。变换中心就是控制结构图的顶层,即系统的主模块。主模块设计好之后,从顶而下,下面的结构就可按输入、变换、输出等分支来处理,从而设计出结构图的第一层。

①为每一个逻辑输入(逻辑输入就是系统主加工的输入数据流)设计一个输入模块,它的功能是向主模块提供数据输入。

②为每一个逻辑输出(逻辑输出就是系统主加工的输出数据流)设计一个输出模块,它的功能是向主模块提供数据输出。

③为主加工设计一个变换模块,它的功能是将逻辑输入变换为逻辑输出。

第一层模块同主模块之间传送的数据应该同数据流程图相对应。

通过以上两步就得出了结构图的顶层和第一层模块。主模块控制并协调输入模块、变换模块和输出模块的工作。一般来说,它要根据一些逻辑(条件或循环)来控制对这些模块的调用,但这不是控制结构图的长项。

(3)设计中、下层模块。设计中、下层模块,是由第一层模块开始自顶向下,分别对第一层模块逐步细化,直到满足要求为止。

下面分别讨论如何细化输入模块、输出模块和变换模块。

①输入模块的细化。输入模块的功能是向它的调用模块提供数据,所以其本身必须有一个数据来源,该数据是系统输入端的数据流,称为物理输入。它是从输入设备获得的数据流。因此输入模块由两部分组成:一部分是接受输入数据;另一部分是将这些数据变换成其调用模块需要的数据。这样我们就可以为输入模块设计两个模块:子输入模块和子输出模块。

②输出模块的细化。输出模块的功能是将调用模块提供的数据输出。它是系统输出端的数据流,称为物理输出。所以它也由两部分组成:一部分是将调用模块提供的数据变换成输出的形式;另一部分是输出。这样我们就将输出模块细化为两个模块:变换模块和输出模块。

上述①、②两个过程可以从顶向下递归进行,直到系统的输入端或输出端为止。

③变换模块的细化。变换模块可能对应数据流程图中的一组加工。变换模

块的设计原则是将数据流程图中的每一个加工都设计为一个变换模块的子模块,其从变换模块得到的输入是数据流程图中相对于该加工的输入数据流,向变换模块的输出是该加工的输出数据流。

我们可以通过图 4.9 所示的例子仔细体会上述细化过程的含义。

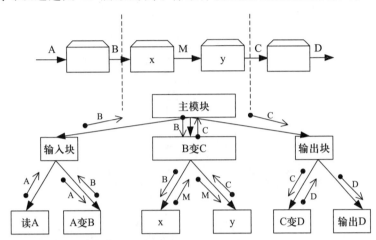

图 4.9　变换分析法的细化流程

运用变换分析技术,可以较容易地获得与数据流程图相对应的初始结构图。同时,大家应该看到,即使都采用上述方法,对同一数据流程图,不同的设计人员仍有可能得到不同的控制结构图。哪一种结构图较好?如何得到较好的结构图呢?这里就存在一个结构图评价和优化的问题。我们将在后面单独讨论这个问题。

3)用事务分析法画控制结构图

在实际流程图中,经常会出现这样一种情况:某些加工要根据输入数据将数据流程导向不同的处理路径。这种流程图就是以事务为中心的流程图,称为事务型结构的数据流程图。

对于事务型结构的数据流程图,可以用事务分析法导出其标准形式的结构图。

事务分析法的分析步骤是:

第一步,按照事务型系统的功能确定顶层主模块。事务型系统的功能是:接受一项事务,然后根据事务的不同类型,选择进行某一类事务的处理,这里"事务处理"是主模块。

第二步,设计事务层模块。事务层模块就是对每一类事务进行处理的模块,有 n 类事务就有 n 个事务层模块。

第三步,为每个事务处理模块设计出下层操作模块。操作模块是根据某一类事务的处理操作或事务编辑来确定的,但这里要考虑不同类型的事务,如果含有相同的操作,则应合并使其共用一个操作模块。

第四步,为操作模块设计出细节模块。细节模块可以被几个上层模块共用。

我们可以通过图 4.10 所示的例子仔细体会上述细化过程的含义。

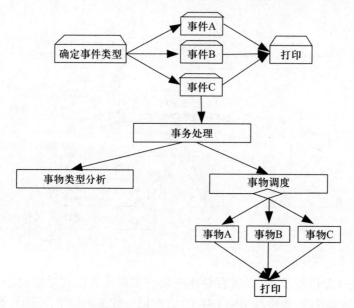

图 4.10　事务分析法的细化过程

在实际系统中,数据流程图往往是变换型或事务型共存互融的混合型。对这种混合型,一般采用以"变换分析"为主、"事务分析"为辅的办法进行设计。

①先找出主加工,设计出结构图的上层模块;

②根据数据流程图各部分的结构特点灵活地运用变换分析或事务分析设计出下层模块;

③根据用户要求,对初始结构图进行改进。

4) 全程数据项

前面讲过,结构图的基本组成部分是模块、模块间以及模块与全程数据项之间的调用关系和调用中的数据流。

全程数据项是指那些在系统运行过程中,任何模块都可使用的数据项。全程数据项的这一特性使它成为联系任意几个模块的纽带,因而在系统中起着十分重要的作用。因此我们在画控制结构图时必须将它明确地表示出来。表示的方法是,在调用了全程数据项的模块的下一层,用两端是圆弧的四边形画出,并用箭头表示上层模块对它的调用关系,如图 4.11 所示。

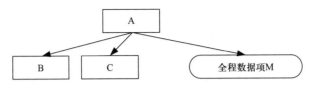

图 4.11　全程数据项的调用

3. 优化控制结构图

用变换分析法和事务分析法从数据流程图导出的控制结构图是一种初始结构图。这种初始结构图虽然能够满足系统说明书的要求,反映数据流向和处理过程,也可以用来编程,但它仍存在许多问题。例如:可能有许多模块的功能是相似或相同的,或者几个模块中某些部分是相似或相同的,等等。当把这样的模块分给不同的程序员编程时,不仅会造成重复编程,还会带来同一操作过程不同操作方式的问题,严重破坏了系统的一致性、易维护性和易使用性。造成这种状况的主要原因是,在用变换分析法和事务分析法转换结构图时只考虑了如何在结构图中反映数据流程图中的处理和数据流,即模块间的调用特性,并没有考虑模块的编程特性,也就是模块及模块间联系的其他特性。

下一步,我们将充分考虑模块间的这些特性,并对上述结构图做优化处理。

模块及模块间的特性除调用这个基本特性外,还有模块凝聚和模块间耦合两个特性,它们是衡量结构图好坏的依据。

1) 模块的凝聚

模块的凝聚就是指一个模块内部各成分之间的联系,在 MIS 中就是指把什么样的内容放入一个模块,才能使模块保持最小单一功能的独立性问题。它表明了模块内部各成分之间的关系强度。

模块的凝聚可以分为七个等级,如图 4.12 所示。判断某个模块属于何种等级只需问"为什么将这些内容放在这一模块中?"根据回答,就可判断其类型。

偶然凝聚是指模块由若干个毫无联系的成分凑在一起组成。这种模块含义不易理解,调用复杂,不易修改,应该尽量避免这种模块的出现。

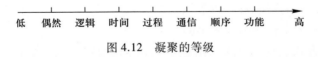

图 4.12　凝聚的等级

逻辑凝聚是指将若干个逻辑功能相似的成分(语句组)放在一个模块中。从这些功能的使用情况来看,它们是没有内在联系的。这其实是偶然凝聚的变种,具有偶然模块相似的特性,因而也应尽力避免。

时间凝聚是指将需要同时执行的一些成分(语句组)集中放在一个模块中。

典型的有初始化模块或结束模块。

以上三种类型的模块的凝聚是很弱的,因为块中的成分没有共用数据。

过程凝聚的模块是根据流程图的一个处理框而构成的模块。这种模块的特点是,模块内的处理必须在一起连续进行,中间不能插入其他成分。这种模块的凝聚程度比前三者都高。

通信凝聚模块中的所有成分,是在同一个输入数据的集合上进行加工操作,即模块中的成分只涉及相同的输入和输出,但各成分之间并无执行顺序、因果条件等其他内在的联系。

顺序凝聚是指模块中某个成分的输出是另一成分的输入。这种模块中被加工的数据是有序的,各成分之间的关系也是较紧密的,它非常接近于问题的结构,凝聚程度较高。这种模块可能包含多个功能,因而可能造成这部分功能在其他模块中的重复开发。

另外,顺序凝聚模块中的某一功能可能是不完整的。

功能凝聚仅包含某一种完整、单一的功能,也就是说它所包含的所有成分都是为完成某一个具体任务。功能凝聚模块具有很强的独立性,能够被单独理解和编程。一个系统中对应某一具体功能只应该在一个功能凝聚模块中定义,且使它能够被所有需要执行该功能的模块调用。

结构化系统设计方法的目标是获得功能性模块,即每一个模块执行一个单一功能。

2) 模块的耦合

凝聚是指一个模块内部关系的强度,耦合则是指模块与模块之间关系的强度,这两者是紧密相联的。它们从两个不同角度对模块的优劣进行描述。

耦合用模块间连接深度和连接机制来描述模块与模块之间的密切程度。

这里的连接可以从机制、信息传输方法和内容三个方面来加以说明。机制就是软件技术问题,信息传输方法就是指信息的进行方式,内容包括数据信息和控制信息。也就是说,模块间的密切程度或关系强度是由模块间的连接机制(软件技术)、信息传输方法、连接内容决定的,这三个方面说明了模块耦合的方式、作用和数量,是衡量模块耦合大小的尺度。

(1) 耦合方式。耦合方式是指模块间的耦合是通过什么样的方式进行的。模块间的耦合方式一般有两种,一种是函数或过程调用,另一种是"直接引用"。

直接引用是指一个模块直接存取另一个模块内部的某些信息。这种方式在早期的非结构化的编程语言中经常使用,为的是节约内存或者提高运行速度。这种方式的弊病早已为人们所认识。它是一种耦合程度很高的方式,不利于模块的编写和修改。所以现在的结构化编程语言已普遍禁止使用这种方式。

现在的结构化编程语言一般采用函数或过程调用的方式实现模块间的联系。它通过模块的名字调用整个模块,而不是只引用模块内部的某个名字。应用函数或过程调用时,两个模块共用的信息是作为参数显式传送的,所以每个模块的输入、输出数据都是明显可见的。这种方式使得模块间的耦合降低了。

(2) 信息作用。信息作用是指模块间传送的信息对模块间耦合的影响。模块间在调用时传送的信息,可以作"数据"用,也可以作"控制"用,也就是说,模块间通过调用关系,可以传送数据和控制两种信号,由此而产生的联系分别称为数据耦合和控制耦合。

两个模块之间通过调用关系,相互传递的信息是数据,则两个模块的联系称为数据耦合。这说明两模块的联系全是数据联系,一个模块不会对另一个模块的执行顺序和功能产生影响。这种耦合的强度最低,是一种较理想的耦合方式。

控制耦合是将控制信号作为参数传递给被调用模块,以控制被调用模块的运行。这种耦合程度较高。因为如果控制信号错了,被调用模块就会按另一种方式运行。

(3) 块间数据量。模块间的耦合是由于信息传送造成的,所以模块间互传的信息越多,块间耦合度就越深。一般来说,每次调用时,块间传送的参数为 2~4 个就可以了。

3) 公用环境耦合

两个或多个模块之间通过公用环境来发生联系,就称为公用环境耦合。

全程数据项是引起公用环境耦合的原因之一。由于全程数据项是暴露在所有模块之外的,任何模块都可以存取它们,这就使某些模块可以通过设置某个全程数据项来对其他使用该数据项的模块产生影响。

一个典型的例子是程序结束时检验最新的数据是否保存的模块。可以说明一个名为 stored 的全程数据项对内存中某块区域进行监视,当某些模块如修改、删除、增加模块对该区域进行了操作而使其中数据发生变化时,由这些模块将 stored 变量设置为 0,表示数据有变化,但还没有保存在磁盘上。当磁盘存储模块执行时,该模块保存数据到磁盘,并将 stored 设置为 1,表示数据已被存盘。当程序结束并调用结束模块时,结束模块会读取 stored 全程数据项,并进行判断。如果 stored=1,则知道数据已经被保存,结束模块继续其他工作。如果 stored=0,则知道数据还没有保存,这时结束模块询问用户是否保存数据,如果用户回答 No,结束模块继续其他工作;如果用户回答 Yes,则结束模块会调用存储模块对数据进行保存。

这种耦合往往发生在多个模块之间,它简化了模块间的控制关系,也简化了编程。

但是由于这种耦合是隐式(即不在模块调用格式中明确表示出来),因此容易被忽视,修改也比较麻烦。

4)控制范围和判断影响范围

一个模块可以调用的下属模块称为这个模块的控制范围。模块调用时有时有判断,那么根据判断来调用的模块称为这个判断的影响范围。例如图 4.13 中,模块 A 的控制范围为 B、C、D,判断 T 的影响范围为 B、C。我们希望一个模块中判断影响范围不要超过它的控制范围。例如图 4.14 中,T1 的判断影响范围已经超出了模块 B 的控制范围,而影响到模块 C。这样会出现一些弊病,因为这实质上有潜在的控制耦合,并且会引起多余的判断。这对系统的维护、修改是不利的。

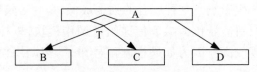

图 4.13　模块控制和判断影响范围

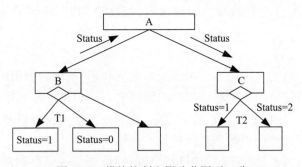

图 4.14　模块控制和影响范围不一致

要把判断影响范围置于控制范围之内可以把判断往上提,重新组合处理内容,确定判断条件。系统设计人员要根据数据流程图来灵活掌握,设计出结构性强的系统。

5)控制结构图的改进

结构化设计方法的目标就是设计出模块凝聚度高和块间耦合度小的控制结构图。所以,控制结构图的改进就是要不断考察由变换分析法和事务分析法产生的结构图,从模块凝聚和块间耦合的角度调整结构图,对结构图该分解的分解,该合并的合并,该移位的移位,达到单一模块高凝聚度、模块之间低耦合度的目的。

具体来说,对于由变换法和事务法生成的结构图,改进的重点在于:

(1) 找出模块中潜在的重复功能,并生成新的功能模块,提高模块的凝聚性。将数据处理的操作进行分类,有助于发现和归并模块中重复功能。如可以将计算机处理数据的基本方式分为 13 种:传递、核对、变换、分类(排序)、合并、存储、更新、检索、抽出、分配、生成、计算、表现。在各模块中发现这些类型的操作,并考察是否可以单独形成供这些模块共同调用的新的功能模块。

(2) 控制模块的规模,在保持高凝聚度、低耦合度的前提下,合并小模块,分解大模块。

(3) 设法减少控制耦合。

对结构图的改进可以反复进行,直到再也无法改进为止。

三、数据库设计

1. 数据库的概念

数据库是统一管理的相关数据的集合,数据是指使用符号记录下来的、可以识别的信息,信息则是关于现实世界事物存在方式或运动状态的反映。

客观存在、可以相互区别的东西称为实体。实体既可以是具体的对象,如一个上市公司,也可以是抽象的事件,如一次足球比赛。性质相同的同类实体的集合称为实体集,如所有的上市公司。实体有许多特性,每一个特性称为属性。每一个属性都有一个值域,其类型可以是整数型、实数型、字符型、日期型等。可以唯一地标识每一个实体的属性或属性集称为实体的键,有时也称为实体标识符。实体之间存在的各种关系称为实体联系。模型是对现实世界的抽象,实体类型和实体间联系的模型称为数据模型。典型的数据模型包括层次模型、网状模型、关系模型、面向对象模型等。

数据的描述有两种形式:一种是物理描述;另一种是逻辑描述。物理描述指数据在存储设备上的存储方式,物理数据是实际存放在存储设备上的数据。逻辑数据描述指计算机程序员或用户可以操作的数据形式,是抽象的概念。

数据库管理系统(Database Management System,DBMS)是位于用户与操作系统之间的数据管理软件,它为用户或应用程序提供访问数据库的方法,这些方法包括数据库的建立、查询、更新以及各种数据控制。DBMS 总是基于某种数据模型,因此可以把 DBMS 看成是某种数据模型在计算机系统上的具体实现。关系型 DBMS 基于关系模型,它的主要特征是使用表格结构表达实体集,用外键表示实体之间的联系。

DBMS 的主要功能包括数据库的定义、操纵、保护、维护和数据字典等功能。数据库的定义功能指使用数据定义语言来定义数据库的 3 级结构,包括外模式、概念模式和内模式以及这些模式之间的映像。数据库的操纵功能是指提供数据操纵语言实现对数据的操作,基本的数据操作包括检索、插入、修改和删除。数据库的保护功能主要是指数据库的并发控制、数据库的恢复、数据完整性控制和数据安全性控制等。数据库的初始数据加载、转换、转储、改组以及性能监测和分析等是数据库的维护功能。

数据库系统(Database System,DBS)是一个复杂的系统,它是采用了数据库技术的计算机系统。DBS的含义不仅仅是一组对数据进行管理的软件,也不仅仅是一个数据库。DBS是一个实际运行的、按照数据库方法存储、维护和向应用程序提供支持数据的系统,它是由存储介质、处理对象和数据库管理系统的集合体,由数据库、硬件、软件和数据库管理员四部分组成。

数据库技术是研究数据库的结构、存储、设计、管理和使用的一门学科。数据库技术是在操作系统的文件系统基础上发展起来的,而且 DBMS 本身要在操作系统的支持下才能工作。数据库与数据结构的联系也很密切,数据库技术不仅要用到数据结构中的链表、树、图等知识,而且还丰富了数据结构的内容。集合论、数理逻辑是关系数据库的理论基础,许多概念、术语、思想都可以直接应用到关系型数据库中。因此,数据库技术是一门综合性比较强的技术。

数据库技术的最重要的作用是处理数据,这需要把大量的数据存储在存储器中,因此存储器的类型、容量、速度直接影响着数据库技术的发展。最早的计算机只有内存,没有磁盘,且内存的容量很低。硬盘的生产是从1956年开始的,当时的容量只有 SMB,而到了 2002 年,硬盘的容量已经达到了 100GB 以上。当前,广泛使用的 CD-ROM 的容量也已经达到了数百个兆字节。随着信息技术的发展,CPU 的速度已经达到了 2G 以上。这些硬件技术的发展为数据库技术提供了良好的物质基础。

从软件技术来看最早的程序设计语言是机器语言,这种使用0和1表示的冗长语言只有极少数专家才可以使用。之后,程序设计语言是使用了一些简化机器语言的编码表示的汇编语言。这些机器语言和汇编语言都是低级语言,其处理数据的能力相对来说比较低。后来,出现了过程、控制、函数等概念,产生了许多高级编程语言,如C、COBOL、Fortran等。这些高级语言提供了大量使用方便、功能强大的工具,大大提高了处理各种数据的能力,使得数据库技术的发展有了可靠的保障。

从客观需求来看,应用范围的不断扩大也推动着数据库技术的发展。最早的数据库技术仅应用于科学计算,那时侧重于提高计算速度和精度,数据量相对而言比较少。随着信息技术的发展,计算机的应用范围越来越广泛,从科学计算发展到了行政管理和技术控制,信息的需求越来越多,需要处理的数据也越来越多。因此这时的数据库技术侧重于收集、传送、处理、使用这些数据,数据库技术要保证数据处理的及时性和准确性。目前,数据分析的需求越来越强,客观上需要数据库技术提供数据分析的能力。

硬件、软件和数据推动了数据库技术从传统的文件管理阶段向数据库管理系统阶段的演变。

2.传统的文件管理阶段

在20世纪60年代,计算机主要是用于科学计算和信息管理。从计算机硬件技术来看,除了内存之外出现了称为第二存储器的外存储器,如硬盘、软盘等,软件领域逐步出现了操作系统和高级程序设计语言。操作系统的文件系统就是专门管理外存储器上数据的管理软件。应用程序的开发主要是独立的,没有一个统一的规划,如企业中每一个职能领域都会开发一些与其他职能领域完全独立的系统。财会、生产、营销、人事等业务部门都开发了各自的应用程序,它们都有自己的数据文件。这种传统的文件管理的数据处理方式如图4.15所示。

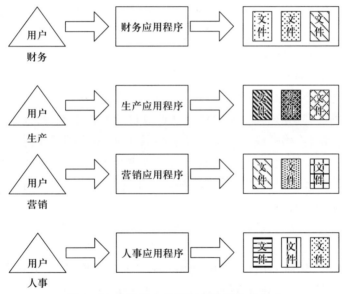

图 4.15　传统的文件管理的数据处理方式

在传统的文件管理阶段,每一个应用程序都需要自己的数据文件和自己的应用程序。例如,人事部门需要雇员清单文件、工资文件、津贴文件、医疗保险文件、邮件列表文件等。销售部门则需要销售人员清单文件、产品名称文件、销售统计文件等。这些文件可以很多,如几十个、几百个,但是这些文件都是独立的,同一种数据可能存储在多个不同的数据文件中。

随着数据量的剧增,这种数据管理阶段存在着的许多问题越来越突出。这些问题包括:

(1)数据冗余性就是指同一个信息在多个数据文件中同时出现。当多个不同的部门独立地采集同一种信息时就发生了这种冗余性。例如,在人事文件中包含了企业所有雇员的信息,但是销售文件中又包含了属于销售人员的雇员信息。由于同一种信息数据在多处采集和维护,有可能造成同一种信息有多种表示形式。

(2)数据不一致性就是指由于同一种信息数据在多处采集和维护,有可能造成同一种信息有不同的数据表示。

(3)数据之间缺乏联系就是指不同的数据文件之间相互独立,缺乏联系特性。虽然某些数据之间存在着紧密的联系,但是由于实现的复杂性,因此很少在系统中提供这些数据之间的紧密联系。

(4)数据安全性差就是指对数据的管理和控制比较少。这些数据文件很容易被非法用户使用和操作。

(5)缺乏灵活性就是指在特定领域中的应用程序编写完毕之后,如果需要增加各种特殊查询的报表,那么这些修改将非常困难,这是因为这些数据文件和应用程序的修改需要耗费相当多的时间、人力和财力。

3.现代的数据库管理系统阶段

传统的文件管理存在的许多问题终于在20世纪60年代末得到了解决。这时进入了数据处理、管理和分析阶段。从计算机硬件技术来看,开始出现了具有数百兆字节容量、价格低廉的磁盘。从软件技术来看,操作系统已经开始成熟,程序设计语言的功能更加强大,操作和使用更加方便。这些硬件和软件技术为数据库技术的发展提供了良好的物质基础。从现实需求来看,数据量急剧增加,对数据的管理和分析需求力度加大。

标志传统的文件管理数据阶段向现代的数据库管理系统阶段转变的三件大事:

(1)1968年,国际商用机器(International Business Machine,IBM)公司推出了商品化的基于层次模型的信息管理系统(Information Management System,IMS)。IMS是一种宿主语言系统。某种宿主语言加上数据操纵语言就组成了IMS的应用系统。

(2)1969年,美国数据系统语言协商会(Conference On Data System Language,CODASYL)组织下属的数据库任务组(Database Task Group,DBTG)发布了一系列研究数据库方法的DBTG报告,该报告奠定了网状数据模型的基础。

(3)1970年,IBM公司的研究人员E.F.Codd连续发表论文,提出了关系模型,奠定了关系型数据库管理系统的基础。目前,广为流行的关系型数据库系统的理论基础依然是关系理论。

数据库管理系统克服了传统的文件管理方式的缺陷,提高了数据的一致性、完整性,减少了数据冗余。典型的现代数据库系统处理数据的方式如图 4.16 所示。在这种数据管理方式中,许多应用程序可以在数据库管理系统的控制下共享数据库中的数据。

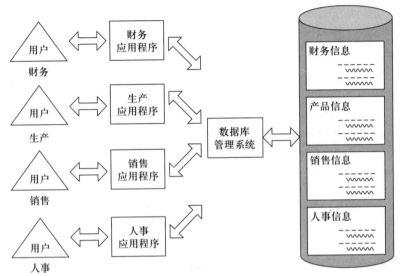

图 4.16　现代数据库系统处理数据的方式

与传统的文件管理阶段相比,现代的数据库管理系统阶段具有下列一些特点:

(1)使用复杂的数据模型表示结构。在这种系统中,数据模型不仅描述数据本身的特征,而且还要描述数据之间的联系。这种联系通过存取路径来实现。通过所有存取路径表示自然的数据联系是数据库系统与传统的文件系统之间的本质差别。这样,所要管理的数据不再面向特定的某个或某些应用,而是面向整个应用系统,因此大大降低了数据冗余性,实现了数据共享。

(2)具有很高的数据独立性。数据的逻辑结构与实际存储的物理结构之间的差别比较大。用户可以使用简单的逻辑结构来操作数据而无须考虑数据的物理结构,这种操作方式依靠数据库系统的中间转换。在物理结构改变时,尽量不影响数据的逻辑结构和应用程序。这时,就认为数据达到了物理数据的独立性。

(3)为用户提供了方便的接口。在这种数据库系统中,用户可以非常方便地使用查询语言,例如,结构化查询语言(Structured Query Language,SQL)或实用程序命令操作数据库中的数据,也可以使用编程方式(如在高级程序设计语言中嵌入查询语言)操作数据库。

(4)提供了完整的数据控制功能。这些功能包括并发性、完整性、可恢复性、安全性和审计性。并发性就是允许多个用户或应用程序同时操纵数据库中的数据，而数据库依然保证为这些用户或应用程序提供正确的数据。完整性就是始终包含正确的数据，如通过定义完整性的规则使数据值可以限制在指定的范围内。可恢复性是指在数据库遭到破坏之后，系统有能力把数据库恢复到最近某个时刻的正确状态。安全性就是指有指定的用户才能使用数据库中的数据和执行允许的操作。审计性就是指系统可以自动记录所有对数据库系统和数据的操作，以便跟踪和审计数据库系统的所有操作。

（5）提高了系统的灵活性。对数据库中数据的操作既可以以记录为单位，也可以以记录中的数据项为单位。例如，在SQL语言中，可以使用SELECT语句指定记录或记录中的数据项。

从文件系统发展到数据库系统是信息处理领域的一个重大变化。在文件系统阶段，人们对信息处理方式关心的中心问题是应用系统功能的设计，程序设计处于主导地位，数据只起着服从程序设计需要的作用。在数据库系统管理阶段，人们最关心的问题是数据结构的设计，这是整个数据库应用的核心，而数据库应用的设计则处于以既定的数据结构为基础的外围地位。

4.SQL语言的特点

SQL是结构化查询语言（Structure Query Language）的简称，是关系型数据库管理系统中最流行的数据查询和更新语言。用户可以使用SQL语言在数据库中执行各种操作。

从SQL的出现到现在，已经出现了许多不同版本的SQL语言。最早的版本是由美国IBM公司的San Jose研究所提出的，该语言的最初名称是Sequel。

1986年，国际标准化组织（International Standard Organization, ISO）和美国国家标准协会（American National Standards Institute, ANSI）共同发布了第一个SQL标准，即SQL-86，该标准也称为SQL-l。1992年，ISO和ANSI对SQL-86进行了重新修订，发布了第2个SQL标准，即SQL-92，该标准也称为SQL-2。随着信息技术的飞速发展，数据库理论和应用越来越深入和广泛。1999年，标准化组织发布了反应最新数据库理论和技术的标准SQL-99，称该标准为SQL-3。该版本在SQL-2基础上扩展了许多特性，如递归、触发、面向对象技术等。

另外，还存在不同的数据库管理系统厂商开发的不同类型的SQL。这些不同类型的SQL语言也称为SQL方言。这些SQL方言一方面遵循了标准SQL语言规定的基本操作，另一方面又在标准SQL语言的基础上进行了扩展，增强了一些功能。不同的SQL方言有不同的名称，如Oracle产品中SQL方言的名称是PL/SQL，Microsoft SQL Server产品中SQL方言的名称是Transact-SQL。

SQL查询语言包括了所有对数据库的操作，这些操作可以分为四个部分，即数据定义语言、数据操纵语言、数据控制语言和嵌入式SQL语言。其功能如下所示：

（1）数据定义语言(Data Definition Language,DDL)主要是定义数据库的逻辑结构，包括定义基本表、视图和索引。从用户的角度来看，基本的DDL包括三类语言，即定义、修改和删除。

（2）数据操纵语言(Data Manipulation Language,DML)包括数据检索和数据更新两大类操作，其中数据更新包括插入、删除和修改三种操作。

（3）数据控制语言(Data Control Language,DCL)包括基本表和视图的授权、完整性规则的描述以及事务开始和结束等控制语句等。

（4）嵌入式SQL语言规定了SQL语句在宿主语言程序中使用的各种规则。

5.数据完整性

数据完整性就是指存储在数据库中的数据的一致性和准确性。数据完整性有三种类型：域完整性、实体完整性和参考完整性。

域完整性，也可以称为列完整性，指定一个数据集对某一个列是否有效和确定是否允许空值。域完整性通常是经过使用有效性检查来实现的，并且还可以通过限制数据类型、格式或者可能的取值范围来实现。例如，在零部件分类表的分类名称字段中，限制其取值范围"标准件""外协零件""外协部件""自制零件""自制部件"，这样就不会输入其他一些无效的值，如不会输入"机器""图纸""销售订单"等值。

实体完整性，也可以称为行完整性，要求表中的所有行有一个唯一的标识符，这种标识符一般称为主键值。例如，在入库单表中，入库单号应该是唯一的，这样才能唯一地确定一个入库单据。在零部件基本信息表，零部件编号是唯一地确定一个零部件的主键。

参考完整性保证在主键(在被参考表中)和外键之间的关系总是得到维护。如果在被参考表中的一行被一个外键参考，那么这一行既不能被删除，也不能修改主键值。例如，在仓库管理数据库中，有零部件基本信息表和入库单表。零部件基本信息表中有一个零部件编号属性，该属性是主键。入库单表中也有一个零部件编号属性，该属性的取值依赖于零部件基本信息表中的零部件编号属性。

例如，在Microsoft SQL Server2000系统中，包括了实现这些数据完整性的许多方法，如约束、规则、缺省等。约束是实现数据完整性机制的最主要的方法。

约束是通过限制列中数据、行中数据和表之间数据，保证数据完整性比较好的方法。每一种数据完整性类型，如域完整性、实体完整性和参考完整性，都由不同的约束类型来保障。约束确保有效的数据输入到列中和确保维护表之间的关系。表4.1描述了不同类型的约束名称和功能。

表 4.1　约束类型和功能描述

完整性类型	约束类型	功能描述
域完整性	缺省	在使用 INSERT 语句插入数据时,如果某个列的位置没有明确提供,则将该缺省值插入到该列中
	检查	指定某一个列的可接受值的范围
实体完整性	主键	每一行的唯一标识符,确保用户不能输入冗余值和确保索引,提高查询性能,不允许空值
	唯一键	防止出现冗余值,并且确保创建索引,提高性能。允许空值
参考完整性	外键	定义一列或者几列,其值与本表或者另表的主键值匹配,强制表之间的关系

定义约束可以使用 CREATE TABLE 语句或者 ALTER TABLE 语句。使用 CREATE TABLE 语句表示在创建表的时候就定义约束;使用 ALTER TABLE 语句表示在已有的表中增加约束。不过通常的做法是首先创建一个无完整性约束的表,然后再在此标的基础上添加需要的各种约束。

如果表中已经有数据,也可以在表中增加约束。不过,表中已有的数据要满足一定的条件。例如,如果某个表中已经有数据,现在要增加主键约束,那么需要验证已有的数据是否满足不重复和非空的条件。如果满足条件,那么可以创建成功;如果不满足条件,那么不能成功地创建主键。

定义约束时,既可以把约束放在一列上,也可以把约束放在若干列上。如果把约束放在一个列上,那么把该约束称为列级约束;如果把约束放在若干列上,那么把该约束称为表级约束,尽管该约束并没有放在表中的全部列上。

第二节　详细设计

一、输出设计

信息系统输出就是为用户提供信息。信息系统输出是使用信息系统的目的,是体现信息系统价值的基础。本节将要讲述信息系统的物理输出设计内容。首先介绍信息系统输出的信息类型和特点,接下来研究信息系统输出设计应该遵循的原则,最后研究实现输出的过程和步骤。

1.信息系统输出的类型和特点

按照信息系统的输出信息是用在企业内部还是应用在企业外部,可以把信息系统输出的信息分成三种类型,即内部输出、外部输出和反馈输出。下面分别介绍这些不同输出类型的特点。

1) 内部输出

内部输出就是为企业内部的各种用户提供的输出内容。这些内部输出内容很少在企业外部使用。内部输出主要是企业内部每天的业务信息、监督、决策等。这种输出内容包括详细报表、汇总报表和异常报表。

详细报表提供了详细的没有经过各种加工、过滤的业务信息。例如,银行的流水账、所有的客户订单、超市的产品销售明细表等。这些详细报表几乎都是历史数据。

汇总报表是为管理者提供的各种报表。在这些报表中对数据进行了加工、汇总等操作,这些报表经常使用各种图形方式来表示。常用的汇总报表包括财务的损益表、产品销售分析表等。这些报表的目的是为了迅速了解整个企业的经营状况、辅助进行各种经营决策。

异常报表只是提供所需要的数据,这些数据满足指定的标准或条件。例如,整个企业应收账款分析报表、银行逾期贷款现状统计和分析报表、不合格产品统计报表等。图 4.17 示意了一个应收账款异常报表。

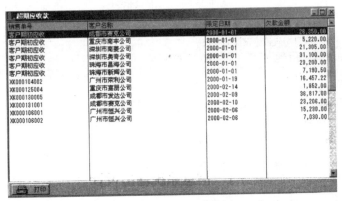

图 4.17 异常报表示例

2) 外部输出

与内部输出相对应的信息输出是外部输出。外部输出主要是为企业外部的用户、组织、机构等提供所需要的信息。这些信息主要是有关业务统计报表。

常用的外部输出信息包括企业的资产负债表、课程安排表、航空飞行时刻表、电话账单、采购订单、邮寄清单等。

实际上,许多外部输出信息既可以是外部输出,也可以是内部输出。例如,各种财务报表,企业内部的管理人员和企业外部的工商、税收等部门都可以使用。

3) 反馈输出

反馈输出也是外部输出,但是这种输出的目的是为了重新输入。最常见的反馈输出是要求填写回执的输出。例如,图4.18是某个出版社征求读者反馈意见的读者意见反馈卡。

读者意见反馈卡					
感谢您购买本出版社的图书! 非常希望您能添妥下表,且将读后感告诉我们,我们将为您提供更优秀的图书!					
请附阁下资料或名片					
姓名		年龄		职务	
单位					
地址				邮政编码	
电话		传真		电子邮件	
您购买此书的途径					
书店		商场	邮购	网上	其他
哪些因素影响您购买本书					
封面		封底	作者	出版社	前言
目录		插图	价格	其他	
您希望购买哪些类型的图书					
经济		金融	财会	管理	数学	物理
计算机		机械	化工	农业	美术	其他
您希望哪种类型的图书					
翻译图书		国内自编图书		原版图书	
我们的联系地址: 北京市海淀区清华园,清华大学出版社,电话:010-62786544,邮政编码:100084					

图 4.18 读者意见反馈卡

2. 实现信息系统输出的方法

随着信息技术的发展,可以通过多种方法实现信息系统的输出。实现输出的方法就是指使用输出设备和方式。常用的输出方法包括以下几种。

(1) 打印机输出:最常用的方法,打印结果易于保存。

(2) 显示器屏幕:最快的输出的方式,但是无法保存输出结果。

(3) POS终端:如ATM可以显示和打印账户余额等信息。

(4) 多媒体:包括声音、视频、图像等多种输出。

(5) E-mail:这种输出易于通信。

(6) 超级链接:超级链接允许用户浏览网上的各种信息。

(7) 微型胶片:方便、安全、持久的存储方式。

表4.2列出了常用的输出方法分类和使用这些输出方法产生的典型输出。

表 4.2 常用的输出方法分类

输出方法	内部输出(报表)	反馈输出(内部和外部)	外部输出(交易信息)
打印机	为了企业内部的业务需要,在纸上打印详细的、汇总的或异常的各种信息。 示例:各种管理报表	基于业务表格的业务信息,可以用作业务输入信息。 示例:图书意见反馈卡	基于业务表格的业务信息。 示例:银行对账单
屏幕	由企业内部管理使用和监督的详细的、汇总的、异常的信息。输出格式一般是表格的或图形的。 示例:联机管理报表	在显示器上显示的业务交易信息,目的是用于输入其他信息。 示例:基于 Web 的股票价格和购买	基于业务表格的业务信息。 示例:基于 Web 的银行交易明细表
POS 终端	显示和打印具有特殊目的的设备,可以满足特定的内部业务功能。 示例:取款对账单	显示和打印具有特殊目的的设备,可以满足特定的内部业务功能。 示例:超市信用卡支付	为特殊用户显示或打印信息。 示例:财务报表
多媒体(音频和视频)	把信息转换为声音或视频传输给内部使用者	把信息转换为声音或视频传输给外部使用者,然后外部使用者又把声音返回到系统中	把信息转换为声音或视频传输给外部使用者
E-mail	显示与内部业务有关的信息。 示例:接收 E-mail 消息的联机业务报告	为了初始化业务的进行,显示的消息。 示例:使用 E-mail 询问当前交易是否继续进行	与业务有关的信息。 示例:电子商务中的通过 E-mail 消息进行的商务活动
超链接	基于 Web 的以 HTML 和 XML 格式显示的链接的内部信息。 示例:集成的联机文档	把基于 Web 的链接集成到基于 Web 的输入页面,提示用户是否继续访问其他信息。 示例:基于 Web 的拍卖页面	把基于 Web 的链接与基于 Web 业务集成起来。 示例:FAQ
微型胶片	归档内部各种管理报表,减少所需要的存储空间。 示例:在微型胶片上的计算机输出	不能使用	不能使用,除了外部用户也需要微型胶片作为输出

3.信息系统输出的设计原则

信息系统输出是信息系统目标的具体体现,因此信息系统输出设计是信息系统开发的一个关键环节。为了提高信息系统输出设计的质量,满足人机工程的基本要求,确保信息系统项目的成功,信息系统输出设计应该满足下面4个基本原则。

原则1:信息系统的输出应该简洁,易于阅读和解释。为了满足这项原则,应该做好下面一些事情:

(1)每一个输出都应该有一个标题。

(2)每一个输出都应该标上日期和时间。这种信息有助于读者理解信息的时效性。

(3)如果报表或屏幕上显示的内容过长,应该对其进行分段。每一段都应该有子标题。

(4)在基于表单形式的报表中,所有的字段都应该标注字段名称。

(5)在基于表格形式的报表中,所有的列名称都应该标注清晰、准确。

(6)由于空间有限,所有的子标题、字段名称、列名称有可能使用缩写的形式,因此应该提供对缩写短语的解释。

(7)只打印或显示必要的信息。在联机输出的报表中,应该隐藏详细信息,但是必须为使用者提供打开详细信息的方法。

(8)输出的信息应该是由计算机信息系统自动生成的,不能人为地手动编辑这些信息。否则会降低信息的使用性。

(9)各种报表或显示的信息应该均衡,既不能过于稀疏,也不能过于拥挤。另外,应该在报表中保留足够的字间距和行,为读者提供阅读的方便。

(10)应该使信息系统的用户通过简单的操作生成报表。

(11)不能在各种输出中包含计算机的错误消息。

原则2:信息系统输出应该是及时的。

只要用户需要,随时可以生成用户需要的各种信息。在设计和实现输出时,必须考虑输出的及时性。

原则3:访问信息系统输出信息的用户是经过授权的。

只有合法的用户才能访问到自己希望得到的输出信息,未经授权的用户不能访问相应的输出信息。这是信息系统输出的安全性。

原则4:信息系统的输出必须是有效的。

信息系统输出的内容、格式等信息应该满足用户的需要,不应该包括用户不需要的内容和不合适的格式。

4.信息系统输出设计的步骤

虽然信息系统输出设计的过程不复杂,但是为了提高信息系统输出设计的

效率,应该按照下面的步骤进行设计:

(1)确认信息系统的输出和评审逻辑需求。

(2)确定物理的输出需求。

(3)如果必要,设计所有的预先打印的表格。

(4)设计、验证和测试输出。

下面详细介绍这些步骤的内容。

1)确认信息系统的输出和评审逻辑需求

实际上,输出需求应该在需求分析阶段定义。输出设计的起点应该是物理的数据流程图。这些数据流程图可以用来确认系统的网络输出和实现方法。

根据采用的信息系统的开发方法和标准,每一个网络数据流都应该在数据字典中得到描述,就像逻辑数据流程图那样得到描述。数据流的结构应该可以指定将要包含在输出中的属性或字段。如果输出需求是使用关系代数指定的,还应该确定哪些字段是重复的数据,哪些字段是可选的数据等。

2)确定物理的输出需求

在信息系统输出设计中,可以采取的决策是如何选择输出的介质和格式。这些介质和格式是输出设计和实现的基础。

为了确定输出的类型和目的,应该考虑下面的一些问题:

(1)该输出是内部用户使用还是外部用户使用?

(2)如果是内部用户使用,那么该报表是详细报表,还是汇总报表,或者是异常报表?

(3)如果是外部用户使用,那么该报表是否反馈输出报表?

理解了使用什么样的输出类型和输出的目的之后,还应该回答下面的设计问题:

(1)哪一种设计方法可以满足这种输出要求?为了回答这个问题,应该先做好下面的事情:

①应该使用哪一种报表的格式?是表格、分区,还是图形?

②如果需要打印报表,那么应该使用什么样的纸张类型?是 A4、A3 或 B5?

③对于屏幕输出,那么应该了解显示器的差别。如果显示器的像素点不同怎么办?

④对于图表,应该采用激光打印机打印。

(2)输出的频率如何?是根据需要输出,还是每小时输出、每天输出、每周输出、每月输出?为了确定输出的频率,应该考虑下面一些因素:

①根据用户的需要生成报表;

②如果报表是由信息服务部门打印的,必须制定报表的管理制度。

（3）对于每一份报表，需要打印多少页？这种需求用于确定对纸张或表格的消费。

（4）打印是否需要一式多份？如果需要，那么需要多少份？是否需要彩色打印？

（5）对于打印输出应该确定打印的控制。

3）设计所有的预先打印的表格

外部输出和反馈输出都是特殊的输出，因为这些输出包含了一些事先确定好的信息。

在许多情况下，应该事先设计好这些表格。为了设计好这些预先表格，应该确定这些输出的设计需求。为了确定这些输出的设计需求，应该考虑下列事情：

（1）哪些信息应该出现在预先打印好的表格上？如标题、标签等。

（2）这些表格是否用于邮寄？如果是，那么通信地址信息非常重要。

（3）每天需要打印多少这种表格？每周？每月呢？每年呢？

（4）这些表格的大小如何？

（5）这些表格需要反馈吗？

（6）这些表格需要哪些注释信息？

（7）使用什么样的颜色？

4）设计、验证和测试输出

完成设计决策之后，这些信息都被记录下来了。现在，可以开始设计输出了。输出的格式或布局直接影响到系统用户的使用，因此设计之前应该画一个草图，并且把草图提供给用户，得到反馈信息，然后修改草图。直到草图设计满意之后，在计算机中实现这些设计。

设计阶段最重要的内容是格式。格式应该统一并且尽量与用户的使用习惯一致。

二、输入设计

信息系统输入就是捕捉数据，把数据输出到计算机中的过程。如果说信息系统的输出是信息系统的终点，则信息系统的输入则是信息系统开始工作的起点。本节将要讲述信息系统的物理输入设计内容。首先介绍信息系统输入的基本概念和特点，然后讨论信息系统输入设计的基本原则，最后研究实现输入设计的过程和步骤。

1.信息系统输入的概念和特点

俗话说，"垃圾入，垃圾出"（Garbage in, Garbage out）。这句话表明了信息系统输入的重要性和必须满足的基本原则。信息系统的输入并不是简单地使用什么样的输入设备的问题,而是如何捕捉数据、捕捉哪些数据、如何进行处理的过程。

数据捕捉就是确认和获取新产生的数据。捕捉数据的最好时机是数据产生之后立即进行捕捉,传统上使用各种表格捕捉数据,这些捕捉数据的表格也称为源文档。源文档就是记录业务交易内容的、基于数据的文档。常见的源文档包括杂志订购单、宾馆入住登记单、银行存款单、邮寄包裹单等。

数据输入是把源数据转变成计算机可读格式的过程。一般应该把数据捕捉和数据输入项紧密结合起来,即捕捉到的数据就是可以方便地输入到计算机中的数据输入项。

输入数据输入项的过程就是数据处理的过程。这里主要讨论数据处理中的数据输入处理。我们可以把数据输入处理分成两种类型,即批处理类型和联机处理类型。

批处理类型就是把业务数据组成一个文件,把该文件一次性输入到计算机中的过程。批处理类型是一种传统的数据输入处理方式。

联机处理类型就是捕捉数据和处理数据同时进行的数据输入处理方式。这是一种自动化的数据输入处理方式。

2. 实现信息系统输入的方法

随着计算机技术的发展,数据输入设备和方法不断增多。常用的数据输入设备和输入方法如下。

(1) 键盘:最常用的输入。

(2) 鼠标:与图形用户接口(Graphical User Interface,GUI)连接的数据输入设备。

(3) 触摸屏:一种新型的数据输入技术。

(4) POS 终端:捕捉付款数据等。

(5) 话筒:输入声音的方式。

(6) 光笔:光记号识别技术。

(7) 磁性墨水:用于磁卡和字符的输入。

表 4.3 列出了常用的输入设备和输入方法的特征。

表 4.3　常用的输入设备和输入方法

输入方法	捕捉数据	数据输入	数据输入处理
键盘	基于捕捉源数据的表格来捕捉数据	通过键盘输入数据。这是最常用的输入方法,但也是最容易产生错误的方法	数据可以被采集到文件中,使用批处理方式处理数据文件

续表

输入方法	捕捉数据	数据输入	数据输入处理
鼠标	基于捕捉源数据的表格来捕捉数据	和键盘结合,简化数据的输入	数据可以被采集到文件中,使用批处理方式处理数据文件
触摸屏	基于捕捉源数据的表格来捕捉数据	在触摸屏幕上输入数据	数据可以被采集到文件中,使用批处理方式处理数据文件
POS终端	数据在销售点输入,不使用源文档	数据或者由顾客直接输入(ATM)或者经过授权间接输入。输入数据要求专业化	数据几乎是被立即处理的
话筒	数据发生和数据捕捉几乎是同时进行的	通过电话等设备输入数据	数据几乎是被立即处理的
光笔	通过扫描记录数据。这是最早的自动化捕捉数据方式	不需要单独地数据输入	数据几乎是被立即处理的
磁性墨水	数据是预先记录的形式	磁性墨水用户读取磁性化的数据。必须使用特殊的方法才能输入数据	数据几乎是被立即处理的

3.信息系统输入设计的原则

在信息系统输入过程中,人的因素是非常重要的。信息系统的输入应该尽可能地简单,并且减少错误的发生。因此,必须考虑信息系统用户的需求。

首先应该降低输入数据的数据量,输入的数据越多越容易发生错误。在考虑降低数据量时,应该遵循下面两个原则。

原则1:只捕捉变量数据,不捕捉常量数据。例如,在数据销售订单时,我们需要输入零件号,但是不需要输入零件描述信息。这时零件号是变量数据,而零件描述信息是常量数据,这种常量数据可以由零件号确定。

原则2:不要捕捉计算得到数据。例如,如果需要输入零件数量和单价,那么没有必要输入总金额,因为可以通过零件数量和单价计算出总金额。

如果使用源文档捕捉数据,那么这些源文档中的数据应该容易输入到计算机中。这时,需要遵循下面四个原则。

原则1:在表格中包括完成表格数据的说明。

原则2:最小化手工写字的工作量。如果可以使用选择,尽可能地使用选择。

原则3:输入的数据应该按照常规的顺序,从左到右,从上到下。图4.19是一个正确的输入数据的顺序。图4.20则是一个不正确的输入数据的顺序。

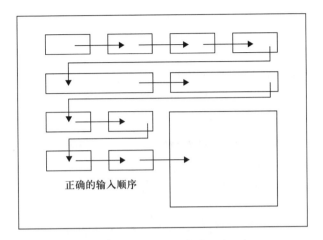

图 4.19　正确的输入数据的顺序

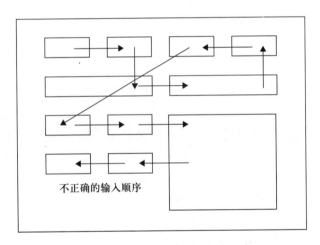

图 4.20　不正确的输入数据的顺序

原则 4：如果可能的话，输入的格式最好模仿实际的表格。例如，可以使用一个电子支票处理支票的输入。电子支票的最好与实际支票的样式完全一样。

在输入数据时，还应该包括数据的内部控制。这些内部控制应该满足下列两个原则。

原则 1：应该监视输入的数量。对于批处理来说尤其重要。

原则 2：确保输入的数据是有效的。应该使用如下确保数据有效性的技术。

（1）存在性检查：确定所有必要的数据都已经被输入。

（2）数据类型检查：确保输入数据类型的正确。

（3）域检查：确定输入的数据是否在合理的范围之内。

(4)合并检查:确定两个字段的输入数据是否一致。
(5)格式检查:确保输入的数据满足指定的格式。

4.常用的 GUI 控件

在进行信息系统输入设计时,需要使用大量的 GUI 控件。这些控件包括单行文本框、多行文本框、下拉列表框、单选按钮、复选框、命令按钮、列表框等。常用的控件如图 4.21 所示。

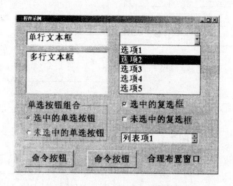

图 4.21 常用的控件示例

下面详细描述这些基本控件的目的、优点和缺点。

1)文本框

最常使用的控件是文本框。文本框是由一个矩形框和标题组成的。用户需要把数据输入到文本框中。文本框中的数据既可以是单行的,也可以是多行的。当文本框包含了多行数据时,应该为文本框添加浏览条。

文本框主要用于那些输入的数据的取值范围是有限的,且信息系统不能为用户提供一些指定的选项。文本框应该足够大,以便浏览者查看数据。

使用文本框时,要满足下面一些要求:

(1)应该为文本框添加一个有意义的、描述性的标题。
(2)标题不应该使用缩写的形式。
(3)标题所在的位置应该非常明确,不至于产生歧义,一般位于文本框的左端。

在如图 4.22 所示的文本框控件示例中,上面的两个文本框的设置是合理的,而下面两个文本框的设计由于标题位于文本框的右端而不合适。

2)单选按钮

单选按钮为用户提供了一种快速确认和从某个选项集合中选择一个值的方式。单选按钮由一个小圆圈和相应的文字性描述组成。小圆圈位于左端,描述性文字位于右端。这些按钮一般位于一组单选按钮组中,这组按钮只能选择一

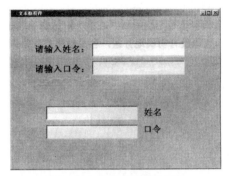

图 4.22　文本框控件示例

个。当用户选中相应的单选按钮时,该单选按钮的中心出现一个黑点,表示选中。

如果所选的内容可以事先确定数量比较少,那么可以使用单选按钮。例如,如果为某个人输入性别,那么性别值可以使用两个单选按钮完成,即"男"单选按钮和"女"单选按钮。

当使用单选按钮时,要考虑下面一些因素:

(1)单选按钮应该垂直排列,并且左对齐,以便用户进行浏览和选择。

(2)应该组合单选按钮组,且单选按钮组与其他控件之间分开,以利于选择。

(3)单选按钮的顺序应该仔细考虑。最常用的、最重要的选项应该尽量放在选项的前面。

图 4.23 是一个恰当的单选按钮应用示例。因为这些单选按钮按照垂直方式排列,且每个单选按钮组都明确标定。

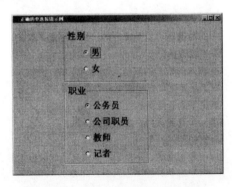

图 4.23　恰当的单选按钮应用示例

图 4.24 是一个不恰当的单选按钮应用示例。第一,这些单选按钮的布局与其他控件混合在了一起;第二,单选按钮没有明确地分组,容易使用户犯错误。

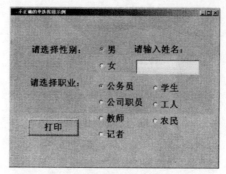

图 4.24 不恰当的单选按钮应用示例

3) 复选框

和单选按钮一样复选框也包括两项内容，即一个小正方形和描述性的文字。复选框提供了一种开关选择，或者说提供了一种可视化的回答问题的方式。在一个屏幕上，可以包含多个问题的询问。复选框也可以是一组的，但是同一组的复选框可以同时选中多个。这是与单选按钮不同的地方。

使用复选框控件时，应该考虑下面一些因素：

(1) 一定要确保文字描述准确。

(2) 最好是垂直方向排列复选框，且使用左对齐的方式。

(3) 复选框之间的排列顺序应该按照重要程度来排列。

图 4.25 是一个复选框应用的示例。在这个示例中，用户可以清楚地看到将要做的事情。

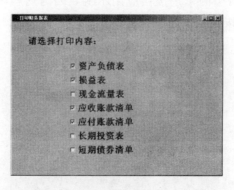

图 4.25 复选框应用的示例

4) 下拉列表框

下拉列表框是一种要求从许多数据中选择一个数据的输入方式。下拉列表框由一个矩形文本框和其旁边的小按钮组成。单击小按钮，则出现一组下拉选项列表。可以在这组选项列表中选择一个数据项。当用户选中某个选项时，该选项显示在矩形文本框中,且其他选择项都被隐藏了。

该控件主要用于从多个选项中选择相应的数据。如果所选的数据项比较少,那么可以考虑使用单选按钮控件。

下拉列表框的缺点是必须单击下拉按钮,才能显示选项的内容。因此,操作效率比较低。

5) 列表框

列表框与下拉列表框非常类似,两者都是从多个选项中选择一个选项。但是列表框与下拉列表框又是不尽相同的。列表框是一个矩形,它包含了多个选项,这些选项既可以使用一行显示的,也可以是多行显示的。如果列表框中的选项数量大时,应该使用浏览条来浏览。

列表框的大小可以根据窗体的大小来确定。如果窗体本身比较大,那么可以把列表框开得大一些;反之,则列表框可以开得小一些,但是列表框至少能完整地显示一行数据。

在使用列表框时,应该考虑下列因素:

(1) 为列表框添加一个明显的标题。

(2) 列表框中的选项应该尽可能地按照使用频率从高到低排列。

(3) 可以在列表框中指定一个默认的选项。

图 4.26 显示了使用列表框和下拉列表框的两个示例的对比。

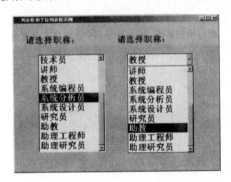

图 4.26　列表框和下拉列表框

6) 命令按钮

严格地说,命令按钮不是输入控件。因为命令按钮本身并不包含任何的数据。但是,命令按钮控件是输入数据不可缺少的控件。因为只要使用了命令按钮,那么所有的数据才可能提交到系统中或者才可以取消相应的数据操作,数据才能得到相应的处理。如果没有了命令按钮,那么窗体上的数据无法提交到系统中。

图 4.27 是一个包含了命令按钮控件的示例。单击"继续"命令按钮可以处理当前选中的数据,单击"退出"命令按钮表示退出当前的数据处理,单击"帮助"命令按钮则获取系统的帮助信息。

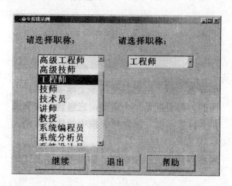

图 4.27 "命令"按钮控件的示例

除了上面介绍的常用控件之外,许多开发工具还提供了大量的其他控件。合理地使用控件,可以提高输入设计的效率。

5. 信息系统输入设计的步骤

虽然信息系统输入设计的过程不复杂,但是为了提高信息系统输出设计的效率,应该按照下面的步骤进行设计:

(1) 确认信息系统的输入和评审逻辑需求。

(2) 选择合适的 GUI 控件。

(3) 设计、验证和测试输入。

(4) 如果必要,设计源文档。

下面详细介绍信息系统输入设计步骤的详细内容。

(1) 确认信息系统的输入和评审逻辑需求。输入需求在需求分析阶段已经完成了。物理的数据流程图是输入设计的开始。依据系统开发所采用的方法和标准,也可以使用逻辑数据流程图描述系统的输入。

(2) 选择合适的 GUI 控件。我们已经了解了将要输入的内容,因此可以选择合适的控件来实现这些数据的输入。为了选择合适的控件,必须认真检查每一个输入数据的可能的取值。例如,零件代号的取值范围等。

(3) 设计、确认和测试。按照所选的控件设计输入窗体。输入窗体设计完成之后,应该检查并且测试。在测试时,应该尽可能地考虑各种输入的内容,确保系统可以正确地接收输入的数据。

(4) 如果必要,设计源文档。如果使用源文档捕捉数据,那么应该设计源文档。源文档是由信息系统用户使用的。一般应该尽量使源文档的布局和输入窗体的布局一致,这样可以减少输入错误,提高输入效率。

三、用户接口设计

用户接口是用户和计算机系统连接的形式。实际上,用户接口设计需要把输入设计和输出设计集成起来。本节主要讲述用户接口设计,具体内容包括系统用户类型、人机工程因素、菜单驱动式接口样式、用户接口设计的步骤等。

1. 系统用户类型

在设计信息系统的用户接口时,首先应该研究用户的类型。不同类型的用户对信息系统的接口有不同的要求。

现在可以把信息系统用户分成两种类型,即专业用户和普通用户。专业用户是指那些有计算机使用经验的用户。普通用户是指那些没有计算机使用经验,甚至没有使用过计算机的用户。

专业用户可以熟练地操作计算机,所以他们更看重信息系统完成的功能,而不太重视接口设计的合理性。因为不论如何设计系统接口,专业用户都可以很快地掌握这些操作。

普通用户则不然,他们不但看中信息系统可以完成的功能,更看重如何操作信息系统。如果信息系统接口设计不合适,那么这些用户几乎无法操作计算机信息系统。

实际上,一个信息系统的用户总是包括这两种类型的。因此系统接口设计必须满足普通用户的需要,也就是说应该从普通用户的角度出发,设计信息系统的接口。

2. 人机工程因素

在设计信息系统接口之前,应该了解为什么用户觉得使用计算机比较困难。一般人们觉得使用计算机非常困难的因素包括:

(1) 过多地使用行话或缩略语。
(2) 没有真正理解用户的需求,系统的设计不满足用户的需求。
(3) 操作时莫名其妙,不能确定后面的动作。
(4) 采取了不一致的问题解决方法。
(5) 设计风格不一致。

为了解决上面的问题,建议采取下面的一些措施:

(1) 真正地理解用户和用户完成的任务。
(2) 使用户参与到系统接口设计中。
(3) 让实际的用户测试系统,观察和聆听他们的意见。
(4) 反复修改设计。

从人机工程的角度来看,在设计系统接口时,应该遵循下面的七个原则。

原则1：系统用户应该知道下一步将要执行的操作。在下面一些情况下，要求执行一些反馈操作：

（1）告诉用户系统正在等待的正确操作。

（2）告诉用户数据已经被正确输入了。

（3）告诉用户数据没有被正确地输入。

（4）处理过程的时间比较长时，向用户提示等待信息。

（5）告诉用户某个操作是完成了，还是没有完成。

原则2：屏幕约布局要合理，各种类型的信息、说明、消息都显示在同样的区域内。

原则3：消息、说明或信息应该足够长，使系统用户真正地理解。

原则4：使用特殊的显示属性，如字体闪烁等，吸引用户的注意。

原则5：某些字段中的默认值，应该被指定。

原则6：对用户输入的错误给予相应的信息提示。

原则7：如果出现了错误，但是用户却没有更正错误，那么系统不能继续执行。

3.菜单驱动式接口样式

菜单驱动式策略是指用户通过选择相应的菜单项来执行各种操作。一般可以把菜单驱动式接口分成下列六种样式：

（1）下拉式菜单。

（2）级联菜单。

（3）弹出式快捷菜单。

（4）工具栏菜单。

（5）图标型菜单。

（6）链接式菜单。

下面详细介绍这些样式的菜单。

1）下拉式菜单和级联菜单

在GUI中，最常使用的菜单样式是下拉式菜单。这种样式的菜单可以从菜单栏中选择。菜单栏中的每一个菜单项都是一组相关的命令或动作。

一般地，基于Windows的菜单栏如图4.28所示。常见的菜单项包括文件、编辑、视图、插入、格式、工具、表格、窗口、帮助等。

文件(F) 编辑(E) 视图(V) 插入(I) 格式(O) 工具(T) 表格(A) 窗口(W) 帮助(H)

图4.28 基于Windows的菜单栏

在如图4.29所示的菜单栏中，选中某个菜单项，则显示该菜单项中所有的菜单命名。例如，选中"工具"菜单项，则出现如图4.29所示的下拉式菜单。

图 4.29　下拉式菜单

在下拉式菜单中,有三种菜单项命令。如果某个命令后面既没有省略号,也没有三角符号,则可以直接执行该命令。如果某个菜单项命令后面有省略号,则选中该命令之后出现相应的对话框。通过回答对话框中的内容可以完成相应的操作。例如,在如图 4.29 所示的下拉式菜单中,选中"模板和加载项"命令,则出现如图 4.30 所示的对话框。

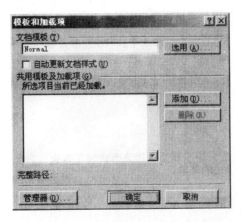

图 4.30　"模板和加载项"对话框

在下拉式菜单中,如果某个菜单项命令后面有三角符号,则表示该菜单项命令下面还有菜单项命令。这时形成了级联菜单,其样式如图 4.31 所示。

149

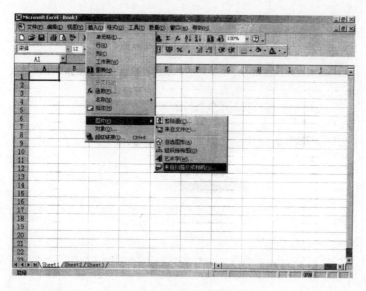

图 4.31　级联菜单样式

2）弹出式快捷菜单

一般地，弹出式快捷菜单没有固定的位置，一般可以通过单击鼠标右键得到。弹出式快捷菜单的作用在于可以随时执行某些操作，而不必通过菜单栏选择相应的菜单命令。弹出式快捷菜单是上下文敏感的，随着所选的上下文的内容不同，弹出式快捷菜单的菜单项也不相同。图 4.32 是一个弹出式快捷菜单的样式。

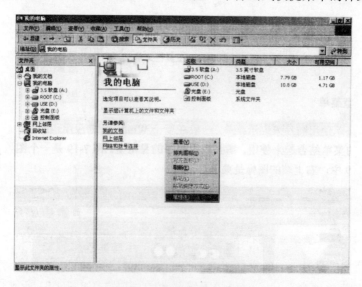

图 4.32　弹出式快捷菜单

弹出式快捷菜单与上下文密切关联的另外一个样式如图 4.33 所示。在这个弹出式快捷菜单中,其内容与当前所选的内容有关。

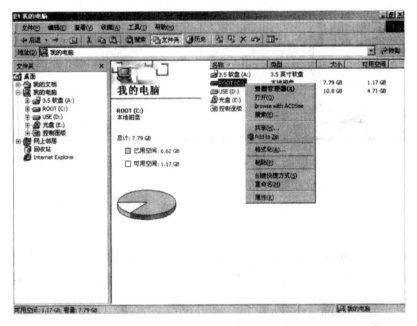

图 4.33　与上下文关联的弹出式快捷菜单

3) 工具栏菜单

在许多应用程序中,一般把常用的菜单项命令置于工具栏上,这样操作起来比较方便、快捷。工具栏菜单的位置可以使用鼠标拖动和调整。图 4.34 是一个工具栏菜单的样式。

图 4.34　工具栏菜单

4) 图标型菜单

图标型菜单使用图片来表示菜单。一般在基于 Windows 的应用程序中,把图标型菜单与其他类型的菜单结合起来使用,增强应用程序的易用型。图 4.35 是一个图标型菜单的样式。在图 4.35 中,右上端的图标是菜单。

图 4.35　图标式菜单

5）链接式菜单

链接式菜单是一种基于 web 应用程序的菜单。它使用超链接的形式把相关的站点和内容链接成为一个整体。单击这种超链接菜单可以访问相应的站点和内容。图 4.36 是一个链接式菜单的样式。

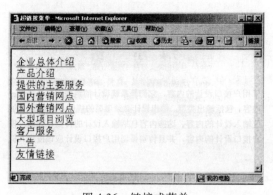

图 4.36　链接式菜单

4.设计用户接口的步骤

用户接口设计并不复杂。但是，掌握了用户接口设计的基本步骤，可以提高用户接口的设计质量和效率。

设计用户接口的基本步骤如下：

（1）绘制窗体和消息流程图。

（2）制作用户接口原型。

(3)从用户那里获取反馈信息。

(4)迭代修改用户接口。

下面详细介绍这些步骤的内容。

(1)绘制窗体和消息流程图。一般用户接口包括许多窗体和消息框。绘制窗体和消息框流程图就是描述这些窗体和消息框之间的先后顺序。

(2)制作用户接口原型。窗体和消息框之间的先后顺序确定之后,选择相应的菜单样式,然后实现用户接口。这样就形成了用户接口原型系统。这些原型系统是否合理,还需要受到用户的检验。

(3)从用户那里获取反馈信息。设计好的用户接口原型经过用户的使用之后,通过观察和聆听,可以得到用户对用户接口原型的评价。特别注意哪些地方需要修改,哪些地方需要调整内容的先后顺序,哪些地方需要删除内容,哪些地方需要增加内容。

(4)迭代修改用户接口。先按照用户的意见修改用户接口原型,然后再送给用户修改。这个过程反复进行,直到用户接口设计得到用户的认可为止。

第三节　案例分析

由于项目小组采用的是原型法,因此每次完成一个原型,都会有一个系统设计的过程,它是一个不断完善的过程。系统设计又可分为总体设计和详细设计。

一、总体设计

1.结构化设计方法

结构化设计(SD)方法是各种设计方法中最成熟、最完整的一种方法,因而也是使用最广的一种设计方法。本项目的系统设计方法采用结构化设计方法,将系统从上到小划分为越来越小的功能模块。系统的总体结构模块图如图4.37所示,它描述了系统的总体模块划分。

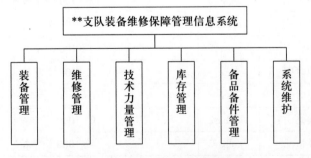

图4.37　系统总体结构模块图

从系统的总体模块结构图可以看出,系统在顶层分为六大模块。下面进行进一步的细化,对六个模块分别展开。以维修系统为例进行说明,维修管理结构模块图如图 4.38 所示。

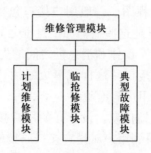

图 4.38　维修管理模块结构图

维修管理模块下又有三个子模块:计划维修模块、临抢修模块和典型故障模块。它们还可以再往下划分为更小的模块,直到满足设计需要为止。这种自顶向下,逐级细化的思路正是结构化设计方法的精髓。它将复杂系统进行合理的分割,使复杂的大系统变为简单的小模块。

2.数据库设计

数据库是软件系统的后台,它设计的好坏直接关系软件的成败。由于采用原型法,该系统的数据库也是不断修改完善的。系统的维修管理模块的数据库设计如表 4.8 所列。

1)计划维修(Plan Maintain)

表 4.4　计划维修信息

序号	数据名称	数据类型	数据格式	有效范围	备注
1	编号	number			关键字
2	舰艇舷号	Varchar2		0~100 个字符	外键
3	维修级别	Varchar2		0~100 个字符	
4	维修单位	Varchar2		0~100 个字符	
5	计划状态	Varchar2		0~100 个字符	
6	开始时间	Date		0~100 个字符	
7	结束时间	Date		0~1000 个字符	
8	计划维修内容	Varchar2		0~1000 个字符	
9	完成情况	Varchar2		0~1000 个字符	

2）临抢修（Repair）

表 4.5 临抢修信息

序号	数据名称	数据类型	数据格式	有效范围	备注
1	编号	number			关键字
2	舰艇舷号	Varchar2		0~100个字符	
3	工程专业	Varchar2		0~100个字符	
4	系统设备编码	Varchar2		0~100个字符	外键
5	故障部位（系统设备名称）	Varchar2		0~100个字符	
6	艇方上报日期	Date			
7	艇方上报人	Varchar2		0~100个字符	
8	装备部是否上报	bit	0|1（否|是）		
9	装备部上报日期	Date			
10	装备部上报人	Varchar2		0~100个字符	
11	故障时间	Date			
12	故障现象	Varchar2		0~400个字符	
13	故障可能原因	Varchar2		0~400个字符	
14	故障图像	image			
15	处理意见	Varchar2		0~400个字符	
16	故障是否排除	bit	0|1（否|是）		
17	维修日期	Date			（排除日期）
18	维修单位	Varchar2	如：自修|修理所|4819厂	0~100个字符	
19	厂方修理人员	Varchar2		0~100个字符	
20	艇方修理人员	Varchar2		0~100个字符	
21	故障原因	Varchar2		0~400个字符	
22	排除方法	Varchar2		0~400个字符	
23	所需工具	Varchar2		0~400个字符	
24	今后注意事项	Varchar2		0~200个字符	
	备注	Varchar2		0~400个字符	

3）修理人员（Repairman）

表 4.6 修理人员信息

序号	数据名称	数据类型	数据格式	有效范围	备注
1	编号	number			关键字
2	临抢修编号	number			外键 来自临抢修（repair）
3	人员编号	number			外键 技术专家（expertInfo）

4）修理人员临时表（RepairMan_Temp）

表 4.7 修理人员临时信息

序号	数据名称	数据类型	数据格式	有效范围	备注
1	专家编号	number			关键字
2	专家姓名	Varchar2		0~100个字符	*
3	专业	Varchar2		0~100个字符	*
4	擅长设备	Varchar2		0~100个字符	
5	舰艇舷号	Varchar2		0~100个字符	
6	入伍时间	Date			
7	退役时间	Date			
8	职务	Varchar2		0~100个字符	
9	专业等级	Varchar2		0~100个字符	
10	联系电话	Varchar2		0~100个字符	
11	是否外单位	Varchar2	是|否	0~10个字符	
12	外单位编号	number			外键（来自外协单位）
13	所在单位	Varchar2		0~100个字符	
14	是否在职	Varchar2	是|否	0~10个字符	
15	备注	Varchar2		0~400个字符	

5）典型故障（FaultModel）

表 4.8 典型故障信息

序号	数据名称	数据类型	数据格式	有效范围	备注
1	编号	number			关键字
2	潜艇舷号	Varchar2		0~100 个字符	
3	工程专业	Varchar2		0~100 个字符	
4	系统设备编码	Varchar2		0~100 个字符	外键
5	故障部位（系统设备名称）	Varchar2		0~100 个字符	
6	故障现象	Varchar2		0~100 个字符	
7	故障图像	image			
8	故障原因	Varchar2		0~1000 个字符	
9	排除方法	Varchar2		0~1000 个字符	
10	所需工具	Varchar2		0~1000 个字符	
11	今后注意事项	Varchar2		0~1000 个字符	
12	备注	Varchar2		0~100 个字符	
13	参考图片 1	image			
14	参考图片 2	image			
15	参考图片 3	image			

二、详细设计

在详细设计阶段主要完成了系统界面设计。在进行界面设计时，可以用软件直接设计，也可以用 Microsoft Visio 进行设计。设计时注意尽量简洁大方，符合一般软件使用方式，力图使用户能够基本不用看说明就能够使用。第二次调研时项目小组对界面做了较大的调整，设计时采用 Microsoft Visio，图 4.39~图 4.43 是部分设计图（包括主界面、装备管理界面、维修管理界面和库存管理界面）。

1. 启动主界面

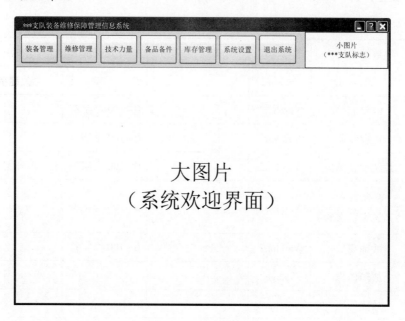

图 4.39　启动主界面

2. 装备管理界面

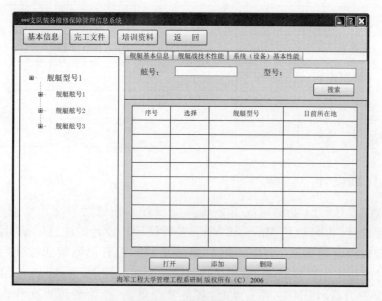

图 4.40　装备管理界面

3.维修管理界面

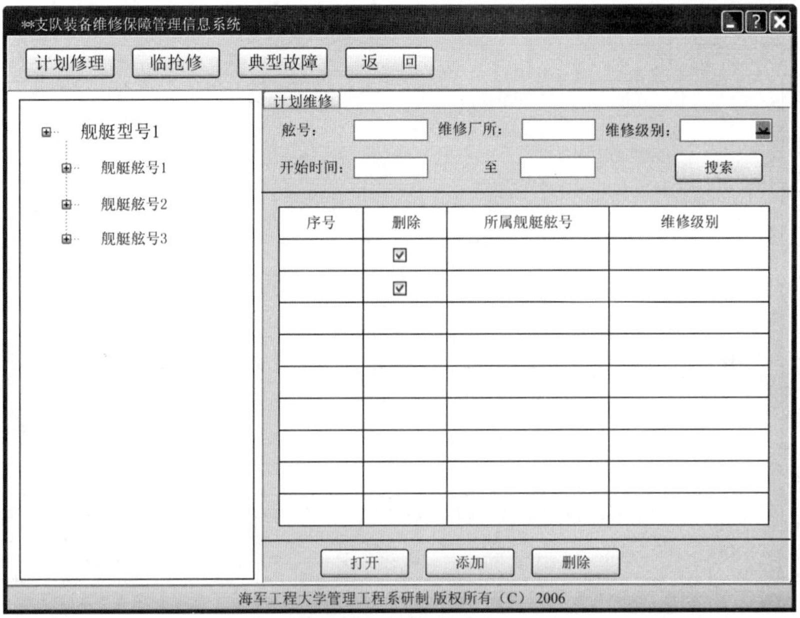

图4.41 维修管理界面

4.库存管理界面

点击"库存管理"后弹出"仓库选择"界面,如图4.42所示,用于选择进入的仓库:

图4.42 "仓库选择"界面

选择好仓库名称,点击"确定"按钮后,切换到"库存管理—器材信息"界面。

图 4.43 "库存管理—器材信息"界面

习题

1. 什么是模块？模块的特点是什么？
2. 模块间的调用关系有哪几种？如何用控制结构图表示？
3. 试用变换分析技术将图书馆借书处理的数据流程图转换为控制结构图。
4. 事务分析技术与变换分析技术的区别何在？
5. 模块的凝聚分为哪几个等级？
6. 试谈谈如何降低模块之间的耦合度。
7. 试解释什么是关系模型。
8. 输出设计的原则是什么？
9. 输入设计的原则是什么？
10. 如何设计用户接口？

参考文献

[1] 薛华成.管理信息系统(第6版)[M].北京:清华大学出版社,2017.
[2] David Kroenke.Management Information System(Seventh Edition)[M]·MeGraw-Hill Inc.,2017.
[3] 肯尼思·劳东.管理信息系统(第11版)[M].劳帼龄,译.北京:中国人民大学出版社,2018.

第五章 系统实施

系统实施是指在系统设计以后的系统实现与交付过程。它分两个阶段:第一阶段是系统技术实现过程和对这个过程的管理,包括物理平台的构建、建立编程标准、程序设计、数据装载、测试和发行,这都是交付前的工作。实施阶段交付物包括软件、数据和文档资料,最终发行的软件是交付物的核心,用户手册等其他交付物也必不可少。第二阶段是用户转化阶段,即系统发行后交付用户使用的过程,包括用户培训、系统交接、运行和维护。这主要是系统实施的用户化过程。这一阶段的交付物主要是用户实施方案,包括培训方案、转换方案、运行和维护方案,维护记录与修改报告等。第一阶段在开发团队完成,它着重于技术实现,完成的系统完全覆盖需求规格,达到系统目标和指标,即从技术角度实现系统,满足用户需要;第二阶段着重于管理,在用户端完成。虽然侧重点不同,目标都是为系统成功实施,给用户一个好系统,让用户用好这个系统。

第一节 系统实施概述

当系统分析与系统设计的工作完成以后,开发人员的工作重点就从分析、设计和创造性思考的阶段转入实践阶段。管理信息系统实施即将系统设计的结果根据实际情况在计算机上实现,是整个管理信息系统开发的物理实现阶段。

一、系统实施的任务

在系统分析与系统设计的阶段中,开发人员为新系统设计了它的逻辑模型和物理模型。系统实施阶段的任务就是把系统设计的物理模型转换成可实际运行的新系统。系统实施阶段既是成功地实现新系统,又是取得用户对新系统信任的关键阶段。

二、系统实施的主要内容

系统实施是一项复杂的工程,管理信息系统的规模越大,实施阶段的任务越复杂。一般来说,系统实施以被选定的系统实施方案为依据,主要包括下面一些内容:

(1)物理平台的构建,即建立计算机硬件环境、软件环境,选择合适的开发环境和工具。

(2) 程序设计和调试。

(3) 对初步实现的系统进行全面的测试,排除错误并完善功能。

(4) 装载基础数据,进行系统试运行,对一些不完全符合用户需求的地方做局部调整。

(5) 对用户进行全面的技术培训和操作培训。

(6) 进行系统交接,向用户移交最终发行的系统和所有文档资料,办理结束合同的所有手续。

(7) 制定严格的系统管理制度和操作制度,正确运行系统。

(8) 针对实际需要及时地维护系统,使系统能够实现其设计目标,发挥最大效益。

以上工作是分别独立实现的,但又互相联系,任何一项工作的延误都会影响整个系统的实施进度,因此必须做好周密的实施计划,以便各项工作协调进行。同时,结合项目管理、质量管理和配置管理,对进度、成本和版本进行控制。

实施计划的主要内容如下:

(1) 安排各项工作的先后顺序,做好各项工作的时间进度计划。

(2) 确定各专业人员在各阶段的配备数量与比例,做好人员培训计划。

(3) 做好系统实施各项工作的资金筹措与投入计划。

三、系统实施的关键问题

系统实施的复杂性使得许多因素都会影响其进程和质量。我们可以将这些因素大体分为两类,即管理因素和技术因素。

1. 管理因素

系统实施要涉及开发人员、测试人员、各级管理人员,涉及大量的物质、设备、资金和场地,涉及各个部门及应用环境,执行过程中具体情况十分复杂,如果没有强有力的管理措施,系统实施工作就无法顺利进行。

实施管理的第一步就是要建立一个企业主要领导干部挂帅的领导班子。这个领导班子必须具有较大的权利,能够调动各种人、财、物资源,制定整个企业的各种规章制度,重新规划企业的组织机构等。在领导班子内部,要对MIS的建设目标、重要性和实施步骤形成一致意见。领导班子的组成应包括企业主要领导人、主要部门负责、开发单位负责人以及开发项目负责人。

各部门应积极协同开发人员的工作,这不仅仅表现在行动上,更应该从思想上提高对MIS的认识,主动去理解系统,并正确对待MIS即将给工作带来的变化。

人员培训是系统实施中一项十分重要的工作,培训质量的好坏直接关系到系统未来的效益。有关人员培训的问题,本章中有专门介绍。

2.技术因素

影响系统实施工作的技术因素主要包括三个方面:数据整理与规范化、软硬件及网络环境的建设、开发技术的选择和使用。

MIS 的成功实施,依赖于企业准确、全面、规范化的基础数据。系统的硬件、软件是可以花钱买到的,而企业的基础数据只有靠企业自己去整理和规范化,是金钱买不到的东西。MIS 是一个数据加工厂,没有高质量的数据原材料,是不可能有高质量的信息产品的。建设 MIS 的软件、硬件及网络环境是一项技术性高、工作量大的任务。它是 MIS 运行的基础设施和平台,如果它不能很好地工作,MIS 就不可能很好工作,因而它是企业应用的前提和基石。有关软件、硬件及网络环境构建的详细内容,请参考其他相关书籍。

系统实施最主要的任务就是编写应用系统的应用程序。根据系统的设计文档,如何快速开发 MIS,实现其预定的功能和性能,并且有可扩充性和易维护性,符合开放系统的标准是系统实施面临的主要问题。

一般来说,MIS 是一种大型的应用软件,与其他软件系统不同的是:

(1)它是一个开放的系统,也就是说,MIS 要兼容大量不同类型的硬件和软件,并且要能支持未来计算机软硬件技术的发展,使原有系统能够轻松地移植到新的软硬件环境中去。一个封闭的 MIS 是单调的,没有生命力的。

(2)它是一个基于企业具体环境的应用系统。MIS 的功能设置、系统结构等均受制于企业的组织机构和运行方式。为一个企业开发的 MIS,可能对另一个企业来说并不适用。即使对同一个企业,当它不断改变自己内部的组织机构及运行机制时,以前为它开发的 MIS 可能也会变得不适用了。一个好的 MIS 设计和实现,应该在企业组织和业务过程发生改变后,能够充分利用原有系统资源,快速方便地重新构筑新的系统。这种设计和实现被称为是支持"业务过程重构"的。

(3)它是一个人机交互系统。它的设计目标之一,就是要让不太懂计算机的人也能方便地操作它,完成自己的工作。因而,人机接口或界面的设计和开发在 MIS 中显得特别重要,成为衡量 MIS 好坏的一项重要指标。

综上所述,一个好的 MIS 应该是开放的、支持业务过程重构的、具有良好的人机界面的应用系统。那么如何快速高效地实现这样一个 MIS 呢?根本途径就是使用合适的系统开发工具。这是直接影响 MIS 实施的最重要的技术因素。

第二节　集成平台搭建

近几年来,计算机软硬件技术、计算机通信技术、多媒体技术飞速发展,市场上软硬件产品种类繁多,各具特色。如何综合考虑组织需求,有效地、灵活地、经济地利用现有计算机软硬件产品、网络通信产品和各种先进技术,使它们能够协调、高效地工作,组成既符合本单位现实需求,又能满足未来发展的管理信息系统软硬件平台,已成为十分突出的问题。基于这种情况,管理信息系统的研制和开发重心不再仅仅局限于系统应用软件的编制,而如何有机集成各种软硬件及开发技术,根据组织要求,形成一整套从单机到网络、从系统软件到应用软件、从设计到培训的一体化解决方案已成为另一备受关注的问题。在一体化解决方案中,管理信息系统软硬件平台的选择和实施过程在应用软件开发之前,因而是整个系统的基石,决定了整个系统的物理框架,是构筑管理信息系统过程中必须重点解决的、十分重要的问题。

一、MIS 的计算机应用系统集成

在管理信息系统开发过程中,计算机应用系统集成是十分重要的一步,是整个系统的基础,是建立整个系统物理平台的过程。

1.计算机应用系统集成的概念和含义

集成的含义是集中、合成、综合、整合、一体化的意思,就是把各部分融合组成一个高效、统一、新的有机整体。集成可分为低层次集成(线性集成)和高层次集成(非线性集成,如包含人、组织系统的集成)。

系统集成是指将组成系统的各部件、子系统、分系统,采用系统工程的科学方法进行综合集成,从提供系统解决方案、组织实施到组成满足一定功能、最佳性能要求的系统。所以,系统集成在概念上绝不只是连通,而是有效的组织。有效的组织意味着系统中每个部件得到有效的利用,或者反过来说,为了达到系统的目标所耗的资源最少,包括开始的设备最少和以后的运行消耗最少,系统集成是要达到系统的目标,这个目标总是要达到 1+1>2,即系统的总体效益大于各部件效益的总和。事实上对于信息系统而言,集成的系统所完成的效益是每个分系统独立工作所无法完成的,因而是 1+1>2。计算机系统集成包括硬件集成、软件集成(包括网络集成)和信息的集成。

计算机应用系统集成是计算机硬件、软件、应用对象有关的人、技术、设备、信息、过程的集成,通过硬件集成、软件集成、技术集成、信息集成,实现过程与功能的集成。说具体一点就是:各类人员组成协同工作的团队,采用系统工程的方

法,将计算机的硬件、软件、技术、信息、人力等资源,按照应用领域的特殊需要,进行合理配置,优化管理控制及人机系统的组合,实现信息自动化处理,组成满足用户要求的应用系统,取得整体高效率和高效益。

管理信息系统的集成是在计算机通信网络、数据库(包括多媒体、知识库)支持下,人们把各个局部自动化的子系统集成起来,进行管理信息的采集、存储、传递、加工、处理,组成实现全局优化的信息管理与决策支持系统。

由此看来,计算机应用系统集成是一个新兴的、多学科、综合性很强的应用领域,它力图最有效地集成各种计算机技术和产品,并进行科学的工程施工和管理。由于计算机应用系统集成技术和理论目前尚属发展、探索阶段,因此其概念还没有一个很确切定义,许多方法还没有上升到理论的高度,许多操作没有形成工程化的规范,这将随着计算机科学技术、计算机应用技术的发展不断改变、完善和充实。

2.计算机应用系统集成的任务和内容

目前有许多计算机公司能够为企业建立 MIS 提供计算机应用系统集成的服务,这样的公司被称为系统集成商。系统集成商提供的服务大体可分为三个层次:

(1)仅提供局部或一体化的解决方案。

(2)提供方案的同时提供硬件及系统软件,并负责安装调试。

(3)在(1)、(2)的基础上还负责用户应用软件的开发。

第一个层次的服务最为重要,它是在用户的应用要求、性能要求、费用限制等前提下,对整个应用系统的物理设备和基础软件的集成进行设计和规划,其具体内容包括系统网络设计、软硬件设备选型、工程项目组织管理及实施计划、项目实效性分析、费用分析等,另外还应提供咨询和技术支持。

第二个层次的服务包括第一个层次的服务,另外还应包括下述内容:工程项目组织管理、软硬件设备的购置、网络工程的施工及调试、质量保证、后期维护、人员培训、移交等。

第三层次的服务除上述两个层次的服务外,主要包括企业应用软件的开发、调试、维护、培训、移交等。

在实际工作中,"系统集成"一词通常仅含第二层次的任务。若要求包含应用软件开发,需特别说明。

3.计算机技术的发展对系统集成提出的要求

用户们对系统集成最基本的要求往往在系统的性能、价格、技术服务三个方面,但是随着计算机技术的发展,为提高系统集成服务的质量,人们对系统集成又提出了开放化和规范化两个要求。

1)开放化

由于当前计算机技术高速发展,用户对系统的需求也越来越复杂,如现在许多新的系统要求具有 Internet、Intranet、多媒体应用等功能,需要采用音频视频数据同传、ADSL、LDAP、CATV 等新技术,因此要求系统集成应充分考虑各种现有和正在发展的技术的互通性、互易性及延续性,这就是所谓的开放化要求。

2)规范化

网络发展初期,用户网络系统一般规模较小、采用技术单一,系统集成完成的工作相对简单,因此一些非规范化的技术服务引起的问题并不十分明显,随着网络系统的复杂化、用户需求的多元化,对系统集成的要求已不仅仅是系统的性能、价格、技术服务这几方面,急需推出一种新的规范化工程服务管理模式,以提高系统集成的服务质量。

4.计算机应用系统集成的实施

计算机应用系统集成这项工作应由系统集成商和管理信息系统的用户共同协商,合作完成。对于较复杂的大系统,用户虽然比较熟悉自身的业务和需求,但往往没有足够的技术力量完成整个项目,另外对市场上的产品,尤其是硬件产品一般缺乏了解,他们不一定十分清楚市场上的最新产品(这一点对计算机行业尤其重要,因为计算机行业产品更新特别快),产品性能、价格,与其他软硬件产品之间的兼容性问题等。系统集成商是指那些专门为用户提供从单机到网络、从系统软件到应用软件、从设计到培训一体化解决方案的计算机公司,他们对计算机技术和计算机市场十分熟悉,但不了解用户的业务和需求。所以对于大系统,用户往往需要找专业系统集成商共同制定系统解决方案,以便发挥各自的优势。

在制定解决方案的过程中,系统集成商根据从用户那里了解的需求情况向用户提供解决方案,用户则负责方案的审定和修改。方案一旦确定,用户则可委托原集成商,或别的一家或几家集成商实施该方案(也可自己实施),包括购买设备、安装调试、开发软件、组织培训等。用户负责监督、审核和配合。

在上述大系统实施过程中,用户虽然可以省去不少麻烦,但在某些方面仍应具有较高的技术水平,有一套行之有效、有条不紊工作程序,这样才能很好地完成审核、监督的使命,不受骗上当、丢三落四。另外,对于较小的系统,用户可以自己设计解决方案并实施,这也需要用户具备一定的专业技术和组织管理的知识。

二、计算机信息系统的结构和配置

1.系统的结构

计算机信息系统的结构是指组成信息系统一台或多台品种不同或相同计算

机及外围设备之间的有机结合和相互作用。目前管理信息系统中,根据系统内各计算机设备之间数据传输方式的不同,存在着这样三种系统结构:单机结构、联机结构、网络结构和分布式系统。它们各有特点,适合不同的应用。从宏观上确定计算机信息系统的结构是构筑管理信息系统软硬件平台的第一步。

下面详细讨论这几种系统结构。

1)单机结构

如果系统内的计算机是独立使用的,主机间既不联网,又不连接终端,那么这样的系统就称作单机结构的系统。单机系统中的计算机各自为政,各自拥有和维护一套独立的系统软件、应用软件和业务数据,计算机之间不能进行通信和资源共享。单机信息系统的业务处理性能主要决定于计算机本身,同时,由于这种系统没有网络等额外开销,因此系统成本较低,开销小。此外,单机系统还具有天生的安全性和易操作性。

单机结构的系统中要完成两机之间的数据传输,基本上是这样一个过程:用户先从甲机用磁盘备份所需数据,再将此磁盘送到乙机所在地,并把磁盘中的数据拷入乙机(图5.1)。

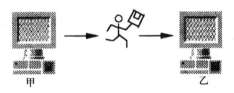

图 5.1　单机结构下的数据传送

上述过程存在以下几个问题:

(1)数据传送速度较慢,实时性差。由于数据传送速度较慢,很可能发生数据过时的情况。例如,在用户携带磁盘前往乙机所在地的途中,甲机上的数据可能已发生变化,那么用户所携带的磁盘中的数据就已不再反映最新情况了。

(2)数据传输过程不方便,费时费事。

(3)数据同时存在两个备份,占用双倍的存储空间。另外,两份拷贝之间数据的一致性问题难以协调。

(4)两台计算机之间不能共享资源。计算机系统一切有用的东西都可称作资源,如打印机、内部和外部存储设备和空间、CPU 及其处理能力等。

由此可见,单机系统较适合于业务相对独立的应用,在这种应用中,共享数据少,数据传输任务少或数据实时性要求低。另外,这种结构还适合于暂时缺乏资金、无力承担网络开销的部门,或作为管理信息系统建设的初始阶段。

如果只考虑点对点的数据传送,应用调制解调器和公共电话线可方便简捷地解决数据传送自动化问题。这时需要为每台计算机配备一台调制解调器和一条电话线(图 5.2),并统一配置一套通信软件。

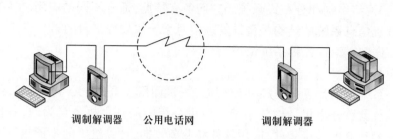

图 5.2 带调制解调器的单机结构数据传送

2)联机结构

计算机发展的早期,计算机设备非常昂贵,不可能像现在每个部门甚至每个人都拥有一台,于是使用计算机的用户(本地的或远地的)只能亲自携带程序和数据,到机房手工上机,或者委托机房工作人员代劳,又由于那时的软件技术限制,计算机一次只能运行一道程序,因而用户(尤其是远地用户)需在时间、精力和经济上付出较大代价。这就迫切需要一种对分散在各地的数据进行集中和处理的技术,于是产生了具有通信功能的联机系统,如图 5.3 所示。

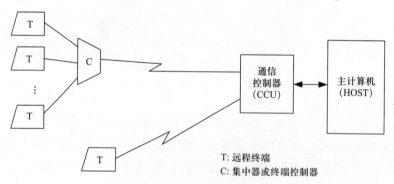

图 5.3 联机系统结构

联机结构主要由五个部分组成:终端、主机(在联机结构中,称计算机为"主机")、通信线路、通信装置和运行于主机上的多用户操作系统。

联机系统结构的数据传输过程大体上是这样的:在计算机上设置一个通信装置使其具有通信功能,将远地用户的输入、输出装置(也就是所谓终端)通过通信线路直接与主机的通信装置相连。这样,计算机一边从远地输入信息,一边处理信息;最后的处理结果也经过通信线路直接送回到远地的用户终端设备。

由上述数据传输过程可以看出:

(1)终端只是一种数据输入/输出(I/O)设备,相当于显示器和键盘,没有CPU和存储器。它只负责将用户输入的键盘等信息传到主机,然后显示由主机返回的处理结果,而不进行数据的运算和存储,这些处理都交由主机完成。由于终端只是一种数据I/O设备,因此其价格比主机便宜得多。

(2)多用户操作系统(如Unix等)的产生使一台主机可同时挂接多个终端,对它们进行分时处理,每个终端用户感觉像拥有一台自己的计算机一样。

(3)终端和主机的距离可以很远,由此产生了远程通信的问题。对于较大的联机系统需要大量通信线路、中心集中器(或终端控制器)等通信设备,从而有了额外的通信开销。

尽管目前计算机特别是微机价格下降较大,网络技术日益普及,但这种联机系统(也称多终端系统)仍有其广泛的应用领域和较强的应用价值。应用最多的是柜台业务,如订售票系统、银行储蓄系统、出纳系统、登记查询系统等。这些系统业务处理比较单一,需多点实时输入、输出数据且输入、输出操作简单,无须在本地保存数据,每个点的数据处理量较小。

出于经济方面的考虑,在这样的系统中采用联机结构再好不过了。

采用联机系统结构,需要在主机上运行多用户操作系统,最常用的是Unix操作系统。Unix操作系统是Unix的PC版本,但随着微机技术的发展,Unix操作系统已完全移植到PC上来了。在微机上实现联机结构(即微机作主机),一般要使用多用户卡。多用户卡有4用户卡、8用户卡、32用户卡等多种型号。

联机结构的性能主要取决于主计算机的性能和通信设备的速度。由于主机要同时处理来自各个终端的数据,因此主机的性能十分关键。一般采用高档高配置的计算机作主机,如高速CPU、大容量内存、快速硬盘等。

3)网络结构

网络结构也称为多机结构。不像联机系统那样只执行终端到主机的通信,它执行主机到主机的通信,也就是说,通信线路的两端都是计算机。网络系统的结构示意图如图5.4所示。这种结构除了能够完成计算机系统之间通信连接和信息传输以外,还可以使用户相互使用彼此计算机系统的资源(如硬盘、打印机、CPU等),或联合起来共同完成某项作业。前者称作"资源共享",后者称作"分布式处理"。

网络结构是管理信息系统最常用、最合适的结构,因为这种结构能够让信息的各种特性在计算机系统中得到充分体现,同时它也符合管理信息系统信息类型多样化、事物处理分布化、系统环境开放化、工作性质保密化的要求。在计算机网络和通信高速发展的今天,网络的应用已不再是一种高深莫测的事情,而已成为一种基本应用需求,甚至有人提出"计算机就是网络"的观点,近年市场上还出现了"网络计算机"(NC),这种计算机专门运行于 Internet 网络之上,离开网络它将无法运行。

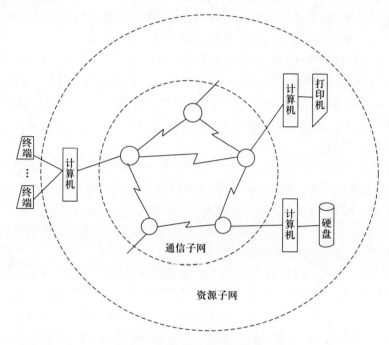

图 5.4　网络系统的结构示意图

2.根据需求决定结构配置

构造管理信息系统基本结构必须考虑用户的实际需求,要在详尽分析了用户现在、未来的组织方式,业务内容,数据分布等实际情况之后再做决定。在实际情况中,上述三种结构有时分阶段存在于系统,有时又分地域、分业务类型同时存在于系统。有机结合上述三种结构,综合配置整个系统,充分发挥各自的优势,弥补各自的不足,使整个系统达到较高的性能价格比,是我们构造管理信息系统基本结构时追求的目标。

在上述三种结构中,网络结构是功能最强、效率最高、扩展性灵活性最好的系统结构,同时它也是费用最高、技术最复杂、维护最困难的系统。联机结构能高效地完成数据归集工作,系统费用低,易于管理,但它的程序运行和文件存取都在主机上,前端缺乏灵活性,另外主机可挂接的终端数是有限的,超过一定数量,终端响应速度将明显减慢。单机系统结构简单,整个网络价格低,技术简单,安全性好,但数据传输困难,无资源共享功能。

根据三种结构各自的特点,合理配制系统结构的基本原则如下:

(1)尽量将所有计算机联在网上,也就是说,管理信息系统的基本结构应是网络结构。若经费限制,则联网可分阶段进行,规模可逐步由小到大。

(2)联网之前可先采用单机结构,并配置调制解调器,解决点对点的数据传输问题。

(3)对某些业务应用单一(如多为数据输入、输出),且数据输入、输出端点较多的具体部门,如柜台、仓库、查询台、出纳科等部门,可尽量采用联机结构。在该处只设一台计算机,每个操作人员一台终端。主机尽量联于系统网络上。

三、MIS 的硬件集成

管理信息系统硬件集成一般包括物理设备的选型、测试、签订订购合同、设备培训、设备安装和调试、后期服务等项工作的组织实施。

下面讨论管理信息系统硬件集成过程中的一些基本问题。

1.物理设备基本类型

用于组成管理信息系统的物理设备很多,但主要包括以下几类:主机设备、存储设备、I/O 设备、网络通信设备、办公自动化设备、多媒体设备、电源系统、机房设备、诊断维修设备等。每类设备又可分为许多种,而每种还可分为多种型号。由此可见,面对如此纷繁复杂的计算机设备,如何组织测试、购买、布置、安装调试和掌握使用,是一项十分艰巨而且技术性很强的工作。表 5.1 大致列举了一些系统中常用的各类设备。

表 5.1　管理信息系统常用的各类设备

设备类型	具体设备
主机设备	小型机服务器、PC 机服务器、工作站、客户机等
存储设备	大容量单磁盘系统、磁盘阵列(RAID)、磁带机(库)、光盘机(库)、可读写光盘等
I/O 设备	终端、显示器、打印机、扫描仪、绘图仪、特种键盘、IC 卡读写器、条形码阅读器、数字式照相机、数字化仪、投影仪、分屏器、各种声光传感器等
网络通信设备	调制解调器、网卡、多用户卡、终端服务器、交换机、集线器、路由器、线缆系统等
办公自动化设备	复印机、碎纸机、干燥设备等
多媒体设备	触摸屏、图像摄取仪、声/视频卡、图像处理卡、音箱、功放、话筒、录像机、摄像机、MPEG 解压卡等
电源设备	UPS 等

续表

设备类型	具体设备
机房设备	工作台/椅、架柜、照明设备、致冷设备、清洁设备、电力系统(电池和发电机)、布线系统、抗静电地板、安全系统、消防系统等
诊断维修设备	手工工具(各种通用专用起子、钳子、电烙铁等)、万用表、专用检测设备等
各类组件	CPU、主板、内存条、软驱、硬盘、光驱等

1) 主机设备

主机设备根据其在网络系统中的不同作用,可分为服务器类主机和客户机类主机两类。

服务器类主机主要为网络系统中的其他计算机提供特别服务,如文件/打印服务、应用/数据库服务、通信服务、Internet/Intranet 服务等。由于它经常被多台计算机同时访问,因而它的处理速度和性能对整个网络系统来说是十分关键的。对于管理信息系统,服务器类主机一般由小型机、工作站或专用微机服务器来充当(图 5.5)。它应该具有高速单个或多个 CPU,大容量快速容错的内存(根据需要可以是 64M、128M、256M 或更多),大容量热交换硬盘或容错磁盘阵列,并可根据需要配备一个或多个高速网络适配器。另外,服务器还应该预装和配置服务器管理软件,以提供服务器管理功能,这是完整的服务器解决方案中极为重要的一部分。由于服务器为整个网络提供特别服务,许多客户机上的具体业务处理离开这些服务就不能运行,所以,服务器的选型应该充分考虑它的可靠性(冗余技术、故障的在线修复时间等),而不光是服务器的运行速度,前者在购买服务器时往往更为重要。此外,服务器的文件服务性能(I/O 并发操作能力、高速硬盘子系统等)、扩展性(网卡插槽数量等)等网络特性也十分重要。

客户机类主机主要完成具体的业务应用,并与服务器交换数据,有时也可用来为网络提供简单服务。因而应根据不同站点的应用来选择机型并进行配置。客户机类主机一般采用微型计算机,如 PC 机、Macintosh 等,针对特殊应用也可配置工作站,如 Sun 工作站。客户机类主机又可按其携带的灵活性分为台式机和笔记本电脑。台式机一般是指有较大机箱、独立显示器、置于固定桌面、不易携带的微机。笔记本电脑是一种体积小、重量小、便于携带的计算机。虽然笔记本电脑体积小,但其性能已不比同档次的台式机逊色。尤其是其便于携带并具有远程通信的功能,使用户能在世界的任意位置访问其远在千里之外的办公室主机和公司网络。这对经常外出谈判和旅行的人是特别合适的。

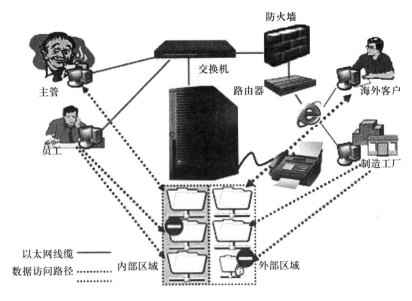

图 5.5　网络中的服务器主机

2) I/O 设备

I/O 设备又称计算机外围设备,在整个管理信息系统的物理设备中占有相当大的比重,其品种繁多,用途广泛,有终端、打印机、扫描仪、绘图仪、特种键盘、IC 卡读写器、条形码阅读器、数字式照相机、数字化仪、触摸屏、图像摄取仪、投影仪、各种声光传感器等。下面只对几种常用设备进行较详细的说明。

(1) 打印机。打印机是 I/O 设备中使用最多的设备。目前市场上流行的打印机种类很多:从打印输出的颜色上分,有彩色打印机和单色打印机;从打印的工作原理上来分,有针式打印机、喷墨打印机、激光打印机、热蜡打印机、热升华打印机、双模式打印机;按打印介质的尺寸分,有 A 尺寸打印机和 B 尺寸打印机;按在网络中的作用分,有网络打印机和个人打印机;按用途分,有通用打印机和专用打印机,如票据打印机就是一种专用打印机。

打印机的性能一般从打印质量(每英寸打印点数,即 dpi)、打印速度(每分钟打印张数)、可靠性三个方面来衡量。对于彩色打印机,色彩分辨率和光泽度也是重要的衡量标准。在考虑打印机性能的同时,千万不要忘了价格和费用因素。打印机需要使用耗材,包括打印介质、色带、墨盒、磁鼓等。有些打印机虽然本身价格不贵,但其耗材相当昂贵,并且是厂家专供的。另外,购买打印机还要考虑用户的特殊需要,例如,传统的点阵式打印机虽因其刺耳的噪声和较低的分辨率几遭淘汰,但它仍旧是最有效地建立多层套打的方式。它还是在厚质材料上,如很厚的证券卡或银行存折,进行打印的最佳途径。对那些需要大批量高速打印信件的用户来说,当前使用行式击打打印机是最合算的。

(2) IC卡读写器。随着我国"三金"工程的不断深入,IC卡逐渐进入我们的生活;它是一种矩形塑料卡片(一般为 6.35cm×8.25cm)。可以借助磁标记、光标记或穿孔在卡上记录信息,像日常用的电话磁卡、银行信用卡等都是IC卡。IC卡读写器是一种能够读写IC卡上信息的设备。

IC卡的概念是20世纪70年代初提出来的,法国布尔(BULL)公司于1976年首先创造出IC卡产品,并将这项技术应用到金融、交通、医疗、身份证明等多个行业,它将微电子技术和计算机技术结合在一起,提高了人们生活和工作的现代化程度。

IC卡有两个方面的作用:标示作用和"电子货币"的作用。比卡作为"电子货币"使用的最好例子就是电话磁卡和银行信用卡。它们都充分利用了IC卡的既可读又可写的特性。作为标示使用的成功例子是工厂记录工人上下班时间的考勤卡。当一名工人到厂时,他将本人编号的IC卡插入读写器,读写器自动记录工人的编号和上下班时间,离厂时则重复这个过程。因此,每一个工人的上下班时间都被记录在案,如果读写器和工资计算系统相连,就可确定工人每天准确的考勤情况,并相应地计算工资奖金。

IC卡系统的选用一般要考虑以下因素:

①IC卡的容量。根据当前应用的需要并充分考虑未来系统功能不断扩展而引起的数据总量增长,可选择相应容量的卡片。

②多应用要求。IC卡内将反映多方面信息,所以必然要支持多应用。

③能灵活建立文件系统。

④安全性。安全性包括三个方面:

a.文件的安全性管理。

PIN(个人用户密码):用于验证持卡人的合法性,持卡人在使用时要向系统提交PIN以证明合法性。

读权限控制:对卡内信息要设置权限控制,以防止个人机密信息被窃取。

增额权限控制:只有合法的操作者才能对特定记录进行增额。

更新权限控制:只有合法的操作者才能更新个人的信息等。

b.信息的加密传输。支持加密消息的传输,这样可保证卡、读写器、主机、服务器之间信息传递的安全性。

c.账户的安全性。在考虑通用卡工程方案是,账户的安全性要能达到银行对金融交易IC卡的规定,即符合中国人民银行IC卡的规范。

⑤可靠性。软硬件可靠的IC卡是系统可靠的基础。

(3) 条形码阅读器。条形码技术是一种自动识别和标示技术。条形码是由一系列黑白相间、粗细不同的条和空按规定的编码规则组合起来的,用以表示一组数据的条形码字符。条形码一般用于唯一表示某种事物,如商店里的各种商品、公开出版的每本图书、工厂里的每名工人等。

条形码阅读器也称为价格扫描器或者销售点扫描器(POS)。它是一种手持或固定的输入设备,可以捕获条形码中的信息。条形码阅读器由扫描器、解码器和一条与计算机相连的电缆构成。它捕获条形码中的信息,并把它们解码成数字和字母,然后传送到计算机成为应用软件可以识别的数据。条形码阅读器的扫描器可以连接到计算机的串行端口、键盘接口或称为 wedge 的接口设备。条形码阅读器工作时发射一束光穿过条形码,并测量出反射回的光线能量,扫描器将光能转换为电能,再由解码器转换成数据输入计算机。

条形码和条形码阅读器经常用于对大量个体的自动化管理中。

3) 存储设备

存储设备其实也是一种 I/O 设备,但由于其独特的地位和重要性,我们将它另分为一类。

这里的存储设备指的是计算机标准配置之外独立的存储系统。一般情况下,购买微机时,也同时购买了机内的存储系统,如硬盘、CD-ROM、软驱等。但对于小型机或服务器,常常需要按要求单独购买独立的、专用的存储设备。这些外存储设备一般用做存储或备份整个网络上的系统软件、应用软件和共享数据,它十分重要,可以说是整个网络的核心,如果它出现故障,则可能引起整个网络瘫痪,丢失重要的数据。因此,除要求这些存储设备具有较强的容量扩充能力外,更重要的是应具有高可靠性、高可用性和与主机间的高传输率。

外存储设备可分为两类:一是系统备份设备;二是主外存设备。

常见的系统备份设备有磁带机、可读写光盘等。另外还有一种 CD-ROM 服务器,它可让用户在网上访问多张 CD 盘。虽然 CD-ROM 服务器不能用作系统备份,但由于它的只读特性,不妨把它看成一种系统备份设备。这类设备用于经常性的备份系统的重要数据,所以要求其具有大容量、高可靠性、介质能够长期存放的特点,而对其速度的要求不高。

主外存设备指随时与 CPU、内存交换数据的外存,例如,硬盘就是一种主外存设备。由于网络上的所有在线共享数据都存储在主外存上,如果它出现故障,则可能引起整个网络瘫痪,丢失重要的数据,所以对它的要求特别高。一般要求这类系统具有大容量(几十吉,甚至更大),高数据传输率(几十兆),高可靠性,低误码率,高容错能力。

针对这种情况,廉价磁盘冗余阵列(Redundant Array of Inexpensive Disk, RAID)是很好的选择。它可用几台小型磁盘存储器(或光盘存储器)按一定组合条件组成的一个大容量、快速响应的、高可靠的逻辑单盘子系统。

以往的网络存储子系统采用的是单台磁盘系统。对单台磁盘来说，磁盘对主机读/写请求的响应时间通常由寻道时间、旋转等待时间及数据传输时间三部分组成。对磁盘这类机电结合的设备来说，想要大幅度减少寻道和旋转等待时间代价十分昂贵，技术上也非常困难，而主机对 I/O 数据传输的要求却越来越高，因此，通过磁盘阵列对多台磁盘机的数据存取进行并行合理调度，靠多台磁盘并行来提高传输率已成为解决 CPU 与 I/O 之间的瓶颈问题的有效途径。RAID 把连续数据分成小的数据块，并把这些数据块按照一定的方式分布在不同磁盘上，这样就可以对数据的各块进行并行读/写操作了。

另外，对单台磁盘系统来说，其可靠性只有通过降低数据出错的次数来保证。但随着数据容量的增大，数据出错的次数还会增加。因此要满足大数据量存储的要求，单靠提高数据可靠性、降低误码率已显不足，而应从容错和提高数据可用性方面想办法。所谓容错，是指利用冗余的硬件资源，达到掩盖故障对系统的影响，进而自动恢复系统的目的。RAID 通过在磁盘阵列中合理分布冗余磁盘空间，存储校验信息，实现大容量的容错存储。具体来说，RAID 允许阵列中个别磁盘频繁地出现故障或误码，并随时进行修复或更换，但整个系统的数据仍然可用，而且在用户看来数据并没有出错。

RAID 通常与热插拔技术结合使用，使用户在系统开机运行的情况下带电更换有故障的硬盘。

RAID 已得到公认的有八种体系结构 RAID0～RAID7。一般的磁盘阵列产品都至少支持到 RAID5。它将数据以块交叉的方式存于各盘，并把冗余的奇偶校验信息均匀地分布在所有磁盘上，从而无专用的校验盘，在单盘出错的情况下，整个磁盘系统仍能正常工作。RAID6 更高级，它容忍双盘出错。而 RAID7 是采用了 Cashe 和异步技术的 RAID6。

开始时 RAID 方案主要针对 SCSI 硬盘系统，系统成本比较昂贵。1993 年，HighPoint 公司推出了第一款 IDE-RAID 控制芯片，能够利用相对廉价的 IDE 硬盘来组建 RAID 系统，从而大大降低了 RAID 的"门槛"。从此，个人用户也开始关注这项技术，因为硬盘是现代个人计算机中发展最为"缓慢"和最缺少安全性的设备，而用户存储在其中的数据却常常远超计算机的本身价格。在花费相对较少的情况下，RAID 技术可以使个人用户也享受到成倍的磁盘速度提升和更高的数据安全性，现在个人计算机市场上的 IDE-RAID 控制芯片主要出自 HighPoint 和 Promise 公司，此外还有一部分来自 AMI 公司。面向个人用户的 IDE-RAID 芯片一般只提供了 RAID 0、RAID 1 和 RAID 0+1(RAID 10) 等 RAID 规范的支持，虽然它们在技术上无法与商用系统相提并论，但是对普通用户来说其提供的速度提升和安全保证已经足够了。

4）网络设备

网络设备有调制解调器、网卡、多用户卡、终端服务器、集线器、交换机、路由器、线缆系统等，它们主要用于计算机之间的物理通路的连接。

（1）网卡。网卡是插在计算机扩展槽上的一块电路板，它是将各计算机连接成网的接口部件。通过它连接到局域网的计算机能够相互通信，共享局域网中的资源。网卡也就是局域网中的通信控制器或通信处理机，是组成局域网必不可少的部件。

常用网卡按所支持的网络系统结构可分为 Ethernet 网卡、ARCNET 网卡、Token-Ring 网卡；按与计算机连接的总线形式又可分为 ISA 网卡、PCI 网卡、EISA 网卡。在 Ethernet 网卡中有普通以太网卡和快速以太网卡。

选购一块网卡，首先得考虑用户计算机能够提供的总线方式，例如，如果你的计算机上没有 PCI 总线插槽，购买的 PCI 网卡是无法使用的。另一个要考虑的是网卡是否与你的网络类型相一致，例如，如果你的网是 Ethernet 网，你就不能购买 Token-Ring 网卡，要连接快速以太网，就必须购买快速以太网卡。第三个要考虑的是网卡提供的连接方式是否符合你的网的拓扑结构，例如，你的网络拓扑结构如果是总线形，那么就应该买带 BNC 接口的 Ethernet 网卡，是星形的则应该买带 45 刚接口的网卡等。最后考虑的是网卡及其驱动程序的性能，较好的网卡及其驱动程序在网络传输时占用较少的 CPU 时间，即较少的 CPU 占用率，以保证 CPU 能够有更多的时间干别的事情。

（2）调制解调器。调制解调器（MODEM）已成为 PC 机远程通信的重要方式之一。时至今日，MODEM 正经历从 PC 可选件到必备件的转变过程。MODEM 主要用于计算机间通过普通电话线发送、接收数据，它是计算机到电话线的中间件。

20 世纪 90 年代，数字信号处理（DSP）技术被引入 MODEM 的结构设计中（图 5.6），给 MODEM 的发展带来一次革命。DSP 用来完成 MODEM 的所有调制解调工作，调制解调的数字实现，使得通过更新 DSP 程序就能够实现更高速度的通信，而不改动 MODEM 硬件。安装在 MODEM 上的微处理器负责解释执行 AT 命令（一种控制 MODEM 运行的开放式的命令集）和有关的纠错控制及数据压缩处理（V.42，V.42bis）。

购买 MODEM 主要考虑它的速度、功能和与其他产品的结合。

当前市场上 MODEM 一般可支持 14400b/s 的全双工通信（V.32bis 标准）和 14400b/s 传真通信（V.17 标准），另外还有支持 28800b/s 全 21212 通信（V.34 标准）的产品。1996 年 33600b/s 的 MODEM 产品也出现了，其技术规范为 V.34+或 V.34bis。目前，56K Internet MODEM 业已出现。

在功能上，MODEM已不仅完成数据传输功能，还能实现语音、数据、图形图像、传真等多媒体信号的通信功能。例如：

①电话答录机。

②Caller ID 来话者身份认证。

③带回波消除的全双工免提电话。

④V.70DSVD 语音/数据同传。

⑤V.80 可视电话系统。

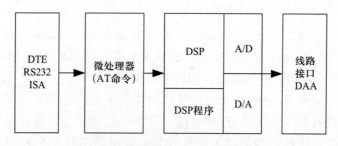

图 5.6　采用 DSP 技术的 MODEM 结构

与其他产品的结合也是 MODEM 发展的方向：

①ISDNMODEM（ISDN+MODEM）。

②网卡+MODEM。

③声卡+MODEM。

MODEM 常应用于下述领域：

①MODEM 点对点通信。

②可视电话。

③异地时局存取。

④个人多媒体信息浏览系统，如 Internet。

（3）线缆。线缆是一种计算机间的有线传输介质，常见的有：

①同轴电缆（Coaxial Cable）。

②双绞线（Twisted Pair）。

③光纤（Optical Fiber）。

同轴电缆可分为基带同轴电缆（细缆）和宽带同轴电缆（粗缆）（图 5.7）。基带同轴电缆以"数位信号"传送数据，传送时传输信号会占用整个频道。此信号是由零到该基带同轴电缆所能忍受的最高频率，因此在同一时间仅能传送一路信号。宽带则以"类比信号"传送数据，传送时可采用频分多路复用的方法区分成多个传输频道，使声音、数据、图形及影像可以在不同的频道中同一时间内传送。与双绞线相比，同轴电缆所受的干扰较小、速度较快，但是布线较困难且成本较高,尤其是宽带同轴电缆。同轴电缆适合总线网络拓扑结构。

双绞线可分为 STP 和 UTP(图5.8)。STP 内有一层金属薄膜作为保护膜,可以减少电磁干扰,UTP 则没有这层保护膜,因此其对电磁干扰的敏感性较大,电气性能较差。双绞线成本低,容易安装和管理,但对电磁干扰较同轴电缆敏感。双绞线适合星形网络拓扑结构。

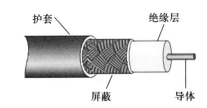

图 5.7 同轴电缆

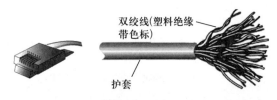

图 5.8 双绞线

光纤的特性是体积小,衰减较低,不容易受电磁干扰,坚固安全,因此可作为远距离高速传输线路(图5.9)。但光纤的价格十分昂贵。光纤适合于环形网络拓扑结构。

图 5.9 光纤

目前最常用的线缆是 UTP5 类双绞线,用于连接星形以太网或快速以太网。

网络介质除有线传输介质外还有无线传输介质,如红外线、无线电、微波及卫星。不同传输介质组网时的参数比较情况见表5.2。

表 5.2 四种通信介质组网时的参数比较

传输介质 性能	双绞线	同轴电缆 (基带)	同轴电缆 (宽带)	光纤
带宽	<10MHz	<100MHz	<300 MHz	<300GHz

续表

性能\传输介质	双绞线	同轴电缆（基带）	同轴电缆（宽带）	光纤
网络段最大长度	100m	300m	500m	2km
节点间最小距离	不限	0.5m	2.5m	不限
接口标准	RJ45	BNC	AUI	难
拓扑结构	星形、环形	总线	总线	环形、星形
成本	低	较低	中	高

（4）中继器、集线器、交换机、路由器。

中继器是物理层上的互联，这种连接只涉及物理硬件，此方式适用于两类完全相同的网络的互联，它是通过对信号的重复转发，扩大网络传输距离。

集线器（HUB）工作在物理层上，其实就是一个多端口中继器，它使所有客户机共享一个带宽，所以也称为"共享式集线器"（HUB）（图5.10）。

图5.10 集线器

集线器的优点：当网络系统中某条线路或某节点出现故障时，不会影响网络上其他节点的正常工作，因为它提供了多通道通信，所以大大提高了网络通信速度。

集线器的不足主要体现在如下几个方面：

①用户带宽共享，带宽受到限制。

②以广播方式传输数据，易造成网络风暴。

③网络通信效率低。

交换机（Switch）工作在OSI的数据链路层或IEEE802的MAC（Media Access Control）层，也就是说，交换机只需通过网络的第二层地址，便可判断一个封包（帧）该怎么处理和送到什么地方。因为网络第二层地址在每一个网络设备出厂时就固定了，而且大部分局域网技术（如以太网、令牌环网、FDDI等）都规定MAC地址在封包的前端，所以交换机可以迅速识别封包从哪里来，要到哪里去，并在瞬间便可把该封包从一个网段送到另一个网段，更重要的是整个过程都是由硬件实现的。所以，交换机判断一个封包该到哪里所需要的时间延误很短。

在应用上，集线器与交换机同样完成多个网段间的互联，但实际上它们存在着根本的区别。由于集线器的各端口共享一个带宽,因此各端口发送数据时须进行冲突检测,也就是说,同一时刻,只允许一对端口之间进行通信,其他端口需要等待。交换机则不同,由于其工作在网络的第二层,并具有寻径的能力,因此它可以为每对需要通信的端口提供一条独立的通路,也就是为每对需要通信的端口建立起一条虚连接,因而交换机上的所有端口都可自由地随时向其他端口发送数据,而不需要像集线器那样进行冲突检测和等待。交换机为每个端口提供了独占的带宽,另外,交换机还提供了双工能力,客户机可同时接收和发送数据,因而极大地提高了网络系统的吞吐率。图 5.11 示出了集线器和交换机工作方式的不同。

在网络市场上,"集线器"或"HUB"一词通常是指真正意义上的集线器,即前面所说的共享式集线器。而经常看到的"Switch HUB"或"交换式集线器"实际上指的就是交换机,这时"集线器"的含义变成了"连接多个网段的仪器",而不专指共享式集线器。还有一种称呼方式,有的人把内部总线带宽较低的小型交换器称作"交换式集线器"或"工作组交换机"(常用来连接一小组客户机),而把内部总线带宽较高的、模块化的大型交换器才称为"局域网交换器"或"交换机"(常用来连接较大的局域网)。由于市场上称谓比较混乱,因此,请大家在购买网络设备时,一定要向商家问清楚。

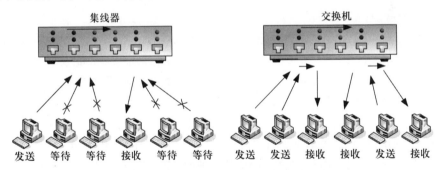

图 5.11　集线器和交换机工作方式的区别

路由器(Router)是一种连接多个网络或网段的网络设备,它能将不同网络或网段之间的数据信息进行"翻译",以使它们能够相互理解对方的数据,从而构成一个更大的网络。

当一个路由器收到一个封包时,不管怎样它都会先把它彻底打开,看一下该封包是哪一种通信协议,如 TCP/IP、IPX、DECnet 等,再把适当的软件调出来处理。第一件事看一下它的第三层通信协议地址,如果是 TCP/IP,它的地址格式应该是 XXX.XXX.XXX.XXX(XXX 是 0 到 254),如果是 IPX,格式便是 XX XX XX XX.MAC(XX 是 0 到 F)。在路由器之间有定期的路由表互换,以便更新彼此的路径信息。有了路径信息，路由器便可根据网址决定该把封包送到哪里。在送出之前，路由器会用自己的 MAC 地址重新装扮该封包，然后再添一些信息以便下一个接收此包的路由器会有更多的资料去做出决定。使路由器慢上加慢的是今天的路由器大部分具备了网络构架第四层的功能，也就是说，除了简单的路由动作外，具有第四层功能的路由器可针对使用该封包的用户和软件程序做出处置决定，对其进行优先级判断，安全检查，或干脆阻断它。路由器做起这些工作来是很费时的，其延误时间一般都是交换器的几十倍。但可以看出，路由器为网络数据的传送提供了极强的控制功能。路由器使用起来非常复杂，价格也很昂贵。

路由器当前主要用于局域网与广域网的接口上，因为它的优先传送控制、数据传送选择等特性可以更有效地使用广域网的线路。

总地来说，由于交换机连接方式简单灵活，扩展能力强，延误时间少，管理功能强，价格也越来越便宜，因而在当前组网过程中被广泛采用，并可能在局域网内最终取代路由器。

目前的建网趋势是，局域网网段的互联由交换机去做，企业网内的主干更是清一色的交换机，而连广域网时，则需用路由器了。

面对日益增大的交换机市场，用户应根据端口数 LAN(VLAN)能力进行选择。

5) 不间断电源(UPS)

为避免在系统运行中突然停电而造成的不安全性，在 MIS 平台中，我们必须考虑到"不间断电源系统"。UPS 的主要功能是当电力中断时，能及时地将系统内部的电力提供给计算机使用，使得用户有足够的时间恢复外部电力系统或保存重要数据并正常关机。在企业整个信息系统中的关键设备上都应使用 UPS，特别是在网络中的服务器、交换机、路由器和处理关键业务的客户机上。UPS 根据其型号、种类和所带电池的多少来确定供电时间，多的可供电几十小时，少的可供电十几分钟，用户需根据自己的应用情况进行选择。

依据供电方式，UPS 可以分为以下两种：

(1) ON-LINE。此类 UPS 电流先流经 UPS 内部，经过滤杂信号及稳压后，再输出给计算机使用，因此有滤波及稳压效果，故价格高，在电压不稳定的地区宜采用。

(2) STAND-BY。此类 UPS 只有在电力中断时，才启动并提供 UPS 自身的电力。在有外部电力供应时，计算机直接使用外部电源，此时无滤波及稳压效果。在外部电力消失的瞬间，UPS 启动并切换为内部电源供电。这类设备的关键在于其由外部电源转换为内部电源的转换速度，转换速度越快、转换时间越短越好，这样可以减少对计算机设备的冲击。此种 UPS 价格低，适应于电压稳定地区。

目前市场上也有许多智能型 UPS，具有多种智能功能，例如，可以自动监测电池电位,自动监测 UPS 电位是否正常,自动关闭服务器。此类 UPS 能够通过串口与主机通信,使主机特别是服务器能够对其状态进行监测,并在 UPS 电力即将耗尽时调用相应的服务程序进行处理。这种 UPS 和主机相互协同的功能,使主机(特别是服务器)能够做到无人职守。

UPS 在外部电源断电情况下的使用时间与其功率有关,功率越大,表示其内部的蓄电池容量越大、使用时间越长、价格越高。

2.物理设备组织流程

物理设备的组织一般包括确定需求、组织测试及选型、签订订购合同及维护合同、设备的安装与调试等项工作。

1)确定需求和配置

该项工作主要是设备选型,即根据系统集成商提出的一体化解决方案和应用的实际需要,确定所需硬件的种类、类型,并进一步对其加以细化,直至弄清其具体型号、配置甚至产地。对某些比较熟悉的设备和产品,在这一阶段就可以进行定型了。如果有比较了解的供货商或老的合作伙伴,就可以直接转入签订订购及维护合同阶段。对那些性能不太了解产品,或者市场上有多种同类产品可供选择的时候,可组织测试,以求得最佳的性能价格比。

有些用户将本项工作交给系统集成商完成,这时,用户除提出自己的要求并进行必要的监督外,还应在合同中提出必要的有关质量、性能、维护等方面的条款。

设备选型是一件涉及面广、综合性强的决策过程。它既需要考虑技术面,又要考虑经济面;既要考虑现实需求,又要有发展的眼光;既要考虑个人习惯,又要保持公正的立场。这确实是一场综合素质的考验。

尽管不同的设备,可能有不同的选型原则,不同的人有不同的看法,对不同的应用有不同的标准,但有些原则和方法是共同的。

(1)应用的实际需求。有的客户购买计算机时,或者以价格,或者以性能为选型的依据,这些选型依据都是片面的,没有抓住问题的本质,很有可能造成浪费。正确的选择应该是建立在对应用的深刻理解上的,要以应用的实际需求为依据。例如,打字室里专用于打字的计算机,运行 MS WORD7.0,如果从性能考虑给它配个 PENTIUM PRO200,那就太浪费了,一般配个 PENTIUM 100 就可以胜任。

(2)计算机的实用性。实用性原则包括以下几个方面:

①所选机型应具有较强的生命力,即产品普及率高、用户多、通用性好、备件市场充足、软件资源丰富、与标准的兼容性好等。

②所选设备的配套性好,也就是说它能与其他设备很好地协同工作,不存在相互不支持或性能抵消等问题。

③系统开放性程度高,易扩充,技术支持强,被多方支持。

④容易开发和使用,特别是对于一些专用外围设备,厂家应提供专用的驱动程序、操作手册、程序开发资料和工具及硬件接口特性等。对专用计算机,厂家应提供专用操作系统、数据库系统、软件开发工具和技术、配套设备、技术资料、强有力的技术支持等。

⑤较强的通信能力。

⑥高可靠性和可维护性。

(3)性能价格比。一般来说,先进的新产品性能价格比较高。

(4)计算机生产厂家和商家的信誉。一个大系统的正常运行,需要各个软硬件厂家和商家的长期、真诚、通力的合作,所以认真考虑所选产品生产厂家的信誉和技术力量是十分重要的,厂家或商家有良好的售后服务,可以解除后顾之忧,并保持较高的设备使用率和较少的维修等待时间。如果厂家或商家愿意并有能力支持用户的应用和开发,则是更合适的选择对象。

(5)用户的经济支持能力。用户的经济实力是在选型时必须考虑的重要因素。它往往成为设备选型甚至整个系统设计的重要依据,有时甚至起决定的作用。任何选择都不可避免地要考虑它的影响。

(6)国情。在选择一些设备时,必须考虑我国技术和应用的状况。如购买的MODEM必须有我国邮电部门的上网许可证,设备的电源也要符合我国的标准,即220V 50Hz。特别是购买远程网络设备连接远程网时,更应与电信部门联系,以了解我国数据通信网的种类及其对设备的特殊要求。

2)组织测试

对新产品或一些不熟悉的产品必须通过严格的测试来决定是否进行购买。测试工作的组织一般包括如下内容:

(1)确定测试会规模,选择参加测试产品及其厂家或商家。一般同类产品选择两三个品牌或厂家,同一品牌可选一两个商家。过多选择参加测试的单位是没有必要的,无益的。需根据自己的定货量、质量要求、经费和对产品的了解,认真确定测试会规模,精心选择参测单位。所选单位应该是在同一个档次上(价格和性能)、有一定了解、都有可能成为最后订货商的厂家或商家。

(2)确定测试内容、方式。测试内容主要指需要测试的项目,它包括通用测试项目和特殊测试项目。通用测试项目指对大多数甚至所有设备都要进行的测试项目,如真伪测试、稳定性测试、对硬盘速度的测试、对内存速度的测试等。特殊测试项目的确定应与设备将来的应用密切相关、如对经常用于图形处理的计算机,就应将图形测试作为重点加入测试内容。

测试方式是指获得测试数据的方法。如为得到计算机的各项测试数据和综合性能,可让其运行专业测试软件、通用应用程序和用户专用应用程序;为得到网络设备性能参数,可实际搭建一个合适的网络及环境,并采用网络测试软件对其进行测试;为获得设备耐电压特性,可以人为制造特定的电压环境等。

测试方法的选择和设计直接影响到测试结果。

根据需要,有些测试内容要通知厂家或商家,有些需做临时抽查的内容则事先不必通知,甚至保密。

(3)安排测试日程、场地、工具,并发出参测邀请。测试场地的安排十分重要,它是保证测试顺利进行的基本条件。在选择和布置场地时应充分考虑以下因素:

①场地周围道路是否畅通,是否有停车场及其距离是否较近。

②场地最好是一楼,并无较高的台阶,以便于设备的搬运,特别是某些大型设备,如 UPS 及其电池组,它们十分笨重。

③场地的大小。视预计参测设备量而定。

④场地内电压、电力负荷情况。由于参测设备可能同时工作,因此整体负荷会很高。另外,有的设备要求 220V 电压,有的设备要求 380V 或 110V。所有这些应予以充分考虑。

①场地照明、通风及制冷情况。

②场地插座数目。

③场地工作台/椅/架等。

④场地周围的无线电波及各种电磁波干扰情况。

⑤场地通信情况。

⑥场地安全、消防、住宿、饮食等。

(4)组织测试人员。组织测试人员,组成测试组,指定各级负责人,进行业务分工。对测试人员进行必要的业务培训,并制定测试纪律。

(5)测试。由于计算机设备十分复杂,影响其性能的不仅有硬件因素,还有软件和配置因素,因此测试过程中不可避免地会出现各种各样的问题,这就要求测试人员高度负责,不怕麻烦,不怕困难,认真记录测试结果,测试时须同时多人在场,针对遇到的问题随时调整测试方案,以体现公正、公平的精神。在调整测试方案的过程中一定要注意保持测试方法和环境的统一性,即对每台参加测试的设备做到测试环境一样、测试方法一样。

(6)测试结果分析及选型。对大量的测试结果必须进行综合分析,才能正确地选型。一台设备往往有许多测试项目。针对企业的具体应用,这些测试项目的重要程度并不是一样的。可以针对该设备将来的应用环境,分别赋予各项测试项目不同的权重,然后利用权重分析法对测试结果进行计算综合得分,分高者作为选型对象。当然,也可以使用更为复杂,但更准确的其他评判方法,如层次分析法等进行选型。

3) 签订订购合同及维护合同

签订订购合同可参照普通的商业合同签订办法,合同上应有甲、乙双方法人名称、设备型号及配置、设备价格及数量、交货时间、付款方式、售后服务、技术服务以及其他具体内容。合同应该具体、明确,不能有模糊不清的地方。

考虑到目前计算机市场价格下降速度加快,在签订合同时应充分考虑价格时效性,交货时间越短越好,以免将来引起争议。

合同签订后,甲、乙双方应严格遵守合同的规定。

4) 设备的安装与调试

设备的安装和调试应由专业人员进行,同时本单位技术人员也应到场学习和监督。

四、MIS 的网络集成

网络集成是计算机应用系统集成的重头戏。它的主要任务是将各个分离的计算机系统连接成一个高效的、可扩展的网络系统。

1. 网络基本方案

根据目前网络技术的发展和应用情况,网络的基本方案大致有下列几种:

1) 常规以太网方案

常规的 10Mb/s 以太网在 CSMA/CD 协议下可传输几千米的距离,CSMA/CD 协议可以保证访问的公平性。它的碰撞检测机制使站点可以测出两个以上站点同时传输所引起的碰撞,当碰撞出现时站点停止传输,以减少碰撞的可能性。以太网的使用经验表明:一旦网络的平均使用率超过 30%,随后推延引起的访问延迟将变得明显。所以网络重载时,即使只有几个重发的图像会话,也会使得网络变得拥挤不堪。传统的以太网使用同轴电缆或双绞线作为通信介质。

2) 100Mb/s 以太网方案

以太网的发展受制于一个规律,即数据的传输速率与距离乘积为一定值,随着对网络数据传输要求的不断提高,100Mb/s 以太网技术应运而生,但其传输距离缩短到了几百米。100Mb/s 以太网又称快速以太网。这种技术与传统以太网相比只作了较少的改动,保持了原有的数据链路操作,保留了传统以太网的帧格式,使得网段之间的桥接或路由变得容易。目前根据介质访问协议的不同有两种 100Mb/s 以太网标准:一种为 100BaseVG 标准,由 HP 公司支持;另一种为 100BaseX 标准,由 3COM、Intel 等公司支持。其中 100BaseX 立足于尽可能使 100Mb/s 以太网与以太网原意相符,仍采用 CSMA/CD 介质访问方式,使得 100BaseX 技术在服务器和网络交换设备之间的点对点链路上的应用有效;而 100BaseVG 采用"请求优先级查询"的介质访问方法,它只有在多站点的网络上才表现出优越性。100Mb/s 以太网采用通信介质为五类非屏蔽 Z 罩绞线(UTP-5)或三类非屏蔽双绞线(UTP-3)。

3) FDDI 方案

FDDI 是一种高速局域网技术,以 100Mb/s 的传输速率运行,使用令牌传输协议,其拓扑结构类似于令牌环,可以使用的通信介质包括传输距离达 100m 以上的五类双绞线、多膜或单膜光纤,它们的传输距离分别可达 4km 或 60km,FDDI 环最多可连 500 个站点。站点之间最大距离可达 2km,因此它适合作为现有以太网或令牌环网的主干网。FDDI 的局限在于:它的数据包格式与以太网或令牌环网的数据包相差较远,因此 FDDI 网桥和路由器设备比较复杂。

4) ATM 方案

ATM 是一种基于交换机的联网技术,完全不同于传统的网络,是对传统网络概念的一种革命。ATM 交换机每点对应一个工作站,ATM 交换机和网站之间的链路可以使用多种速率。服务器和网络的连接采用 100Mb/s 光纤链路;用户工作站采用 25～51Mb/s 速率的非屏蔽双绞线链路;而交换机之间的互联采用 622Mb/s 速率的单膜光纤链路。ATM 网的数据传输是面向连接的。ATM 有着广泛的发展前景,它可以用于工作组环境、局域网和广域网,它提供了一个完整的联网体系结构。但是目前 ATM 尚在论证中,至今没有形成一个标准,现在对于企业采用具有一定的潜在风险性。

5) 快速以太网与交换式以太网结合的方案

传统以太网 10Mb/s 传输率不能满足要求,100Mb/s 以太网只能在很小的地理范围内使用,FDDI 投资成本太高,ATM 技术还不成熟,因而快速以太网与交换式以太网结合的方案成为当今企业网络的首选方案。交换式以太网技术实际上就是用以太网交换机代替传统以太网中使用的集线器或作为网桥使用的主机。以太网交换机在以太网中起着网桥的作用,由它将网络分成适当大小的网段。这样不仅能控制冲突域的大小,减少冲突的发生,还可以使 100Mb/s 的快速以太网通信距离大大增加,从而解决速率与距离的矛盾。以太网交换机还可提供虚拟网络的功能,将地处不同网段的用户组成一个逻辑上的虚拟网络。利用以太网交换机对传统以太网升级十分方便,因而对以往的网络投资具有很高投资保护能力。快速以太网与交换式以太网结合的以太网一般采用五类或四类、三类非屏蔽双绞线(UTP-5、UTP-4、UTP-3)。

2. 网络集成

1) 网络系统集成的体系框架

网络系统集成的体系框架应该包括以下内容:

(1) 环境技术平台。

机房、电源、接地、防雷系统……

（2）计算机网络平台。

服务器、网络操作系统、网络通信设备、组网布线、Internet接入……

（3）应用基础平台。

Internet/Intranet服务、网络数据库、开发工具……

（4）信息系统平台。

MIS、OA、ERP、网页发布、电子商务……

（5）网络管理平台。

（6）网络安全平台。

2）网络集成的内容

网络集成主要包括如下内容：

（1）制定网络的拓扑结构和体系结构。该步骤实际上就是根据用户的实际需求和现状对未来网络系统的系统结构进行分析和设计。详细内容参见下面"网络系统结构的设计"。

（2）网络设备的选型。网络设备主要包括网卡、线缆、集线器、交换机、路由器等，有关它们的概念及用法已在5.3节"MIS的硬件集成"的"物理设备基本类型"部分中讲过，就不再重复了。这里仅提出网络硬件选型的若干原则：

①网络配置的灵活性和可扩展性。

②网络设备要有互操作性，并支持常用网络协议。

③网络设备端口数、带宽需求等指标要符合实际需要。

④具有良好的可靠性。

⑤具有良好的性能价格比。

⑥厂家能够提供良好的技术服务和可靠的维护。

（3）网络软件的选择。网络软件包括网络操作系统（NOS）、服务器软件（如数据库服务器软件、Web服务器软件、远程服务器等）、网络管理软件及通信软件（如E-mail软件、群件、远程通信软件、Web浏览器等）。

（4）结构化布线。网络拓扑结构和体系结构确定后，网络的传输介质就已基本确定。这时就需在整个网络地理范围内铺设网络线缆和一系列专用插座和交接硬件。通过结构化布线留出数据信息插座。

（5）安装及调试。网络安装包括网络设备的到位及其物理连接，另外还有网络软件的安装等。

网络调试包括网络设备各种参数（主要是各种协议参数）的配置和修改，网络软件和应用软件的配置，以及企业主要应用软件的试运行。网络调试的主要目的就是通过企业主要应用和试运行发现并修改网络安装及配置中的所有问题，保证交给用户的系统是一个运行正确、可靠性高、性能符合设计标准的实用系统。

3）网络系统设计遵循原则

在它的设计过程中应该遵循以下设计原则：

（1）整个网络应具有良好的性能价格比。一方面，要保护现有的硬件资源，对某些应用状况良好的应用软件；另一方面，由于网络设备更新换代的周期比较短，应用需求变化也比较频繁，因此在网络设计时应尽可能防止网络设备的迅速淘汰。

（2）兼顾实用性和先进性。设计计算机网络时，首先应该注重实用和成效为原则，紧密结合具体应用的实际需要。技术上应具有世界先进水平，选用的设备应该是技术成熟和实用效果好、市场占有率高、通用性好的设备。

（3）注重开放性和可扩充性。网络系统应该具备良好的开放性和可扩充性，以保证网络节点的增加、网络延伸距离的扩大及多媒体应用。

（4）保证可靠性和稳定性。在网络设计时，不论是网络节点、通信线路，还是网络拓扑的设计，都应该对可靠性加以考虑。

（5）注意系统的安全性。所建立的计算机网络系统应能保证各种数据的完整性、安全性的要求，以及对整个计算机网络的安全性要求。

（6）良好的可维护性。整个网络应具有良好的可维护性，不仅要保证整个网络系统设计的合理性，还应该配置相关的检测设备和网络管理设施。

4）网络系统结构的设计

网络系统结构的设计主要是对网络下三层的设计，即对物理层、数据链路层及网络层的设计，特别是前两层，换句话说，也就是通信网络的设计。网络系统结构设计的结果是提供一份详细的网络拓扑结构图及其详细说明，包括网络设备连接分布地理示意图、各节点距离、局域网/广域网类型及连接方式、工作组/主干网流量分析、传输介质选择、网络设备选择等。所有这些构成了网络的整个模型，为下一步的结构化布线提供依据。

在网络系统结构的设计中，经常遇到的一些因素是可靠性、时延、吞吐量（即网络每秒钟所能通过的总的分组数）和费用。从技术角度来看；吞吐量是网络设计的主要追求目标，但由于通信网络一般耗资都很大，因此费用往往成为网络系统设计中的一个十分重要的因素。

网络系统结构的设计分总体设计和详细设计两个阶段：

（1）总体设计。总体设计确定整个网络的体系结构的粗略模型，从宏观上确定网络的基本形式，包括：

①确定网络层次结构，划分子网，粗略设计子网间的连接，画出拓扑结构图。

②确定企业网络的广域网连接。

③粗略设计各子网，从逻辑上划分工作组及其层次结构，设计工作组间的网

络连接，画出简单的拓扑结构图。

④粗略设计各工作组中客户机、服务器的分布和连接，画出简单的拓扑结构图。

可以看出，在总体设计过程中，一般采用自顶向下的分析和设计方法，先设计上层网络，再对其进行细化，从而设计下一层。经过总体设计，勾画出了网络的总体框架。

通过总体设计，画出各层网络简单的拓扑结构图，可大致确定各层网络中所采用的广域网/局域网类型、协议类型、网络连接设备的类型及客户机、服务器的分布。

图 5.12 是一个总体网络结构模型的例子。

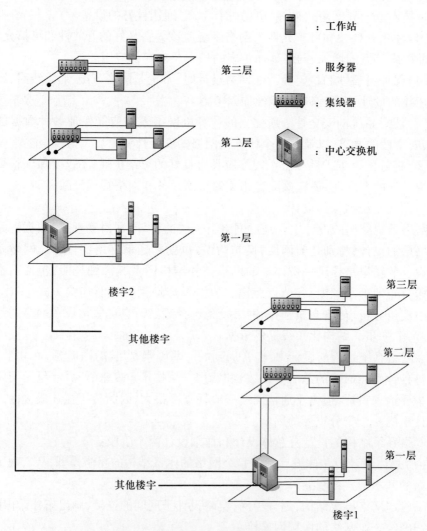

图 5.12　总体网络结构模型的例子

(2)详细设计。详细设计是在总体设计所提出的总体框架指导下,进行较详细的设计,直至提出最终网络的实现和施工方案。提高网络吞吐率(即数据流通量)是网络设计的基本指导思想之一。要想使整个网络达到较高的吞吐率,必须逐层分析估算各站点、工作组、子网等的内部及向外的数据流量,根据流量等因素满足的情况,选择具体的网络设备和技术,设计网络细节,调整网络逻辑和物理布局。因此,在详细设计过程中一般采用自底向上的分析和设计方法,根据总体设计提出的粗略方案,先从工作组开始设计,再到子网、主干网、广域网等层层向上,逐层细化、调整和实现,这一点是与总体设计所不同的。

详细设计的最终结果是提供给结构化布线施工单位和网络安装及调试工程师的具体的网络实现方案,因而在详细设计阶段要确定所有的细节,如连接设备(网卡、集线器、交换机等)的选型及定位、网络服务器和客户机的选型和定位、各设备通信协议的选择、传输介质的选型和布置(即结构化布线的选型)、各网络设备通信端口相对与主机设备的配置等。

五、软件集成

如果把 MIS 比作人,硬件相当人的身体,而软件相当人的灵魂。软件集成就是要向 MIS 灌输灵魂性的东西,因而,软件集成在整个计算机应用系统集成中占据重要地位。软件集成面临的问题是如何在浩如烟海的软件产品中选择功能、价格合适的产品并将它们组织起来,使它们能够在一起协同工作,满足应用要求。

计算机应用系统平台的选型存在两种策略:
(1)主机—操作系统(OS)—数据库管理系统(DBMS)+企业应用。
(2)(企业应用→软件平台→硬件平台)+开放系统结构和标准。

第一种方式是 20 世纪 80 年代以前的一贯做法,是一种建立主机/终端模式(又称主机模式)下信息系统的常用策略。首先是确定计算机主机(通常是大型机或超级小型机),因而运行在主机上的系统支撑软件也就基本确定了,进而在这种环境下开发出来的应用软件也就与主机牢牢地捆在一起,所以,这是一种由硬件平台确定系统应用的封闭式平台环境,投资风险大,应用资源得不到保护,整个 MIS 的生命力受制于厂商及专用系统。我国七八十年代建成的大量 MIS 都属于这种情况,在它们上面使用当前新的计算机技术十分困难。

第二种方式的思想在于,以应用需求为基本依据,以软件平台为核心,硬件平台的选择必须适应软件平台的要求,由此构成一个开放的体系结构,既满足应用对多平台的可移植性、互操作性和可延伸性的要求,又满足平台缩小化和分布化要求。这种方法往往使软件费用高于硬件费用,但如果能正确选择,可使平台面向新技术的更新升级周期保持在 6~8 年。这种策略是 20 世纪 90 年代及今后的平台选型策略。

1.MIS 中常用软件分类及集成的原则

适用于管理信息系统的软件十分繁杂，根据用途和性能，软件可以分为系统软件和应用软件两类。图 5.13 给出了计算机软件的分类情况。当计算机在执行各类信息处理任务时，那些管理与支持计算机系统资源及操作的程序，称为系统软件。它是处于硬件与应用软件之间，为有效地利用计算机的各种资源和方便用户使用计算机的一组程序。系统软件负责协调整个计算机系统的硬件和各种程序间的活动和功能。一个系统软件包是为专门的 CPU 和硬件设计的。将特定的硬件配置与系统软件包结合，就形成所谓的计算机系统平台。应用软件是那些综合用户信息处理需求的，直接处理特定应用的程序。应用软件能够帮助用户解决特定技术问题。

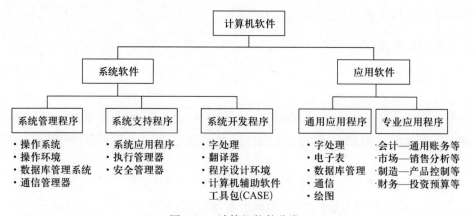

图 5.13　计算机软件分类

1）应用软件

应用软件是专门为某一应用目的而编制的软件，较常见有以下几种。

(1) 文字处理软件。用于输入、存储、修改、编辑、打印文字材料等，如 Word、WPS 等。

(2) 信息管理软件。用于输入、存储、修改、检索各种信息，如工资管理软件、人事管理软件、仓库管理软件、计划管理软件等。这种软件发展到一定水平后，各个单项的软件相互联系起来，计算机和管理人员组成一个和谐的整体，各种信息在其中合理地流动，形成一个完整、高效的管理信息系统，简称 MIS。

(3) 辅助设计软件。用于高效地绘制、修改工程图纸，进行设计中的常规计算，帮助人寻求好设计方案。

(4) 实时控制软件。用于随时搜集生产装置、飞行器等的运行状态信息，以此为依据按预定的方案实施自动或半自动控制,安全、准确地完成任务。

2) 系统软件

系统软件是指一些系统运行必需的基本软件,如网络操作系统软件、客户机操作系统软件、网络协议软件、网络管理及安全软件、各种驱动程序(有的随操作系统供应)等,有些特殊的服务器软件也可归于此类,如数据库服务器软件(即面向客户/服务器模式的数据库管理系统)、Web 服务器软件、文档服务器软件、群件服务器软件等,虽然这些服务器软件不是运行基本系统必需的,但对于特殊应用来说却是必不可少的基础软件。

系统软件在为应用软件提供上述基本功能的同时,也进行着对硬件的管理,使在一台计算机上同时或先后运行的不同应用软件有条不紊地合用硬件设备。例如,两个应用软件都要向硬盘存入和修改数据,如果没有一个协调管理机构来为它们划定区域的话,必然形成互相破坏对方数据的局面。

有代表性的系统软件有:

(1) 操作系统。管理计算机的硬件设备,使应用软件能方便、高效地使用这些设备。在微机上常见的有 DOS、WINDOWS、UNIX、OS/2 等。

(2) 数据库管理系统。有组织地、动态地存储大量数据,使人们能方便、高效地使用这些数据。现在比较流行的数据库有 FoxPro、DB-2、Access、SQL-server 等。

(3) 编译软件。CPU 执行每一条指令都只完成一项十分简单的操作,一个系统软件或应用软件,要由成千上万甚至上亿条指令组合而成。直接用基本指令来编写软件,是一件极其繁重而艰难的工作。为了提高效率,人们规定一套新的指令,称为高级语言,其中每一条指令完成一项操作,这种操作相对于软件总的功能而言是简单而基本的,而相对于 CPU 的一项操作而言又是复杂的。

用这种高级语言来编写程序(称为源程序)就像用预制板代替砖块来造房子,效率要高得多。但 CPU 并不能直接执行这些新的指令,需要编写一个软件,专门用来将源程序中的每条指令翻译成一系列 CPU 能接受的基本指令(也称机器语言)使源程序转化成能在计算机上运行的程序。完成这种翻译的软件称为高级语言编译软件,它包含各种系统开发软件通常把它们归入系统软件。目前,常用的高级语言有 VB、C++、JAVA 等,它们各有特点,分别适用于编写某一类型的程序,它们都有各自的编译软件。

系统软件的集成主要考虑各软件之间融合的程度,特别是操作系统和各专门服务器相互融合的程度,另外还要考虑应用软件资源是否丰富和是否容易得到等。有关操作系统的选择问题,将在后面单独讨论。

2. 操作系统的选择

系统软件是系统运行平稳的关键,也是人机对话的中介。只有通过操作系统,才能对系统进行操作控制;只有通过操作系统,才能运行各种各样的应用程序;只有通过操作系统,才能拥有一个真正的系统。

操作系统软件可以分为网络操作系统软件和桌面操作系统软件。

1)网络操作系统软件

网络操作系统软件肩负着网络运行管理的重大责任,特别是网络环境复杂的情况下,网络操作系统软件的功能和性能对网络运行起着重要作用。

网络操作系统软件的功能一般有:

(1)控制网络中数据的传输与运行。

(2)检查各使用者的使用权限,确保网络安全。

(3)担任网络与使用者之间的界面,使用户轻松自在地使用网络中的各项资源。

网络操作系统软件的产品很多,怎样选择合适的网络操作系统软件,首先要知道如下七项重要的标准。

(1)应用程序的可用性。关键问题:你将要选择的网络操作系统是否能够运行你目前所运行的应用程序?目前正为它开发和使用的应用程序有多少?你要为运行的应用程序付出多少代价?

有多少应用程序可供使用并不仅仅是个数字游戏。要保证你需要的应用程序都能买得到,还要确认这些应用程序及其支持合同的费用不应该比服务器更高。

另外,要寻找能以标准方式支持应用程序交互的 OS。例如,Windows NT 就允许各个应用程序使用 OLE 在相互之间传递信息。

(2)平台支持。关键问题:它是否支持你目前的客户机?它如何支持移动用户?客户机是否需要特殊的软件才能访问服务器?

互操作性有几个层次。在最低层,系统可以定义和使用多种不同的网络协议。Net-Ware 网络使用 IPX,而大多 Unix 网络和 Internet 则使用 TCP/IP。缺省情况下,NT 使用 NetBEUI。所有这些 OS 都能支持其他的协议,但它们运行自己的核心协议时效率最佳。

在较高层,即使客户机支持服务器的低层协议,也许依然无法连接。例如,用户可以在 NetWare4.11 服务器上运行 AppleTalk,但若一个 Mac 机不首先加载用于 Macintosh 的 NetWare 客户机软件就想注册到服务器上,则会收到错误信息,告诉它该服务器的注册序列不可识别。同时,Windows NT 的 AppleTalk 实现起来却像个标准的 Mac 服务器。

要选择集成了特殊类型目录服务的 OS。其出发点是:用户不但要能注册到应用服务器上,还要能够访问驻留在系统上的任何应用资源。例如,Unix 系统主要使用域名系统(DNS)和网络信息服务(NIS),NetWare 4.11 使用 NetWare 目录服务(NDS),Windows NT 4.0 也使用一种定义域系统。这些相互之间都很难协调,但有些,如 NDS,则可以在其结构中接受许多种 OS。

Web 的出现使这种情况更具有争议性,它标准化了一些通信协议,如 HTTP 和 TCP/IP。然而,就目前来说,跨平台集成的最佳方案,要么是让一种服务器 OS 支持公司中运行的所有协议,要么是把某种协议标准化(很可能是 TCP/IP)。NT 似已精于运行多种协议,包括 TCP/IP、NetBEUI、IPX/SPX 和 AppleTalk,不过,目前几乎任何 OS 都有一些扩展功能,可以使你的服务器拥有这一级的功能。

(3)性能。关键问题:用单个系统能支持多少用户?你所选择的 OS 是否能支持对称多处理(SMP)?它是否允许你在多个系统上平衡负载?

你可以读到你想要的基准测试结果,但一个 OS 的性能到底如何,还取决于你如何使用它。性能是与应用程序有关的。有些基准测试程序,如事务处理委员会的 TPCC,表示的是数据库环境下的系统性能。而其他的,如 BYTEmark,则表示的是特定系统组成部分的性能。

OS 设计的某些方面表明了你可以期望的性能特点。例如,多线程可以使你的应用程序减少必须进行的上下文切换的次数,从而提高了性能。抢先多任务功能将允许各个应用程序截断对方,使性能表现更加均等。Windows NT、OS/2、OS/400 及 SunSoft Solaris 都具备上述两项功能,而 NetWare 则一项也不具备。

下一步,要注意到可伸缩性,具体就是 SMP。所有大操作系统,如 Unix、Windows NT、NetWareSMP、OS/2 及 OS/400 都支持 SMP。问题是:该 OS 可以处理多少个 CPU?例如,NT 的最终用户许可证限制为 4 个,而 OS/2 则可以像一些 Unix 系统一样处理 64 个。但是要记住,运行 $MP 系统,还需要调整应用软件。

(4)管理。关键问题:你能否从一个点上控制多个服务器?能否对服务器进行远程访问?该服务器与你的现有管理系统是否兼容?

对不同的人而言,系统管理意味着不同的内容。对许多人来说,备份是系统管理的重要部分。任何 OS 都有某种内装的备份实用程序。然而,它们都不是最先进的软件包,各有不同的界面。如果你的目的是从中央控制台上备份自己的不同服务器,并且你已选用了如 Arcada 的 BackupExec 之类的软件,则需确认它应支持新的 OS。

在为网络的扩展作计划时,必须确认所选的 OS 适合你的管理机制。如果网络不会变得很大,则可以依赖 Unix 的命令行界面。然而,如果你负责一个服务器群,有十几个服务器,则你需用某种方式使该机群的状态一目了然。

有些软件,如 Intel 的 LANDesk Manager 和 Symantec 的 Norton Administrator for Networks,都可以帮助你掌握服务器的运行情况。然而,它们却不太支持 Unix 和 OS/400 之类的 OS。另外,标准 SNMP 控制台,如 Hewlett-Packard 的

OpenView，能够向你提供网络上信息流动的情况，但它们不能给你提供特定系统部件级的信息。

选择管理功能的原则是，无论你选择怎样的 OS，要么保证它与你现有的管理策略兼容，要么修改现有的策略来适应新的 OS。

(5)应用程序的开发。关键问题：该平台是否提供了你所使用的开发工具？该 OS 供应商的支持只提供给独立的软件供应商(ISV)，还是可支持具体用户？其 API 是否是开放的，并资料齐全吗？

大家都在争先上市产品，故而良莠不齐。除了最简单的操作层外，每个网络都会需要某种程度的定制。OS 必须具有标准的 OS 服务和工业标准界面，以支持开发。虚拟保护内存，多任务，抢先调度及其他高级功能，都已是许多高档开发工作不可缺少的。

要充分利用 OS 的定制性能，你需要一套强大的开发工具、文档和该 OS 供应商对内部开发的支持(这一点最主要)。最起码，开发人员应该能够获得编译器、调试程序、项目管理实用程序及视频程序设计工具。如果你选择的服务器 OS 厂商只对大型的 ISV 提供支持，你就不可能找到大批有经验的开发人员。

第三方供应商的支持同样重要。工具、编程环境及全套应用程序通常是由 NOS 平台提供的。使用熟悉的工具，开发人员就能在各个层次得心应手的工作。

(6)可靠性。关键问题：它是否支持 RAID 或集群？其文件系统是否有日志？能否带电插拔零部件？

保护内存体系结构和 OS 提供的驱动程序是一些可靠的操作系统的品质标志，如 NT、OS/2、OS/400 和 Unix 等。不过，NetWare 在共享内存空间运行应用程序，应用程序可以在保护模式下运行，但有可能与 OS 的机制发生冲突。

大部分容错发生在硬件层。无论是以软件形式或是以硬件形式实现的 RAID，都已常见。软件实现的优点主要是价格低，如 NT。其他的容错功能，如冗余供电、网卡及冷却风扇，则视所选服务器的不同而不同。

(7)安全性。关键问题：管理员能否实施口令字限制？该 OS 是否支持访问控制列表？是否支持"飞行"(on-the-fly)加密？其 OrangeBookC2 级安全性如何？

安全是个很棘手的问题。众说纷纭，却又谁也说不清。简而言之就是，任何 OS 如果不安装并使用一种严格的安全政策，都可能遭到破坏，泄露秘密。你必须使用字母数字口令，经常更换口令或甚至给重要信息加密。

这说明 OS 可以使实施安全性简便易行。文件和目录访问许可就是个起点。每个 OS 都实现了这两个功能，但稍有不同，如 Unix 相当隐晦，而 NetWare 则直观了。还是这句话，要由每个人保证其正确的设置和实施。

审计可以使你掌握何人何时做了何事。它所产生的日志可能很大，但其信息可能是极有价值的,特别是你想跟踪某个文件最近一次的修改情况时。NT 带有一个很好的审计系统,并十分易用。

Unix 的安全性越来越受到批评。它原来设计时是面向开放的,现在成了攻击的对象。如果你选择了 Unix 作为你的应用服务器 OS,应当立即找供应商所要最新的安全修补程序。

通过以上分析,就可以很清楚地知道选择 OS 时应考虑哪些问题了。在选择网络操作系统时最好先根据以上标准初步选定一种到两种操作系统,然后建立一个网络环境,试着在这个环境中运行自己的应用程序,并进行针对性的开发工作,做出评价后,再最后确定选择哪种网络操作系统。

2) 桌面操作系统软件

桌面操作系统软件形形色色,并不断地推陈出新。当今开发桌面操作系统软件的首推 Microsoft 公司,该公司的 DOS,Windows 系列处于无可争议的霸主地位。此外,还有 IBM 的 OS/2、OS/400 以及 SCO 的 Unix、SUN 的 Solaris 等,不胜枚举。

桌面操作系统的选择标准有许多是与网络操作系统的选择相同或相似的,如应用程序的可用性、应用程序的开发支持、平台支持等,但由于网络操作系统的使用者是受过较高级训练的计算机管理人员,而桌面操作系统的使用者是直接用户,因而,桌面操作系统更强调用户界面和易操作性,其可靠性、安全性、性能等方面的内容和指标也与网络操作系统有所不同。

当我们处在一个 MIS 中,为自己选择一个桌面操作系统软件时,应考虑以下几点:

(1) 桌面操作系统软件应被我们的网络操作系统软件所支持。每种网络操作系统软件都能支持一定的桌面操作系统软件,只有这种支持关系,客户机才能方便地在系统中工作,实现与系统的衔接。

(2) 桌面操作系统软件的功能强大,使用方便。

桌面操作系统软件安装应该方便。由手工操作安装桌面操作系统软件的工作者,都会感到不方便,因此,桌面操作系统软件应该配置自动安装软件。

桌面操作系统软件应该有良好的人机交换界面,如 GUI 界面。桌面操作系统软件直接面向用户,良好的界面便于人机交流。

内存管理功能要强大。内存管理对数据存储速度影响很大,特别是对客户机内存较小的尤为重要。因此,桌面操作系统软件应该有良好的内存管理功能。

磁盘管理功能丰富。磁盘是主要的外部储存设备,对数据容量安全有重要作用。桌面操作系统软件应该具有丰富的磁盘管理功能,如磁盘压缩优化、磁盘映像、磁盘 CACHE 等。

要有强大的程序和文件管理功能。

(3)桌面操作系统软件应该支持多种应用软件,特别是开发软件和工具。一个成熟的桌面操作系统会成为多种应用软件的平台。

(4)桌面操作系统软件应与用户客户机的能力相匹配。

(5)要充分考虑直接用户的习惯和素质。要考虑用户以前熟悉的是哪种操作系统,哪种系统更容易被他们接受。如果认真考虑了这一点,不但可以减少用户可能产生的抵触情绪,还可以大大减少以后培训、维护的时间和费用。

3. 系统模式与数据库管理系统

1)系统模式概述

系统模式是随着网络技术和网络应用的发展而发展的,从文件服务器模式到客户机/服务器(Client/Server,C/S)模式,再到浏览器/服务器(Browser/Server,B/S)模式,经历了一个较长的发展过程。与这过程相适应的是从集中式计算到分布式计算,再到互联网络计算;网络从主机模式到局域网,再到互联网;服务器从文件服务器发展到数据库服务器,再到基于Internet/intranet的Web数据库服务器。C/S模式是一种局域网工作模式,发展到三层以上结构。从数据库服务器的角度看,B/S模式是从C/S模式发展而来的,但有自己的许多特点,主要是Web与数据库的连接方式不同于C/S模式;B/S模式的协议也不同,主要是基于TCP/IP。网络的各层及协议的集合构成网络的体系结构,所以模式变化将引起网络体系结构的变化,也就是与OSI模型对应的网络层及协议将随着模式的变化而变化。B/S模式需要在数据库服务器的基础上,增加Web服务器,即服务器中间件,这也不同于C/S模式。B/S模式是随互联网和电子商务发展起来的,与B/S模式对应的MIS也发展成后台整合应用且与电子商务融合。B/S模式支持更多基于TCP/IP的协议,如HTTP、FTP和SMTP等,提供更多的信息交流方式,使信息的获取与运用更趋大众化,正是"昔日王谢堂前燕,飞入寻常百姓家"。系统模式的变化是应用发展的结果。也是网络技术发展的结果,应用的发展是模式发展的动力,而网络及软、硬件技术的发展为这种变化提供了条件。

2)文件服务器模式

文件服务器模式也是一种局域网工作模式。在该模式中,局域网需有一台计算机,提供共享的硬盘和控制一些资源的共享。这样的计算机称为服务器(Server)。在这种模式下,数据的共享大多是以文件的形式,通过对文件的加密、解密来实施控制的。对于来自工作站有关文件的存取服务,都是由服务器提供的,因此这种服务器常被称为文件服务器。在文件服务器系统中,网上传递的只是文件,应用程序的所有功能仍在工作站上完成。过去大部分局域网采用这一模式。

3)C/S模式

(1)C/S模式的概念。C/S模式是20世纪90年代兴起的新型计算模式。

随着人们对提高灵活性、计算能力、雇员工作能力要求的认识,C/S 技术及其在分布式和协作式计算领域的扩展将逐渐成为未来 MIS 发展的技术基础。C/S 模式这个概念实际上描述的是软件的体系结构,它表示两个程序间的关系,即一个应用程序和一个服务程序之间的关系。客户程序和服务程序在物理上可以是分离或在一起的。也就是说,它们可能分布于两台机器上协同工作,也可能就是在同一台机器上运行的调用和被调用程序。

在现代的企业应用中,C/S 模式成为普遍流行的一种程序组织方式。根据应用系统的功能分割情况,C/S 模式分为两种类型:一种是传统的两层客户机/服务器结构;另外一种是三层或多层的客户机/服务器结构。在传统的两层结构中,用户界面和商业规则放在客户机上,而数据库访问和其他后台操作则由服务器负责完成。由于在这种模式下系统各部分的任务十分清晰,且对整个系统的管理比较方便,因此基于这种两层结构的客户机/服务器模式得到了充分的发展。

服务器一般具有较强的数据处理能力,而客户机则能完成和用户进行交互以及运行商业规则的功能。这样,整个系统既能实现统一集中的管理,保证数据的安全性和一致性;又能通过客户机对系统资源共享,还能够向用户提供友好的图形界面,便于用户接入系统,保证客户的要求得以实现。C/S 是文件服务器的发展,C/S 并不是一种特定的硬件产品或服务器技术,它是一种体系结构。C/S 模式将处理功能分为两部分:一部分(前端)由 Client 处理;另一部分(后端)由 Server 处理。在这种分布式的环境下,任务由运行 Client 程序和运行 Server 程序的机器共同承担,有利于全面地发挥各自的计算能力,可以分别对 Client 端和 Server 端进行优化。Client 端仅需承担应用方面的专用任务,而 Server 端则主要用于数据处理。这种模式还能够给用户提供一个理想的分布式计算环境,消除不必要的网络传输负担,改善网络吞吐能力。在此模式下,人们把运行 Client 程序的计算机称为客户机,把运行 Server 程序的计算机称为服务器。常见的服务器有数据库服务器,一般是运行某个大型数据库服务软件,如 Microsoft SQL server、Oracle、Sybase SQL Server 等。

随着企业规模的扩大以及商业规则的日趋复杂,这种两层的 C/S 体系已经不能满足人们的要求,传统的两层 C/S 结构已经表现出它的弊端。在现在的企业应用中,程序生成的事务量非常大,商业规则非常复杂。这就在两个方向上造成了性能的降低:一是服务器端处理的事务量十分巨大,所以服务器的处理速度明显变慢;二是商业规则过于复杂,导致处理能力比较低下的客户机不能满足用户的要求。所以人们又提出了 3 层甚至是 n 层的客户机/服务器结构。

在这种体系结构下,系统不再仅由两个部分组成,而是由多个组件组成。商业规则脱离客户机,放到了中间层某个组件上。中间层的组件除了实现商业规则外,还可分担服务器的某些功能,从而减轻服务器的负担,均衡了任务的分配。应用这种体系结构,系统的性能得到显著的提升,同时解决了应用发布的问题。由于商业规则放在中间层的组件上,它的改变只会影响中间层的组件,而不会影响客户端的应用程序。所以,只需对中间层组件进行升级,而不会影响到客户端。

(2) 与文件服务器模式的联系与区别。C/S 模式和文件服务器模式在硬件组成、网络拓扑、通信连接等方面基本相同,其最大的区别在于客户机、服务器模式中服务器控制管理数据的能力由文件管理方式上升到数据库方式。事实上,C/S 模式是随着数据库技术的发展和广泛应用与局域网技术相结合的产物。在数据库服务器中安装着多用户、多任务操作系统,LAN 软件及以 SQL DBMS。原先在文件服务器中由工作站所承担的数据加工任务(即应用的一部分),改由 Server 承担,从而使系统的整体性能有了质的飞跃。

在 C/S 模式中,Server 端可以选用的网络服务器软件产品主要有 NetWare、Windows NT Server、LAN Server 及 UNIX;数据库服务器软件产品主要有 Oracle、Sybase、Informix、Microsoft SQL Server 等。Client 端可选用的操作系统有 Window、DOS、WindowsNT、OS/2、UNIX 等;可选的开发工具软件有 Visual C++、Visual FoxPro、Microsoft Access、Visual BASIC、PowerBuilder、Delphi、C++Builder 等。

C/S 应用作为一种高效、先进、实用的应用系统模式,获得广泛应用。C/S 应用结构的最大优点是可以将工作进行适当的划分,充分发挥服务器和前端工作站的自身优点,从而提供良好的系统安全性、稳定性,减少并且平衡网络负载。前端(即客户端)提供用户界面和简单的数据处理;适当的分工与合作,降低了对服务器速度的要求。现代企业的 MIS 大都是基于 Client/Server 的,对数据库的强健性的要求较高。

(3) C/S 模式的优点。C/S 模式在构造分布式应用系统时成为很好的方式,可以为企业解决方案带来很好的效益。

C/S 支持企业更好地利用桌面计算技术,使工作站能提供过去大型机才具有的计算能力,而价格只有大型机的几分之一。

C/S 使得处理和数据更加接近。所以,网络开销和响应时间极大降低,从而减少对网络带宽和成本的需求。

C/S 提供 PC 及工作站上 GUI 人机界面。

C/S 支持和倡导标准化和开放系统,客户和服务器都可以在不同的硬件和软件平台上运行,使用户从专门的体系结构中解放出来,价格低廉,Web 技术就是利用 C/S 技术实现跨平台应用的一个很好的例子。

总之,C/S 模式可以降低软件开发和维护成本,增强应用的可移植性,提高用户工作效率,保护用户的投资,提高软件开发人员的生产力,缩短开发周期,甚至可以减少对小型机和大型机的需求。

4) 浏览器/服务器模式

B/S 模式是 Browser/Server 的简称。客户端主要是浏览器,或内嵌浏览器组件的小型客户端应用程序。服务器端包括数据库服务器和中间件(Web Server)。数据传输不是原来局域网的协议,而是建立在 TCP/IP 基础上的 HTTP 协议、FTP 协议和邮件协议;信息的输入、输出形式也发生了显著变化,都是超文本格式(HTTP),实现了客户端的零配置和信息交流的多样性,改变了信息使用的方式,使信息不再是系统管理人员的专利,具有跨时空的特点。要对数据库进行操作时,通过客户端浏览器向服务器发出请求。服务器端收到请求后执行相应的数据库操作,将结果通过 WebServer 返回客户端的浏览器。具体地说,B/S 模式将数据库处理任务集中在服务器端,客户端运行浏览器程序,也称"前台",它负责所有用户输入、输出信息的显示。数据库服务器执行的"后端系统",则负责数据处理和对磁盘访问的控制。这种模式可把电子商务和企业 MIS 集成在一起,前台是企业或部门的信息门户,与用户交互,即信息的输入、输出和查询;后台是企业 MIS,主要进行数据处理。前、后台集成在一起,构成 Internet/Intranet。Web 与 MIS 的连接主要通过 CGI、API、ActiveX 和 ASP/JSP、PHP。图 5.14 是 B/S 结构举例。

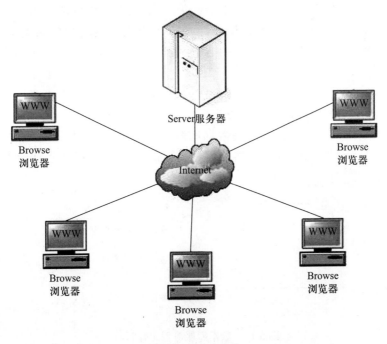

图 5.14 B/S 结构

5)从 C/S 模式迁移到 B/S 模式

要在企业营销领域实现电子商务,就需要对原已开发的 C/S 结构的系统进行改造,以适应电子商务的需要。这种改造的本质是从两层 C/S 结构迁移到三层以上结构,把原客户端程序移植和集成到服务器端。移植包括数据部分的处理和用户的输入、输出。改造量不是很小。需要研究简洁的改造方案,降低迁移成本。

B/S 模式可以实现客户端的零配置。如果客户端需要本地数据处理能力和数据存储,浏览器就不能实现,不能假设用户不需要这种能力。也可根据需要开发既具浏览器功能,也有一定的本地数据处理能力的客户端应用程序,取代单一的浏览器,这便是 B/S 模式的一个发展。B/S 的另一个发展是 C/B/S,中间增加一层代理服务,如 IBM 的 COBRA。

6) C/S 模式的典型应用——数据库管理系统

(1)基于 C/S 的 DBMS 工作过程。到目前为止,C/S 最广泛的应用领域是关系数据库管理系统(RDBMS)。在一个 C/S 数据库系统中,应用被分成两个部分,数据库应用程序运行在 PC 机上(称作前端机),负责用户界面和 I/O 处理;DBMS 部分(负责数据处理和硬盘存取)运行在服务器上(称作后端处理)。这个服务器就称为"数据库服务器"。严格地说,一个数据库服务器是指运行在网络中的一台或多台服务器上的数据库软件,数据库服务器为客户应用提供服务,这些服务是查询、更新、事物处理、索引、高速缓存、查询优化、安全及多用户存取控制等。

基于 C/S 的数据库管理系统的工作过程是这样的(图 5.15):客户系统上运行的数据库应用程序提出数据库访问请求(如一组 SQL 语句),并将它编译成特定格式,再使用网络软件将它送到数据库服务器上。数据库服务器上的数据库管理软件识别该请求,并在服务器硬件上执行请求,最后把结果返回给客户。

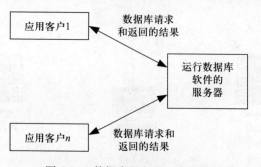

图 5.15 数据库服务器工作过程

(2)数据库服务器的优点。数据库服务器较之传统的文件服务器有许多优点,下面从应用程序开发的角度来说明数据库服务器的优点。

①减少编程量。由于数据库服务器能处理重要的数据管理任务,在客户机上只要书写数据的调用逻辑而无须书写数据存取的物理过程,因此能大大减少软件设计的时间和编程工作量。

②数据安全保证。数据库服务器一般都提供了强有力的数据安全性,保护数据不被客户端的请求破坏,即使对数据库系统十分熟悉的用户也不能用非法的用户名及口令字绕过数据库服务器的安全检查机制。

③数据可靠性及恢复。当系统的正常处理受到一些事件干扰,如设备错、服务器或工作站断电、网络连接断开甚至是用户在客户端关机,数据库服务器都能有效地保证数据的完整性,避免系统出现数据混乱。

④充分利用网络资源。由于大量数据处理工作可交由数据库服务器完成,因此可以使用较便宜、功能简单的微机做客户机。

⑤提高性能。数据库服务器能从多个方面提高整体性能。例如,采用数据库服务器技术,能大大降低网络开销,减少资源竞争,避免死锁现象等。

(3)数据库服务器的选择。企业 MIS 应用其实是基于数据库系统的应用,几乎所有应用程序都离不开对数据库的操作,因此,选择合适的数据库管理系统在整个开发过程中是十分重要的,它影响整个系统的应用模型和开发模式,决定了新系统许多重要特性。

根据对 C/S 模式的支持情况,数据库管理系统一般分为三种类型:第一种是支持主机系统方式的运行于 Unix 等多用户操作系统之上的大型数据库管理系统,如 Sybase、Informix 等;第二种是基于文件管理系统的数据库管理系统,如 Xbase 系列、Fox 系列,这类系统在数据完成性、系统安全性等方面相对较弱,适合于以文件服务器为中心的中小型应用;第三种就是基于 C/S 计算模式的数据库管理系统,如 Microsoft 的 SQL、DB2,以及 Oracle、Sybase、Informix 等的最新产品,这类产品适合于大中小型的应用,是 20 世纪 90 年代的最新技术产品。

这里主要讨论第三种数据库管理系统的选择,而这类系统的选择关键在于数据库服务器的选择。选择数据库服务器应该从以下几方面进行考虑和评估:

①对标准 SQL 的支持以及 SQL 的扩展情况。支持标准是很重要的,不只是为了当前应用的可移植性,也是为了保证应用开发工作可被新一代数据库服务器所支持。

②性能。数据库服务器的性能由两个参数决定:响应时间和数据吞吐量。数据库服务器应提供性能监测和调整的工具。

③并发控制。并发控制是指多个客户在不破坏数据库完整性的前提下存取共享数据,不同用户同时发出的修改请求必须被控制和隔离,以防这些修改动作

相互干扰。同时，一个用户也不应该看到其他用户修改的中间结果，以保持数据的一致性。数据库服务器应能自动控制并发机制，而不需在应用程序中显式指出。

④通信与网络连接。数据库服务器所用的连接软件应该支持主要的局域网协议和网间连接协议，具有较强的通信能力，另外还必须考虑现有系统与存在于大型机或小型机上的数据库系统的互操作的需要。

⑤缩放性和可移植性。在未来应用系统的事务处理和数据量增加时，数据库系统应该支持计算机硬件平台的水平扩展（将事务处理分布到多个服务器或CPU上）和垂直扩展（将服务器移到一个功能更强的平台上）。

⑥恢复与事物恢复。计算机失败是不可避免的，数据库服务器应该能够从各种异常情况中恢复数据。应该能够支持服务器失败后的自动恢复和客户机失败的检测。备份功能应该能防止数据丢失，并且在备份过程中不降低服务器可用性，不给数据库管理增加很大负担。

⑦安全性。数据安全性指应用程序应该防止非法用户存取数据库，并为有权的用户提供易于存取数据库的方法。安全性控制的难易程度直接影响到数据库服务器管理和维护的难易程度。

⑧分布式系统支持。一个分布式数据库由一个逻辑数据库组成，这个逻辑数据库存储在一个或多个节点的物理数据库上。这种方式有许多好处，也会带来许多问题。用户要评价数据库服务器对这些问题的处理情况，从而判定其对分布式系统的支持程度。

⑨服务器管理。数据库服务器管理工具除了提供性能监测和调整功能外，还应包括用户数据安全、分配服务器硬盘空间、备份和恢复数据库文件的功能。这些工具应该是功能齐全、使用方便的。

⑩服务器的扩展。许多服务器除提供像一致性控制和事物完整性等这样的标准功能外，还提供一些扩展功能，如数据的完整性控制、存储过程等。这些扩展功能虽能减少应用编程量，简化维护工作，降低网络开销，但也可能增大服务器的负载，降低应用程序的可移植性，提高数据库服务器的价格。这些优缺点需要用户根据具体的业务需求加以权衡。

7）MIS 的平台模式比较

目前可供 MIS 选择的计算平台模式有四种，即前面讲过的主机模式(M/T)、文件服务器模式(F/W)、客户/服务器模式(C/S)和浏览器/服务器模式(B/S)。

M/T 模式基于多用户主机，是一种由主机/终端构成的集中式系统平台，在 20 世纪 60 年代至 80 年代一直占主导地位，适用于大中型 MIS。M/T 模式由于硬件选择有限，硬件投资得不到保证，已被逐步淘汰。F/W 模式基于 PCLAN，是一种由文件服务器/网络工作站构成的分散式网络系统平台,在整个80年代流行,只适用于中小型MIS,对于用户多、数据量大的情况就会产生网络瓶颈,特别是在互联网上不能满足用户要求。C/S模式和B/S模式,是可由各种机型组网的LAN和交换式互联网构成的分布式系统平台,是一种"规模恰到好处"的可伸缩平台。对大中小型MIS均适用,因而它们是当前的主流平台模式。因此,现代企业MIS系统平台模式应主要考虑C/S模式和B/S模式。

选择平台模式对建立MIS来说是一项战略性的决策,它将对未来系统结构及应用产生十分重大的影响。下面从几个方面详细比较四种平台特性,供读者参考。

(1)应用环境的适应性。MIS应用本质上是异构和分布的。这种异构表现在:MIS中的硬件和软件在产品和技术上不可能是统一的。分布式的情况更为明显:企业组织机构分布在地理位置上一般是分散的,各种业务处理也是按职能分工而分散进行的,但在管理与控制逻辑上往往需要集中,形成"集中—分散"的作业过程,这实际上就是一种主从式分布处理环境。

因此,分布式处理模式比集中式处理模式更符合应用本身的发展规律。集中式的M/T模式不能满足日益发展的分布数据处理与分布事务处理的要求,分散式的F/W模式也只能在向分布式应用发展方向过度的夹缝中生存,而C/S模式和B/S模式却能够逐步为实现分布式应用系统提供有效的实践手段。三种模式的适应性对比如表5.3所列。

表5.3 M/T、F/W、C/S和B/S系统

	M/T	F/W	C/S和B/S
应用规模	大中型	中小型	大中小型
投资保护	一次性投资大,维护及培训费用高,不易升级	成本低,同时性能也低	系统易于垂直/水平扩展,可以保护现有的和未来的投资
计算能力	主机能力	本地工作站能力	网上所有计算资源的能力
网络开销	终端I/O	文件I/O	请求和结果
分布式计算	集中式	分散处理	分布式
用户界面	CUI	CUI/GUI	GUI/OOUI
企业级计算	部门级OLTP	企业级DSS	部门/企业/OITO、DSS

(2)数据处理的特点。M/T系统将DBMS放在主机上,数据处理和数据库应用程序完全集中在主机上,数据只能为多用户终端共享,PC机则通过仿真终端

方式与主机进行数据通信,因此,当主机不堪重负时便产生数据处理瓶颈。

F/W 系统主要将 DBMS 放在文件服务器上,但数据处理和应用程序实际上都分散在各个 PC 工作站上。文件服务器只提供对工作站进行数据共享访问的管理与文件收发功能,并不能提供 CPU 协同处理的能力。工作站与文件服务器之间互传的是整个数据文件,而不能达到数据记录级互操作,因此网络负担很重。当网络用户增加而超出网络并发响应能力时,便会产生数据传输瓶颈,整个网络性能会严重下降。

C/S 系统将 DBMS 放在数据库服务器上,但数据处理可从应用程序中分离出来分布在前后端,客户机运行数据库应用程序,完成屏幕交互和输入/输出处理等前端任务。服务器运行 DBMS,完成大量的数据处理及存储管理等后端任务。客户机和服务器具有协同处理及 CPU 资源共享能力,数据集中在服务器上,但用户可通过应用程序对数据进行透明存取。由于前后端具有自治与共享能力,在后端处理的数据不必在网络中频繁传输,网上传输的也不是整个文件,而是客户请求命令和服务响应及数据记录,因此利于解决数据处理和数据传输的瓶颈问题,并能够摆脱 F/W 系统那种文件管理方式,实现真正的数据库管理。

B/S 模式将数据库处理任务集中在服务器端,客户端运行浏览器程序,仅负责所有用户输入、输出信息的显示。它简化了客户端。它无须像 C/S 模式那样在不同的客户机上安装不同的客户应用程序,而只需安装通用的浏览器软件。这样不但可以节省客户机的硬盘空间与内存,而且使安装过程更加简便、网络结构更加灵活。假设一个企业的决策层要开一个讨论库存问题的会议,他们只需从会议室的计算机上直接通过浏览器查询数据,然后显示给大家看就可以了。甚至与会者还可以把笔记本电脑联上会议室的网络插口,自己来查询相关的数据。

(3) 应用程序设计的特点。M/T 和 F/W 系统的程序设计方法,是面向过程的结构化软件设计方法。

C/S 系统由于计算体系结构发生了很大变化,因而导致应用程序设计方法上的根本差异。在 C/S 系统中,可以将一个应用分解成由客户机和服务器分担的多个子任务,这些子任务是既彼此独立又交叉作用的进程或线程,可进行并行处理。服务器进程提供公共服务,客户进程及线程执行本地处理,并与服务器进行交互作用,从而实现多个节点的共享与自治。这就是 C/S 应用的基本特点,它真正体现了数据库及数据处理独立于应用程序的设计思想。为了支持这种应用的实现,通常在客户端引入了面向对象技术及面向对象的开发工具。面向对象方法也遵循结构化的一般原则,但与面向过程方法的本质区别在于,它以数据为核心来构造软件结构,突出数据抽象、数据隐藏、事件驱动和属性继承的设计准则,并以数据操作作为功能界面。这也是 C/S 应用设计的总体指导思想。

此外,在实际设计中,一方面要能够正确划分由客户端承担的本地处理功能和由服务器端承担的公共服务功能,并定义出发出交互作用的控制方式;另一方面,要搞清 C/S 系统一些技术概念对设计思路的影响,例如:如何利用多线程技术对多任务进行并行处理,以解决处理瓶颈问题;如何利用服务器中驻留的存储过程和前端处理的触发器机制来实现数据完整性控制;如何利用 RPC 技术来实现多点查询及多点分布更新。

可见使用 C/S 模式,需要处理更复杂的技术,因而需要一支高技术素质的开发和管理队伍。

B/S 则简化了系统的开发和维护。系统的开发者无须再为不同级别的用户设计开发不同的客户应用程序了,只需把所有的功能都实现在 Web 服务器上,并就不同的功能为各个组别的用户设置权限就可以了。各个用户通过 HTTP 请求在权限范围内调用 Web 服务器上不同处理程序,从而完成对数据的查询或修改。现代企业面临着日新月异的竞争环境,对企业内部运作机制的更新与调整也变得逐渐频繁。相对于 C/S、B/S 的维护具有更大的灵活性。当形势变化时,它无须再为每一个现有的客户应用程序升级,而只需对 Web 服务器上的服务处理程序进行修订。这样不但可以提高公司的运作效率,还省去了维护时协调工作的不少麻烦。如果一个公司有上千台客户机,并且分布在不同的地点,那么便于维护将会显得更加重要。

(4)对硬件发展的适应性。计算机硬件技术总的发展趋势是"两极分化",即朝巨大型机和超微型机两个方向发展,巨大型有利于尖端科学技术的应用,超微型机有利于一般应用和普及。一般企事业单位的 MIS 是一种普及性应用,故应考虑把超级微机为主体的 C/S 模式作为应用系统的主推目标,这与国际上缩小化、分布化和开放系统的技术发展方向是一致的,与我国大多数企事业单位的经济投资能力和计算机应用系统的普及水平基本上是相适应的。

(5)用户的操作的方便性。B/S 使用户的操作变得更简单。对于 C/S 模式,客户应用程序有自己特定的规格,使用者需要接受专门培训。而采用 B/S 模式时,客户端只是一个简单易用的浏览器软件。无论是决策层还是操作层的人员都无须培训,就可以直接使用。B/S 模式的这种特性,还使 MIS 系统维护的限制因素更少。

(6)B/S 特别适用于网上信息发布,使得传统的 MIS 的功能有所扩展。这是 C/S 所无法实现的。而这种新增的网上信息发布功能恰是现代企业所需的。这使得企业的大部分书面文件可以被电子文件取代,从而提高了企业的工作效率,使企业行政手续简化,节省人力、物力。

4.软件开发工具

使用什么样的开发工具不仅会影响 MIS 的开发周期,而且还会影响未来 MIS 应用系统许多重要特性,甚至决定了它的成败。所以选择开发工具是 MIS 开发中十分重要的一环。

在实际应用中,许多考虑因素都会影响到开发工具的选择,如程序员的技术水平、应用需求、对原有代码的支持以及与数据库系统的集成等。

为企业开发 MIS 应用程序与开发一般的应用程序有许多不同之处。开发 MIS 应用程序往往是在紧迫的时间压力下,由许多程序员共同完成。因此作为 MIS 理想的开发工具,它应具有编程的容易性和编程的集体性,并能生成强壮独立的代码。

对于企业环境,还必须考虑原有的代码。在对原有代码进行最低限度修改的基础上对其进行重新编译是最好的一个方案。

另外,为企业 MIS 开发的应用程序,往往十分关注对数据库系统的访问能力。所以开发工具应该支持设计过程与数据源相连接,提供与数据库相关的控件,支持对已存储的过程进行编辑,或提供远程 SQL 调试的工具等。

从长远来看,可视化 RAD 工具将是编程工具的发展方向。可视化 RAD 编程要求开发工具有复杂代码生成工具和强大的组件模块,这样,编程工作将变得简化和直观化:只需将内部或 OLE 组件放置到一个框架中,设置其属性,并编写对事件进行处理的代码。典型的可视化 RAD 工具是 MS Visual Basic、Powersoft PowerBuilder 和 Borland Delphi,目前最新的 C++ 开发工具也应用了可视化 RAD 技术。

从开发工具对 MIS 开发生命周期的支持程度上看,目前市场上的开发工具基本上分为两种:一种工具仅支持 MIS 开发的实施阶段,这种工具只提供一种通用的编程环境和语言,人们在进行了系统分析和系统设计之后,用它来实现整个系统;第二种工具支持 MIS 生命周期的各个阶段,它是开发 MIS 的专业工具。它可以帮助系统分析人员建立系统模型,帮助系统设计人员生成结构图和数据库结构,还能根据在分析和设计阶段建立的信息仓储自动提供基于 C/S 系统解决方案,生成常用的客户端、服务器端的应用程序,同时它还提供对第一种开发工具的支持。显然第二种工具更能提高开发的质量和效率。一般来说,对于较小的 MIS,可以采用前一种开发工具,而对于大型系统,则最好使用第二种开发工具。

对于一个大型 MIS 的开发来说,开发工具必须是完整的。一套完整的 MIS 软件开发工具应由下列部分组成:

(1)建模、分析和设计工具。这类工具又称 CASE(计算机辅助软件工程)工具。它主要为系统开发人员提供从系统分析、系统设计到系统实现等整个开发过程的支持,具体支持包括业务系统重构、系统建模、系统设计(模块结构图)、过程建模、C/S 应用自动生成、信息仓储的维护。该工具还应提供对企业规模化开发的支持,使应用的所有参与者,即专家、业务分析员、系统设计者和应用开发人员,运用一套集成化的业务建模工具和应用生成器以及一个共享的信息仓储,来实现协调一致的开发工作。目前,这方面较好的产品有 Oracle Designer/2000 等。

(2) C/S 开发工具。这是具体的编程工具。在选择它们时应从下列方面考虑:设计和开发的效率、C/S 模式的支持、GUI 支持、团组(Team)开发、面向对象技术的支持、数据库链接特性、SQL 支持等,另外还要考虑所选的 CASE 工具是否提供对该工具的支持。目前,这方面较好的产品有 Oracle Developer/2000、PowerBuilder 等。

(3) 用于企业级 C/S 应用的测试环境。任何软件都不可能避免出错。传统手工的、无组织的低效测试早已无法满足大型复杂软件系统的测试工作,因而需要专业的测试工具对大型 MIS 应用系统进行测试。该测试工具应该支持所选的开发工具,并提供真正的 C/S 应用的测试,如加载测试、重点测试和多用户测试。另外,还应为开发者提供一套强大的生成测试脚本的工具,并产生有关应用程序性能、缺陷的完整报告。目前,较好的测试工具有 SQA Suite 等。

(4) 软件开发管理工具。软件开发管理工具主要用来管理应用软件的整个开发过程,包括软件资源的管理和保护、版本控制、开发团队成员之间的通信和协调、项目管理、软件配置生成等。目前,PV 软件开发管理系统是软件开发管理领域事实上的标准,其用户超过所有使用其他同类产品用户的总和。

总地来说,开发工具领域的产品和技术很多,而且新的技术和工具正不断涌现,只有根据企业 MIS 的复杂程度、以往的软件资源和其他应用的具体情况才能做出较好的选择。

第三节 编程标准

建立优美程序而不让问题复杂化的关键之一,是建立一套程序写作标准。建立编程标准是程序设计前最重要的准备。让程序源代码有统一外观和质感,有助于开发人员阅读彼此的代码。建立并且执行编程标准的目的是让代码具有可读性、可维护性和可修改性,便于维护。程序代码的标准化对项目的主要贡献是产生项目标准或公司标准的源代码,有助于软件复用和知识保留。编程标准一般在程序检查中执行。编程标准的内容很多,本书主要介绍命名约定、编码格式化和注释等,其他请参考有关书籍。

一、命名约定

程序代码需要引用控件和变量。在复杂过程中,如果没有某种约定将变量与控件区分开来,代码就很难阅读,很难完全理解代码中出现的所有元素。为了区分代码中出现的元素,软件开发人员经历从数据类型后缀、单字符前缀到匈牙利标记法的过程。单字符前缀比符号直观,更好的命名约定最终代替了单字符前缀。这种命名约定称为匈牙利标记法,它使用三个字符前缀表示数据类型和控件类型。随着前缀所表示信息的增加,前缀的长度也会变长,如作用域或变量是数组时。虽然标准前缀通常为三个字符,随着修饰符的增加,使用较长前缀的命名约定也称为匈牙利标记法。在匈牙利标记法中,三个字符可以实现充分的多变性,且使前缀合乎逻辑和直观。

命名约定主要包括变量及变量作用域,标准控件,ActiveX 控件和数据库对象。表 5.4~表 5.8 就是采用匈牙利标记法表示变量的数据类型。

当然,也可以把命名约定扩展到模块命名、实体标识、数据流标识、存储标识和处理标识,建立全系统命名标准。

二、代码格式化

凡是专业编程员都不会放弃使用标点符号和大写字母,也不应该编写没有格式化的代码或者格式很糟糕的代码。按照一定规则格式化的代码更易阅读和理解,也更加可靠。通过对代码的格式化,将能创建更加专业化的代码,人们更喜欢阅读这样的代码。

史蒂夫·麦克康奈尔认为:"格式化的基本特点是,好的直观布局能够展示程序的逻辑结构。"这确实是一句至理名言。即使一个过程的算法非常出色,编写粗糙代码也是不受欢迎的。格式化的作用不只是使代码外观更好一些,更重要的是使代码更易阅读和理解。

表 5.4 用于变量数据类型的前缀

数据类型	前缀	举例
Boolean(布尔值)	bln	blnLoggedIn
Currency(货币)	cur	curSalary
Control(控件)	ctr	strLastControl
Double(双精度实数)	dbl	dblMikes
Eorrobject(错误对象)	err	errLastError

续表

数据类型	前缀	举例
Single(单精度实数)	sng	sngYears
Handle(句柄)	hwnd	hwndPicture
Long(长整型数)	lng	lngOnHand
Object(对象)	obj	objUserTable
Integer(整型数)	int	intAge
String(字符串)	str	strName
Use-defineation(用户定义的类型)	udt	udtEmployee
Variant(incluingDates)(变码(日期))	Vnt	vntSateHired
Array(数组)	a	astrEmployees

表 5.5　用于变量作用域的前缀

前缀	描述	举例
G	全局变量	g-strSavePath
M	模块或窗体的局部变量	m-blnDataChanged
St	静态变量	St-blnInHere
(无前缀)	过程的静态局部变量	intIndex

表 5.6　用于数据库对象的前缀

对象	前缀	举例
数据库	db	dbCustomers
域(对象或对象集合)	fld	fldLastName
索引(对象或对象集合)	idx	idxAge
查询定义	qry	qrySalesByRegion
记录集	rst	rstSalesByRegion
报表	rpt	rptAnnualSales
表格定义	tbl	tblCustomer

关于代码格式,每个公司、每个开发小组和每个开发人员都有自己的设想和习惯,可惜许多编程人员甚至没有很好地考虑过为代码赋予一种格式。他们的

目标是编写能够运行的代码。如果决定采用自己代码格式的变型,那么应确保你的公司为你选择的标准建立详细文档,且所有程序员都要严格遵守这些标准,并且始终保持。代码的格式化是事后无法加工修饰的。与代码的注释一样,代码编写之后,就很难对它进行格式化了。必须在编写代码时选定并且使用一组格式化标准,如要记住许多不同的格式元素,以及如何和何时使用它们,这需要付出更多的精力。经过一段时间之后,你就会习惯成自然地使用它们。

表 5.7　用于标准控件的前缀

控件	前缀	举例	控件	前缀	举例
复选框	chk	ChkPrint	线条	lin	linVerticl
组合框	cho	choTitle	列表框	lst	lstResultCode
命令按钮	cmd	cmdCancel	MDI 子窗体	mdi	mdiContact
数据	dat	datBiblIo	菜单	mun	munFileOpen
目录列表框	dir	dirSource	OLE 容器	Ole	OlePhoto
驱动器列表框	dry	DryTarget	选项按钮	opt	optSpanish
文件列表框	fil	filSource	面板	pnl	pnlSettings
图文框	fra	fraLanguage	图片框	pic	picDiskSpace
窗体	frm	frmMaIn	剪贴画	clp	clpToolbar
组按钮	gpb	gpbChannsl	形状	shp	shpCircle
水平滚动条	hsb	hsbvolumc	垂直滚动条	vsb	vsbRate
文本框	txt	txtAddress	标注	lbl	lblHelpMesage
图像	img	imgIcon	计时器	tmr	tmrAlarm

表 5.8　用于 ActiveX 控件的前缀

控件	前缀	举例
常用对话框	dlg	dlgFileOpen
通信	con	conFax
与数据关联的组合框	dbc	dbcContacts
网络	grd	grdInventory
与数据关联的网络	dbg	dbgPrices

续表

控件	前缀	举例
与数据关联的列表框	dbl	dblSalesCode
列表视图	Ivw	IvwFiles
MAPI 消息	mpm	mpmSentmessage
MAPI 会话	mps	mpsSession
MCI	mci	mciVideo
大纲	out	outOrgChart
报表	rpt	rptQtrlEarnings
微调控件	spn	spnPages
树状视图	tre	treFold

1. 代码格式化的目标

（1）代码分割成功能块和代码段，使代码更易阅读和理解。

（2）为理解代码结构而需要做的工作。

（3）代码的阅读者不必进行假设。

（4）代码结构尽可能做到格式清楚明了。

2. 格式化编程原则

（1）不要将多个语句放在同一行上。

（2）一行上的字符不得超过 90 个。

（3）不要对多行语句进行右对齐，始终要对空格后面的语句进行分割。

（4）分割两个表达式之间的执行复杂表达式计算的语句。

将长语句分割后放入多个代码行，是使代码更易阅读和维护的一种简便方法。

3. 使用行接续符

使用行接续符，将长语句分割成多行上的短语句，使代码更易阅读和维护。行接续符的使用很简单，只要在语句中选定一个适当位置，将行接续符置于该位置。接续符用于指明下个代码行是当前代码语句的组成部分，如 VFP 的分号和 VB 的短下划线。

4. 缩进后续行

后续行究竟缩进几个字符，一般遵循下面的指导性原则：

（1）将变量设为某个值时，所有后续行的缩进位置应与第一行的变量值相同。

（2）分割一个很长的过程标题时，所有后续行均应缩进。

(3)用一个过程时,后续行缩进到第一个参数的开始处。

(4)量或属性设为等于表达式的计算结果时,请从等号后面分割该语句。

(5)分割一个长 If 语句时,将后续行缩进。

5.用语句缩进显示代码的组织结构

要使复杂过程更易阅读,请对代码行进行相应的缩进。缩进代码行后,就能直观地了解执行统一任务的各个语句的结构。这与流程图很相似,流程图能够直观地展示一系列的事件。代码的缩进与大纲或书籍目录的缩进方式非常相似,因为它们的不同元素都放入一个非常有次序的层次结构中。由于共同设计一个项目的编程人员数量很大,项目的模块也很大,因此,正确地进行代码缩进这个原则始终都该遵守。

6.声明部分代码缩进,显示其从属关系

声明部分的代码在层次结构中所处的层次与过程定义相同。这种代码不从代码窗口的左边缩进,而是进行左对齐。采用这种缩进方式的最突出例子是枚举和用户定义的数据类型的说明。

7.空间将相关语句组合在一起

按一定规则设置空行(白空间),可使代码更易阅读,故应适当地使用白空间。用空行将相关的语句组或独立语句分开,可使代码更易阅读和分析。许多编程员喜欢零散地使用空行,空行放入某种随机位置。通过让空行出现在一些逻辑位置上,它们就能清楚地展示其目的。

三、代码注释

代码格式化的目的是使代码易读,有助于了解代码结构。真要读懂程序,了解来龙去脉还得靠注释。注释如同产品说明书,但远比说明书复杂,贯穿软件产品的生命期。无注释就无法修改和维护,人员流动时,后面的人难以接续工作,软件复用难。当发现 Bug 时,难以定位、寻找和修改,读懂那些很难读懂的代码,比重写更费时、费力。注释能使代码更易理解和跟踪。出色的注释就像一幅好的设计蓝图,能够引导阅读者通过应用程序的曲折之处,说明预期的运行结果和可能出现的异常情况。如果给变量和过程赋予很好的表义性名字,那么大部分代码将直观明了。但是,仍须对代码加上注释。大多数情况下,很难看到太多注释,都可能看到无效注释。必须正确理解和使用各种不同类型的注释,确保其他编程人员理解代码,或在再次使用时,仍能理解它。

编写代码时加上注释并不需要多少时间。如果难以给全部或部分过程加上注释,那么请回头观察代码,你会发现更好的解决办法。将不同类型的注释恰当地混合在一起,是件困难工作,因为每个过程代表一组特定的编程思路。如果遵守一些指导原则,就能大大改进注释。

使用代码注释时,应该达到下列目的:

(1)用文字说明代码的作用(即为什么编写该代码,而不是如何编写)。

(2)明确指出该代码的编写思路和逻辑方法。

(3)使人们注意到代码中的重要转折点。

(4)使代码的阅读者不必在他们的头脑中仿真运行代码的执行过程。

注释的基本规则:

1.用文字说明代码的作用

仅仅给过程添加注释是不够的,还须编写非常出色的注释。注释应当描述为什么编写该代码段,而不是说明它如何起到该作用所用的方法;要说明为什么,而不是说明如何。

2.若想违背好的编程原则,请说明为什么

如果需要违背好的编程原则,请用内部注释说明你在做什么和为什么要这样做,让他人也能理解你。

3.用注释说明何时可能出错和为什么出错

当你估计代码中存在错误并且想要捕获它时,请用注释来充分说明为什么要捕获该错误以及你估计这是个什么错误。如果可能出现多个错误,也请用注释说明其他错误的情况。

4.在编写代码前进行注释

给代码加注释的方法之一是在编写前首先写上注释,也可编写完整句子的注释或伪代码。一旦用注释对代码进行描述,就可以在注释间编写代码。编写该过程时,可能需要调整注释。过程编完后,要将所有伪代码注释转换成标准句子。

5.纯色字符注释行只用于主要注释

有些编程人员将格式化样式用于注释,这种做法虽然能使注释更加引人注目,但却妨碍开发进程。这种对格式的偏爱的常见例子是使用格式化字符在注释的前后加上一行,这些注释行称为纯色字符注释行。它应用于主要注释,而不是次要注释。

6.避免形成注释框

比纯色注释行更糟的是位于注释右边的格式化字符,它们形成了注释块或注释框。如果你曾维护过带有这种注释的代码,那完全有理由放弃这样的注释。

7.使用系统规定的简洁符号指明注释

使用系统规定的简洁符号,如 VB 中的撇号(')、星号(*),VFP 中的(&&)和星号(*),可使注释简洁明快。

8.增强注释的可读性

应使注释便于理解。请记住,难以理解的注释等于没有注释。另外,代码注释也应遵循好的书写规则:

(1)用完整的语句。

(2)避免使用缩写。

(3)将整个单词大写,以突出它们的重要性。要使人们注意注释中的一个或多个,请全部使用大写字母。

9.对注释进行缩进,使之与后随的语句对齐

注释通常位于它要说明代码的前面。为从视觉上突出注释与它的代码间的关系,请将注释缩进,使之与代码处于同一个层次上。

10.为每个过程赋予一个注释标头

每个过程都应有一个注释标头。过程的注释标头可以包含多个文字项,必须规定过程注释标头的重点内容,至少应包含过程的作用。过程注释标头并不描述代码的实现细节,因为这些实现细节是不断变化的,并且它们增加了标头不必要的复杂程度。

11.使用内部注释说明代码进程

注释的最常见类型通常称为内部注释。过程注释标头说明过程的基本情况,内部注释说明代码本身的情况。

12.用行尾注释说明变量

行尾注释出现在代码语句结尾处,可占多个注释行。这些注释只能用于较短的描述。若需较长描述,请改用内部注释。行尾注释的一个好的用法,是说明其作用不清楚的变量。使用多个行尾注释时,应互相对齐,这可使它们容易阅读一些。

第四节　程序设计

系统实施阶段最主要的工作是程序设计。程序设计是根据系统设计文档中有关模块的处理过程描述,选择合适的程序语言,编制正确、清晰、健壮、易维护、易理解和高效率程序的过程。

一、程序设计原则

过去主要强调程序的正确和效率,现在已倾向于强调程序的可维护性、可靠性和可理解性,而后才是效率。因此,设计性能优良的程序,除要正确实现程序说明书所规定的功能外,还要特别遵循以下五条原则。

1. 可维护性

程序的修改维护将贯穿系统生命期,下述原因都可能需要修改程序:

(1) 程序本身某些隐含的错误。
(2) 达不到功能要求。
(3) 与实际情况有差异。
(4) 实际情况发生变化。
(5) 功能不完善。
(6) 满足不了用户要求。

用户还会提出新的要求,需对程序修改或扩充。由于软硬件更新换代,应用程序也需要做相应调整或移植。在系统生命期内,程序维护工作量是相当大的。一个程序如果不易维护,那就不会有太大价值。所以,可维护性是目前程序设计所追求的主要目标和主要要求之一。

2. 可靠性

一个程序应在正常情况下正确工作,而在意外情况下,也能适当地做出处理,以免造成严重损失。这些都是程序可靠性的范畴。尽管不能希望一个程序达到零缺陷,但它应当是十分可靠的。特别是 MIS 中的应用程序,可能要对大量的市场信息、企业内部信息等极其重要的管理数据进行加工处理,如果操作结果不可靠或不正确,这样的程序是绝对不能用的。所以说,MIS 中的应用程序一定要可靠。

3. 可理解性

编程序如同写文章,易理解是重要的。一个逻辑上完全正确但杂乱无章,无法供人阅读、分析、测试、排错、修改与使用的程序是没价值的。需要借助命名约定、代码格式化和好的注释,提高可阅读性和可理解性,以便于维护。对大型程序来说,要求它不仅逻辑上正确,能执行,而且应当层次清楚,简洁明了,便于阅读。这是因为程序的维护工作量很大,程序维护人员常要维护他人编写的程序。如果一个程序不易阅读,那么给程序检查与维护将带来极大困难。要便所写的程序易于理解,就必须有一个结构清晰的程序框架。实际上,结构清晰是保证程序正确,提高程序的可读性与可维护性的基础。

4. 效率

程序效率是指计算机资源能否有效地使用,即系统运行时尽量占用较少空间,却能用较快速度完成规定功能。程序设计者的工作效率比程序效率更重要。工作效率的提高,不仅减少经费开支,而且程序的出错率也会明显降低,进而减轻程序维护工作的负担。编程时,要在效率与可维护性、可理解性之间取得动态平衡。

5.健壮性

健壮性是指系统对错误操作、错误数据输入予以识别与禁止的能力,不会因错误操作、错误数据输入及硬件故障而造成系统崩溃。健壮性即系统的容错能力。这是系统长期平稳运行的基本前提,所以一定要做好容错处理。

二、程序语言选择

在程序设计之前,从系统开发的角度考虑选用哪种语言来编程是很重要的。一种合适的程序设计语言能使根据设计去完成编程时困难最少,可以减少所需要的程序调试量,并且可以得出更容易阅读和维护的程序。

随着计算机技术的发展,程序设计语言也在不断发展,种类越来越多,功能越来越完善。据不完全统计,目前已有数百种之多。MIS 开发以数据处理为主,前端工具主要是数据库开发,已有许多优秀的面向对象的集成开发环境面市。现在主流开发工具有 Visual Studio 系列、Delphi、Power Builder、C++ Builder 等。它们各有所长,但都受到 MIS 开发商的欢迎。后台主要是数据库服务器,用于数据管理,基本采用大型 DBMS,如 Oracle、SQ L server、Sybase 等。这些开发工具的介绍及如何选择前端和后台,在系统集成部分已经进行讨论。

不管使用哪种语言,在 MIS 开发过程中,语言选择都应考虑以下因素:

1.语言的结构化机制与数据管理能力

选用高级语言应该有理想的模块化机制、可读性好的控制结构和数据结构,同时具备较强的数据管理能力,如数据库语言。

2.语言可提供的交互功能

选用的语言必须能够提供开发、美观的人机交互程序的功能,如色彩、音响、窗口等。这对用户来说是非常重要的。

3.有较丰富的软件工具

如果某种语言支持程序开发的软件工具可以利用,则使系统的实现和调试都变得比较容易。

4.开发人员的熟练程度

虽然对于有经验的程序员来说,学习一种新语言并不困难,但要完全掌握一种新语言并用它编出高质量的程序来,却需要经过一段时间的实践。因此,如果可能的话,应该尽量选择一种已经为程序员所熟悉的语言。

5.软件可移植性要求

如果开发出的系统软件将在不同的计算机上运行,或打算在某个部门推广使用,那么应该选择一种通用性强的语言。

6.系统用户的要求

如果所开发的系统由用户负责维护,用户通常要求用他们熟悉的语言书写程序。

三、结构化程序设计方法

程序设计是依据系统设计中对模块的功能描述,程序员运用统一的程序语言工具具体编制程序,实现各项功能的活动。目前程序设计的方法大多是按照结构化方法,原型方法,面向对象的方法进行。而且我们也推荐这种充分利用现有软件工具的方法,因为这样做不但可以减轻开发的工作量,而且还可以使得系统开发过程规范,功能强,易于维护和修改。这里重点介绍结构化的程序设计方法。

1.结构化程序的基本结构

鲍赫门(Bohm)和加柯皮(Jacopini)在1966年就证明了结构定理:任何程序结构都可以用顺序、选择和循环这三种基本结构如图5.16所示来表示。

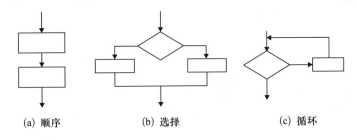

(a) 顺序　　　　(b) 选择　　　　(c) 循环

图5.16　程序的三种基本结构

1)顺序结构

它是按语句在程序中出现的顺序执行的一种程序结构。

2)判断选择结构

它是指在一个程序中要按不同的情况分别执行不同的功能时,首先判断条件,然后根据不同的条件走不同的路径,执行不同功能的一种程序结构。

3)循环结构

它是指在程序中需要反复执行某个功能而设置的一种程序结构。它由循环体中的条件,判断继续执行某个功能还是退出循环。根据判断条件,循环结构又可细分为以下两种形式:先判断后执行的循环结构和先执行后判断的循环结构。

以上三种结构都有一个共同的特性,即每种结构都严格地只有一个入口和一个出口。结构化程序设计就建立在这三种基本结构的基础上。

2.结构化程序设计方法的基本思想

结构化程序设计(Structured Programing,SP)方法,由 E.Dijkstra 等于1972年提出,用于详细设计和程序设计阶段,指导人们用良好的思想方法,开发出正确又易于理解的程序。

SP方法仅仅用三种基本结构反复嵌套构造程序。它采用自上而下逐步细化的方式编写,易于阅读和修改;结构化程序便于多人并行编程,可以提高工作效率;结构化程序易于验证其正确性。SP方法中的每种基本结构只有单一人口和单一出口。任何一个程序模块的详细执行过程可按自顶向下逐步细化的方法确定,编出的程序结构十分清晰。程序设计一般采用SP方法和OOP设计相结合。

3. 结构化程序设计的主要原则

(1)使用语言中的顺序、选择、重复等有限的基本控制结构表示程序逻辑。

(2)选用的控制结构只准许有一个入口和一个出口。

(3)程序语句组成容易识别的块,每块只有一个入口和一个出口。

(4)复杂结构应该用基本控制结构进行组合嵌套来实现。

(5)语言中没有的控制结构,可用一段等价的程序段模拟,但要求该程序段在整个系统中应前后一致。

(6)严格控制GOTO语句,仅在下列情形才可使用:

①用一个非结构化的程序设计语言去实现一个结构化的构造。

②若不使用GOTO语句就会使程序功能模糊。

③在某种可以改善而不是损害程序可读性的情况下。

4. 自上而下、逐步细化的编程过程

按照上述思想,对于一个执行过程模糊不清的模块如图5.17(a)所示,可以采用以下几种方式对该过程进行分解:

(1)用顺序方式对过程作分解,确定模糊过程中各个部分的执行顺序,如图5.17(b)所示。

(2)用选择方式对过程作分解,确定模糊过程中某个部分的条件,如图5.17(c)所示。

(3)用循环方式对过程作分解,确定模糊过程中主体部分进行重复的起始、终止条件,如图5.17(d)所示。

对仍然模糊的部分可反复使用上述分解方法,最后即可使整个模块都清晰起来,从而把全部细节确定下来。

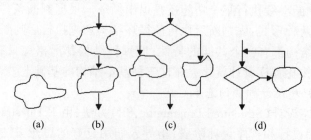

图5.17 逐步求精的分解方法

由此可见，用结构化方法设计的结构是清晰的，有利于编写出结构良好的程序。按照自上而下、逐步细化的方式，由三种标准控制结构反复嵌套来构造一个程序的思想，可以对一个执行过程模糊不清的模块，以顺序、选择、循环的形式加以分解，划分为若干大小适当、功能明确、具有一定独立性，并容易实现的小模块，从而把一个复杂的系统的设计转变为多个简单模块的设计。

目前，大多高级语言都支持结构化程序设计方法，其语法上都含有表示三种基本结构的语句，所以用结构化程序设计方法设计的模块结构到程序的实现是直接转换的，只需用相应的语句结构代替标准的控制结构即可，因此减轻了程序设计的工作量。

第五节 系统测试

任何软件系统，特别是像 MIS 这样的大型软件系统，都不可能是完美无缺的，没有任何错误的。这些错误可能来自程序员的疏忽，也可能在系统分析和设计时就已产生，有些错误很容易发现，而有些错误却隐藏得很深。彻底发现这些错误的最终方法就是系统测试。然而，系统测试的意义不仅在于发现系统内部的错误，人们还通过某些测试，了解系统的响应速度、事务处理吞吐量、载荷能力、失效恢复能力以及系统实用性等指标，以对整个系统做出综合评价。所以说，系统测试是保证系统开发成功的重要一环，是影响软件质量的一个重要原因。

系统测试是在计算机上用各种可能的数据和操作条件，反复地对程序进行试验，发现错误及时修改，使其完全符合设计要求的过程。实验法是目前普遍使用的程序调试方法。系统测试有三种：动态测试、静态测试和正确性证明。静态测试是指人工评审软件文档或程序，发现其中的错误。动态测试就是上机测试，通过有控制地运行程序，从多种角度观察程序运行，发现其中的错误。程序调试的关键问题是如何设计有限个高产的用例，常用用例设计方法有白箱法和黑箱法。

测试的目的在于保证软件质量，满足设计的要求和客户的需求；系统地揭示不同类型的错误，耗费最少时间和最小工作量，降低软件的开发成本和维护成本。测试项目应该比软件本身稍早一步或同时进行。测试人员应有完全的使用者接口雏形与详尽的使用手册，用来开发自己的测试项目。测试人员同时也在软件进行程序检查时，收到软件的非正式版本，测试人员应该在软件通过程序检查阶段后不久就准备好自己的测试项目。

一、系统测试的主要内容

根据 MIS 的开发周期,系统测试可分为五个阶段,包括单元测试、组装测试、确认测试、系统测试和验收测试。

1. 单元测试

单元测试主要是以模块为单位进行测试,即测试已设计出的单个模块的正确性。

单元测试的主要内容包括：

（1）模块接口。对被测的模块,信息能否正确无误地流进流出。

（2）数据结构。在模块工作过程中,其内部的数据能否保持完整性,包括内部数据的内容、形式及相互关系是否正确。

（3）边界条件。在为限制数据加工而设置的边界处模块是否能正确工作。

（4）覆盖条件。模块的运行能否达到满足特定的逻辑覆盖。

（5）出错处理。模块工作中发生了错误,其中的出错处理措施是否有效。

2. 组装测试

在每个模块完成单元测试后,需按照设计时做出的结构图,把它们连接起来,进行组装测试。

组装测试的内容包括：

（1）各模块是否无错误地连接。

（2）能否保证数据有效传输及数据的完整性和一致性。

（3）人机界面及各种通信接口能否满足设计要求。

（4）能否与硬件系统的所有设备正确连接。

3. 确认测试

组装测试完成后,在各模块接口无错误并满足软件设计要求的基础上,还需进行确认测试。

确认测试的主要内容有：

（1）功能方面应测试系统输入、处理、输出是否满足要求。

（2）性能方面应测试系统的数据精确度、时间特性（如响应时间、更新处理时间、数据转换及传输时间、运行时间等）、适应性（在操作方式、运行环境及其他软件的接口发生变化时,应具备的适应能力）是否满足设计要求。

（3）其他限制条件的测试,如可使用性、安全保密性、可维护性、可移植性、故障处理能力等。

4. 系统测试

在软件完成确认测试后,应对它与其他相关的部分或全部软硬件组成的系统进行综合测试。

系统测试的内容应包括对各子系统或分系统间的接口正确性的检查和对系统的功能、性能的测试。系统测试一般通过以下几种测试来完成：

(1)恢复测试。恢复测试是要采取各种人工方法使软件出错，而不能正常工作，进而检验系统的恢复能力。如果系统本身能够自动地进行恢复，则应检验：重新初始化、检验点设置机构、数据恢复以及重新启动是否正确。如果这一恢复需要人工干预，则应考虑平均修复时间是否在限定的范围内。

(2)安全测试。安全测试需设置一些企图突破系统安全保密措施的测试用例，检验系统是否有安全保密漏洞。对某些与人身、机器和环境的安全有关的软件，还需特别测试其保护措施和防护手段的有效性和可靠性。

(3)强度测试。强度测试检验系统的极限能力。主要确认软件系统在超临界状态下性能降级是否是灾难性的。

(4)性能测试。性能测试检验安装在系统内的软件运行性能，这种测试需与强度测试结合起来进行。为记录性能需要在系统中安装必要的测量仪表或度量性能的软件。

5. 验收测试

系统测试完成，且系统试运行了预定的时间后，企业应进行验收测试。确认已开发的软件能否达到验收标准，包括对测试有关的文档资料的审查验收和对程序的测试验收。对于一些关键性的软件还必须按照合同进行一些严格的特殊测试，如强化测试和性能降级执行方式测试等，验收测试应在软件投入运行后所处的实际工作环境下进行。

(1)文档资料的审查验收。所有与测试有关的文档资料是否编写齐全，并得到分类编目，这些文档资料主要包括各测试阶段的测试计划、测试申请及测试报告等。

(2)余量要求。必须实际考察计算机存储空间、输入、输出通道和批处理时间的使用情况，要保证它们都至少有20%的余量。

(3)功能测试。必须根据系统实施方案中规定的功能对被验收的软件逐项进行测试，以确认该软件是否具备规定的各项功能。

(4)性能测试。必须根据系统实施方案中规定的性能对被验收的软件逐项进行测试，以确认该软件的性能是否得到满足。

(5)强化测试。强化测试必须按照 GB-8566 软件开发规范中的强化测试条款进行。开发单位必须设计强化测试用例，其中包括典型运行环境、所有的运行方式以及在系统运行期可能发生的其他情况。

(6)性能降级执行方式测试。在某些设备或程序发生故障时，对于允许降级运行的系统,必须确定经 MIS 应用企业总师组批准的能够安全完成的性能降级方式,开发单位必须按照应用企业指定的所有性能降级执行方式或性能降级执行方式组合来设计测试用例,应设定典型的错误原因和所导致的性能降级执行方式。开发单位必须确保测试结果与需求规格说明中包括的所有运行性能需求一致。

二、系统测试计划

对一个大系统所做的任何事情都应该是有计划的,测试工作也不例外。在进行测试之前,应制订详细的测试计划,作为测试的依据。

测试计划的主要内容应包括:

(1)测试内容,包括测试的名称、内容和目的。

(2)测试环境,包括测试所需的设备、软件(用于测试用的辅助软件)和集成的应用测试环境。

(3)输入数据,包括测试中所使用的输入数据及选择这些输入数据的策略。

(4)输出数据,包括测试中预期的输出数据,如测试结果及可能产生的中间结果或运行信息。

(5)操作步骤,说明测试的操作过程。

(6)评价准则,说明所选择的测试用例能够检查的范围及其局限性,判断测试工作是否能够通过的评价尺度等。

三、系统测试规程

MIS 的测试应符合 MIS 应用软件测试规程。该规程的主要内容有:

(1)提交软件测试申请报告。

(2)成立软件测试组。

(3)测试准备、文档审查。

(4)软件测试。

(5)形成软件测试报告。

1.申请条件

在开始各阶段的软件测试工作前,被测试的程序或软件必须满足一定的条件,方可提出测试申请。

1)单元测试申请条件

(1)程序无错误地通过编译和汇编。

(2)完成代码审查。

(3)程序调试通过。

2）组装测试申请条件

（1）完成各模块的单元测试并提交测试报告。

（2）提交符合编程格式的源程序。

（3）提交组装测试计划。

3）确认测试申请条件

（1）完成组装测试并提交测试报告。

（2）经验证完全满足设计要求（包括所有的输入和输出要求）。

（3）提交确认测试计划。

4）系统测试申请条件

（1）完成确认测试并提交测试报告。

（2）系统均满足功能需求及设计要求。

（3）提交系统测试计划。

5）验收测试申请条件

（1）完成上述各阶段的测试并提交相应的测试报告。

（2）软件设计开发的文档资料齐备（系统分析说明书、总体设计及详细设计说明书、用户操作手册、全部的源程序清单等）。

（3）满足软件质量保证要求。

（4）制定验收标准。

2. 测试申请

在各阶段的测试工作开始之前，开发单位应向客户企业提交正式的软件测试申请，概要地描述申请测试软件的情况并说明应提交的文档。软件测试申请报告由开发单位项目负责人签字。

单元测试也可当作代码编写的附属步骤，由程序员在程序编写完，经过复查，确认没有语法错误后，针对每个程序模块单独进行。

3. 测试审批

（1）企业必须认真了解被测试软件的功能、性能和文档等方面的情况，并由此决定是否批准测试申请。

（2）各阶段测试工作必须在测试申请批准后进行。

4. 测试的组织机构和地点

1）组织机构

企业要建立软件测试组，在总质量师的领导下负责软件测试工作。测试组设组长一人，组员若干人。可以根据不同的测试阶段和被测试软件对象，组织若干组分头进行测试。测试组由企业总师组选派的测试人员、邀请的有关专家及软件用户和开发单位代表组成。

单元测试及组装测试在测试组的技术指导下,由软件开发单位具体负责,测试小组主要由程序编制人员组成。

确认测试、系统测试和验收测试在总师组的领导下,由测试组统一组织进行。

2)测试地点

除合同另有规定外,软件测试工作一般在企业进行,企业必须提供符合测试要求的各种条件。

5.测试文档审查

开发单位必须交付被测试软件的有关文档,以保证测试组充分了解被测试的软件。测试组在测试活动开始前完成测试计划的确认、评审,测试计划至少应包括测试目的、内容、条件、用例、进度、步骤和评价标准。

6.软件测试

软件测试的有关内容见"系统测试的主要内容"。

7.测试文档

测试文档应包括测试计划、测试记录、测试分析报告等。

四、系统测试方法

测试的方法有静态测试、动态测试两种。前者是不需要运行程序,后者需要运行程序。

1.静态测试

静态测试有两种方式:代码审查、静态分析。

静态分析主要对程序进行控制流分析、数据流分析、接口分析和表达式分析等。静态分析一般由计算机辅助完成,其对象是计算机程序,根据程序设计语言的不同,相应的静态分析工具也就不同。目前,具备静态分析功能的软件测试工具有很多,如 Purify、Logiscope、Macabe 等。

代码审查(包括代码评审和走查)主要依靠有经验的程序设计人员,根据软件设计文档,通过阅读程序,发现软件错误和缺陷。

代码审查一般按代码审查单阅读程序,查找错误,其内容包括:检查代码和设计的一致性;检查代码的标准性、可读性;检查代码逻辑表达的正确性和完整性;检查代码结构的合理性等。代码审查虽然在发现程序错误上有一定的局限性,但它不需要专门的测试工具和设备,且具有一旦发现错误就能定位错误和一次发现一批错误等优点。

2.动态测试法

常用的测试技术有黑盒法和白箱法,下面简要地介绍一下这两种方法。

1）黑盒法

黑盒法(Blackboxtesting)又称为功能测试或数据驱动测试。它只着眼于程序的外部特性，即程序能满足哪些功能。测试在程序的接口上进行，看输入能否被正确地接受，并能否输出正确的结果，外部信息(如数据文件)的完整性能否保持。这种测试不考虑程序的内部逻辑结构。衡量测试数据设计的好坏，是看它们能测试程序的哪些功能。

黑箱测试利用所有可能的输入数据来检查，看系统运行结果是否正确。它主要诊断下列几类错误：

（1）不正确或遗漏的功能。

（2）界面错误。

（3）数据结构或外部数据库访问错误。

（4）性能错误。

（5）初始化和中止条件错误。

黑盒测试技术的基础上，常用的测试用例有：

（1）等价类测试。程序的输入至少有两大类，即有效输入（可以得到正确的结果）和无效输入（看看程序有什么反应，会不会死机）。

（2）边值分析。测试的数据称为测试用例。每一类的测试用例多多益善，但是最有效的测试用例是边缘数据。边值分析是建立在等价类测试的基础上的测试。

（3）因果图。

（4）猜错。错误推测法在很大程度上靠直觉和经验进行。它的基本想法是列举出程序中可能有的错误和容易发生错误的特殊情况，并且根据它们选择测试用例。

2）白盒法

白盒法(Whiteboxtesting)也称为结构测试。它着眼于程序的结构。测试时，要设计一些数据，对程序的各个逻辑路径进行测试，在不同点上检查程序的状态，看它们的实际状态与预期的状态是否一致。测试数据设计的好坏，在于能够覆盖程序逻辑路径的程度。

从覆盖源程序的语句的详尽程度分析，大致有以下一些不同的覆盖标准：

（1）语句覆盖。为了暴露程序中的错误，至少每个语句应该执行一次。语句覆盖的含义是，选择足够多的测试数据，使被测试程序中的每个语句至少执行一次。

（2）判定覆盖。判定覆盖的含义是，不仅每个语句必须至少执行一次，而且每个判定的可能的结果都应该至少执行一次，也就是每个判定的每个分支都至少执行一次。

(3)条件覆盖。条件覆盖的含义是,不仅每个语句至少执行一次,而且是判定表达式中的每个条件都取到各种可能的结果。

(4)条件组合覆盖。条件组合覆盖是更强的逻辑覆盖标准,它要求选取足够多的测试数据,使得每个判定表达式中条件的各种可能组合都至少出现一次。

一般来说,当制订测试计划时,若对程序要实现的功能是已知的,就可以采用黑盒测试法;若对程序内部的逻辑结构是已知的,就可以采用白盒测试法。但是,这两种测试法都不可能进行完全的测试。正如Dijkstra所说,"测试只能说明程序有错,不能证明程序无错"。对于黑盒测试法来说,要进行完全测试,必须使用穷举输入测试,即把所有可能的输入数据都作为测试数据全部测试一次,才能得到完全测试。但这往往是难以实现的。对于白盒测试法情况更是如此。由此看来,测试效果的好坏关键在于测试用例的选择。

五、测试数据的准备

用于测试的数据称为测试数据,即测试用例。测试用例是指为实施一次测试而向被测系统提供的输入数据、操作或各种环境设置。测试用例控制着软件测试的执行过程,它是对测试大纲中每个测试项目的进一步实例化。

设计和使用测试用例总的原则是:

(1)设计测试用例时,应同时确定程序的预期结果。

(2)测试用例的代表性:能够代表各种合理和不合理的、合法的和非法的、边界和越界的,以及极限的输入数据、操作和环境设置等。通常,那些非预期的、非合理的数据是人们极容易疏忽的。

(3)测试结果的可判定性:测试执行结果的正确性是可判定的或可评估的。

(4)测试结果的可再现性:对同样的测试用例,系统的执行结果应当是相同的。

(5)除了检查程序是否做了应该做的事情,还要检查程序是否做了不应该做的事情。

(6)千万不要幻想程序是正确的。

(7)应该保留有用的测试用例,以便"再测试"时使用。

(8)测试用例要系统地进行设计,不可随意拼凑。

是否能在较短的时间内,完成软件的全部测试,测试数据是关键。若测试数据是完备的,那么测试就是完备的,即没有"陷阱"(Bugger)。准备完备的数据是很难的,或者是不可能的,但是准备合理的测试数据是必需的。对于管理信息系统的测试来说,根据企业运作与管理的特点、规律,要准备合理的测试数据是可能的。

第六节 培训与服务

一、培训

任何一个完整的系统集成项目,可能包括硬件、软件两方面的多项知识,如何将系统完全彻底地交给用户,使他们能自行管理和运作整个系统,是系统集成项目中最重要的关键环节,它直接关系到一个项目的成败以及用户投资的回报程度。用户对整个系统掌握的程度越高,他们在使用过程中对系统的利用就会越充分,系统给用户带来的效益也越明显,客户对系统的满意程度也越高。对一个系统集成商而言,用户如果能够完整、熟练地掌握系统,后期的维护压力将相应减少,也使前期方案的构想和中期工程施工的效果得到完美的体现。

为了与集成方案设计、工程实施统一协调,用户培训应尽量提前进行。培训应该是有计划的。培训应在充分了解用户的现有水平状况的基础上,针对领导干部、业务人员和技术维护人员的不同要求,分类进行。在培训过程中,应该科学地划分阶段,每个阶段布置考核,并及时反馈学员的学习情况,以便调整培训进度、课程安排和师资力量,保证培训效果。

培训一般分准备阶段、培训阶段和考核阶段三个阶段。

1. 准备阶段

在准备工作中有两项工作:一是调查了解用户的现状;二是设置培训课程、课时指定授课人员、地点和时间,并安排场地。了解用户状况和需求可采用调查表的形式如表5.9和表5.10所列。

表5.9 培训人员基本情况表

姓名	年龄	学历	专业	职务	岗位	培训级别

表5.10 培训业务表

课程	现有业务状况	培训要求

2. 培训阶段

培训应分级进行。按用户在项目中的角色和作用,可将培训分为事务管理人员

(A)、系统操作员级(B)和系统维护员(C)三个等级。根据不同级别安排培训内容。

1）事务管理人员

新系统能否顺利运行并获得预期目标,在很大程度上与这些第一线的事务管理人员(或主管人员)有关系。因此,可以通过讲座、报告会的形式,向他们说明新系统的目标、功能说明系统的结构及运行过程,以及对企业组织机构、工作方式等产生的影响。对事务管理人员进行培训时,必须做到通俗、具体、尽量不采用与实际业务领域无关的计算机专业术语。例如,可以就他们最关心的以下问题展开对话:

(1)计算机管理信息系统能为我们干些什么?

(2)采用新系统后,我们和我们的职工必须学会什么新技术?

(3)采用新系统后,我们的机构和人员将发生什么变动?

(4)今后如何衡量我们的任务完成情况?

大量事实说明,许多管理信息系统不能正常发挥预期作用,其原因之一就是没有注意对有关事务管理人员的培训,因而没有得到他们的理解和支持。所以,今后在新系统开发时必须注意这一点。

2）系统操作员

系统操作员是管理信息系统的直接使用者,统计资料表明,管理信息系统在运行期间发生的故障,大多数是由于使用方法错误而造成的,如图5.18所示。所以,系统操作员的培训应该是人员培训工作的重点。

对系统操作员的培训应该提供比较充分的时间,除了学习必要的计算机硬、软件知识,以及键盘指法、汉字输入等训练以外,还必须向他们传授新系统的工作原理、使用方法,简单出错的处置等知识。一般来说,在系统开发阶段就可以让系统操作员一起参加。例如,录入程序和初始数据,在调试时进行试操作等,这对他们熟悉新系统的使用,无疑是有好处的。

3）系统维护人员

对于系统维护人员来说,要求具有一定的计算机硬、软件知识,并对新系统的原理和维护知识有较深刻的理解,在较大的企业和部门中,系统维护人员一般由计算机中心和计算机室的计算机专业技术人员担任。

有条件时,应该请系统维护人员和系统操作员,或其他今后与新系统有直接接触的人员,参加一个或几个确定新系统开发方针的讨论会,因为他们今后的工作将与新系统有直接联系,参加这样的会议,有助于他们了解整个系统的全貌,并将给他们打好今后工作的基础。

对于大、中企业或部门用户,人员培训工作应列入该企业或部门的教育计划中,在系统开发单位配合下共同实施。

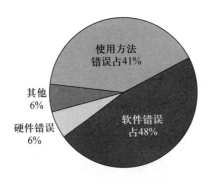

图 5.18　软件故障的原因

3.考核阶段

考核是上述培训工作的一个重要环节,直接反映了培训工作的成效,因此集成商与用户应共同遵守以下原则:

(1)为明确责任,双方共同就课程的考核填写考核安排表,由主讲人、负责人及用户负责人签字认定。

(2)每一课程按阶段考核,考核方式可有口试、笔试和实作三种。

(3)考核成绩和试卷由用户单位负责人审核签字,以作为培训质量的认证。

(4)对于屡次考核不合格的人员,其培训安排及费用由双方协商解决。

二、服务

集成商应为用户提供长期、稳定和高质量的售前、售后服务,这也是用户选择集成商的重要依据。集成商应有健全的服务体系、完整的服务内容和严格的服务制度。

集成商一般应提供给用户的服务有:

(1)响应服务。包括远程诊断,提供解决方案,提供产品使用说明及技术文件说明,协助解决提高性能的要求,提供系统性能调整的信息,提供服务期内的免费升级等。

(2)维修服务。集成商的维修服务必须明文规定各产品的保修年限,及保修失效的各种情况。

(3)维护服务。维护服务是在一定时间内帮助用户维护系统的服务。一般要与用户协商规定维护的时间和方式。

集成商对以上服务都应该有关于服务响应时间的承诺,服务响应时间越短当然就越好。

第七节 系统交接

系统测试完成以后,便进入系统交接阶段。系统交接是指新系统替换原有系统的过程。系统交接工作包括系统数据文件的建立或转换,人员、设备、组织机构及职能的调整,有关资料和使用说明书的移交、结算等。系统交接的最终结果是将系统全部控制权移交给用户。管理人员在系统交接中的任务是:尽可能地平稳过渡,使新系统投入工作,逐步安全地取代原有系统的功能。

为了使新系统能够按预期目标正常运行,对用户人员进行必要的培训是在系统转换之前不可忽视的一项工作。

一、数据装载与文档的准备

1. 数据装载

数据的整理与装载是关系新系统成功与否的重要工作。数据整理就是按照新系统对数据要求的格式和内容统一进行收集、分类、编码和预处理。录入就是将整理好的数据送入计算机内存入相应的文件中,作为新系统的文件;还要完成运行环境的初始化工作。在数据的整理与装载工作中,要特别注意对变动数据的控制,一定要使它们在系统切换时保持最新状态。

新系统的数据整理与装载工作量特别庞大,而给定的完成时间又很短,所以要集中一定的人力和设备,争取在尽可能短的时间内完成这项任务。为了保证录入数据的正确性,数据整理要正确,尽量利用各种输入检验措施保证录入数据的质量,利用新的输入技术和输入设备来提高输入效率。

2. 系统文档准备

系统调试完以后应有详细的说明文档供人阅读。该文档应使用通用的语言说明系统各部分如何工作、维护、和修改。系统说明文件大致可分以下四类:

1) 系统一般性说明文件

用户手册:给用户介绍系统全面情况,包括目标和有关人员情况。

系统规程:为系统的操作和编程等人员提供的总的规程,包括计算机操作规程、监理规程、编程规程和技术标准。

特殊说明:随着外部环境的变化而使系统做出相应调整等,这些是不断进行补充和发表的。

2) 系统开发报告

系统分析说明书:包括系统分析建议和系统分析执行报告。

系统设计说明书:涉及输入、输出、数据库组织、处理程序、系统监控等方面。

系统实施说明：主要涉及系统分调、总调过程中某些重要问题的回顾和说明；人员培训、系统转换的计划及执行情况。

系统利益分析报告：主要涉及系统的管理工作和职工所产生的影响，系统的费用、效益分析等方面。

3) 系统说明书

整个系统程序包的说明。

系统的计算机系统流程图和程序流程图。

作业控制语句说明。

程序清单。

程序实验过程说明。

输入输出样本。

程序所有检测点设置说明。

各个操作指令、控制台指令。

操作人员指示书。

修改程序的手续，包括要求填表的手续和样单。

4) 操作说明

系统规程：系统总的规程包括系统技术标准、编程、操作规程、监理规程等。

操作说明：包括系统的操作顺序，各种参数输入条件，数据的备份和恢复操作方法以及系统维护的有关注意事项。

二、设备安装

系统的安装地点应考虑系统对电缆、电话或数据通信服务、工作空间和存储、噪声和通信条及交通情况的要求。

计算机系统的安装应满足以下两个要求：

(1) 使用专门的地板，让电缆通过地板孔道，连接中央处理机及各设备，保证安全。

(2) 提供不中断电源，以免丢失数据。

三、系统交接

为了保证原有系统有条不紊的、顺利转移到新系统，在系统交接前应仔细拟订方案和措施，确定具体的步骤。

系统的交接方式通常有三种，如图 5.19 所示。

1. 直接交接

直接交接就是在原有系统停止运行的某一时刻，新系统立即投入运行，中间没有过渡阶段。用这种方式时,人力和费用最省,使用与新系统不太复杂或原有系统完全不能使用的场合,但新系统在交接之前必须经过详细调试并经严格测试。同时,交接时应做好准备,万一新系统不能达到预期目的时,须采取相应措施。直接交接的示意图如图 5.19(a)所示。

2. 平行交接

平行交接就是新系统和原系统平行工作一段时间,经过这段时间的试运行后,再用新系统正式替换下原有系统。在平行工作期间,手工处理和计算机处理系统并存,一旦新系统有问题就可以暂时停止而不会影响原有系统的正常工作。交接过程如图 5.19(b)所示意。

平行交接通常可分两步走。首先以原有系统的作业为正式作业,新系统的处理结果作为胶合用,直至最后原有系统退出运行。根据系统的复杂程度和规模大小不同,平行运行的时间一般可在两三个月到 1 年之间。

采用平行交接的风险较小,在交接期间还可同时比较新旧两个系统的性能,并让系统操作员和其他有关人员得到全面培训。因此,对于一些较大的管理信息系统,平行交接是一种最常用的交接方式。

由于在平行运行期间,要两套班子或两种处理方式同时并存,因而人力和费用消耗较大,这就要时实现周密做好计划并加强管理。

3. 分段交接

这种交接方式是上述两种方式的结合,采取分期分批逐步交接。如示意图 5.19(c)所示。一般比较大的系统采用这种方式较为适宜,它能保证平稳运行,费用也不太大。

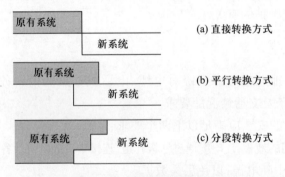

图 5.19 系统交接的方式

采用分段交接时,各自系统的交接次序及交接的具体步骤,均应根据具体情况灵活考虑。通常可采用如下策略:

(1) 按功能分阶段逐步交接。首先确定该系统中的一个主要的业务功能,如财务管理率先投入使用,在该功能运行正常后再逐步增加其他功能。

(2) 按部门分阶段逐步交接。先选择系统中的一个合适的部门,在该部门设置终端,获得成功后再逐步扩大到其他部门。这个首先设置终端的部门可以是业务量较少的,这样比较安全可靠,也可以是业务最繁忙的,这样见效大,但风险也大。

(3)按机器设备分阶段逐步交接。先从简单的设备开始交接,在推广到整个系统。例如,对于联机系统,可先用单机进行批处理,然后用终端实现联机系统。对于分布时系统,可以先用两台微机联网,以后再逐步扩大范围,最终实现分布式系统。

总之,系统交接的工作量较大,情况十分复杂。据国外统计资料表明,软件系统的故障大部分发生在系统交接阶段,如图 5.20 所示。这就要求开发人员要切实做好准备工作,拟定周密的计划,使系统交接不至于影响正常的工作。

此外,在拟订系统交接计划时,应着重考虑以下问题:

(1)系统说明文件必须完整。

(2)要防止系统切换时数据的丢失。

(3)要充分估计输入初始数据所需的时间,对管理信息系统而言,首次运行前需花费大量人力和时间输入初始数据,对此应有充分准备,以免措手不及。例如,对于一个5000纪录的库存数据库,如果每条纪录含200个字符的描述信息,就意味着有1000000字符必须通过键盘进入磁盘,即使操作员以每小时8000个字符输入速度,对于一个规模较大的系统,输入初始数据所需时间也是非常可观的。

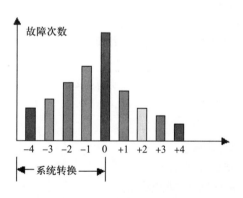

图 5.20 故障发生时间

第八节 系统的运行与维护

新系统正式投入运行后,研制工作即告结束。信息系统不同于其他产品,它不是"一劳永逸"的最终产品。在它的运行过程中,还有大量运行管理和维护工作要做。为让系统长期高效地工作，必须大力加强对系统运行工作的管理。系统运行管理包括系统的日常运行管理、系统维护和建立运行体制。

一、日常运行管理

MIS 的日常运行管理绝不仅是机房环境和设施的管理，更主要的是对系统每天的运行状况、数据输入和输出情况以及系统的安全性与完备性，及时如实记录和处置。日常运行管理工作主要由系统运行值班人员完成。

1. 系统运行的日常管理

这项管理包括数据收集、整理、录入及处理结果的整理与分发，还包括硬件的简单维护及设施管理。

为了有效地实施系统运行的日常管理，必须制定严格的系统管理和操作制度。这些管理和制度主要有以下内容：

1) 机房管理制度

机房管理制度主要有：

(1) 系统维护人员、操作人员及值班人员的义务、权限、任务和责任。

(2) 系统日常运行记录，包括值班日记、系统故障及排除日记等。

(3) 机房清洁卫生制度。

(4) 机房设备管理和维护制度。

(5) 应付紧急情况的方案。

2) 技术档案管理制度

技术档案管理制度主要有：

(1) 系统硬件、软件手册和说明书使用和保管制度。

(2) 系统开发文档的保管制度。

(3) 系统维护和二次开发技术文档的规范及管理制度。

(4) 存储介质的保管制度。

(5) 技术图书购买、使用和保管制度。

3) 数据录入和维护制度

数据录入和维护制度主要有：

(1) 原始数据采集及批准、审查手续。

(2) 数据录入与维护的责任分工。

(3) 数据备份及恢复的审查手续和责任。

4) 操作规程

对于整个系统中的各子系统、各事务处理的运行和操作，都应该制定严格的操作规程和责任分工。对企业来说，MIS 相当于一条数据加工生产线，系统的操作规程相当于设备的操作规程，和企业的管理制度一样，十分重要。它应当与系统开发文档一样,作为系统的重要文件,并采取有力措施,使各级管理人员严格执行。

操作规程的内容主要有:

(1)正确的操作步骤和方法。

(2)操作员执行功能范围说明。

(3)数据采集、录入、修改、维护、删除、备份及恢复的审批手续及制度,确保系统数据的正确性。

(4)有关输出报表的时间及审批手续。

(5)跨部门的信息传送审批手续,以便部门职责分明。

2.系统运行情况的记录

整个系统运行情况的记录能够反映系统在大多数情况下的状态和工作效率,对于系统的评价与改进具有重要的参考价值。因此,MIS 的运行情况一定要及时、准确、完整地记录下来。除了记录正常情况外,还要记录意外情况发生的时间、原因与处理结果。记录系统运行情况是一件细致而又烦琐的工作,从系统开始投入运行就要抓紧抓好。

二、系统维护

交付使用的 MIS 需要在使用中不断完善。即使精心设计、精心实施、经过调试的系统,也难免有不如人意的地方,或者效率还需提高,或者使用不够方便,或者还有错误,这些问题只有在实践中才能暴露。另外,随着管理环境的变化,会对信息系统提出新的要求。信息系统只有适应这些要求才能生存下去。因此,系统的维护是系统生存的重要条件。据专家们估计,世界上有 90%的软件人员从事系统的修改和维护工作,只有 10%的人从事新系统的研制工作。在 MIS 开发的全部费用中,研制费用只占其中的 20%,而运行和维护费用却占 80%。这几个估计数字充分说明系统维护工作是多么重要,又是多么艰巨。因此,不能重开发、轻维护。系统维护是对系统使用过程中发现的问题进行处理的过程,也是系统完善的过程。系统维护一般包括硬件的维护与维修,应用程序的维护,数据库维护和代码维护等内容。

1.硬件的维护与维修

随着系统的运行,系统内的硬件设备也会出现一些故障,需要及时进行维修或替换。当系统的功能扩大后,原有的设备不能满足要求时,就需要增置或更新设备。所有这些工作都属于硬件的维护与维修任务。

2.应用程序的维护

在系统维护的全部工作中,应用程序的维护工作量最大,也最经常发生。程序维护工作包括以下三种情况。

(1)程序纠错。程序在执行过程中常会出现某些错误,如溢出现象时有发生,需要及时对程序进行纠错处理。

(2)功能的改进和扩充。用户常会提出对系统的局部功能的改进,扩充某些新的功能。

(3)适应性维护。MIS 运行环境一旦发生变化,就要进行适应性维护工作。例如,计算机系统配置发生变化,就很可能需要对应用软件进行移植性维护。

总之,应用程序维护是整个系统维护工作中最麻烦的一项任务,负责这项工作的系统维护人员必须对整个系统有相当深入的了解。进行应用程序维护操作时,应该达到下面的基本目标:

(1)知道如何修改程序,就可以解决出现的错误。

(2)尽可能地修改少量的程序,避免因为修改程序而引发其他的问题。

(3)尽可能地避免系统性能的降低,即修改后程序的吞吐量和响应时间不能降低。

(4)尽可能快地完成修改任务,而不影响系统的质量和可靠性。

为了达到这些目标,一定要非常了解将要修改的程序。如果不了解程序的结构,胡乱地修改,有可能引起系统更多的毛病。

系统维护工作包括了四项任务,即确认问题、建立程序的评价基准、研究和修复问题、测试程序。下面分别详细介绍这些任务。

1)确认问题

可以把系统维护工作看作是一个小型的项目。这个小型项目是由系统出现的缺陷触发的,这些缺陷往往是由用户发现的。会出现这样的情况,用户报告说信息系统出现了缺陷但是技术人员来之后,却没有发现这些缺陷。因此,系统维护工作的第一步是确认问题。

信息系统项目小组同终端用户一起通过重新使用系统,尽可能地发现问题。如果系统的缺陷不再出现,那么应该由用户解释出现问题的使用环境。确认问题时,会出现三种情况,即没有问题、使用错误、问题确实存在。

即使系统不再出现错误,系统开发小组也不能埋怨用户。因为既可能是用户自己出现了错误,也可能是错误没有被发现。这时应该告诉用户,下一次出现错误时及时通知信息系统技术人员。

如果发现系统出现的问题是由于用户使用错误造成的,那么应该向用户解释清楚,并且教会用户如何正确地使用系统。

如果用户汇报的错误确实存在,那么系统分析人员应该做两件事情。第一,研究相关的文档即系统知识,研究造成错误的上下文。换句话说,在明白产生错误的原因之前,不要修复错误。第二,所有的维护工作都在程序的拷贝上进行。在程序修复之前,所有的源程序都保存在程序库中且可以正常使用。

2)建立程序的评价基准

在给定的程序拷贝上,系统分析人员应该建立程序的评价基准。一个程序出现了缺陷那么可能只是其中的一部分出现了错误。整个程序不可能都是错误的。但是,系统维护工作有可能会带来意想不到的副作用,这些副作用有可能影响到整个程序的功能和性能。因此,在修改程序之前,应该为该程序的执行和测试建立一个基准。这个基准是程序维护之后的评价基准。

这项工作由系统分析人员和系统编程人员来完成。用户也应该参加到该工作中,确保系统的测试在一个正常的工作环境下进行。

可以使用两种方式定义测试用例。第一,如果过去的测试数据依然作为系统知识存在于仓储库中,那么使用这些测试数据来验证系统。经常碰到的情况时,过去的测试数据不能直接使用,那么可以修改这些数据,以便测试使用。第二,可以使用测试工具自动捕捉测试数据。借助于一些工具,用户可以输入测试数据,这些测试数据则被自动地记录下来。这些数据就是测试的基准。

3)研究和修复问题

系统维护的主要任务是修改程序。修改程序的工作应该由程序编程人员来完成。经常应该是这样,修改后的程序不能直接使用在生产信息系统中,而是作为信息系统的一个新版本使用。

虽然说编写程序的编程人员可以方便地修改自己程序中的错误。但是,由于技术人员的流动性,或者工作的安排,常常是自己编写的程序由其他编程人员来修改。因此,单靠记忆是不行的,必须依靠过去产生的知识。

应用程序的知识通常来自于源代码的研究。理解别人编写的程序需要花费相当多的时间。这项工作常常因为下面一些原因会更加缓慢:

(1)不合理的程序结构。

(2)非结构化的逻辑,如不合理的代码样式等。

(3)以前的修改。

(4)缺乏文档或文档不完整、不全面。

理解程序的目的是了解当前程序在整个系统中的地位和影响，理解系统为什么不工作或不能正常地工作。只有理解了程序，才能确定修改这些错误需要耗费的资源和时间。

4）测试程序

错误修复之后，还必须通过测试。这里的测试包括单元测试和系统测试。测试成功的程序应该作为新版本发布。

系统维护的成本主要在于修改仓储库中的系统知识和修改程序库中源程序代码的程序文档上。

系统知识是由系统分析人员使用的支持系统的文档，程序文档是由系统编程人员使用的支持程序的文档。

3.数据库维护

数据库中存放着大量数据，它是企业的宝贵资源，也是系统频繁处理的对象。数据库维护是系统维护的重要内容之一。

1）数据库的转储

由于各种不可预见的原因，数据库随时可能遭到破坏。为了有效地恢复被破坏的数据，通常把整个数据库复制两个副本，一般副本都存储在磁盘上。必要时，也可以将副本脱机保存在更安全可靠的地方。

2）数据库的重组织

由于系统不断地对数据库进行各种操作，致使数据库的存储和存取效率不断下降。一旦数据库的效率低得不能满足系统处理的要求时，就应该对数据库实施再组织。

4.代码维护

随着环境的变化，旧的程序代码不能适应新的要求，必须进行改造，制定新的代码或修改旧的代码体系。代码维护的困难主要是新代码的贯彻，因此各部门要有专人负责代码管理。在系统的维护中，系统修改是一项非常严肃的工作，往往会"牵一发而动全身"。不论程序、文件还是代码的局部修改，都可能影响系统的其他部分。因此，系统的修改必须通过一定的批准手续。通常对系统的修改应当执行以下五个步骤。

（1）提出修改要求——操作人员或业务领导用书面形式向主管领导提出对某项工作的修改要求。这种修改要求不能直接向程序员提出。

（2）领导批准系统——主管人员进行一定的调查后，根据系统的情况和工作人员的情况，考虑这种修改的必要性与可行性，最后做出是否修改、何时修改、由谁修改的决定。

(3)任务分配——系统主管人员如果认为需要修改,则向有关的维护人员下达任务,说明修改的内容、要求和期限。

(4)验收成果——系统主管人员对修改的部分进行验收。验收通过后,将修改的部分嵌入系统,取代旧的部分。

(5)登记修改情况——修改要做认真的登记,作为新的版本通报用户和操作人员,指出新的功能和修改的地方。某些重大的修改,可以看作一个小系统的开发项目,因此,要求按系统开发的步骤进行。

三、运行管理体制

系统运行管理体制主要是指一个信息系统研制工作基本完成后的工作。运行管理体制主要包括如下四个方面。

(1)系统运行管理的组织机构。系统运行管理的组织机构包括各类人员的构成,各自的职责,主要任务及其内部组织结构。保持机构的稳定性和权威性,最好有统一的权威信息管理机构。

(2)基础数据的管理。基础数据管理包括对数据收集和统计渠道的管理,计量手段和计量方法的管理,原始数据的管理,系统内部各种运行文件和历史文件的归档管理等。

(3)运行管理制度。运行管理制度包括系统操作规程,系统安全保密制度,系统修改规程,系统定期维护制度,以及系统运行状况记录和日志归档等。

(4)系统运行结果分析。系统运行结果分析就是得出某种反映组织经营生产方面发展趋势的信息,以提高管理部门指导企业的经营生产的能力;如综合分析运行情况,写出分析报告,才可充分发挥人—机结合辅助管理的优势。

第九节　案例分析

一、平台搭建

装备维修保障系统的开发不仅仅是应用软件的开发,它还要包括如何有机集成各种软硬件及开发技术,根据装备部要求,形成一整套从单机到网络、从系统软件到应用软件、从设计到培训的一体化解决方案。

1. 系统的结构

系统采用 C/S 结构,一台服务器和若干终端。服务器上需要安装数据库管理系统(DBMS),所有终端共享一个数据库,可以按照授予的权限对数据库进行查询、添加、修改、删除等操作。C/S 结构如图 5.21 所示。

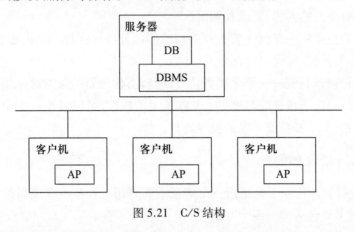

图 5.21 C/S 结构

根据这种结构,需要进一步确定需要的软硬件集成及网络集成。

2.网络集成

装备部已有备局域网,这个局域网范围在装备部内部,可以覆盖到装备维修保障系统需要的部门和岗位。因此,系统可以直接依托这个局域网,而不需重新建立网络。

装备部设有一个信息中心,内有服务器两台,其中一台可作为系统的服务器。在三个仓库各设一台客户机,在修理科、监管科、计财科可设一两台客户机。以后随着业务范围增大,可增设客户机。

3.硬件集成

装备维修保障系统需要的硬件主要是一台服务器和若干台客户机。其他硬件包括:①打印机,用于打印报表;②以后仓库管理采用刷卡后,需要配套的刷卡设备。

服务器和客户机可立足于装备部现有设备,基本不需新购,只有 * 个仓库暂时没有配置计算机。

4.软件集成

装备维修保障系统的软件集成如下:

(1)服务器。操作系统为 Windows 2000(SP4),数据库管理系统为 SQL2000(服务器端)。

(2)客户机。操作系统为 Windows XP(SP2),数据库管理系统为 SQL2000(客户端)。

二、编程实现

通过前面的系统分析、系统设计，项目小组已获得了系统的功能结构、数据流程图、模块划分、数据库设计和界面设计。最后的工作就是按照结构化的方法进行编程实现。

装备维修保障系统的编程实现步骤基本如下：

（1）项目小组首先把各个模块的框架设计好。设计时注重使各模块框架尽可能统一，以便于重用，减少工作量，提高软件可靠性。

（2）项目小组选出各模块中的一些有难度的技术点优先突破，如生成装备树的算法，仓库管理模块中入库单的实现。

（3）实现具有代表性的模块。因为这些模块实现后，其他模块可以类似的实现。可以将通用的一些程序模块化以便于重用。

（4）各个模块的具体实现。

（5）将各模块组合联调。

编程实现完成后，就要组织专门的测试小组对软件进行测试。测试实际在编程实现阶段就开始了。在各模块编程实现完成后，就对各模块进行单独的测试。在模块组合联调完毕后，进行系统总体测试。

系统测试完成后，就进入系统交接阶段。由于装备部对业务的可靠性要求非常高，因此采用平行交接的方式。装备部目前的工作方式仍然保留，同时开始使用装备维修保障系统。在系统运行稳定后，逐步停止原有工作方式，转到新系统上。例如，装备部下辖器材仓库仍然保持手工记账，但在记手工账同时，也进行计算机入账。经过一段稳定的并行运行期，如半年到一年，就逐步停止手工账，完全采用计算机账。

软件当然要配有必要的安装和使用说明文档，一定的培训也是必要的。非常重要的是软件的后期维护，要根据用户使用中碰到的问题和新的需求，不断完善充实。

下面是装备维修保障系统 1.0 版的一些运行界面。

1. 系统主界面（图 5.22）

图 5.22 系统主界面

2. 装备管理界面(图 5.23)

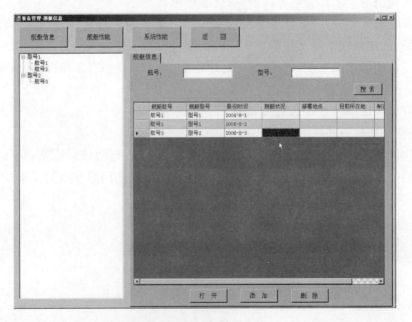

图 5.23 装备管理界面

3. 维修管理界面(图 5.24)

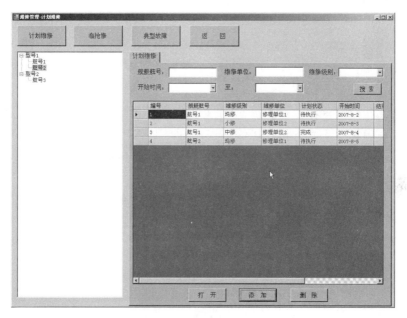

图 5.24　维修管理界面

4. 库存管理界面(图 5.25)

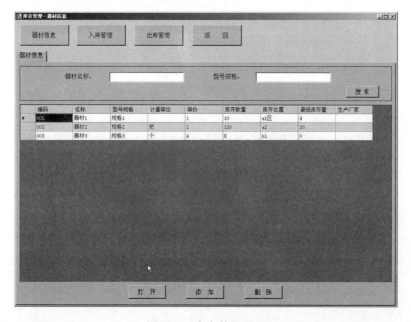

图 5.25　库存管理界面

习题

1. 分析系统实施的主要内容。
2. 代码格式化的目标和内容是什么?
3. 程序设计的原则有哪些?
4. 结构化程序设计有哪些基本的结构?
5. 结构化程序设计方法的优点、基本思想和主要原则?
6. 系统测试的主要内容包括哪些?
7. 对于管理信息系统的调试,调试数据的准备要注意哪些问题,为什么?
8. 什么是白箱测试,什么是黑箱测试?
9. 分析系统的三种交接方式,以及不同方式的特点。
10. 对系统的维护和运行管理包含哪些内容?
11. 微软公司的软件产品几乎占领了个人机使用的市场。它经常发布补丁程序,这是哪种维护?
12. 试述计算机应用系统集成的概念和含义。
13. 物理设备的组织流程是怎么样的。
14. 网络的基本方案有哪些?
15. 如何选择操作系统?
16. 计算机系统模式的发展经历了哪些阶段。
17. 简述 C/S 模式的网络结构有何优点。
18. 简述 B/C 模式的结构及特点。
19. 简述人员培训的意义及其实施过程。

参考文献

[1] 薛华成.管理信息系统(第6版)[M].北京:清华大学出版社,2017.
[2] 肯尼思·劳东.管理信息系统(第11版)[M].劳帼龄,译.北京:中国人民大学出版社,2018.
[3] 伊恩·萨默维尔.软件工程(第10版)[M].北京:机械工业出版社,2018.

第三篇　扩展篇

第六章　管理信息系统的软件项目管理
第七章　面向对象的系统分析与设计技术
第八章　MIS 的应用

第六章　管理信息系统的软件项目管理

第一节　软件过程

一、软件过程的概念

软件工程是一种层次化的技术,如图 6.1 所示。软件工程的过程层将工具、方法结合在一起,使计算机软件能够及时、合理地被开发出来。软件过程定义了一组关键过程域(KPAs),它们构成软件项目管理的基础,并规定了技术方法的采用、工程产品(模型、文档、数据、报告、表格等)的产生、里程碑的建立、质量的管理以及适当的变更控制。

软件过程是软件生存期中的一系列相关软件工程活动的集合。每一个软件活动又是由一组工作任务、项目里程碑、软件工程产品和交付物以及质量保证(SQA)点等组成。一个软件过程可以用图 6.2 的形式来表示。首先建立一个公共过程框架,其中定义了少量可适用于所有软件项目的框架活动,而不考虑它们的规模和复杂性;然后给出各个框架活动的任务集合,使得框架活动能够适合于项目的特点和项目组的需求;最后是保护伞活动,如软件质量保证、软件配置管理以及测试等,它们独立于任何一个框架活动并将贯穿于整个过程。

图 6.1　软件工程层次

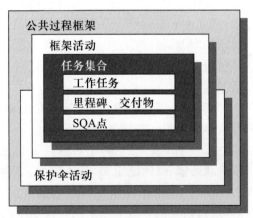

图 6.2　软件工程

二、软件过程模型

软件工程过程模型的选择基于项目和应用的特点、采用的方法和工具、要求的控制和需交付的产品。L.B.S.Raccoon 使用了分级几何表示，用以讨论软件工程过程的本质。

所有的软件开发都可以看成是一个问题循环解决过程，如图 6.3 所示。其中包括四个截然不同的阶段：状态捕获、问题定义、技术开发和方案综合。状态捕获表示了事物的当前状态；问题定义标识了需要解决的特定问题；技术开发利用某些技术来解决问题；方案综合导出最终的结果（如文档、程序、数据、新的事务功能、新的产品）。

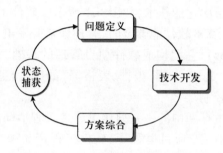

图 6.3　问题解决循环的各个阶段

以上的问题循环解决过程可以用于软件工程的不同开发级别上。它可用于考虑整个应用系统的宏观级，也可用于建造程序构件的中间级，甚至还可用于源代码行级。因此，可以用分级几何表示来给出过程的理想化的视图。首先定义一个分级几何表示的模式，然后相继地在更小的规模上递归地应用分级几何表示：模式中嵌套模式。在图 6.4 中，问题循环解决过程的每一个阶段又包含一个同样的问题循环解决过程，该循环中每一个步骤中还可以再包含另一个问题循环解决过程。这样一直继续下去，直到某个合理的边界为止。对于软件来说，就是源代码行。

实际上，想要如图 6.4 那样清楚地划分这些活动是很困难的，因为在阶段内部常常会出现一些交叉的任务，它们还可能会跨越阶段。不过，这种简化的视图表达了一个重要的思想：不管软件项目选择了什么样的过程模型，但所有阶段，包括状态捕获、问题定义、技术开发、方案综合，在某个细节级别上都同时存在。由于给出了如图 6.4 所示的递归的性质，上述的四阶段论不但可用于整个应用的分析，而且同样地可用于某一代码段的生成。

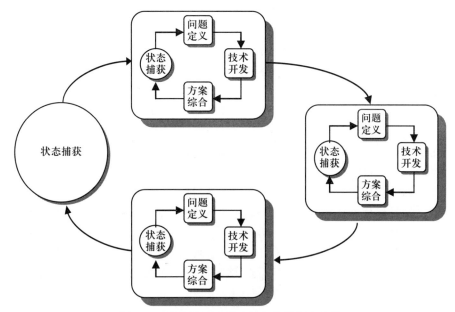

图 6.4　问题循环解决过程中阶段嵌套阶段

三、过程建造技术

为使得软件过程模型适合于软件项目组的使用,需要开发一些过程技术工具,以帮助软件开发组织分析它们当前的过程,组织工作任务,控制和监控进度,管理技术质量。

使用过程技术工具,可以建造一个自动模型,模型包含前面提到的公共过程框架、任务集合及保护伞活动。该模型一般表示成一个网络,对其加以分析,就能够确定典型的工作流程,考察可能导致减少开发时间、降低开发成本的可选的过程结构。

一旦创建了一个可接受的过程,就可以使用其他过程技术工具来分配、监视,甚至控制在软件过程模型中定义的所有软件工程任务。软件项目组的每一个成员都可以使用这样的工具来开发检查表,列出所有将要执行的工作任务、将要产生的工作产品和将要实施的软件质量保证活动。过程技术工具还可用于协调适合某一特定工作任务的其他 CASE 工具的使用。

第二节　软件项目管理过程

软件项目管理包括进度管理、成本管理、质量管理、人员管理、资源管理、标准化管理。管理的对象是进度、系统规模及工作量估算、经费、组织机构和人员、风险、质量、作业和环境配置等。软件项目管理所涉及的范围覆盖了整个软件生存期。

为使软件项目开发获得成功,一个关键问题是必须对软件开发项目的工作范围、可能遇到的风险、需要的资源(人、硬/软件)、要实现的任务、经历的里程碑、花费工作量(成本),以及进度的安排等做到心中有数。而软件项目管理可以提供这些信息。通常,这种管理在技术工作开始之前就应开始,而在软件从概念到实现的过程中继续进行,并且只有当软件开发工作最后结束时才终止。

1. 启动一个软件项目

在制订软件项目计划之前,必须先明确项目的目标和范围、考虑候选的解决方案、标明技术和管理上的要求。有了这些信息,才能确定合理、精确的成本估算,实际可行的任务分解以及可管理的进度安排。

项目的目标标明了软件项目的目的但不涉及如何去达到这些目的。范围标明了软件要实现的基本功能,并尽量以定量的方式界定这些功能。候选的解决方案虽然涉及方案细节不多,但有了方案,管理人员和技术人员就能够据此选择一种"好的"方法,给出诸如交付期限、预算、个人能力、技术界面及其他许多因素所构成的限制。

2. 制订项目计划

制订计划的任务包括:

(1) 估算所需要的人力(通常以人月为单位)、项目持续时间(以年份或月份为单位)、成本(以元为单位)。

(2) 做出进度安排,分配资源,建立项目组织及任用人员(包括人员的地位、作用、职责、规章制度等),根据规模和工作量估算分配任务。

(3) 进行风险分析,包括风险识别、风险估计、风险优化、风险驾驭策略、风险解决和风险监督。这些步骤贯穿在软件工程过程中。

(4) 制定质量管理指标:如何识别定义好的任务?管理人员对结束时间如何掌握,并如何识别和监控关键路径以确保结束?对进展如何度量,以及如何建立分隔任务的里程碑?

(5) 编制预算和成本。

(6) 准备环境和基础设施等。

3. 计划的追踪和控制

一旦建立了进度安排,就可以开始着手追踪和控制活动。由项目管理人员负责在过程执行时监督过程的实施,提供过程进展的内部报告,并按合同规定向需方提供外部报告。对于在进度安排中标明的每一个任务,如果任务实际完成日期滞后于进度安排,则管理人员可以使用一种自动的项目进度安排工具来确定在项目的中间里程碑上进度误期所造成的影响。可对资源重新定向,对任务重新安排,或者(作为最坏的结果)可以修改交付日期以调整已经暴露的问题。用这种方式可以较好地控制软件的开发。

4.评审和评价计划的完成程度

项目管理人员应对计划完成程度进行评审,对项目进行评价,并对计划和项目进行检查,使之在变更或完成后保持完整性和一致性。

5.编写管理文档

项目管理人员根据合同确定软件开发过程是否完成。如果完成,应从完整性方面检查项目完成的结果和记录,并把这些结果和记录编写成文档并存档。

第三节 MIS软件项目开发过程中的项目管理内容

MIS软件项目管理任务与定义的软件过程有关。按照结构化生命周期开发方法,MIS开发的软件过程分系统规划、系统分析、系统设计、系统实施、系统运行与维护等阶段。从项目管理的角度看,一个完整的管理信息系统项目管理通常包括立项、任务分解与定义、制订开发计划、资源需求估算、项目执行、项目收尾、运行管理及项目评价等内容。管理信息系统的开发过程与项目管理内容的对应关系如图6.5所示。

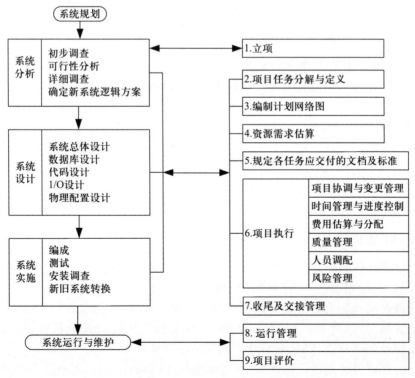

图6.5 MIS的开发过程与项目管理内容的对应关系

从6.5图中可以看出,管理信息系统项目管理的主要内容包括以下几方面。

一、任务分解

任务分解又称任务划分或工作分解,是将整个信息系统的开发工作定义为一组任务的集合,这组任务又进一步划分成若干个子任务,进而形成有层次结构的任务群,使任务责任到人、落实到位、运行高效。

任务分解的方法主要有三种。

1. 按信息系统的结构和功能进行划分

将整个开发系统分为硬件系统、系统软件和应用软件系统。硬件系统包括服务器、工作站和计算机网络环境等,硬件系统的任务有选型方案、购置计划、购置管理和安装调试等;系统软件任务包含网络操作系统、后台数据库管理系统和前台开发平台的选型、购置与安装调试等;应用软件系统的任务可划分为需求分析、总体设计、详细设计、编程、测试、检验标准、质量保证和审查等任务。

2. 按系统开发阶段进行划分

按系统开发阶段进行划分主要是按系统开发的系统分析,系统设计与系统实施阶段划分应完成的任务、技术要求、软硬件系统的支持、标准、人员的组织及责任、质量保证、检验及审查等,同时还可根据完成各阶段任务所需的步骤将这些任务进行更细一步的划分。

3. 两种方法结合起来进行划分

采用这种方法主要是从实际应用考虑,兼顾两种方法的不同特点进行。

在进行任务分解分过程中应特别注意以下两点:

(1)分解任务的数量不宜过多,但也不能过少。过多会引起项目管理的复杂性与系统集成的难度。过少会对项目组成员,特别是任务负责人有较高的要求,从而影响整个系统的开发。因此,应该注意任务细分程度的恰当性。

(2)在任务分解后应该对任务负责人赋予一定的职权,明确责任人的任务、界限、对其他任务的依赖程度、确定约束机制和管理规则。

二、计划安排

根据项目任务分解的结果,估算每一项任务所需的时间及各项任务的先后顺序,然后用计划编制方法(甘特图、网络图等)制订整个信息系统开发计划,并制订任务时间计划表。开发计划可以分解为配置计划、应用软件开发计划、测试和评估计划、验收计划、质量保证计划、系统工程管理计划和项目管理计划等。计划安排还包括培训计划、安装计划和安全保证计划等。

当所有项目计划制订出来后,可以画出任务时间计划表,明确任务的开始时间、结束时间及任务之间的相互依赖关系。这个任务时间计划表可以按照任务的层次形成多张表,系统开发的主要任务可以形成一张表,它是建立所有子任务时间计划表的基础。这些表是所有报告的基础,同时还可以帮助对整个计划实施监控。任务时间计划表的建立可以有多种方法,可以采用表格、图形来表达,也可以使用软件工具,其表达方式取决于实际的应用需求。

三、项目经费管理

项目经费管理的目的是保证在预算范围内完成项目任务,包括估算每项活动的成本,进而对项目的总成本进行预算;项目的资金分配需要按照任务量大小和复杂程度分配适当的可支配资金;在项目实施过程中进行费用控制。

项目经费管理是信息系统项目管理的关键任务,项目经理可以运用经济杠杆来有效地控制整个开发工作,收到事半功倍的效果。在项目管理中,赋予任务负责人一定职责的同时,还要赋予其相应的支配权,并要对其进行适当的控制。

四、项目风险管理

在信息系统开发项目实施过程中,尽管经过前期的可行性研究及一系列管理措施的控制,但其效果一般来说还不能过早确定。有可能达不到预期的目的,费用也可能高出计划,实现时间可能比预期长,硬件和软件的性能可能比预期低等各种不确定性。因此,任何一个信息系统开发项目都应进行风险管理。

五、项目质量管理

项目质量管理是指为使项目能达到用户满意的预先规定的质量要求和标准所进行的一系列管理与控制活动。项目质量管理包括质量规划、安排质量保证措施、设定质量控制点、对每项活动进行质量检查和控制等。

第四节 MIS 软件项目的估算

一、软件生产率和质量的度量

1.软件度量

对软件进行度量,是为了表明软件产品的质量,弄清软件开发人员的生产率,给出使用了新的软件工程方法和工具所得到的(在生产率和质量两方面)的效益,建立项目估算的"基线",帮助调整对新的工具和附加培训的要求。

软件度量分为两类:

(1)直接度量。软件工程过程的直接度量包括所投入的成本和工作量。软件产品的直接度量包括产生的代码行数(LOC)、执行速度、存储量大小、在某种时间周期中所报告的差错数。

(2)间接度量。产品的间接度量则包括功能性、复杂性、效率、可靠性、可维护性和许多其他的质量特性。

只要事先建立特定的度量规程,很容易做到直接度量开发软件所需要的成本和工作量、产生的代码行数等。但是,软件的功能性、效率、可维护性等质量特性却很难用直接度量判明,只有通过间接度量才能推断。

我们可进一步将软件度量如图6.6所示那样分类。软件生产率度量主要关注软件工程过程的结果;软件质量度量则指明了软件适应明确和不明确的用户要求(软件使用合理性)到什么程度;技术度量主要关注软件的一些特性(如逻辑复杂性、模块化程度)而不是软件开发的全过程。

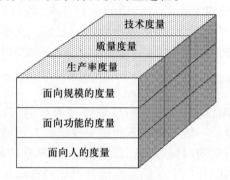

图6.6 软件度量

从图6.6中还可以看到另一种分类方法:面向规模的度量用于收集与直接度量有关的软件工程输出的信息和质量信息;面向功能的度量提供直接度量的尺度;面向人的度量则收集有关人们开发软件所用方式的信息和人们理解有关工具和方法的效率的信息。

2.面向规模的度量

面向规模的度量是对软件和软件开发过程的直接度量。首先需要建立一个如表6.1所列的面向规模的数据表格,记录过去几年完成的每一个软件项目和关于这些项目的相应面向规模的数据。

表6.1 面向规模的度量

项目	工作量/人月	元/千	规模(KLOC)	文档页数	错误数	开发人数
aaa-01	24	168	12.1	365	29	3
ccc-04	62	440	27.2	1224	86	5
fff-03	43	314	17.5	1050	64	6
…	…	…	…	…	…	…

对于每一个项目,可以根据表格中列出的基本数据进行一些简单的面向规模的生产率和质量的度量。例如,可以根据表6.1对所有的项目计算出平均值:

生产率=KLOC/PM(人月)　　　　　成本=元/LOC

质量=错误数/KLOC　　　　　　文档=文档页数/KLOC

3.面向功能的度量

面向功能的软件度量是对软件和软件开发过程的间接度量。面向功能度量的关注点在于程序的"功能性"和"实用性",而不是对 LOC 计数。一种典型的生产率度量法称为功能点度量,该方法利用软件信息域中的一些计数度量和软件复杂性估计的经验关系式而导出功能点(Function Points,FPs)。

功能点通过填写表 6.2 所列的表格来计算。首先确定五个信息域的特征,并在表格中相应位置给出计数。信息域的值按照以下方式定义。

(1)用户输入数:各个用户输入是面向不同应用的输入数据,对它们都要进行计数。输入数据应有别于查询数据,它们应分别计数。

(2)用户输出数:各个用户输出是为用户提供的面向应用的输出信息,它们均应计数。这里的输出是指报告、屏幕信息、错误信息等,在报告中的各数据项不应再分别计数。

(3)用户查询数:查询是一种联机输入,它导致软件以联机输出的方式生成某种即时的响应。每一个不同的查询都要计数。

(4)文件数:每一个逻辑主文件都应计数。这里的逻辑主文件,是指逻辑上的一组数据,它们可以是一个大的数据库的一部分,也可以是一个单独的文件。

(5)外部接口数:对所有被用来将信息传送到另一个系统中的机器可读写的接口(即磁带或磁盘上的数据文件)均应计数。

表 6.2　功能点度量的计算

信息域参数	计数		加权因数				加权计数
			简单	中间	复杂		
用户输入数	□□□	×	3	4	6	=	□□□
用户输出数	□□□	×	4	5	7	=	□□□
用户查询数	□□□	×	3	4	6	=	□□□
文件数	□□□	×	7	10	15	=	□□□
外部接口数	□□□	×	5	7	10	=	□□□
总计数							□□□

一旦收集到上述数据,就可以计算出与每一个计数相关的复杂性值。使用功能点方法的机构要自行拟定一些准则以确定一个特定项是简单的、平均的还是复杂的。

计算功能点,使用以下关系式:

$$FP = 总计数 \times [0.65 + 0.01 \times SUM(F_i)] \tag{6.1}$$

其中,总计数是由表 6.2 所得到的所有加权计数项的和;$F_i(i=1,2,\cdots,14)$ 是复杂性校正值,它们应通过逐一回答表 6.3 所提问题来确定。$SUM(F_i)$ 是求和函数。上述等式中的常数和应用于信息域计数的加权因数可经验地确定。

一旦计算出功能点,就可以仿照 LOC 的方式度量软件的生产率、质量和其他属性:

生产率=FP/PM(人月)　　　成本=元/FP

质量=错误数/FP　　　　　　文档=文档页数/FP

表 6.3　计算功能点的校正值

评定每个校正因素的尺度是 0~5

0	1	2	3	4	5
没有影响	偶然的	适中的	普通的	重要的	极重要的

F_i	
1	系统是否需要可靠的备份和恢复?
2	是否需要数据通信?
3	是否有分布式处理的功能?
4	性能是否是关键?
5	系统是否将运行在现有的高度实用化的操作环境中?
6	系统是否要求联机数据项?
7	联机数据项是否要求建立在多重窗口显示或操作上的输入事务?
8	是否联机地更新主文件?
9	输入、输出、文件、查询是否复杂?
10	内部处理过程是否复杂?
11	程序代码是否要设计成可复用的?
12	设计中是否包含变换和安装?
13	系统是否要设计成多种安装形式以安装在不同的机构中?
14	应用系统是否要设计成便于修改和易于用户使用?

功能点度量是为了商用信息系统应用而设计的。Jones 将其扩充,使这种度量可以被用于系统和工程软件应用,称为特征点(Feature Points,FPs)。特征点度量适合于算法复杂性高的应用。实时处理、过程控制、嵌入式软件应用的算法

复杂性都偏高,适于特征点度量。

为了计算特征点,可以像上面描述的那样,对信息域值进行计数和加权。此外,需要对一个新的软件特征"算法"进行计数。可定义算法为"在一个特定计算机程序内所包含的一个有界的计算问题"。如矩阵求逆、二进位串转换为十进制数、处理一个中断等都是算法。计算特征点可使用如表6.4所列的表格。对于每一个度量参数只使用一个权值,并且使用等式(6.1)来计算总的特征点值。

表 6.4　特征点度量的计算

信息域参数	计数		权值		加权计数
用户输入数	□□□	×	4	=	□□□
用户输出数	□□□	×	5	=	□□□
用户查询数	□□□	×	4	=	□□□
文件数	□□□	×	7	=	□□□
外部接口数	□□□	×	7	=	□□□
算法	□□□	×	3	=	□□□
总计数			→		□□□

必须注意,特征点与功能点表示的是同一件事:由软件提供的"功能性"或"实用性"。事实上,对于传统的工程计算或信息系统应用,两种度量会得出相同的 FP 值。在较复杂的实时系统中,特征点计数常常比只用功能点确定的计数高出 20%~35%。

4. 软件质量的度量

质量度量贯穿于软件工程的全过程以及软件交付用户使用之后。在软件交付之前得到的度量提供了一个定量的根据,以做出设计和测试质量好坏的判断。这一类度量包括程序复杂性、有效的模块性和总的程序规模。在软件交付之后的度量则把注意力集中于还未发现的差错数和系统的可维护性方面。特别要强调的是,软件质量的售后度量可向管理者和技术人员表明软件工程过程的有效性达到什么程度。

虽然已经有许多软件质量的度量方法,但事后度量使用得最广泛。它包括正确性、可维护性、完整性和可使用性。Gilb 提出了它们的定义和度量。

(1)正确性:一个程序必须正确地运行,而且还要为它的用户提供某些输出。正确性要求软件执行所要求的功能。对于正确性,最一般的度量是每千代码行(KLOC)的差错数,其中将差错定义为已被证实是不符合需求的缺陷。差错在程序交付用户普遍使用后由程序的用户报告,按标准的时间周期(典型情况是 1

年)进行计数。

(2)可维护性:包括当程序中发现错误时,要能够很容易地修正它;当程序的环境发生变化时,要能够很容易地适应之;当用户希望变更需求时,要能够很容易地增强它。还没有一种方法可以直接度量可维护性,因此必须采取间接度量。有一种简单的面向时间的度量,称为平均变更等待时间(Mean Time To Change, MTTC)。这个时间包括开始分析变更要求、设计合适的修改、实现变更并测试它,以及把这种变更发送给所有的用户。一般地,一个可维护的程序与那些不可维护的程序相比,应有较低的 MTTC(对于相同类型的变更)。

(3)完整性:这个属性度量一个系统抗拒对它的安全性攻击(事故的和人为的)的能力。软件的所有三个成分:程序、数据和文档都会遭到攻击。

为了度量完整性,需要定义两个附加的属性:危险性和安全性。危险性是特定类型的攻击将在一给定时间内发生的概率,它可以被估计或从经验数据中导出。安全性是排除特定类型攻击的概率,它也可以被估计或从经验数据中导出。一个系统的完整性可定义为

$$完整性 = \sum (1 - 危险性 \times (1 - 安全性))$$

其中,对每一个攻击的危险性和安全性都进行累加。

(4)可使用性:即用户友好性。如果一个程序不具有"用户友好性",即使它所执行的功能很有价值,也常常会失败。可使用性力图量化"用户友好性",并依据以下四个特征进行度量:

① 为学习系统所需要的体力上的和智力上的技能;
② 为达到适度有效使用系统所需要的时间;
③ 当软件被某些人适度有效地使用时所度量的在生产率方面的净增值;
④ 用户角度对系统的主观评价(可以通过问题调查表得到)。

二、软件项目的估算

在做软件估算时往往存在某些不确定性,这将使得软件项目管理人员无法正常进行管理。因为估算是所有其他项目计划活动的基石,且项目计划又为软件工程过程提供了工作方向,所以我们不能没有计划就开始着手开发,否则将会陷入盲目性。

1.估算

估算资源、成本和进度时需要经验、有用的历史信息、足够的定量数据和做定量度量的勇气。估算本身带有风险。增加风险的各种因素如图 6.7 所示。图中的轴线表示被估算项目的特征。

项目的复杂性对于增加软件估算的不确定性影响很大。复杂性越高,估算

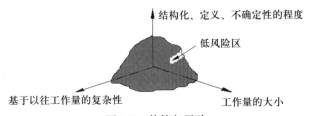

图 6.7　估算与风险

的风险就越高。但是,复杂性是相对度量,它与项目参加人员的经验有关。例如,一个实时系统的开发,对于过去仅做过批处理应用项目的软件开发组来说是非常复杂的,但对于一个过去开发过许多高速过程控制软件的软件小组来说可能就是很容易的了。此外,这种度量一般用在设计或编码级,而在软件计划时(设计和代码存在之前)使用就很困难。因此,可以在计划过程的早期建立其他较为主观的复杂性评估,如功能点复杂性校正因素。

项目的规模对于软件估算的精确性和功效影响也比较大。因为随着软件规模的扩大,软件元素之间的相互依赖、相互影响程度迅速增加,因而估算的一个重要方法——问题分解会变得更加困难。由此可知,项目的规模越大,开发工作量越大,估算的风险越高。

项目的结构化程度也影响项目估算的风险。所谓结构性是指功能分解的简便性和处理信息的层次性。结构化程度的提高,进行精确估算的能力就能提高,而风险将减少。

历史信息的有效性也影响估算的风险。回顾过去,就能够仿效做过的事,且改进出现问题的地方。在对过去的项目进行综合的软件度量之后,就可以借用来比较准确地进行估算,安排进度以避免重走过去的弯路,而总的风险也减少了。

风险靠对不确定性程度定量地进行估算来度量,此外,如果对软件项目的作用范围还不十分清楚,或者用户的要求经常变更,都会导致对软件项目所需资源、成本、进度的估算频频变动,增加估算的风险。计划人员应当要求在软件系统的规格说明中给出完备的功能、性能、接口的定义。更重要的是,计划人员和用户都应认识到经常改变软件需求意味着在成本和进度上的不稳定性。

2.软件的范围

软件项目计划第一项活动就是确定软件的范围。应当从管理角度和技术角度出发,确定明确的和可理解的项目范围,明确地给出定量的数据(如同时使用该软件的用户数目、发送表格的长短、最大允许响应时间等),指明约束条件和限制(如存储容量)。此外,还要叙述某些质量因素(如给出的算法是否容易理解、是否使用高级语言等)。

软件范围包括功能、性能、限制、接口和可靠性。在估算开始之前,应对软件的功能进行评价,并对其进行适当的细化以便提供更详细的细节。由于成本和进度的估算都与功能有关,因此常常采用某种程度的功能分解。性能的考虑包括处理和响应时间的需求。约束条件则标识外部硬件、可用存储或其他现有系统对软件的限制。

功能、性能和约束必须在一起进行评价。当性能限制不同时,为实现同样的功能,开发工作量可能相差一个数量级。功能、性能和约束是密切联系在一起的。

软件与其他系统元素是相互作用的。计划人员要考虑每个接口的性质和复杂性,以确定对开发资源、成本和进度的影响。接口的概念可解释为:

(1)运行软件的硬件(如处理机与外设)及间接受软件控制的设备(如机器、显示器)。

(2)必须与新软件链接的现有的软件(如数据库存取例程、子程序包、操作系统)。

(3)通过终端或其他输入/输出设备使用该软件的人。

(4)该软件运行前后的一系列操作过程。

对于每一种情况,都必须清楚地了解通过接口的信息转换。

软件范围最不明确的方面就是可靠性的讨论。软件可靠性的度量已经存在,但它们在项目的这个阶段难得用上。因此,可以按照软件的一般性质规定一些具体的要求以保证它的可靠性。

3.软件开发中的资源

软件项目计划的第二个任务是对完成该软件项目所需的资源进行估算。图6.8把软件开发所需的资源画成一个金字塔,在塔的底部有现成的用以支持软件开发的工具——硬件及软件工具,在塔的高层是最基本的资源——人。通常,对每一种资源,应说明四个特性:资源的描述、资源的有效性说明、资源在何时开始需要、使用资源的持续时间。最后两个特性统称为时间窗口。对每一个特定的时间窗口,在开始使用它之前就应说明它的有效性。

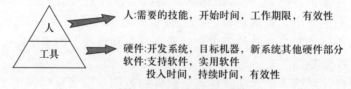

图6.8 软件开发所需的资源

1)人力资源

在考虑各种软件开发资源时,人是最重要的资源。在安排开发活动时必须考虑人员的技术水平、专业、人数，以及在开发过程各阶段中对各种人员的需要。

计划人员根据范围估算，选择为完成开发工作所需要的技能，并在组织状况（如管理人员、高级软件工程师等）和专业（如通信、数据库、微机等）两方面做出安排。

对于一些规模较小的项目（1个人年或者更少），只要向专家做些咨询，也许一个人就可以完成所有的软件工程步骤。对一些规模较大的项目，在整个软件生存期中，各种人员的参与情况是不一样的。图6.9画出了各类不同的人员随开发工作的进展在软件工程各个阶段的参与情况的典型曲线。

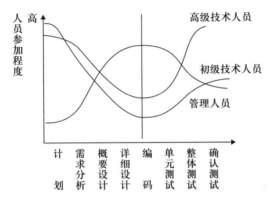

图6.9 管理人员与技术人员的参与情况

一个软件项目所需要的人数只能在对开发的工作量做出估算之后才能决定。

2）硬件资源

硬件是作为软件开发项目的一种工具而投入的，可考虑三种硬件资源：

（1）宿主机（Host Machine）——软件开发时使用的计算机及外围设备。

（2）目标机（Target Machine）——运行已开发成功软件的计算机及外围设备。

（3）其他硬件设备——专用软件开发时需要的特殊硬件资源。

宿主机连同必要的软件工具构成一个软件开发系统。通常这样的开发系统能够支持多种用户的需要，且能保持大量的由软件开发小组成员共享的信息。但在许多情况下，除了那些很大的系统之外，不一定非要配备专门的开发系统。因此，所谓硬件资源，可以认为是对现存计算机系统的使用，宿主机与目标机可以是同一种机型。

可以定义系统中其他的硬件元素为软件开发的资源。例如，在开发自动排版软件的过程中，可能需要一台照相排版机。所有硬件元素都应当由计划人员指定。

3）软件资源

软件在开发期间使用了许多软件工具来帮助软件的开发。软件工程人员使用在许多方面都类似于硬件工程人员所使用的 CAD/CAE 工具的软件工具集。这种软件工具集称为计算机辅助软件工程(CASE)。主要的软件工具可做以下分类：

（1）业务系统计划工具——业务系统计划工具借助特定的"元语言"建立一个组织的战略信息需求的模型，导出特定的信息系统。这些工具要解答一些简单但重要的问题。例如，业务关键数据从何处来？这些信息又向何处去？如何使用它们？当它们在业务系统中传递时又如何变换？要增加什么样的新信息？

（2）项目管理工具——项目管理人员使用这些工具可生成关于工作量、成本及软件项目持续时间的估算。定义开发策略及达到这一目标的必要的步骤。计划可行的项目进程安排，以及持续地跟踪项目的实施。此外，管理人员还可使用工具收集建立软件开发生产率和产品质量的那些度量数据。

（3）支持工具——支持工具可以分类为文档生成工具、网络系统软件、数据库、电子邮件、通报板，以及在开发软件时控制和管理所生成信息的配置管理工具。

（4）分析和设计工具——分析和设计工具可帮助软件技术人员建立目标系统的分析模型和设计模型。这些工具还帮助人们进行模型质量的评价。它们靠对每一个模型进行执行一致性和有效性的检验，帮助软件技术人员在错误扩散到程序中之前排除之。

（5）编程工具——系统软件实用程序、编辑器、编译器及调试程序都是 CASE 中必不可少的部分。而除这些工具之外，还有一些新的编程工具。面向对象的程序设计工具、第四代程序生成语言、高级数据库查询系统，及一大批 PC 工具（如表格软件）。

（6）组装和测试工具——测试工具为软件测试提供了各种不同类型和级别的支持。有些工具，如路径覆盖分析器为测试用例设计提供了直接支持，并在测试的早期使用。其他工具，像自动回归测试和测试数据生成工具，在组装和确认测试时使用，它们能帮助减少在测试过程中所需要的工作量。

（7）原型化和模拟工具——原型化和模拟工具是一个很大的工具集，它包括的范围从简单的窗口画图到实时嵌入系统时序分析与规模分析的模拟产品。原型化工具把注意力集中在建立窗口和为使用户能够了解一个信息系统或工程应用的输入/输出域而提出的报告。使用模拟工具可建立嵌入式的实时应用，如为一架飞机建立航空控制系统的模型。在系统建立之前，可以对用模拟工具建立起来的模型进行分析,对系统的运行时间性能进行评价。

(8)维护工具——维护工具可以帮助分解一个现存的程序并帮助软件技术人员理解这个程序。软件技术人员必须利用直觉、设计观念和人的智慧来完成逆向工程过程及再工程。

(9)框架工具——这些工具能够提供一个建立集成项目支撑环境(IPSE)的框架。在多数情况,框架工具实际提供了数据库管理和配置管理的能力与一些实用工具,能够把各种工具集成到 IPSE 中。

4)软件复用性及软件构件库

为了促成软件的复用,以提高软件的生产率和软件产品的质量,可建立可复用的软件部件库。根据需要,对软件部件稍做加工,就可以构成一些大的软件包。这要求这些软件部件应加以编目,以利引用,并进行标准化和确认,以利于应用和集成。

在使用这些软件部件时,有两种情况必须加以注意:

(1)如果有现成的满足要求的软件,应当设法搞到它。因为搞到一个现成的软件所花的费用比重新开发一个同样的软件所花的费用少得多。

(2)如果对一个现存的软件或软件部件,必须修改它才能使用。这时必须多加小心,谨慎对待,因为修改时可能会引出新的问题。而修改一个现存软件所花的费用有时会大于开发一个同样软件所花的费用。

4.分解技术

当一个待解决的问题过于复杂时,可以把它进一步分解,直到分解后的子问题变得容易解决为止。然后,分别解决每一个子问题,并将这些子问题的解答综合起来,从而得到原问题的解答。通常,这是我们解决复杂问题的最自然的一种方法。

软件项目估算是一种解决问题的形式,在多数情况下,要解决的问题(对于软件项目来说,就是成本和工作量的估算)非常复杂,想一次性整体解决比较困难。因此,对问题进行分解,把其分解成一组较小的接近于最终解决的可控的子问题,再定义它们的特性。

1)LOC 和 FP 估算

LOC 和 FP 是两个不同的估算技术。但两者有许多共同特性。项目计划人员首先给出一个有界的软件范围的叙述,再由此叙述把软件分解成一些小的可分别独立进行估算的子功能。然后对每一个子功能估算其 LOC 或 FP(即估算变量)。接着,把根据以往完成项目得到的(基线)生产率度量(如 LOC/PM 或 FP/PM)用作特定的估算变量,导出子功能的成本或工作量。将子功能的估算进行综合后就能得到整个项目的总估算。

LOC 或 FP 估算技术对于分解所需要的详细程度是不同的。当用 LOC 作为估算变量时,功能分解是绝对必要的且需要达到很详细的程度。而估算功能点所需要的数据是宏观的量,当把 FP 当作估算变量时所需要的分解程度不很详细。

应注意,LOC 是直接估算的,而 FP 是通过估计输入、输出、数据文件、查询和外部接口的数目,以及在表 6.3 中描述的 14 种复杂性校正值间接地确定的。

计划人员可对每一个分解的功能提出一个有代表性的估算值范围。利用历史数据或凭实际经验,对每个功能分别按最佳的、可能的、悲观的三种情况给出 LOC 或 FP 估计值。记作 a、m、b。当这些值的范围被确定之后,也就隐含地指明了估计值的不确定程度。接着计算 LOC 或 FP 的期望值 E。

$$E = (a + 4m + b)/6 \qquad (加权平均)$$

确定了估算变量的期望值,就可以用作 LOC 或 FP 的生产率数据。

作为 LOC 和 FP 估算技术的一个实例,考察一个为计算机辅助设计(CAD)应用而开发的软件包。在这个实例中,使用 LOC 作为估算变量。

根据对软件范围的叙述,对软件功能进行分解,识别出主要的几个功能:用户界面和控制功、二维几何分析、三维几何分析、数据库管理、计算机图形显示功能、外设控制以及设计分析模块。通过下述的分解技术,可得到如表 6.5 所列的估算表。

表 6.5 估算表

功能	a 最佳值	m 可能值	b 悲观值	E 期望值	每行成本/ (元/行)	生产率/ (行/PM)	成本/ 元	工作量/ PM
用户接口控制	1800	2400	2650	2340	14	315	32760	7.4
二维几何造型	4100	5200	7400	5380	20	220	107600	24.4
三维几何造型	4600	6900	8600	6800	20	220	136000	30.9
数据库管理	2950	3400	3600	3350	18	240	60300	13.9
终端图形显示	4050	4900	6200	4950	22	200	108900	24.7
外部设备控制	2000	2100	2450	2140	28	140	59920	15.2
设计分析	6600	8500	9800	8400	18	300	151200	28.0
总计				33360			656680	144.5

表 6.5 中给出了 LOC 的估算范围。计算出的各功能的期望值放入表中的第 4 列。然后对该列垂直求和,得到该 CAD 系统的 LOC 估算值 33360。

从历史数据求出生产率度量和每行成本,即行/PM 和元/行。在表中的成本和工作量这两列的值分别用 LOC 的期望值 E 与元/行相乘,及用 LOC 的期望值 E 与行/PM 相除得到。因此可得,该项目总成本的估算值为 657000 元,总工作量的估算值为 145 人月(PM)。

2)工作量估算

每一项目任务的解决都需要花费若干人日、人月或人年。每一个工作量单位都对应于一定的货币成本,从而可以由此做出成本估算。

类似于 LOC 或 FP 技术,工作量估算开始于从软件项目范围抽出软件功能。接着给出为实现每一软件功能所必须执行的一系列软件工程任务,包括需求分析、设计、编码和测试。表 6.6 中的表格部分表示各个软件功能和相关的软件工程任务。

计划人员针对每一软件功能,估算完成各个软件工程任务所需要的工作量(如人月),并记在表 6.6 表格的中心部分。同时,把劳动费用率(即单位工作量成本)加到每个软件工程任务上。最后,计算每一个功能及软件工程任务的工作量和成本。如果工作量估算不依赖 LOC 或 FP 估算,那么,就可得到两组能进行比较和调和的成本与工作量估算。如果这两组估算值合理地一致,则估算值是可靠的;如果估算的结果不一致,就有必要做进一步的检查与分析。

以上面所介绍的 CAD 软件为例,列出它的一个完全的工作量估算表(表 6.7)。表中对每一个软件功能提供了用人月(PM)表示的每一项软件工程任务的工作量估算值。横向和纵向的总计给出所需要的工作量。

表 6.6　工作量矩阵

功能	任务				总计
				工作量估算(人月)	
总计					
费用率/元					
成本/元					

表 6.7　工作量估算表

功能＼任务	需求分析	设计	编码	测试	总计
用户接口控制	1.0	2.0	0.5	3.5	7.0
二维几何造型	2.0	10.0	4.5	9.5	26.0

续表

功能＼任务	需求分析	设计	编码	测试	总计
三维几何造型	2.5	12.0	6.0	11.0	31.5
数据库管理	2.0	6.0	3.0	4.5	15.0
图形显示功能	1.5	11.0	4.0	10.5	27.5
外设控制功能	1.5	6.0	3.5	5.0	16.0
设计分析功能	4.0	14.0	5.0	7.0	30.0
总计	14.5	61.0	26.5	50.5	152.5（总工作量估算）
费用率/元	5200	4800	4250	4500	
成本/元	75400	292800	112625	227250	708075（总成本估算）

注：除特别指出外，工作量都按人月（PM）估算

与每个软件工程任务相关的劳动费用率记入表中费用率（元）这一行，这些数据反映了"负担"的劳动成本，即包括公司开销在内的劳动成本。

如果工作量估算法与LOC估算法所得结果之间的一致性很差，就必须重新确定估算所使用的信息。如果要追寻产生差距的原因，不外乎以下两个原因之一：

（1）计划人员没有充分了解或误解了项目的范围。

（2）用于LOC估算的生产率数据不适合于本项目，过时了（即使用这些数据不能正确反映软件开发机构的情况），或者是误用了。

计划人员必须确定产生差距的原因再来协调估算结果。

三、软件开发成本估算

软件开发成本主要是指软件开发过程中所花费的工作量及相应的代价。它不同于其他物理产品的成本，它不包括原材料和能源的消耗，主要是人的劳动消耗。人的劳动消耗所需代价就是软件产品的开发成本。另外，软件产品开发成本的计算方法不同于其他物理产品成本的计算。软件产品不存在重复制造过程，它的开发成本是以一次性开发过程所花费的代价来计算的。因此软件开发成本的估算，应是从软件计划、需求分析、设计、编码、单元测试、组装测试到确认测试，整个软件开发全过程所花费的代价作为依据的。

1. 软件开发成本估算方法

对于一个大型的软件项目，要进行一系列的估算处理。主要靠分解和类推的手段进行。基本估算方法分为三类。

(1)自顶向下的估算方法。这种方法的主要思想是从项目的整体出发,进行类推。即估算人员根据以前已完成项目所消耗的总成本(或总工作量),来推算将要开发的软件的总成本(或总工作量),然后按比例将它分配到各开发任务单元中去。

这种方法的优点是估算工作量小,速度快。缺点是对项目中的特殊困难估计不足,估算出来的成本盲目性大,有时会遗漏被开发软件的某些部分。

(2)自底向上的估计法。这种方法的主要思想是把待开发的软件细分,直到每一个子任务都已经明确所需要的开发工作量,然后把它们加起来,得到软件开发的总工作量。这是一种常见的估算方法。它的优点是估算各个部分的准确性高。缺点是缺少各项子任务之间相互联系所需要的工作量,还缺少许多与软件开发有关的系统级工作量(配置管理、质量管理、项目管理)。所以往往估算值偏低,必须用其他方法进行检验和校正。

(3)差别估计法。这种方法综合了上述两种方法的优点,其主要思想是把待开发的软件项目与过去已完成的软件项目进行类比,从其开发的各个子任务中区分出类似的部分和不同的部分。类似的部分按实际量进行计算,不同的部分则采用相应的方法进行估算。这种的方法的优点是可以提高估算的准确程度,缺点是不容易明确"类似"的界限。

2.专家判定技术

专家判定技术就是由多位专家进行成本估算。由于单独一位专家可能会有种种偏见,譬如有乐观的、悲观的、要求在竞争中取胜的、让大家都高兴的种种愿望及政治因素等。因此,最好由多位专家进行估算,取得多个估算值。Rand 公司提出 Delphi 技术,作为统一专家意见的方法。用 Delphi 技术可得到极为准确的估算值。

Delphi 技术的步骤是:

(1)组织者发给每位专家一份软件系统的规格说明书(略去名称和单位)和一张记录估算值的表格,请他们进行估算。

(2)专家详细研究软件规格说明书的内容,对该软件提出三个规模的估算值,即

a_i——该软件可能的最小规模(最少源代码行数);

m_i——该软件最可能的规模(最可能的源代码行数);

b_i——该软件可能的最大规模(最多源代码行数)。

无记名地填写表格,并说明做此估算的理由。在填表的过程中,专家互相不进行讨论但可以向组织者提问。

(3)组织者对专家们填在表格中的答复进行整理,做以下事情:

①计算各位专家(序号为 $i, i=1,2,\cdots,n$,共 n 位专家)的估算期望值 E_i,并

综合各位专家估算值的期望中值 E：

$$E_i = \frac{a_i + 4m_i + b_i}{6}$$

$$E = \frac{1}{n}\sum_{i=1}^{n} E_i$$

②对专家的估算结果进行分类摘要。

（4）在综合专家估算结果的基础上，组织专家再次无记名地填写表格，然后比较两次估算的结果。若差异很大，则要通过查询找出差异的原因。

（5）上述过程可重复多次。最终可获得一个得到多数专家共识的软件规模（源代码行数）。在此过程中不得进行小组讨论。

最后，通过与历史资料进行类比，根据过去完成软件项目的规模和成本等信息，推算出该软件每行源代码所需要的成本。然后再乘以该软件源代码行数的估算值，就可得到该软件的成本估算值。

此方法的缺点是人们无法利用其他参加者的估算值来调整自己的估算值。宽带 Deiphi 技术克服了这个缺点。在专家正式将估算值填入表格之前，由组织者召集小组会议，专家们与组织者一起对估算问题进行讨论，然后专家们再无记名填表。组织者对各位专家在表中填写的估算值进行综合和分类后，再召集会议，请专家们对其估算值有很大变动之处进行讨论，请专家们重新无记名填表。这样适当重复几次，得到比较准确的估计值。

由于增加了协商的机会，集思广益，使得估算值更趋于合理。

3. 软件开发成本估算的早期经验模型

软件开发成本估算是依据开发成本估算模型进行估算的。开发成本估算模型通常采用经验公式来预测软件项目计划所需要的成本、工作量和进度数据。还没有一种估算模型能够适用于所有的软件类型和开发环境，从这些模型中得到的结果必须慎重使用。

1）IBM 模型

1977 年，IBM 的 Walston 和 Felix 提出了以下的估算公式：

$E = 5.2 \times L^{0.91}$，L 是源代码行数（以 KLOC 计），E 是工作量（以 PM 计）

$D = 4.1 \times L^{0.36} = 14.47 \times E^{0.35}$，$D$ 是项目持续时间（以月计）

$S = 0.54 \times E^{0.6}$，S 是人员需要量（以人计）

$DOC = 49 \times L^{1.01}$。DOC 是文档数量（以页计）

在此模型中，一般指一条机器指令为一行源代码。一个软件的源代码行数不包括程序注释、作业命令、调试程序在内。对于非机器指令编写的源程序，如汇编语言或高级语言程序，应转换成机器指令源代码行数来考虑。

IBM模型是一个静态单变量模型,但不是一个通用的公式。在应用中有时要根据具体实际情况,对公式中的参数进行修改。这种修改必须拥有足够的历史数据,在明确局部的环境之后才能做出。

2) Putnam 模型

这是 1978 年 Putnam 提出的模型,是一种动态多变量模型。它是假设在软件开发的整个生存期中工作量有特定的分布。这种模型是依据在一些大型项目(总工作量达到或超过 30 个人年)中收集到的工作量分布情况而推导出来的,但也可以应用在一些较小的软件项目中。

Putnam 模型可以导出一个"软件方程",把已交付的源代码(源语句)行数与工作量和开发时间联系起来。其中,td 是开发持续时间(以年计),K 是软件开发与维护在内的整个生存期所花费的工作量(以人年计),L 是源代码行数(以 LOC 计),Ck 是技术状态常数,它反映出"妨碍程序员进展的限制",并因开发环境而异。其典型值的选取如表 6.8 所列。

$$L = Ck \cdot K^{\frac{1}{3}} \cdot td^{\frac{4}{3}}$$

表 6.8　技术状态常数 Ck 的取值

Ck 的典型值	开发环境	开发环境举例
2000	差	没有系统的开发方法,缺乏文档和复审,批处理方式
8000	好	有合适的系统开发方法,有充分的文档和复审,交互执行方式
11000	优	有自动开发工具和技术

4.COCOMO 模型(Constructive Cost Model)

COCOMO 模型是由 TRW 公司开发。Boehm 提出的结构型成本估算模型是一种精确、易于使用的成本估算方法。在该模型中使用的基本量有以下几个:DSI(源指令条数)定义为代码或卡片形式的源程序行数。若一行有两个语句,则算作一条指令。它包括作业控制语句和格式语句,但不包括注释语句。KDSI = 1000DSI。MM(度量单位为人月)表示开发工作量。TDEV(度量单位为月)表示开发进度。它由工作量决定。

1)软件开发项目的分类

在 COCOMO 模型中,考虑开发环境,软件开发项目的总体类型可分为三种:组织型(Organic)、嵌入型(Embedded)和介于上述两种软件之间的半独立型(Semidetached)。

2)COCOMO 模型的分类

COCOMO 模型按其详细程度分成三级:即基本 COCOMO 模型、中间

COCOMO 模型、详细 COCOMO 模型。基本 COCOMO 模型是一个静态单变量模型,它用一个以已估算出来的源代码行数(LOC)为自变量的(经验)函数来计算软件开发工作量。中间 COCOMO 模型则在用 LOC 为自变量的函数计算软件开发工作量(此时称为名义工作量)的基础上,再用涉及产品、硬件、人员、项目等方面属性的影响因素来调整工作量的估算。详细 COCOMO 模型包括中间 COCOMO 模型的所有特性,但用上述各种影响因素调整工作量估算时,还要考虑对软件工程过程中每一步骤(分析、设计等)的影响。

3) 基本 COCOMO 模型

基本 COCOMO 模型的工作量和进度公式如表 6.9 所列。

表 6.9 基本 COCOMO 模型的工作量和进度公式

总体类型	工作量	进度
组织型	$MM = 2.4(KDSI)^{1.05}$	$TDEV = 2.5(MM)^{0.38}$
半独立型	$MM = 3.0(KDSI)^{1.12}$	$TDEV = 2.5(MM)^{0.35}$
嵌入型	$MM = 3.6(KDSI)^{1.20}$	$TDEV = 2.5(MM)^{0.32}$

利用上面公式,可求得软件项目,或分阶段求得各软件任务的开发工作量和开发进度。

4) 中间 COCOMO 模型

进一步考虑以下 15 种影响软件工作量的因素,通过定下乘法因子,修正 COCOMO 工作量公式和进度公式,可以更合理地估算软件(各阶段)的工作量和进度。

中间 COCOMO 模型的名义工作量与进度公式如表 6.10 所列。

表 6.10 中间 COCOMO 模型的名义工作量与进度公式

总体类型	工作量	进度
组织型	$MM = 3.2(KDSI)^{1.05}$	$TDEV = 2.5(MM)^{0.38}$
半独立型	$MM = 3.0(KDSI)^{1.12}$	$TDEV = 2.5(MM)^{0.35}$
嵌入型	$MM = 2.8(KDSI)^{1.20}$	$TDEV = 2.5(MM)^{0.32}$

对 15 种影响软件工作量的因素 f_i 按等级打分,如表 6.11 所列。此时,工作量计算公式改成:

$$MM = r \times \prod_{i=1}^{15} f_i \times (KDSI)^c$$

表 6.11 15 种影响软件工作量的因素 f_i 的等级分

工作量因素 f_i		非常低	低	正常	高	非常高	超高
产品因素	软件可靠性	0.75	0.88	1.00	1.15	1.40	
	数据库规模		0.94	1.00	1.08	1.16	
	产品复杂性	0.70	0.85	1.00	1.15	1.30	1.65
计算机因素	执行时间限制			1.00	1.11	1.30	1.66
	存储限制			1.00	1.06	1.21	1.56
	虚拟机易变性		0.87	1.00	1.15	1.30	
	环境周转时间		0.87	1.00	1.07	1.15	
人的因素	分析员能力		1.46	1.00	0.86	0.71	
	应用论域实际经验	1.29	1.13	1.00	0.91	0.82	
	程序员能力	1.42	1.17	1.00	0.86	0.70	
	虚拟机使用经验	1.21	1.10	1.00	0.90		
	程序语言使用经验	1.41	1.07	1.00	0.95		
项目因素	现代程序设计技术	1.24	1.10	1.00	0.91	0.82	
	软件工具的使用	1.24	1.10	1.00	0.91	0.83	
	开发进度限制	1.23	1.08	1.00	1.04	1.10	

注:这里所谓的虚拟机是指为完成某一个软件任务所使用的硬、软件的结合

5)详细 COCOMO 模型

详细 COCOMO 模型的名义工作量公式和进度公式与中间 COCOMO 模型相同,但分层、分阶段给出工作量因素分级表(类似于表 6.11)。针对每一个影响因素,按模块层、子系统层、系统层,有三张不同的工作量因素分级表,供不同层次的估算使用。每一张表中工作量因素又按开发各个不同阶段给出。

例如,关于软件可靠性(RELY)要求的工作量因素分级表(子系统层),如表 6.12 所列。使用这些表格,可以比中间 COCOMO 模型更方便、更准确地估算软件开发工作量。

表 6.12 软件可靠性工作量因素分级表(子系统层)

RELY 级别 \ 阶段	需求和产品设计	详细设计	编码及单元测试	集成及测试	综合
非常低	0.80	0.80	0.80	0.60	0.75

续表

阶段 RELY级别	需求和产品设计	详细设计	编码及单元测试	集成及测试	综合
低	0.90	0.90	0.90	0.80	0.88
正常	1.00	1.00	1.00	1.00	1.00
高	1.10	1.10	1.10	1.30	1.15
非常高	1.30	1.30	1.30	1.70	1.40

四、成本—效益分析

成本—效益分析的目的,是从经济角度评价开发一个新的软件项目是否可行。

成本—效益分析首先是估算新软件系统的开发成本,然后与可能取得的效益(有形的和无形的)进行比较权衡。有形的效益可以用货币的时间价值、投资回收期、纯收入、投资回收率等指标进行度量。无形的效益主要是从性质上、心理上进行衡量,很难直接进行量上的比较。无形的效益在某些情形下会转化成有形的效益。例如,一个高质量的设计先进的软件可以使用户更满意,从而影响到其他潜在的用户也会喜欢它,一旦需要时就会选择购买它,这样使得无形的效益转化成有形的效益。

系统的经济效益等于因使用新系统而增加的收入加上使用新系统可以节省的运行费用。运行费用包括操作员人数、工作时间、消耗的物资等。

1.几种度量效益的方法

1)货币的时间价值

成本估算的目的是要求对项目投资,但投资在前,取得效益在后,因此要考虑货币的时间价值。通常用利率表示货币的时间价值。设年利率为 i,现已存入 P 元,则 n 年后可得钱数为 $F=(1+i)^n$,这就是 P 元钱在 n 年后的价值。反之,若 n 年后能收入 F 元,那么这些钱现在的价值为

$$P = \frac{F}{(1+i)^n}$$

例如,在工程设计中用 CAD 系统来取代大部分人工设计工作,每年可节省 9.6 万元。若软件生存期为 5 年,则 5 年可节省 48 万元。开发这个 CAD 系统共投资了 20 万元。我们不能简单地把 20 万元与 48 万元相比较。因为前者是现

在投资的钱,而后者是 5 年以后节省的钱。需要把 5 年内每年预计节省的钱折合成现在的价值才能进行比较。

设年利率是 5%,利用上面计算货币现在价值的公式,可以算出引入 CAD 系统后,每年预计节省的钱的现在价值,参看表 6.13。

表 6.13 货币的时间价值

年份	将来值/万	$(1+i)^n$	现在值/万	累计的现在值/万
1	9.6	1.05	9.1429	9.1429
2	9.6	1.1025	8.7075	17.8513
3	9.6	1.1576	8.2928	26.1432
4	9.6	1.2155	7.8979	34.0411
5	9.6	1.2763	7.5219	41.5630

2)投资回收期

投资回收期是衡量一个开发工程价值的经济指标。所谓投资回收期就是使累计的经济效益等于最初的投资所需的时间。投资回收期越短,就能越快获得利润。因此这项工程就越值得投资。例如,引入 CAD 系统两年后可以节省17.85万元,比最初的投资还少 2.15 万元,但第三年可以节省 8.29 万元,则 2.15/8.29≈0.259。因此,投资回收期是 2.259 年。

3)纯收入

工程的纯收入是衡量工程价值的另一项经济指标。所谓纯收入就是在整个生存期之内系统的累计经济效益(折合成现在值)与投资之差。例如,引入 CAD 系统之后,5 年内工程的纯收入预计是 41.563−20＝21.563(万元)。这相当于比较投资一个待开发的软件项目后预期可取得的效益和把钱存在银行里(或贷款给其他企业)所取得的收益,到底孰优孰劣。如果纯收入为零,则工程的预期效益与在银行存款一样。但开发一个软件项目有风险,从经济观点看,这项工程可能是不值得投资的。如果纯收入小于零,那么显然这项工程不值得投资。只有当纯收入大于零,才能考虑投资。

4)投资回收率

把钱存在银行里,可以用年利率来衡量利息的多少。类似地,用投资回收率来衡量投资效益的大小。已知现在的投资额 P,并且已经估算出将来每年可以获得的经济效益 F_k,以及软件的使用寿命 n,$k=1,2,\cdots,n$。则投资回收率 j,可用以下的方程来计算:

$$P = \frac{F_1}{(1+j)^1} + \frac{F_2}{(1+j)^2} + \frac{F_3}{(1+j)^3} + \cdots + \frac{F_n}{(1+j)^n}$$

这相当于把数额等于投资额的资金存入银行,每年年底从银行取回的钱等于系统每年预期可以获得的效益。在时间等于系统寿命时,正好把在银行中的钱全部取光。此时的年利率是多少呢?就等于投资回收率。

2.成本—效益的分析

系统的效益分析随系统的特性而异。大多数数据处理系统的基本目标是开发具有较大信息容量、更高的质量、更及时、组织得更好的系统。因此,效益集中在信息存取和它对用户环境的影响上面。与工程—科学计算软件及基于微处理器的产品相关的效益在本质上可能不大相同。

新系统的效益与系统的工作方式有关。仍以前面所说的代替人工设计过程的计算机辅助设计(CAD)系统为例。分析员对现行系统(人工设计)和待开发系统(CAD)定义可度量的特性,选定产生最终详细图纸的时间 t-draw 作为一个可度量的特性。且分析员发现,CAD 系统产生的缩减比为 1/4。为进一步量化这种效益,应确定以下数据:t-draw:平均绘图时间=4h;c:每绘图一小时的成本=20.00 元;n:每年绘图的数量=8000;p:CAD 系统中已完成绘图的百分比=60%。利用以上已知数据,每年节省费用的估算值,即所得到的效益为:节省的绘图费用=缩减比 $* t$-draw $* n * c * p$=96000 元/年。

其他由 CAD 系统而得到的有形效益将以类似的方式进行处理。而无形效益(如较好的设计质量、较高的雇员素质)可以被赋予货币价值。

软件系统开发的成本如表 6.14 所列。

表 6.14 信息系统可能的费用

	咨询费	实际设备购置或租用设备费
筹办费用	设备安装费	设备场所改建费(空调、安全设施等)
	资本	与筹办相关的管理和人员的费用
	操作系统软件的费用	通信设备安装费用(电话线、数据线等)
开办费用	开办人员的费用	人员寻找与聘用活动所需的费用
	破坏其他机构所需的费用	指导开办活动所需的管理费用
	应用软件购置费	为适应局域系统修改软件的费用
与项目有关的费用	公司内应用系统开发所需的人员工资、经常性开销等	数据收集和建立数据收集过程所需的费用
	准备文档所需的费用	培训用户人员使用应用系统的费用
	开发管理费	

续表

运行费用	系统维护费用（硬件、软件和设备）	租借费用（电费、电话费等）
	硬件折旧费	信息系统管理、操作及计划活动中涉及人员的费用

分析员可以估算每一项的成本，然后用开发费用和运行费用来确定投资的偿还、损益两平点和投资回收期。图6.9说明了前面所介绍的CAD系统实例的特性。假设每年可节约总费用的估计值为96000元，总开发（或购买）费用为204000元，年度费用估计为32000元。则从图6.10可知，投资回收期大约需要3.1年。实际上，投资的偿还可以用更详细的分析方法来确定，即货币的时间价值、税收的影响及其他潜在的对投资的使用。再把无形的效益考虑在内，上级管理部门就可以决策，在经济上是否值得开发这个系统。

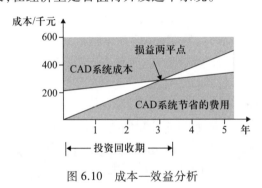

图6.10 成本—效益分析

第五节 MIS软件项目风险分析

风险分析实际上是四个不同的活动：风险识别、风险估计、风险评价和风险驾驭。

一、风险识别

风险识别就是要系统地确定对项目计划（估算、进度、资源分配）的威胁，通过识别已知的或可预测的风险，就可能设法避开风险或驾驭风险。

1.风险类型

用各种不同的方法对风险进行分类是可能的。从宏观上来看，可将风险分为项目风险、技术风险和商业风险。

项目风险威胁到项目计划，一旦项目风险成为现实，可能会拖延项目进度，增加项目的成本。项目风险是指潜在的预算、进度、个人（包括人员和组织）、资源、用户和需求方面的问题,以及它们对软件项目的影响。项目复杂性、规模和结构的不确定性也构成项目的(估算)风险因素。

技术风险威胁到待开发软件的质量和预定的交付时间。如果技术风险成为现实,开发工作可能会变得很困难或根本不可能。技术风险是指潜在的设计、实现、接口、检验和维护方面的问题。此外,规格说明的多义性、技术上的不确定性、技术陈旧、最新技术(不成熟)也是风险因素。技术风险之所以出现是由于问题的解决比我们预想的要复杂。

商业风险威胁到待开发软件的生存能力。五种主要的商业风险是:

(1)建立的软件虽然很优秀但不是市场真正所想要的(市场风险)。
(2)建立的软件不再符合公司的整个软件产品战略(策略风险)。
(3)建立了销售部门不清楚如何推销的软件。
(4)由于重点转移或人员变动而失去上级管理部门的支持(管理风险)。
(5)没有得到预算或人员的保证(预算风险)。

特别要注意,有时对某些风险不能简单地归类,而且某些风险事先是无法预测的。

2.风险项目检查表

识别风险的一种最好的方法就是利用一组提问来帮助项目计划人员了解在项目和技术方面有哪些风险。因此,Boehm 建议使用一个"风险项目检查表",列出所有可能的与每一个风险因素有关的提问。从以下几个方面识别已知的或可预测的风险。

(1)产品规模——与待开发或要修改的软件的产品规模(估算偏差、产品用户、需求变更、复用软件、数据库)相关的风险。

(2)商业影响——与管理和市场所加之的约束(公司收益、上级重视、符合需求、用户水平、产品文档、政府约束、成本损耗、交付期限)有关的风险。

(3)客户特性——与客户的素质(技术素养、合作态度、需求理解)以及开发者与客户定期通信(技术评审、通信渠道)能力有关的风险。

(4)过程定义——与软件过程定义与组织程度以及开发组织遵循的程度相关的风险。

(5)开发环境——与用来建造产品的工具(项目管理、过程管理、分析与设计、编译器及代码生成器、测试与调试、配置管理、工具集成、工具培训、联机帮助与文档)的可用性和质量相关的风险。

(6)建造技术——与待开发软件的复杂性及系统所包含技术的"新颖性"相关的风险。

(7) 人员数量及经验——与参与工作的软件技术人员的总体技术水平(优秀程度、专业配套、数量足够、时间窗口)及项目经验(业务培训、工作基础)相关的风险。

3. 全面评估项目风险

下面的问题是通过调查世界各地有经验的软件项目管理者而得到的风险数据导出的。这些问题根据它们对于项目成功的相对重要性顺序排列。

(1) 高层的软件和客户的管理者是否正式地同意支持该项目？
(2) 终端用户是否热心地支持该项目和将要建立的系统/产品？
(3) 软件工程组和他们的客户对于需求是否有充分的理解？
(4) 客户是否充分地参与了需求定义过程。
(5) 终端用户的期望是否实际？
(6) 项目的范围是否稳定？
(7) 软件工程组是否拥有为完成项目所必需的各种技术人才。
(8) 项目的需求是否稳定？
(9) 项目组是否具有实现目标软件系统的技术基础和工作经验？
(10) 项目组中的人员数量对于执行项目的任务是否足够？
(11) 所有客户是否都一致赞同该项目的重要性并支持将要建立的系统/产品。

只要对这些问题的回答有一个是否定的，就应当制定缓解、监控、驾驭的步骤以避免项目失败。项目处于风险的程度直接与对这些问题否定回答的数目成比例。

4. 风险构成和驱动因素

美国空军在一本关于如何识别和消除风险的手册中给出如何标识影响风险构成的风险驱动因素。风险构成有以下几种：

(1) 性能风险——产品是否能够满足需求且符合其使用目的的不确定的程度。
(2) 成本风险——项目预算是否能够维持的不确定的程度。
(3) 支持风险——软件产品是否易于排错、适应及增强的不确定的程度。
(4) 进度风险——项目进度是否能够维持及产品是否能够按时交付的不确定的程度。

如表 6.15 所列，每个风险驱动因素对风险构成的影响可以划分为四类：可忽略的、边缘的、危急的、灾难的。

表 6.15　影响的评估

类别\构成		性能	支持	成本	进度
灾难的	1	不能满足需求将可能导致任务失败		失误而导致成本增加和进度延迟,预计超支在 $500K 以上	
	2	严重退化以至达不到技术性能要求	无法做出响应或无法支持的软件	严重资金短缺,很可能超出预算	无法达到初始运行能力
危急的	1	不能满足需求将可能使系统性能下降到连任务是否能成功都成了问题		失误而导致运行延迟和/或成本增加,预计超支在 $100K 到 $500K	
	2	技术性能有些降低	在软件修改期间有较小的延迟	资金来源不足,可能超支	可能推迟达到初始运行能力
边缘的	1	不能满足需求将会导致次要任务的退化		成本、影响和/或可恢复的进度滑坡,预计超支在 $1K 到 $100K	
	2	技术性能有很小的降低	能够响应软件支持	有充足的资金来源	实际可达到的进度
可忽略的	1	不能满足需求可能会造成使用不方便或不易操作的影响		失误对成本和/或进度的影响很小。预计超支捕获超过 $1K	
	2	技术性能不会降低	容易实施软件支持	可能低于预算	较早达到初始运行能力

注:1.未检测出的软件错误或故障所产生的潜在后果。
　　2.没有达到预期的成果所产生的潜在后果

二、风险估计

风险估计从两个方面估价每一种风险:一是估计一个风险发生的可能性;二是估价与风险相关的问题出现后将会产生的结果。通常,项目计划人员与管理人员、技术人员一起,进行四种风险估计活动:建立一个尺度来表明风险发生的可能性;描述风险的后果;估计风险对项目和产品的影响;指明风险估计的正确性以便消除误解。

1. 建立风险表

风险表的示例如表 6.16 所列。第 1 列列出风险(不论多么细微),可以利用风险项目检查表的条目来给出。每一个风险在第 2 列加以分类,在第 3 列给出风险发生概率,第 4 列是利用表 6.15 给出的对风险产生影响的评价。这要求对四种风险构成(性能、支持、成本、进度)的影响类别求平均值,得到一个整体的影响值。

表 6.16　风险表

风险		类别	概率	影响	RMMM
规模估算可能非常低	PS	产品规模风险	60%	2	
用户数量大大超过计划	PS	产品规模风险	30%	3	
复用程度低于计划	PS	产品规模风险	70%	2	风险
最终用户抵制该系统	BU	商业风险	40%	3	缓解
交付期限将被紧缩	BU	商业风险	50%	2	监控
资金将会流失	CU	客户特性风险	40%	1	驾驭
用户将改变需求	PS	产品规模风险	80%	2	计划
技术达不到预期的效果	TE	建造技术风险	30%	1	
缺少对工具的培训	DE	开发环境风险	80%	3	
参与人员缺乏经验	ST	人员规模与经验风险	30%	2	
参与人员流动比较频繁	ST	人员规模与经验风险	60%	2	
……					

风险出现概率可以使用从过去项目、直觉或其他信息收集来的度量数据进行统计分析估算出来。例如,由 45 个项目中收集的度量表明,有 37 个项目遇到的用户要求变更次数达到 2 次。作为预测,新项目将遇到的极端的要求变更次数的概率是 $37/45 \approx 0.82$,因而,这是一个极可能的风险。

一旦完成了风险表前四列的内容,就可以根据概率和影响进行排序。高发生概率和高影响的风险移向表的前端,低概率低影响的风险向后移动,完成第一次风险优先排队。

项目管理人员研究已排序的表,定义一条截止线(Cutoff line),这条截止线(在表中某一位置的一条横线)表明,位于线上部分的风险将给予进一步关注而位于线下部分的风险需要再评估以完成第二次优先排队。

参看图 6.11,风险影响和发生概率对驾驭参与有不同的影响。一个具有较高的影响但发生概率极低的风险应当不占用很多有效管理时间。然而,具有中等到高概率的高影响的风险和具有高概率的低影响的风险,就必须进行风险的分析。

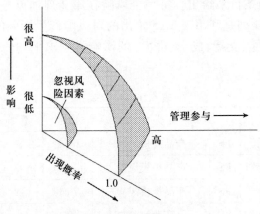

图6.11　风险与管理参与

2. 风险评价

在进行风险评价时,可建立一系列三元组:$[r_i, l_i, x_i]$,其中,r_i是风险,l_i是风险出现的可能性(概率),而x_i是风险产生的影响。在做风险评价时,应进一步审查在风险估计时所得到的估计的准确性,尝试对已发现的风险进行优先排队,并着手考虑控制和/或消除可能出现风险的方法。

在做风险评价时常采用的一个非常有效的方法就是定义风险参照水准。对于大多数软件项目来说,性能、支持、成本、进度就是典型的风险参照水准。就是说,对于成本超支、进度延期、性能降低、支持困难,或它们的某种组合,都有一个水准值,超出它就会导致项目被迫终止。如果风险的某种组合所产生的问题导致一个或多个这样的参照水准被超出,工作就要中止。在软件风险分析的上下文中,一个风险参照水准就有一个点,称为参照点或崩溃点。在这个点上,要公平地给出可接受的判断,看是继续执行项目工作,还是终止它们(出的问题太大)。

图6.12用图示表示这种情况。如果因为风险的某一组合造成问题,导致项目成本超支和进度延迟,一系列的参照点构成一条曲线,超出它时就会引起项目终止(黑色阴影区域)。在参照点上,要对做出是继续进行还是终止的判断公正地加权。

实际上,参照点能在图上被表示成一条平滑的曲线的情况很少。在多数情况中,它是一个区域,在此区域中存在许多不确定性的范围,在这些范围内想做出基于参照值组合的管理判断往往是不可能的。

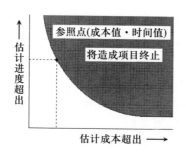

图 6.12 风险参照水准曲线

因此,在做风险评价时,我们按以下步骤执行:

(1)定义项目的各种风险参照水准。

(2)找出在各$[r_i, l_i, x_i]$和各参照水准之间的关系。

(3)预测一组参照点以定义一个项目终止区域,用一条曲线或一些不确定性区来界定。

(4)预测各种复合的风险组合将如何影响参照水准。

三、风险驾驭和监控

为了执行风险驾驭与监控活动,必须考虑与每一风险相关的三元组(风险描述、风险发生概率、风险影响),它们构成风险驾驭(风险消除)步骤的基础。例如,假如人员的频繁流动是一项风险 r_i,基于过去的历史和管理经验,频繁流动可能性的估算值 l_i 为 0.70,而影响 x_i 的估计值是:项目开发时间增加 15%,总成本增加 12%。为了缓解这一风险,项目管理必须建立一个策略来降低人员的流动造成的影响。可采取的风险驾驭步骤如下:

(1)与现有人员一起探讨人员流动的原因(如工作条件差、收入低、人才市场竞争等)。

(2)在项目开始前,把缓解这些原因的工作列入管理计划中。

(3)当项目启动时,做好人员流动会出现的准备。采取一些技术以确保人员一旦离开后项目仍能继续。

(4)建立良好的项目组织和通信渠道,以使大家都了解每一个有关开发活动的信息。

(5)制定文档标准并建立相应机制,以保证文档能够及时建立。

(6)对所有工作组织细致的评审,使大多数人能够按计划进度完成自己的工作。

(7)对每一个关键性的技术人员,要培养后备人员。

这些风险驾驭步骤带来了额外的项目成本。例如,培养关键技术人员的后备需要花钱、花时间。因此,当通过某个风险驾驭步骤而得到的收益被实现它们的成本超出时,要对风险驾驭部分进行评价,进行传统的成本—效益分析。

对于一个大型的软件项目,可能识别30~40项风险。如果每一项风险有3~7个风险驾驭步骤,那么风险驾驭本身也可能成为一个项目。正因为如此,我们把Pareto的80/20规则用到软件风险上来。经验表明,所有项目风险的80%(即可能导致项目失败的80%的潜在因素)能够通过20%的已识别风险来说明。在早期风险分析步骤中所做的工作可以帮助计划人员确定,哪些风险属于这20%之内。由于这个原因,某些被识别过、估计过及评价过的风险可以不写进风险驾驭计划中,因为它们不属于关键的20%(具有最高项目优先级的风险)。

风险驾驭步骤要写进风险缓解、监控和驾驭计划(Risk Mitigation Monitoring and Management Plan, RMMM)。RMMM记叙了风险分析的全部工作,并且作为整个项目计划的一部分为项目管理人员所使用。

一旦制定出RMMM且项目已开始执行,风险缓解与监控就开始了。风险缓解是一种问题回避活动,风险监控是一种项目追踪活动,它有三个主要目标:

(1)判断一个预测的风险事实上是否发生了。
(2)确保针对某个风险而制定的风险消除步骤正在合理地使用。
(3)收集可用于将来的风险分析的信息。

多数情况下,项目中发生的问题总能追踪到许多风险。风险监控的另一项工作就是要把"责任"(什么风险导致问题发生)分配到项目中去。

风险分析需要占用许多有效的项目计划工作量。识别、估计、评价、管理和监控都需要时间,但这些工作量花得值得。孙子曾经说过:"知己知彼,百战不殆。"

第六节 MIS软件项目进度安排

软件开发项目的进度安排有两种考虑方式:
(1)系统最终交付日期已经确定,软件开发部门必须在规定期限内完成。
(2)系统最终交付日期只确定了大致的年限,最后交付日期由软件开发部门确定。

后一种安排能够对软件项目进行细致分析,最好地利用资源,合理地分配工作,而最后的交付日期可以在对软件进行仔细地分析之后再确定下来;但前一种安排在实际工作中常遇到,如不能按时完成,用户会不满意,甚至还会要求赔偿经济损失,所以必须在规定的期限内合理地分配人力和安排进度。

进度安排的准确程度可能比成本估算的准确程度更重要。软件产品可以靠重新定价或者靠大量的销售来弥补成本的增加,但是进度安排的落空,会导致市场机会的丧失,使用户不满意,而且也会导致成本的增加。

一、软件开发小组人数与软件生产率

对于一个小型软件开发项目,一个人就可以完成需求分析、设计、编码和测试工作。随着软件开发项目规模的增大,就需要更多的人共同参与同一软件项目的工作,因此要求由多人组成软件开发组。但是,软件产品是逻辑产品而不是物理产品,当几个人共同承担软件开发项目中的某一任务时,人与人之间必须通过交流解决各自承担任务之间的接口问题,即所谓通信问题。通信需花费时间和代价,会引起软件错误增加,降低软件生产率。

若两个人之间需要通信,则在这两人之间存在一条通信路径。如果一个软件开发组有 n 个人,每两人之间都需要通信,则总的通信路径有 $n(n-1)/2$(条)。假设一个人单独开发软件,生产率是 5000 行/人年。若 4 个人组成一个小组共同开发这个软件,则需要 6 条通信路径。若在每条通信路径上耗费的工作量是 250 行/人年,则组中每人的生产率降低为

$$5000 - 6 \times 250/4 = 5000 - 375 = 4625 \text{ 行 / 人年}$$

从上述简单分析可知,一个软件任务由一个人单独开发,生产率最高;而对于一个稍大型的软件项目,一个人单独开发,时间太长。因此,软件开发组是必要的。有人提出,软件开发组的规模不能太大,人数不能太多,一般在 2~8 人左右为宜。

二、任务的确定与并行性

当参加同一软件工程项目的人数不止一人的时候,开发工作就会出现并行情形。图 6.13 显示了一个典型的由多人参加的软件工程项目的任务图。

在软件开发过程的各种活动中,第一项任务是进行项目的需求分析和评审,此项工作为以后的并行工作打下了基础。一旦软件的需求得到确认,并且通过了评审,概要设计(系统结构设计和数据设计)工作和测试计划制定工作就可以并行进行。如果系统模块结构已经建立,对各个模块的详细设计、编码、单元测试等工作又可以并行进行。待到每一个模块都已经调试完成,就可以对它们进行组装,并进行组装测试,最后进行确认测试,为软件交付进行确认工作。在图 6.13 中可以看到,软件开发进程中设置了许多里程碑。里程碑为管理人员提供了指示项目进度的可靠依据。当一个软件工程任务成功地通过了评审并产生了文档之后,一个里程碑就完成了。

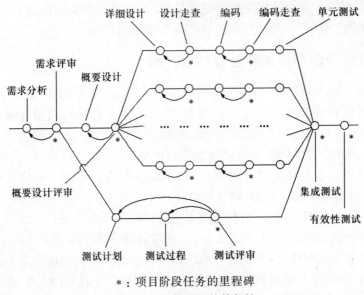

*：项目阶段任务的里程碑

图 6.13 软件项目的并行性

软件工程项目的并行性提出了一系列的进度要求。因为并行任务是同时发生的，所以进度计划必须决定任务之间的从属关系，确定各个任务的先后次序和衔接，确定各个任务完成的持续时间。此外，应注意构成关键路径的任务，即若要保证整个项目能按进度要求完成，就必须保证这些任务要按进度要求完成，这样就可以确定在进度安排中应保证的重点。

三、制订开发进度计划

图 6.14 给出了在整个定义与开发阶段工作量分配的一种建议方案。这个分配方案称为 40-20-40 规则。它指出在整个软件开发过程中，编码的工作量仅占 20%，编码前的工作量占 40%，编码后的工作量占 40%。

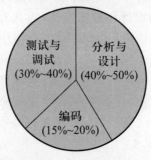

图 6.14 工作量的分配

40-20-40规则只用来作为一个指南。实际的工作量分配比例必须按照每个项目的特点来决定。一般在计划阶段的工作量很少超过总工作量的2%~3%，除非是具有高风险的巨额投资的项目。需求分析可能占总工作量的10%~25%。花费在分析或原型化上面的工作量应当随项目规模和复杂性成比例地增加。通常用于软件设计的工作量在20%~25%之间。而用在设计评审与反复修改的时间也必须考虑在内。

由于软件设计已经投入了工作量，因此其后的编码工作相对来说困难要小一些，用总工作量的15%~20%就可以完成。测试和随后的调试工作约占总工作量的30%~40%。所需要的测试量往往取决于软件的重要程度。

进一步地，由COCOMO模型可知，开发进度TDEV与工作量MM的关系：

$$TDEV = a(MM)^b$$

如果想要缩短开发时间，或想要保证开发进度，必须考虑影响工作量的那些因素。按可减小工作量的因素取值。比较精确的进度安排可利用中间COCOMO模型或详细COCOMO模型。

四、进度安排的方法

软件项目的进度安排与任何一个多任务工作的进度安排基本差不多，因此，只要稍加修改，就可以把用于一般开发项目的进度安排的技术和工具应用于软件项目。

软件项目的进度计划和工作的实际进展情况，需要采用图示的方法描述，特别是表现各项任务之间进度的相互依赖关系。以下介绍几种有效的图示方法。在这几种图示方法中，有几个信息必须明确标明：

(1)各个任务的计划开始时间,完成时间。
(2)各个任务完成的标志(○文档编写和△评审)。
(3)各个任务与参与工作的人数,各个任务与工作量之间的衔接情况。
(4)完成各个任务所需的物理资源和数据资源。

1.甘特图

甘特图用水平线段表示任务的工作阶段；线段的起点和终点分别对应着任务的开工时间和完成时间；线段的长度表示完成任务所需的时间。图6.15给出了一个具有5个任务的甘特图。如果这5条线段分别代表完成任务的计划时间，则在横坐标方向附加一条可向右移动的纵线。它可随着项目的进展，指明已完成的任务(纵线扫过的)和有待完成的任务(纵线尚未扫过的)。我们从甘特图上可以很清楚地看出各子任务在时间上的对比关系。

在甘特图中，每一任务完成的标准，不是以能否继续下一阶段任务为标准，而是必须交付应交付的文档与通过评审为标准。因此在甘特图中，文档编制与评审是软件开发进度的里程碑。甘特图的优点是标明了各任务的计划进度和当前进度,能动态地反映软件开发进展情况。缺点是难以反映多个任务之间存在的复杂的逻辑关系。

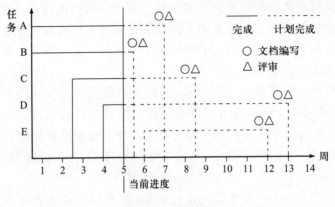

图 6.15 甘特图

2.PERT 技术和 CPM 方法

PERT 技术称为计划评审技术,CPM 方法称为关键路径法,它们都是安排开发进度,制订软件开发计划的最常用的方法。它们都采用网络图来描述一个项目的任务网络,也就是从一个项目的开始到结束,把应当完成的任务用图或表的形式表示出来。通常用两张表来定义网络图。一张表给出与一特定软件项目有关的所有任务(也称为任务分解结构),另一张表给出应当按照什么样的次序来完成这些任务(也称为限制表)。

PERT 技术和 CPM 方法都为项目计划人员提供了一些定量的工具,如:

(1)确定关键路径,即决定项目开发时间的任务链。

(2)应用统计模型,对每一个单独的任务确定最可能的开发持续时间的估算值。

(3)计算边界时间,以便为具体的任务定义时间窗口。边界时间的计算对于软件项目的计划调度是非常有用的。

例如,某一开发项目在进入编码阶段之后,考虑安排三个模块 A、B、C 的开发工作。其中,模块 A 是公用模块,模块 B 与 C 的测试有赖于模块 A 调试的完成。模块 C 是利用现成已有的模块,但对它要在理解之后做部分修改。最后直到 A、B 和 C 做组装测试为止。这些工作步骤按图 6.16 来安排。在此图中,各边表示要完成的任务,边上均标注任务的名字,如"A 编码"表示模块 A 的编码工作。边上的数字表示完成该任务的持续时间。图中有数字编号的结点是任务的起点和终点,在图中,0 号结点是整个任务网络的起点,8 号结点是终点。图中足够明确地表明了各项任务的计划时间,以及各项任务之间的依赖关系。

在组织较为复杂的项目任务时,或是需要对特定的任务进一步做更为详细的计划时,可以使用分层的任务网络图。

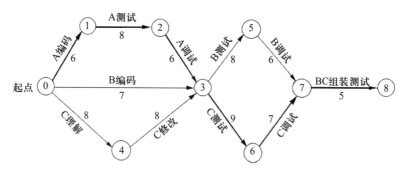

图 6.16　开发模块 A、B、C 的任务网络图

在软件工程项目中必须处理好进度与质量之间的关系。在软件开发实践中常常会遇到这样的事情,当任务未能按计划完成时,只好设法加快进度赶上去。但事实告诉我们,在进度压力下赶任务,其成果往往是以牺牲产品的质量为代价的。还应当注意到,产品的质量与生产率有着密切的关系。日本人有个说法:在价格和质量上折中是不可能的,但高质量给生产者带来了成本的下降这一事实是可以理解的,这里的质量是指的软件工程过程的质量。

五、项目的追踪和控制

软件项目管理的一项重要工作就是在项目实施过程中进行追踪和控制。可以用不同的方式进行追踪。

(1)定期举行项目状态会议。在会上,每一位项目成员报告他的进展和遇到的问题。

(2)评价在软件工程过程中所产生的所有评审的结果。

(3)确定由项目的计划进度所安排的可能选择的正式的里程碑。

(4)比较在项目资源表中所列出的每一个项目任务的实际开始时间和计划开始时间。

(5)非正式地与开发人员交谈,以得到他们对开发进展和刚冒头的问题的客观评价。

实际上有经验的项目管理人员已经使用了所有这些追踪技术。软件项目管理人员还利用"控制"来管理项目资源、覆盖问题,以及指导项目工作人员。如果事情进行得顺利(即项目按进度安排要求且在预算内实施,各种评审表明进展正常且正在逐步达到里程碑),控制将是轻微的。但当问题出现的时候,项目管理人员必须实行控制以尽可能快地排解它们。在诊断出问题之后,在应用论域中可能需要一些追加资源;人员可能要重新部署,或者项目进度要重新调整。

第七节 MIS软件项目的组织

一、项目任务的划分

软件项目的实施,如何进行工作的划分是实施计划首先应解决的问题。常用的计划结构有以下几种。

1.按阶段进行项目的计划工作

按软件生存期把全部项目开发工作划分为若干阶段(活动),对每个阶段的工作做出计划;再把每个阶段的工作进一步分解为若干个任务,做出任务计划;还要把任务细分为若干步骤,做出步骤计划。这样三层次的计划成为整个项目计划的依据。显然,过细地做好分层计划,可以提高计划的精确度,减少或及早地发现问题。

2.任务分解结构

按项目本身的实际情况进行自顶向下的结构化分解,形成树形任务结构,如图6.17所示。进一步把工作内容、所需的工作量、预计完成的期限也规定下来。这样可以把划分后的工作落实到人,做到责任明确,便于监督检查。

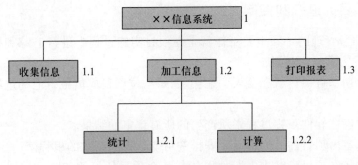

图6.17 任务的结构化分解

3.任务责任矩阵

在任务分解的基础上,把工作分配给相关人员,用一个矩阵形表格表示任务的分工和责任。例如,把图6.17已分解的任务分配给五位软件开发人员,表6.17表明了利用任务责任矩阵表达的分工情况。从图6.17中可以看出,工作的责任和任务的层次关系都非常明确。

表 6.17 任务责任矩阵

编号			工作划分	负责人 张××	系统工程师 王××	系统工程师 李××	程序员 赵××	程序员 陈××
1				审批				
	1.1		收集信息		审查	设计	实现	
	1.2		加工信息			审查		
		1.2.1	统计		设计			实现
		1.2.2	计算		设计			实现
	1.3		打印报表		审查	设计	实现	

二、软件项目组织的建立

参加软件项目的人员组织起来,发挥最大的工作效率,对成功地完成软件项目极为重要。开发组织采用什么形式,要针对软件项目的特点来决定,同时也与参与人员的素质有关。人的因素是不容忽视的参数。

1.组织原则

在建立项目组织时应注意到以下原则:

(1)尽早落实责任。软件项目要尽早指定专人负责,使他有权有责。

(2)减少接口。一个组织的生产率是和完成任务中存在的通信路径数目成反比的。因此,要有合理的人员分工、好的组织结构、有效的通信,减少不必要的生产率的损失。

(3)责权均衡。软件经理人员所负的责任不应比委任给他的权力还大。

2.组织结构的模式

通常有三种组织结构的模式可供选择。

1)按课题划分的模式

把软件人员按课题组成小组,小组成员自始至终参加所承担课题的各项任务,负责完成软件产品的定义、设计、实现、测试、复查、文档编制,甚至包括维护在内的全过程。

2)按职能划分的模式

把参加开发项目的软件人员按任务的工作阶段划分成若干专业小组。待开发的软件产品在每个专业小组完成阶段加工(即工序)以后,沿工序流水线向下传递。例如,分别建立计划组、需求分析组、设计组、实现组、系统测试组、质量保证组、维护组等。各种文档按工序在各组之间传递。这种模式在小组之间的联系形成的接口较多,但便于软件人员熟悉小组的工作,进而变成这方面的专家。

各个小组的成员定期轮换有时是必要的,为的是减少每个软件人员因长期做单调的工作而产生的乏味感。

3)矩阵形模式

这种模式实际上是以上两种模式的复合:一方面,按工作性质,成立一些专门组,如开发组、业务组、测试组等;另一方面,每一个项目又有它的经理人员负责管理。每个软件人员属于某一个专门组,又参加某一项目的工作,如图 6.18 所示。

矩阵形结构的组织具有一些优点:参加专门组的成员可在组内交流在各项目中取得的经验,这更有利于发挥专业人员的作用。另外,各个项目有专人负责,有利于软件项目的完成。显然,矩阵形结构是一种比较好的形式。

3. 程序设计小组的组织形式

通常认为程序设计工作是按独立方式进行的,程序人员独立地完成任务。但这并不意味着互相之间没有联系。人员之间联系的多少和联系的方式与生产率直接相关。程序设计小组内人数少,如两三人,则人员之间的联系比较简单。但在增加人员数目时,相互之间的联系复杂起来,并且不是按线性关系增长。并且,已经进行中的软件项目在任务紧张,延误了进度的情况下,不鼓励增加新的人员给予协助。除非分配给新成员的工作是比较独立的任务,并不需要对原任务有更细致的了解,也没有技术细节的牵连。

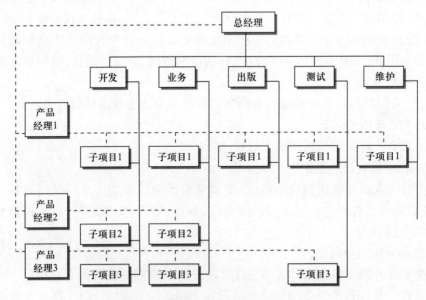

图 6.18 软件开发组织的矩阵形模式

小组内部人员的组织形式对生产率也有影响。现有的组织形式有三种。

1) 主程序员制小组

小组的核心由一位主程序员、2~5位技术员、一位后援工程师组成。主程序员负责小组全部技术活动的计划、协调与审查工作,还负责设计和实现项目中的关键部分。技术员负责项目的具体分析与开发,以及文档资料的编写工作。后援工程师支持主程序员的工作,为主程序员提供咨询,也做部分分析、设计和实现的工作,并在必要时能代替主程序员工作。主程序员制小组还可以由一些专家(如通信专家或数据库设计专家)、辅助人员(如打字员和秘书)、软件资料员协助工作。

主程序员制的开发小组突出了主程序员的领导,参看图6.19(a)。这种集中领导的组织形式能否取得好的效果,很大程度上取决于主程序员的技术水平和管理才能。

2) 民主制小组

在民主制小组中,遇到问题,组内成员之间可以平等地交换意见,参见图6.19(b)。这种组织形式强调发挥小组每个成员的积极性,要求每个成员充分发挥主动精神和协作精神。有人认为这种组织形式适合于研制时间长、开发难度大的项目。

3) 层次式小组

在层次式小组中,组内人员分为三级:组长(项目负责人)一人负责全组工作,包括任务分配、技术评审和走查、掌握工作量和参加技术活动。他直接领导2~3名高级程序员,每位高级程序员通过基层小组,管理若干位程序员。这种组织结构只允许必要的人际通信。比较适用于项目本身就是层次结构的课题,参看图6.19(c)。

这种结构比较适合项目本身就是层次结构的课题。可以把项目按功能划分成若干子项目,把子项目分配给基层小组,由基层小组完成。基层小组的领导与项目负责人直接联系。这种组织方式比较适合于大型软件项目的开发。

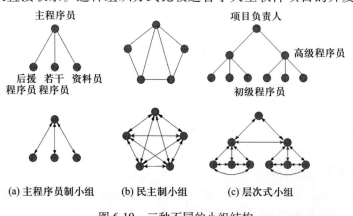

图6.19 三种不同的小组结构
(上排的三种为结构形式,下排的三种为通信路径)

以上三种组织形式可以根据实际情况,组合起来灵活运用。总之,软件开发小组的主要目的是发挥集体的力量进行软件研制。

三、人员配备

如何合理地配备人员,也是成功地完成软件项目的切实保证。所谓合理地配备人员应包括:按不同阶段适时任用人员,恰当掌握用人标准。

1. 项目开发各阶段所需人员

一个软件项目完成的快慢,取决于参与开发人员的多少。在开发的整个过程中,多数软件项目是以恒定人力配备的,如图6.20所示。

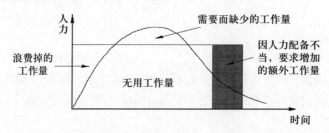

图6.20 软件项目的恒定人力配备

按此曲线,需要的人力随开发的进展逐渐增加,在编码与单元测试阶段达到高峰,以后又逐渐减少。如果恒定地配备人力,在开发的初期,将会有部分人力资源用不上而浪费掉。在开发的中期(编码与单元测试),需要的人力又不够,造成进度的延误。这样在开发的后期就需要增加人力以赶进度。因此,恒定地配备人力,对人力资源是比较大的浪费。

2. 配备人员的原则

配备软件人员时,应注意以下三个主要原则:

(1)重质量——软件项目是技术性很强的工作,任用少量有实践经验、有能力的人员去完成关键性的任务,常常要比使用较多的经验不足的人员更有效。

(2)重培训——花力气培养所需的技术人员和管理人员是有效解决人员问题的好方法。

(3)双阶梯提升——人员的提升应分别按技术职务和管理职务进行,不能混在一起。

3. 对项目经理人员的要求

软件经理人员是工作的组织者,他的管理能力的强弱是项目成败的关键。除去一般的管理要求外,他应具有以下能力:

(1)把用户提出的非技术性的要求加以整理提炼,以技术说明书的形式转告给分析员和测试员。

（2）能说服用户放弃一些不切实际的要求，以便保证合理的要求得以满足。

（3）能够把表面上似乎无关的要求集中在一起，归结为"需要什么""要解决什么问题"。这是一种综合问题的能力。

（4）要懂得心理学，能说服上级领导和用户，让他们理解什么是不合理的要求。但又要使他们毫不勉强，乐于接受，并受到启发。

4.评价人员的条件

软件项目中人的因素越来越受到重视。在评价和任用软件人员时，必须掌握一定的标准。人员素质的优劣常常影响到项目的成败。能否达到以下这些条件是不应忽视的。

（1）牢固掌握计算机软件的基本知识和技能。

（2）善于分析和综合问题，具有严密的逻辑思维能力。

（3）工作踏实、细致，不靠碰运气，遵循标准和规范，具有严格的科学作风。

（4）工作中表现出有耐心、有毅力、有责任心。

（5）善于听取别人的意见，善于与周围人员团结协作，建立良好的人际关系。

（6）具有良好的书面和口头表达能力。

四、指导与检验

指导的目的是在软件项目的过程中，动员和促进工作人员积极完成所分配的任务。实际上，指导也是属于人员管理的范围，是组织好软件项目不可缺少的工作。

检验是软件管理的最后一个方面。它是对照计划检查执行情况的过程，同时也是对照软件工程标准检查实施情况的过程。在发现项目的实施与计划或标准有较大的偏离时，应采取措施加以解决。

1.指导工作的要点

在指导软件项目时需注意到以下几个方面的问题。

（1）鼓励——对工作的兴趣和取得显著成绩常常能够成为推动工作的积极因素。恰当而且及时地鼓励是非常重要的。

（2）引导——通常，人们愿意追随那些能够体谅个人要求或实际困难的领导。高明的领导人应能注意到这些，并能巧妙地把个人的要求和目标与项目工作的整体目标结合起来，至少应能做到在一定程度上的协调，而不应眼看着矛盾的存在和发展，以致影响工作的开展。从风险分析中可知，大幅度的人员调整是非常有害的，它会带来许多实际问题。即使是人员的临时观念也都要使项目付出不可见的代价，因而蒙受无形的损失。

（3）通信——在软件项目中充满了人际通信联系。必要的通信联络是不可少的。但实践表明,软件生产率是通信量的函数。如果人际通信数量过大,会使软件生产率迅速下降。

2.检验管理的要点

在检验管理时应当注意到以下问题:

(1)重大偏离——在软件项目实施过程中,必须注意发现工作的开展与已制订的计划之间,或与需遵循的标准(规范)之间的重大偏离。遇到有这种情况应及时向管理部门报告并采取相应的措施给予适当的处置。

(2)选定标准——检验管理需要事先确定应当遵循的标准(或规范),使得软件项目的工作进展可以用某些客观、精确且有实际意义的标准加以衡量。

(3)特殊情况——任何事务在一般规律之外都会存在一些特殊情况。管理人员必须把注意力软件项目实施的一些特殊情况上,认真分析其中的一些特殊问题,加以解决。

3.检验管理的工作范围

检验管理在软件项目中可能涉及以下几个方面:

(1)质量管理——包括明确度量软件质量的因素和准则,决定质量管理的方法和工具,以及实施质量管理的组织形式。

(2)进度管理——检验进度计划执行的情况。

(3)成本管理——度量并控制软件项目的开销。

(4)文档管理——检验文档编写是否符合要求。

(5)配置管理——检验软件配置。

4.软件项目中人的因素

软件产品是人们大量智力劳动的结晶,软件项目能否获得成功,人的因素在其中所起的作用比其他任何工程项目都突出。用户是否参与及软件人员的能力等人的因素对软件生产率的影响极大。在与软件成本相关的影响因素中,人员的能力是最大影响因素。如果在软件项目中能够充分发挥软件人员的积极性,使他们的才能得到充分施展,软件生产率(以单位时间内开发出的源程序的平均行数)最高可提高4倍多。

著名的软件工程专家 Tom DeMarco 积30年软件项目管理的经验,认为软件项目中对于人员的管理问题不能像其他事物那样简单地划分,机械地对待。他特别注意到项目的规模、成本、缺陷、加快开发的因素以及执行进度计划中的种种问题。积累了500个项目开发过程的数据,从中发现大约15%的项目失败了。有的是一开始就被撤销,有的中途流产,有的推迟了进度,有的成果不能投入使用。而且项目规模越大,情况越糟。究其原因,绝大多数失败的项目竟找不出一个可以说得出口的技术障碍;而障碍却来自人员之间的联系问题、人员的任用问题、对上级或对雇主失望、工作缺乏动力或缺乏高额工程维持费用等。这些人际关系问题的解决可归结于"软件项目社会学"。

关于软件人员的办公环境,有许多因素影响着软件工作的效率。DeMarco 曾于 1984 年到 1986 年在 62 个公司的 600 名软件人员中进行编码和测试的竞赛活动,并对竞赛结果进行统计分析。结果表明,除了对语言的熟悉程度、工作年限、工资收入等因素以外,环境因素起着很大的作用。良好的办公环境可保证软件人员高质量地完成任务。这里所说的办公环境是指每个软件人员的办公室工作面积、办公环境安静程度、专用程度、电话干扰程度、工作时间内外面来访人员次数等。DeMarco 说,你如果是一名项目管理人员,你为软件人员安排了任务,提供了工作条件,而对工作环境所带来的影响估计不足,你还是应该承担责任。

第八节 MIS 软件的质量管理

一、MIS 软件质量的内涵

软件质量的本质含义有三个因素构成:客户、问题或需要满足的需求、产品(或服务)。如果产品的性能符合预期的要求,并能令客户感到满意,就说明它是达到了一定质量的产品。质量的关键在于:"令客户感到满意。"客户不满意的产品,即使它是运行正确的,无故障的,仍然是一个质量不合格的产品。所以,应力争从客户的角度看质量,也就是说:仅仅开发产品是不够的,必须开发正确的产品——而且产品的正确与否由客户来判定。

影响产品质量的因素在于客户的满意度。产品必须要能解决客户的需要,并能符合客户的期望。期望包含的范围很广,如功能、开销、最少的缺陷、可靠性、优良的服务层次、竞争力等。

提高产品质量应从两个方面下功夫:

(1) 开发正确的产品——与产品有关。

(2) 正确地开发产品——与开发过程有关。

如何开发一个正确的产品呢?正确的方法是:以定义的软件开发过程为基础,进行以下四项活动:

(1) 定义产品需求:理解客户的问题和需要。

(2) 制定产品目标:定义总体解决方案,并获得客户认可。

(3) 编写产品规格说明书:定义详细解决方案,并获得客户认可。

(4) 随时与客户交流:验证客户需求。

总的说来,就是力争让用户切实参与到 MIS 软件开发活动中来。一些常用的方法是:安排可用性测试、合作开发、早期交付驱动程序、建立伙伴关系等。

正确地开发产品说的是,在MIS软件开发过程中采取一种方法,能够评价成型的产品与产品规格说明书的一致程度。还要能确保在产品开发过程中,只有满足了一定的条件才能从一个阶段或活动进入下一个阶段或活动。如果项目参与者搁置所有必须满足的基本条件,使项目带着问题进入下一阶段,将使项目活动失去控制,项目进度也将无法预期。正确地开发产品集中于研究与过程有关的问题。

想要正确地进行产品开发,应使用质量计划。

二、质量计划

质量计划是一个文档,人们在整个软件开发过程中使用它来定义、跟踪和衡量质量目标。这就要求项目领导层在软件开发过程的早期就要有意识地考虑到质量目标。要想做到一次成功,开发组织就要遵循质量计划。质量计划主要是关于与开发过程相关的问题,也就是正确地开发产品。不过,也可以选择与产品本身相关的方面来说明质量,即开发正确的产品。

在产品规格说明书和总体设计结束之前就应该撰写质量计划并通过审批。质量计划包含下列的一些信息。

(1)消除缺陷的活动:指软件开发过程中主要集中于寻找并消除缺陷的阶段和活动。

(2)每一活动进行的条件:为每一活动,定义了用以支持发现、消除缺陷、面向过程的(入口、实现、出口)具体条件。

(3)消除缺陷的目标:这些目标确定了每一活动中和整个项目中需要消除的缺陷数量。

三、消除缺陷的活动

开发者在对产品进行定义、设计、编码的过程中不经意引入的错误,就称为缺陷。显然,缺陷如果在软件开发过程中被发现并做了改正,那么以后就不会为客户所察觉。因此,在软件开发过程中发现的缺陷越多,在产品交付客户后残留在产品中的缺陷就越少。

在软件开发过程的早期发现和修复缺陷的开销,将远远低于在往后的开发周期中发现和修复同一问题的开销。事实上,随着后续的开发阶段或活动的启动,开销会不断地增加。通过为软件开发过程中的每一阶段或活动定义一个过程,并且要求所有参与者一致同意遵循该过程,就可以做到及早发现软件缺陷。如果该过程的各个条件都得到满足,就可以说这次产品开发遵循了一个质量过程。

表 6.18 说明了如何定义产品阶段以及每一阶段的重大质量活动。之所以选择这些活动是因为他们在消除缺陷方面有很大作用。注意,除此之外,还有另外一些活动,如撰写和检查文档、检查测试脚本以及检查模块/链接构建过程等,也对消除缺陷很有帮助。

表 6.18 有待评估的活动

产品阶段	活动(缺陷的来源)
需求	产品需求文档
定义	产品目标文档 产品规格说明书文档
设计	总体设计检查 详细设计检查
编码	代码检查
开发测试	单元测试计划 单元测试 功能测试计划 功能测试
独立测试	构件测试计划 构件测试 系统测试计划 系统测试

上述活动共有一个重要成分——检查。

四、每一活动的条件

要实施一项活动必须要具有该活动所依赖的输入。在实施一项活动之前必须到位的要素称为入口条件。例如,"功能测试"活动要求,在功能测试开始之前,测试计划应该制订完成并通过审批。

每一项活动都有实施条件,它们是帮助定义如何实施该活动的过程条件。例如,"功能测试"这一活动的实施条件,就包括了必须对测试计划进行的检查和审批阶段。又如,由所有审批人参加的会议必须安排在检查和评审阶段接近尾声的时候举行。正是由于实施一项活动有许多种方法,因此才用这些实施条件来保持活动进行的秩序和效率。

在认定一项活动结束之前,必须要有一定的事件发生,这些事件统称为出口条件。例如,"功能测试"活动的出口条件要求所有功能测试的脚本都已成功运行。

在为每一活动定义了全部的入口条件、实施条件和出口条件后,必须跟踪它们并坚持必须满足。这些条件在产品开发部门里有很多有益的作用,其中最大的益处是:

(1)提供了衡量准则。
(2)促进了各个小组之间的交流。
(3)提高了项目成员的质量意识水平。

五、缺陷消除目标

在质量计划中包括缺陷消除目标是一种备选的方案。也就是说,尽管实施这项活动会带来一些好处,但是为了确保得到高质量产品的开发过程中,它并不是必需的。在已经定义的质量过程中,如果再加上缺陷消除目标,将会带来意想不到的好处。这里提供了一种预测方法,可以预测实施每一指派的活动时必须找到并消除的缺陷数目,这样就可以使最终交付的产品中未发现的缺陷数目同原先断定、批准的缺陷数目一致。换句话说,为了确保客户和产品所有者对产品感到满意,应当让客户参与到工作中来,这样就可以估计产品交付时有多少未发现的缺陷数目是客户可以接受的。这些数目还可以反映维护和支持产品的代价。

第九节 MIS 的配置管理

一、软件配置管理概述

1. 概念

软件配置管理(Software Configuration Management,SCM),它应用于整个软件工程。在软件建立时,变更是不可避免的,而变更加剧了项目中软件开发者之间的混乱。SCM 活动的目标就是为了标识变更、控制变更、确保变更正确实现并向其他有关人员报告变更。从某种角度讲,SCM 是一种标识、组织和控制修改的技术,目的是减少错误并最有效地达高生产效率。

可以看出,配置管理应包括这样一些活动:标识给定时间点的软件配置(即所选择的工作产品及其描述),系统地控制这些配置的更改,并在软件生命期中保持这些配置的完整性和可跟踪性。

受控于配置管理的工作产品,即通常所说的配置项,包括交付给用户的软件产品(如代码、文档、数据等),以及软件产品生成过程中所产生的有关项(如项目管理文件)。

配置管理活动最主要的内容是:建立软件基线库,该库存储开发的软件基线。通过软件配置管理的更改控制和配置审核功能,系统地控制基线变更和由软件基线库生成的软件产品版本。

2.功能

SCM分为四大功能领域:配置标识、变更控制、配置状态统计、配置审核。

(1)配置标识。配置标识又称为配置需求,包括标识软件系统的结构、标识独立部件,并使它们是可访问的。配置标识的目的,是在整个生命期中标识系统各部件并提供对软件过程及其软件产品的跟踪能力。

(2)变更控制。配置变更控制包括在软件生命期中控制软件产品发布和变更。发布通常体现为版本管理,变更体现为变更控制,目的都是建立确保软件产品质量的机制。

(3)配置状态统计。配置状态统计包括记录和报告变更过程,目标是不间断记录所有基线项的状态和历史,并进行维护,它解决以下问题:系统已经做了什么变更?此问题将会对多少个文件产生影响?

配置变更控制是针对软件产品,状态统计针对软件过程。因此,两者的统一就是对软件开发(产品、过程)的变更控制。

(4)配置审核。配置审核将验证软件产品的构造是否符合需求、标准或合同的要求,目的是根据SCM的过程和程序。验证所有的软件产品已经产生并有正确标识和描述,所有的变更需求都已解决。

3.活动流程

对于一个软件项目组来说,开展一个项目组的配置管理,大致可以分为以下步骤:

(1)拟定项目的配置管理计划。

(2)创建项目的配置管理环境。

(3)进行项目的配置管理活动,包括:

①标识配置项;

②管理变更请求;

③管理基线和发布活动;

④监测与报告配置状态。

步骤①和步骤②可以看成配置管理的准备,步骤③是配置管理的具体实施。配置管理的具体实施,在SCM定义为七个管理活动。

(1)配置项识别。配置项识别是配置管理活动的基础,也是制订配置管理计划的重要内容。

(2)配置项的标识和控制。所有配置项都应按照相关规定统一编号,按照相应的模板生成,并在文档中的规定章节(部分)记录对象的标识信息。在引入软件配置管理工具进行管理后,这些配置项都应以一定的目录结构保存在配置库中。

(3)工作空间管理。在引入了软件配置管理工具之后,所有开发人员都会被要求把工作成果存放到由软件配置管理工具所管理的配置库(存储池)中去,或是直接工作在软件配置管理工具提供的环境之下(根据配置构架提供的控制方式不同而不同)。

(4)版本控制。版本控制是软件配置管理的核心功能。所有置于配置库中的元素都应自动予以版本的标识,并保证版本命名的唯一性。版本在生成过程中,自动依照设定的使用模型自动分支、演进。

(5)变更控制。在对各个配置项做出了识别,并且利用工具对它们进行了版本管理之后,如何保证它们在复杂多变的开发过程中真正地处于受控的状态,并在任何情况下都能迅速地恢复到任何一个历史状态成为软件配置管理的另一项重要任务。因此,变更控制就是通过结合人的计划和自动化工具,以提供一个变化控制的机制。变更管理的一般流程是:

①(获得)提出变更请求;
②由 CCB 审核并决定是否批准;
③(被接受)分配变更,修改人员提取配置项进行修改;
④提交修改后的配置项;
⑤建立测试基线并测试;
⑥重建软件的适当版本;
⑦复审(审计)所有配置项的变化;
⑧发布新版本。

(6)状态报告。配置状态报告就是根据配置项操作数据库中的记录来向管理者报告软件开发活动的进展情况。

(7)配置审计。配置审计的主要作用是作为变更控制的补充手段,来确保某一变更请求已被切实实现。

二、配置管理项

不同的软件工程体系对配置管理项的具体定义可能不同,但无论是哪种体系,基本可以认为配置管理的对象主要可以分为两类:软件产品和文档。

1.软件产品

软件产品主要包括源代码、可执行文件、外购组件、接口、测试代码、可执行文件测试校本、测试数据、测试结果等。后面还将涉及该部分内容。

2.文档

软件文档(Document)也称文件,通常指的是一些记录的数据和数据媒体,它具有固定不变的形式,可被人和计算机阅读。它和计算程序共同构成了能完成特定功能的计算机软件。软件文档的编制(Documentation)在软件开发工作中占有突出的地位和相当的工作量。高效率、高质量地开发、分发、管理和维护文档,转移、变更、修正、扩充和使用文档,对于充分发挥软件产品的效益有着重要的意义机也是配置管理主要的管理对象。

1)文档的分类

文档在软件开发人员、软件管理人员、维护人员、用户以及计算机之间起到了多种的桥梁作用。软件开发人员在软件生命的各个阶段中,以文档作为前阶段工作成果的体现和后阶段工作的依据,这个作用是显而易见的,这部分文档通常称为开发文档。

软件开发过程中,软件开发人员需制订一些工作计划或工作报告,这些计划和报告都要提供给管理人员,并得到必要的支持。管理人员则可通过这些文档了解软件开发项目的安排、进度、资源使用和成果等,这部分文档通常称为管理文档,或称为项目文档。

软件开发人员需为用户了解软件的使用、操作和维护提供详细的资料,这部分文档通常称为用户文档。

以上三种文档构成了软件文档的主要部分,我们把这三种文档包括的内容列在图 6.21 中。

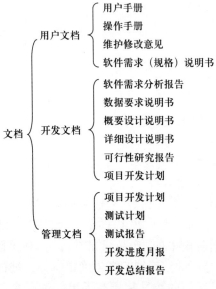

图 6.21 软件文档的主要部分

2）文档的生成阶段

软件文档是在软件生命期中，随着各阶段工作的开展适时编制产生的。其中有的仅反映一个阶段的工作，有的则需跨越多个阶段。表 6.19 给出了各个文档应在软件生命期中哪个阶段编写。这些文档最终要向软件管理部门或者用户回答哪些问题。

表 6.19　文档的生成阶段

阶段　　文档	可行性研究与计划	需求分析	设计	代码编写	测试	运行与维护
可行性研究报告	■					
项目开发计划	■	■				
软件需求说明		■				
数据要求说明		■				
概要设计说明			■			
详细设计说明			■			
测试计划			■			
用户手册			■	■		
操作手册			■	■		
测试分析报告					■	
开发进度月报	■	■	■	■	■	
项目开发总结					■	
维护修改建议						■

3）UCM 目录结构下的配置管理对象

Rational 将配置管理工作称为统一变更管理（Unified Change Management，UCM）。UCM 将配置管理对象纳入一个目录结构来管理，从这个目录结构中可以看到 UCM 的配置管理对象。

下面将从系统、子系统、构件三个层次来介绍 Rational Clear Case 的目录结构。

（1）系统产品目录结构。表 6.20 提供了一个产品系统目录结构模式，该模式可用作项目开发初始阶段中的"产品目录结构"。在该阶段中，各子系统（用来组装系统）以及构架分层的精确细节尚未确定。一旦进行分析设计活动，并且对整个系统中所需的子系统的数量和质有了更好的了解（活动：子系统设计），就需要扩展产品目录结构以容纳每个子系统。

表 6.20　产品系统目录结构模式

系统级别产品目录结构			
系统需求	模型	用例模型	用例包
		用户界面模型	
	数据库	需求属性	
	文档	前景	
		词汇表	
		利益相关者请求	
		补充规约	
		软件需求规约	
	报告	用例模型调查	
		用例报告	
系统设计与实施	模型	分析模型	用例实现
		设计模型	设计子系统
			接口
			测试包
		数据模型	
		工作量模型	
	文档	软件构架文档	
		设计模型调查	
	子系统-1	子系统目录结构	
	子系统-N	子系统目录结构	
系统集成	计划	系统集成构建计划	
	库		
系统测试	计划		
	测试用例	测试过程	
	测试数据		
	测试结果		

续表

	系统级别产品目录结构		
系统部署	计划		
	文档	发布说明	
	手册	最终用户支持材料	
		培训材料	
	安装工作产品		
系统管理/项目管理	计划	软件开发计划	
		迭代计划	需求管理计划
		风险列表	风险管理计划
		开发案例	基础设施计划
		产品验收计划	配置管理计划
		文档计划	质量保证(QA)计划
		问题解决计划	分包商管理计划
		流程改进计划	评测计划
	评估	迭代评估	
		开发组织评估	
		状态评估	
工具	开发环境工具	编辑器	
		编译器	
	配置管理工具	Rational ClearCase	
	需求管理工具	Rational RequisitePro	
	可视化建模工具	Rational Rose	
	测试工具	Rational Test Factory	
	缺陷追踪	Rational ClearQuest	
标准与指南	需求	需求属性	
		用例建模	
		用户界面	
	设计	设计指南	
	实施	编程指南	
	文档	手册风格指南	

(2)子系统目录结构。产品子系统目录结构中的信息与该特定子系统的开

发息息相关。子系统产品目录结构的"实例化"数量明显与"分析设计"活动所决定的子系统数量相关。子系统产品目录结构通常细分为如表 6.21 所列。

表 6.21 子系统产品目录结构

子系统级别产品目录结构			
子系统-*N* 的需求	模型	用例模型	用例包
			用例示意板
		用例(文本)	
		用户界面原型	
	数据库	需求属性	
	文档	前景	
		词汇表	
		利益相关者请求	
		补充规约	
		软件需求规约	
	报告	用例模型调查	
		用例报告	
子系统-*N* 的设计与实施	模型	分析模型	用例实现
		子系统设计模型	设计包
			接口包
			测试包
		实施模型	
		数据模型	
		工作量模型	
	文档	软件构架文档	
		设计模型调查	
	报告	用例实现报告	
	构件-1	构件-1 目录	
	构件-*N*	构件-*N* 目录	
子系统-*N* 集成	计划	子系统集成构建计划	
	库		
	测试计划		
	测试用例	测试过程	
	结果		
	测试数据		

（3）构件目录结构。构件的数量取决于子系统的设计决定。对于待开发的各构件来说，需要对以下目录结构进行实例化，如表 6.22 所列。

表 6.22　构件目录结构

构件级别目录结构	
构件	源代码
	可执行文件
	接口
	测试代码
	可执行文件测试脚本
	测试数据
	测试结果

三、版本管理

在软件开发这个庞大而复杂的过程中，经常需要对已经部分完成的软件产品进行修改，小到可能只是对某个源文件中的某个变量的定义改动，大到重新设计程序模块甚至可能是整个需求分析变动。因此，应该解决以下问题：

（1）怎样对开发项目进行整体管理。
（2）项目开发小组的成员之间如何以一种有效的机制进行协调。
（3）如何进行对小组成员各自承担的子项目的统一管理。
（4）如何对开发小组各成员所作的修改进行统一汇总。
（5）如何保留修改的轨迹，以便撤销错误的改动。
（6）对在开发过程中形成的软件的各个版本如何进行标识管理及差异识辨等。

为此，我们必须要引进一种管理机制，一个版本管理机制，而且是广义上的版本管理，它不仅需要对源代码的版本进行管理，而且还要对整个项目所涉及的文档、过程记录等进行管理。

现代版本管理活动围绕以下情况展开：
（1）支持多人同时修改同一文件。
（2）支持多个小组在同一时间修改同一个软件系统。
（3）现代的工作空间管理。
（4）现代的构建和发布管理。

构建和发布的流程通常要涉及以下步骤：
（1）标识用于生成工作版本的源文件版本。现代工具应能提供这样机制，用于识别和标识文件的特定版本。这通常采用打标签的方式来实现。
（2）创建和填充一个干净的工作空间，选择所需版本并锁定工作空间。

(3)执行和审查构建过程。构建还意味着从源代码转变为目标代码、库文件、可执行文件或可下载的图像文件等,即相当于一个系统的 make 过程。

(4)构建引起基线的进阶和构建生成新的审查文件。

(5)生成必要的介质。构建的结果通常是生成了一个可以在另一个争的环境下,正确地安装出新系统为止的"发布介质——系统安装盘",可能是一张 CD-ROM,也可能是烧制在芯片里。

四、变更管理

1. 基线的概念及意义

从变更管理的某种角度来说,基线可以被看成是项目储存池中每个工作产品版本在特定时期的一个"快照"。当然,在按下这个"快照"的快门的时候,是有一个阶段性、标志性意义的,而不是随意的"留影"。实际上,它提供了一个正式标准,随后的工作基于此标准,并且只有经过授权后才能变更这个标准。建立一个初始基线后,以后每次对其进行的变更都将记录为一个差值,直到建成下一个基线。

建立基线的三大原因是重现性、可追踪性和报告。

重现性是指及时返回并重新生成软件系统给定发布版的能力,或者是在项目中的早些时候重新生成开发环境的能力。

可追踪性是指建立项目工作产品之间的前后继承关系,其目的在于确保设计满足要求、代码实施设计以及用正确代码编译可执行文件。

报告来源于一个基线内容同另一个基线内容的比较,基线比较有助于调试并生成发布说明。

定期建立基线以确保各开发人员的工作保持同步。但是,在项目过程中,应该在每次迭代结束点(次要里程碑),以及与生命期各阶段结束,点相关联的主要里程碑处定期建立基线,有以下几个阶段:

(1)生命期目标里程碑(先启阶段)。

(2)生命期构架里程碑(精化阶段)。

(3)初始操作性能里程碑(构建阶段)。

(4)产品发布里程碑(产品化阶段)。

2. 变更请求管理过程

1)变更请求

变更请求(CR)是一个正式提交的工作产品,用于追踪所有的利益相关者请求(包括新特性、扩展请求、缺陷、已变更的需求等)以及整个项目生命期中的相关状态信息。将用变更请求来保留整个变更历史,包括所有的状态变更以及变更的日期和原因。进行重复复审和结束项目时都可使用此信息。

2)变更(或配置)控制委员会

变更控制委员会(CCB)监督变更流程,由所有利益方包括客户、开发人员和用户的代表组成。在小型项目中,项目经理或软件构架设计师一人即可担当此角色。在 RUP 中,由变更控制经理担当此任。

3）CCB 复审会议

CCB 复审会议的作用是复审已提交的变更请求。在该会议中将对变更请求的内容进行初始复审,以确定它是否为有效请求。如果是,则基于小组所确定的优先级、时间表、资源、努力程度、风险、严重性以及其他任何相关的标准,判定该变更是在当前发布坂的范围之内还是范围之外。此会议一般每周开一次,如果变更请求量显著增加或者发布周期临近结束时,该会议可能每天开一次。CCB 复审会议的成员一般是测试经理、开发经理或营销部门的一名成员,将根据"需要"适当增加与会者。

4）变更请求提交表单

首次提交变更请求时,将显示此表单,表单上只显示需要提交者填字段。

5）变更请求合并表单

复审已经提交的变更请求时,将显示此表单,它含有说明变更请求时所需的所有字段。

3. 变更请求管理活动

以下示例中列举了一些活动,某个项目可能会采用这些活动来在变更请求的整个生命期户对其进行管理,如图 6.22 所示。

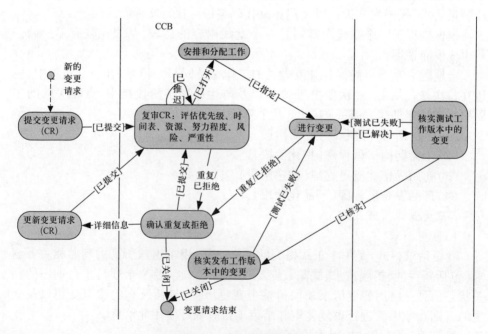

图 6.22　变更请求管理活动

第十节　MIS 项目的跟踪

一、MIS 项目跟踪的目的

项目跟踪要谈的是如何确保一个项目的重要部分能协调工作；如何寻找问题并尽快、彻底解决；如何尽早地发现问题并审慎地控制其后果，以便把损失减到最低限度，从而使该项目成功地进行。而要确保一个软件开发项目的成功，就要求每个参与者都能控制好自己的职责范围——领导层必须控制项目全局，其他每个人则负责控制好自己的项目领域。跟踪过程必须要能够：

（1）找出潜在的问题以预防它们发生。

（2）在出现不可修复的危害之前就准备好修复计划。

二、跟踪的主题和组织设置

跟踪的焦点在于找出和解决问题，这就意味着将要跟踪的是两类信息：

（1）项目活动计划。

（2）已知问题。

要跟踪的主题是项目高风险区、项目进展概观、项目活动进展、项目展望。

项目跟踪的组织设置有：

项目跟踪小组（Project Tracking Team，PTT），是一个其成员需要定期开会，并陈述各自的进展和遇到的问题的小组。就一个小项目而言，每个项目成员都可能参加。对稍大一些的项目，PTT 可能由项目成员中能代表项目中所有活动的那部分人组成。

项目跟踪小组会议 PTT 成员聚在一起开的会，就是跟踪小组会议（PTT 会议）。PTT 会议的主要目的是为了完成下列三个活动项，并提供给项目成员一个交流论坛。

（1）找出潜在问题以预防他们发生。

（2）确认在出现不可修复的危害之前已准备好了修复计划。

（3）交流项目的基本情况。

项目跟踪小组领导，也就是 PTT 领导，由选定的人员担任。在整个项目开发周期中，为了成功地进行跟踪，他将全权负责协调所有必须进行的活动，他还将全权负责整个项目开发周期中的问题管理过程。

三、进行跟踪的时间

强烈建议在项目的整个生命周期中，每周举行一次 PTT 会议，开会过于频繁可能引起不必要和意想不到的开支,这样会影响全体 PTT 成员和全体项目成员的生产率。开会少于每周一次的话,会任由未经检查的问题堆积,从而危害项目。

PTT 会议应该在每周的同一天、同一时间、同一地点召开。必须参加的会议代表通常非常忙碌,他们要能计划好时间及日程。PTT 会议的定期召开使得与会代表们能够计划好他们的其他活动并为会议做好准备,包括收集他们所负责领域活动中必要情况的信息,也可能包括同其他小组协商问题解决方案。

之所以定期召开 PTT 会议,另一个重要原因是:人们需要让自己的工作高效率进行。大多数人在别人评定其工作时做起事来更聪明、更有信心。通常来说,经常或不定期的跟踪行动偶尔也会促进生产率的提高。当人们的行动进展受到经常的、定时的跟踪时,他们会惯于保持长久的、可预见的高生产率。而且,该行动还有助于推动实施一个组织内迫切需要的纪律。事实上,在项目背后,PTT 会议及会上活动起到了基本推动力的作用。

建议 PTT 会议在每周的周二、周三或周四举行。避免在周一举行,是为了让PTT 成员有足够的时间搜集情况并更新会议所需的适当的图表。也是为了让周末加班工作的项目成员在往报告中加入他们周末工作的进展时更容易。

赞成把周三作为 PTT 会议的首选时间。它在一周中处于有战略意义地位,可以为会议准备和会后修复留出充足的时间。此外。建议每个项目成员的日历上部空出周二全天。周四预留给工作会议和专门为在 PTT 会议上找出的需要立即关注的问题而召开的扩大会议。通过预留出 PTT 会议的随后的一天,可确保问题得到立即关注,因此这样有助于避免问题从一周拖至另一周,也有助于在项目中实施高度组织化的方法,并确保项目级问题得到必要的关注。

四、步骤

跟踪项目进度计划的步骤:
(1)指派 PTT 领导。
(2)选定要用的工具和表格。
(3)准备 PTT 培训。
(4)实施 PTT 培训。
(5)准备 PTT 会议。
(6)召开 PTT 会议。
(7)开展工作/问题升级会议。
(8)分发 PTT 会议记录。
(9)转第(5)步直到项目结束。

第十一节　案例分析

管理信息系统的开发周期较长、不确定因素较多,对其开发过程必须实施项目管理。

在管理系接受任务后,立即组织项目小组。项目小组设有一名组长,由管理系一名副教授担任,他曾多次主持、参与管理信息系统开发的项目,具有很强的专业技能和丰富的经验,主要负责对项目的计划、组织和控制,系统分析,系统框架的设计。设有技术支持人员一名,由管理系一名副教授担任,他具有很强的专业技能和丰富的经验,主要负责关键技术指导。设有组员5名,由管理系年轻教员和研究生组成,负责系统设计和实施。

项目小组成立后马上制订系统开发计划。例如,通过讨论确定开发方法为原型法,通过两到三个原型最终定型为正式1.0版。确定了每次原型开发的时间为一到两个月,初步确定各原型开发的起始时间等。随着系统开发的进行,项目小组定期要召开阶段会议,由组员向组长汇报前期工作,并共同探讨以后的工作。计划不断细化和调整以符合实际情况。每次调整,都必须由相关人员提出书面请求,说明调整原因,由组长批准方可调整。

图6.23是第二个原型的开发计划。

ID	任务名称	开始时间	完成	持续时间	2016年10月 9-24 10-1 10-8 10-15 10-22 10-29	2016年11月 11-5 11-12
1	关键技术突破	2016-9-20	2016-9-29	8d		
2	典型模块编程实现	2016-10-5	2016-10-20	12d		
3	所有模块编程实现	2016-10-23	2016-11-10	15d		
4	模块组合联调	2016-11-13	2016-11-20	6d		

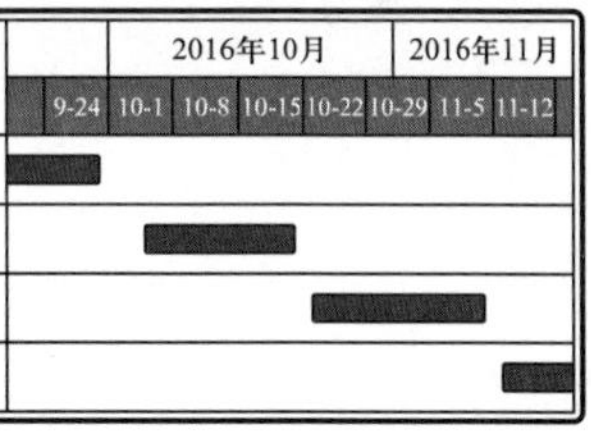

图6.23　第二个原型的开发计划图

习题

1.软件开发为什么要按项目管理的模式进行管理,而不按生产管理的模式进行管理?

2.试述软件项目管理的对象、一般过程和主要内容。

3.如何对软件质量进行事后度量?

4.什么是软件的范围?

5.通常我们从哪几个方面去识别软件项目的风险?

6.软件项目的进度安排关注的任务要素是哪些?

7.试比较甘特图与PERT技术和CPM方法的优缺点。

8.软件项目的质量计划应包含哪些内容?
9.列表说明软件产品各阶段的重大质量活动。

参考文献

[1]朱少民,韩莹.软件项目管理(第2版)[M].北京:人民邮电出版社,2015.
[2]薛华成.管理信息系统(第6版)[M].北京:清华大学出版社,2017.
[3]魏岭,周苏.软件项目管理与实践[M].北京:清华大学出版社,2018.

第七章 面向对象的系统分析与设计技术

前面介绍了信息系统传统的分析和设计技术。这些都是当前仍广泛使用的系统开发技术。但是，这些传统技术是采用结构化的开发模式，它存在着许多问题。为了解决这些问题，许多研究和实践人员做了大量的工作，提出了许多解决这些问题的方法。实践表明，面向对象分析和设计技术是解决当前信息系统分析和设计问题的一个有效的方案。使用面向对象（Object-Oriented，OO）技术，特别是使用统一建模语言（Unified Modeling Language，UML），可以大大提高信息系统分析和设计的质量和效率。本章重点介绍面向对象技术和UML建模方法。

第一节 面向对象技术概述

一、传统方法存在的问题

传统的生命周期方法的本质，是在具体的软件开发工作之前通过需求分析预定义软件需求，然后一个阶段一个阶段地有条不紊地开发用户所需要的软件，实现预先定义的软件需求。但是实践证明，传统的生命周期法存在许多问题：
（1）开发的软件往往不能真正满足用户需要。
（2）软件维护非常困难。
（3）生产效率比较低。
（4）软件重用困难。

实践表明，使用传统开发方法开发的大型信息系统，这种系统往往由于需求模糊或需求的动态变化，结果造成所开发出来的信息系统往往不能真正地满足用户的需要。据一些媒体报道，在美国开发出的信息系统中，真正符合用户需要并且顺利投入使用的信息系统不到总数的25%，另外有25%的信息系统往往在开发期间中途夭折，其余的50%的信息系统虽然开发完成了，但是并未被用户真正地采用。所谓的不能真正地满足用户的需要，主要表现在下面两个方面：
（1）开发人员不能完全获得或不能彻底理解用户的需求，以至开发出的信息系统与用户预期的系统不一致，不能满足用户的需要。
（2）所开发出的信息系统不能适应用户需求经常变化的情况，系统的稳定性和可扩充性不能满足要求。

传统的生命周期法特别强调文档的重要性,规定最终的信息系统产品应该由完整、一致的配置元素组成。在信息系统开发的整个过程中,始终强调信息系统的可读性、可修改性和可测试性是信息系统的重要质量指标。因此,对这样的信息系统软件所进行的维护属于结构化维护的范畴,可维护性有了比较明显的提高,信息系统软件从不能维护变成基本上可以维护。但是实践表明,即便是使用生命周期方法开发出来的信息系统,维护起来仍然相当困难,维护成本也非常高。统计数字表明,信息系统维护的生产率是软件开发的生产率几十分之一。

传统的生命周期法强调需求分析的重要性,强调在每个阶段结束之前必须进行评审,从而提高了信息系统开发的成功率,减少了重大返工的次数。开发过程中实行严格的质量管理,采用先进的技术方法和软件工具,也加快了信息系统的开发速度。从某种意义上来说,采用传统的生命周期法确实提高了信息系统的开发效率,但是这种提高是非常有限的,提高的幅度远远满足不了人们对信息系统的需要。由于供求之间存在的不平衡越来越严重,用户需要的信息系统不能及时地开发出来。因此,如果没有一个更加有效的开发软件的方法,则信息系统的开发效率和信息系统需求之间的矛盾会更加的不平衡。

重用也被称为再用或复用,是指同一个事物不经修改或稍加修改就可以多次重复使用。显然,软件重用是节约人力资源、提高软件生产率的重要途径。结构分析、结构设计、结构程序设计等技术,虽然为信息系统等软件产业带来了巨大的进步,但是却没能很好地解决软件重用的问题。人们原以为只要多建立一些标准程序库,就能在很大程度上提高软件的可重用性,减轻人们开发软件的工作量。但是实际上除了一些接口非常简单的标准数学函数经常重用之外,几乎每次开发一个新的信息系统时,都需要对这个具体的系统做大量重复而又烦琐的工作。

为了解决上面提到的各种问题,提高信息系统的稳定性、可修改性、可重用性,人们在实践中逐渐创造了面向对象方法。

二、面向对象的起源和发展

面向对象的开发方法(Object-Oriented Developing Approach)起源于程序设计语言,但远远超出程序设计的范畴,发展成包括面向对象的系统分析(OOA)、面向对象的系统设计(OOD)和面向对象的程序设计(OOP)的方法体系。同时,它也代表一种更接近自然的思维方法。面向对象的思想最初出现于仿真语言Simula。20世纪60年代开发的Simula语言引入面向对象语言的最重要的概念和特性,即数据抽象、类结构和继承性机制,Simula67是具有代表性的一个版本。SmallTalk是20世纪70年代起源于Simula语言的第一个真正面向对象的程序语言。它体现了纯粹的 OOP 设计思想。20 世纪 80 年代，位于美国加利福尼亚州的 Xerox 研究中心推出 SmallTalk 语言及其程序设计环境，使得面向对象程序设计方法得到比较完善的实现，掀起了面向对象研究的高潮。C++语言是一种比 SmallTalk 更接近于机器，比 C 语言更接近于问题的面向对象的程序设计语言，现已发展成为标准化的面向对象程序设计语言 Visual C++。其后的集成开发工具，如 Delphi 和 Visual BASIC 等都提供面向对象的开发环境。至此，面向对象的开发环境基本覆盖了所有主流开发工具。

三、面向对象的基本思想及优点

传统的程序设计技术是面向过程的设计方法，这种方法以算法为中心，把数据和过程作为相互独立的部分，数据代表问题空间中的客体，程序代码则用于处理这些数据。这种把数据和操作代码分离反映了计算机的观点，因为在计算机内部数据和程序是分开存放的。面向对象方法的基本原理是使用客观现实的概念抽象地思考问题从而自然地解决问题，强调模拟客观现实中的概念而不是强调算法。在面向对象方法中，计算机的观点是不重要的，客观现实的模型才是重要的。

传统的信息系统开发方法基于功能分析和功能分解。使用传统的方法所建立起来的软件系统的结构紧密依赖于系统所要完成的功能，当功能需求发生变化时，将引起软件结构的整体修改。事实上，用户需求变化大部分是针对功能的，因此这样的信息系统是不稳定的。面向对象方法基于构造问题领域的对象模型，以对象为中心来构造信息系统等软件。其基本做法是用对象模拟问题领域中的实体，以对象之间的联系刻画实体之间的联系。因为面向对象的信息系统的结构是根据问题领域的模型建立起来的，而不是基于对信息系统应完成的功能的分解。所以，当对信息系统的功能需求变化时，并不会引起软件结构的整体变化，往往只需要做一些局部性的修改。总之，由于客观现实世界中的实体是相对稳定的，因此，以对象为中心构造的信息系统也是比较稳定的。

传统的信息系统软件重用技术是利用标准函数库，也就是试图使用标准函数库中的函数作为"预制件"来建造新的软件系统。但是，标准函数缺乏必要的柔性，不能适应不同应用场合的不同需要，不是理想的可重用成分。面向对象技术有希望很好地解决软件重用问题。对象固有的封装性和信息隐藏等机理，使得对象内部的实现与外界隔离，具有较强的独立性。对象类提供了比较理想的模块化机制和比较理想的可重用的软件成分。

使用面向对象方法开发出来的信息系统等软件具有良好的可维护性，其原因包括面向对象的软件稳定性比较好、面向对象的软件比较容易修改、面向对象的软件比较容易理解及易于测试和调试等。

综上可知,面向对象的方法是一种分析、设计、思维和程序设计方法。面向对象方法所追求的基本目标是使分析、设计和实现一个系统的方法,尽可能接近人们认识一个系统的方法,也就是使描述问题的问题空间和解决问题的方法空间在结构上尽可能一致。其基本思想是:对问题空间进行自然分割,以便更接近人类思维的方式;建立问题域模型,以便对客观实体进行结构模拟和行为模拟,从而使设计的软件尽可能直接地描述现实世界,构造模块化、可重用、维护性好的软件,且能控制软件的复杂性和降低开发维护费用。在面向对象的方法中,对象作为描述信息实体的统一概念,把数据和对数据的操作融为一体,通过方法、消息、类、继承、封装和实例化等机制构造软件系统,且为软件重用提供强有力的支持。面向对象方法的优点在于:与人类的思维方法一致、稳定性好、可重用性好、可维护性好。

第二节　面向对象的基本概念

面向对象是认识事物的一种方法,是一种以对象为中心的思维方式。如图 7.1 所示,我们可以用面向对象方法来认识青蛙这一事物。

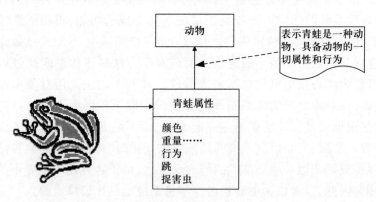

图 7.1　用面向对象方法认识青蛙

Coad 和 Yourdon 对"面向对象"给出了这样一个定义:"面向对象 = 对象 + 类 + 继承 + 消息通信"。如果一个软件系统是使用这样四个概念设计和实现的,则认为这个软件系统是面向对象的。一个面向对象的软件系统的每一元素都应是对象,计算是通过新的对象的建立和对象之间的消息通信来执行的。这里介绍它的几个主要概念:对象、类和实例、消息、封装、继承、多态性。

一、对象

一般意义来讲,对象(Object)是现实世界中存在的一个事物。可以是物理的,如一个家具或桌子,如图 7.2 所示,可以是概念上的,如一个开发项目。对象是构成现实世界的一个独立的单位,具有自己的静态特征(用数据描述)和动态特征(行为或具有的功能)。例如,人的特征:姓名、性别、年龄等;人的行为:衣、食、住、行等。

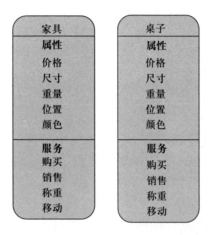

图 7.2　对象的定义

1.对象、属性、操作定义

对象可以定义为系统中用来描述客观事物的一个实体,它是构成系统的一个基本单位,由一组属性和一组对属性进行操作的服务组成。

属性一般只能通过执行对象的操作来改变。

操作又称为方法或服务,在 C++中称为成员函数,它描述了对象执行的功能,若通过消息传递,还可以为其他对象使用。

2.对象的分类

(1)外部实体:与软件系统交换信息的外部设备、相关子系统、操作员或用户等。

(2)信息结构:问题信息域中的概念实体,如信号、报表、显示信息等。

(3)需要记忆的事件:在系统运行过程中可能产生并需要系统记忆的事件,如单击鼠标左键、击打键盘"→"键等。

(4)角色:与软件系统交互的人员所扮演的角色,如经理、部长、技术支持等。

(5)组织机构:有关机构,如单位、小组等。

(6)位置:作为系统环境或问题上下文的场所、位置,如客户地址、收件人

(机构)地址等。

(7)操作规程:如操作菜单、某种数据输入过程等。

在标识对象时必须注意遵循"信息隐蔽"的原则:必须将对象的属性隐藏在对象的内部,使得从对象的外部看不到对象的信息是如何定义的,只能通过该对象界面上的操作来使用这些信息。对象的状态通过给对象赋予具体的属性值而得到。它只能通过该对象的操作来改变。对象有两个视图,分别表现在分析设计和实现方面。从分析及设计方面来看,对象表示了一种概念,它们把有关的现实世界的实体模型化。从实现方面来看,一个对象表示了在应用程序中出现的实体的实际数据结构。之所以有两个视图,是为了把说明与实现分离,对数据结构和相关操作的实现进行封装。

二、类和实例

把具有相同特征和行为的对象归在一起就形成了类(Class)。类成为某些对象的模板,抽象地描述了属于该类的全部对象的属性和操作。属于某个类的对象称为该类的实例(Instance)。对象的状态则包含在它的实例变量,即实例的属性中。如图 7.3 所示,从"李杰"、"王辉"和"杨芳"等对象可得到类"学生",而这些对象就称为该类的实例。

类定义了各个实例所共有的结构,类的每一个实例都可以使用类中定义的操作。实例的当前状态是由实例所执行的操作定义的。

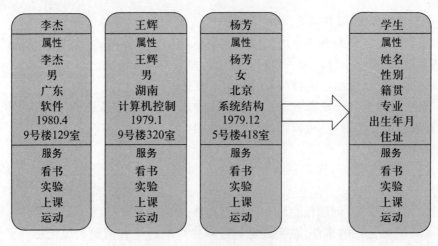

图 7.3 对象、类与实例

面向对象程序设计语言,如 C++ 和 SmallTalk 都定义了一个 new 操作,可建立一个类的新实例。C++ 还引入了构造函数,用它在声明一个对象时建立实例。

此外，程序设计语言给出了不同的方法，来撤销（称为析构）实例，即当某些对象不再使用时把它们删去，把存储释放以备其他对象使用。C++给出了一个操作delete，可以释放一个对象所用的空间。C++还允许每个类定义自己的析构方法，在撤销一个对象时调用它。

类常常可看作是一个抽象数据类型（ADT）的实现。但更重要的是把类看作是表示某种概念的一个模型。事实上，类是单个的语义单元，它可以很自然地管理系统中的对象，匹配数据定义与操作。类加进了操作，给通常的记录赋予了语义，可提供各种级别的可访问性。

三、消息

所谓的消息（Message）是一个对象与另一个对象的通信单元，是要求某个对象执行类中定义的某个操作的规格说明。面向对象的世界是通过对象与对象间彼此的相互合作来推动的，而消息就是对象之间的通信载体，是连接对象的纽带。在面向对象系统中有两类消息，即公有消息和私有消息。

消息具有以下几个性质：

（1）同一对象可以接收不同形式的多个消息，产生不同响应。

（2）一条消息可以发送给不同的对象，消息的解释完全由接收对象完成，不同对象对相同形式的消息可以有不同解释。

（3）与传统程序调用不同，对于传来的消息，对象可以返回相应的回答信息，也可以不返回，即消息响应不是必需的。

当一个消息发送给某个对象时，包含要求接收对象去执行某些活动的信息，接收到消息的对象经过解释予以响应，对象间的这种相互合作需要一个机制协助进行，这样的机制称为"消息传递"。所传送的消息实质上是接收对象所具有的操作/方法的名称，也包括相应参数（图 7.4）。系统可以简单地看作一个彼此通过传递消息而相互作用的对象集合。

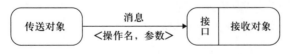

图 7.4　消息传递模型

消息模式（Message Pattern）即消息的形式。一个消息模式用来刻画一类消息，它不仅定义了对象接口所能受理的消息，还定义了对象固有处理能力，是对象接口的唯一信息。所以，使用对象只需要了解它的消息模式。

对象的消息模式的处理能力即所谓的"方法"（Method），它是实现消息具体功能的手段。

四、封装

封装(Encapsulation)是指按照信息屏蔽的原则,把对象的属性和操作结合在一起,构成一个独立的对象。外部对象不能直接操作对象的属性,只能使用对象提供的服务。例如,我们不用关心电视机的内部工作原理,电视机提供了选台、调节音量等功能让我们使用。

五、继承

如果某几个类之间具有共性的东西(信息结构和行为),抽取出来放在一个一般类中,而将各个类的特有的东西放在特殊类中分别描述,则可建立起特殊类对一般类的继承(Inheritance)。如图7.5所示,各个特殊类可以从一般类中继承共性,这样避免了重复。

类之间的继承关系是现实世界中遗传关系的直接模拟,它表示类之间的内在联系以及对属性和操作的共享。即子类可以沿用父类(被继承类)的某些特征。当然,子类也具有自己独有的属性和操作。

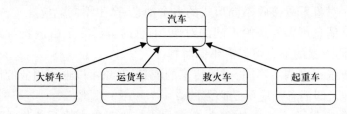

图7.5 特殊类对一般类的继承关系

1. 建立继承结构的好处

(1)易编程、易理解:代码短,结构清晰。
(2)易修改:共同部分只要在一处修改即可。
(3)易增加新类:只须描述不同部分。
(4)是软件开发中复用概念的核心。

2. 多继承

如果一个类需要用到多个既存类的特征,可以从多个类中继承,称为多继承。例如,图7.6退休教师是继承退休者和教师这两个类的某些特征或行为而得到的一个新类。

继承具有传递性,继承性使得相似的对象可以共享程序代码和数据结构,从而大大减少了程序中的冗余信息,使得对软件的修改变得比过去容易得多了。

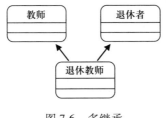

图 7.6 多继承

继承性使得用户在开发新的应用系统时不必完全从零开始,可以继承原有的相似系统的功能或者从类库中选取需要的类,再派生出新的类以实现所需要的功能,所以,继承的机制主要是支持程序的重用和保持接口的一致性。

六、多态性

不同对象收到同一消息可能产生完全不同的结果,这一现象称为多态性(Polymorphism)。在使用多态的时候,用户可以发送一个通用消息,而实现的细节则由接收对象自行决定。这样,同一消息就可以调用不同的方法。

多态的实现受到继承性的支持。利用类继承的层次关系,把具有通用功能的消息存放在高层次,而实现这一功能的不同的行为放在较低层次,使得在这些低层次上生成的对象能够给通用消息以不同的响应。多态性的本质是一个同名称的操作可对多种数据类型实施操作的能力,即一种操作名称可被赋予多种操作语义。

由于多态性使程序在编译时,根据当时的条件动态地确定和调用要求的程序代码,称为动态绑定(Dynamical Binding)。动态绑定比较灵活,是面向对象程序设计语言的一个特点,是与类的继承性、多态性相联系的。

第三节 面向对象的分析方法

关系分析中的 E-R 方法只能反映概念间的静态关系,要想体现概念间的动态关系,只能使用面向对象的方法。这是一种更直观、更自然、更易于理解的概念模型化方法。面向对象的分析以一种全局的观点,考虑系统中的各种联系的完整性和一致性;通过对问题领域的信息和行为的这种描述,说明系统中各种操作的细节。

一、面向对象分析与模型化

面向对象分析(OOA)过程分为论域分析和应用分析。论域分析建立大致的系统实现环境,应用分析则根据特定应用的需求进行论域分析。

1. OOA 的基本原则和任务

为建立分析模型,要运用以下的五个基本原则:①建立信息域模型;②描述功能;③表达行为;④划分功能、数据、行为模型,揭示更多的细节;⑤用早期的模型描述问题的实质,用后期的模型给出实现的细节。这些原则形成 OOA 的基础。

OOA 的目的是定义所有与待解决问题相关的类(包括类的操作和属性、类与类之间的关系以及它们表现出的行为)。为此,OOA 需完成的任务是:

(1)软件工程师和用户必须充分沟通,以了解基本的用户需求。
(2)必须标识类(即定义其属性和操作)。
(3)必须定义类的层次。
(4)应当表达对象与对象之间的关系(即对象的连接)。
(5)必须模型化对象的行为。
(6)反复地做任务(1)~(5),直到模型建成。

2. 论域分析

论域分析(Domain Analysis)是基于特定应用论域,标识、分析、定义可复用于应用论域内多个项目的公共需求的技术。它的目标是发现和创建一组应用广泛的类,这组类常常超出特定应用的范围,可以复用于其他系统的开发。

论域分析可以被视为软件过程的一种保护伞活动,是与任一软件项目都没有牵连的软件工程活动。论域分析员的工作是设计和建造可复用的构件,供许多工作在类似的但不一定相同的应用项目中的人员使用。

论域分析过程的输入/输出参看图7.7。主要的过程活动有:

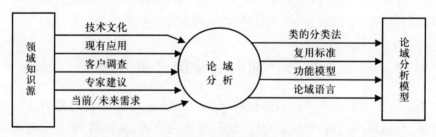

图 7.7　论域分析过程的输入/输出

(1)定义要研究的论域。分析员首先隔离感兴趣的业务论域、系统类型或产品分类,再抽取 OO 项和非 OO 项。其中,OO 项包括:既存应用的类的规格说明、设计和代码;支持类(GUI 类或数据库存取类);与论域相关的市售构件库;测试用例等。非 OO 项包括:方针、步骤、计划、标准和指南;既存的非 OO 应用的规格说明、设计和测试信息;度量、市售非 OO 软件等。

（2）分类从论域抽取的项。对所有的项进行归类并定义各个种类的一般定义特征。提出种类的分类模式并定义每个项的命名惯例。适当的时候建立分类的层次。

（3）收集论域中各个应用的有代表性的样例。为了完成这个活动,必须保证在问题中的应用具有适合已定义的某些种类的项。

（4）分析样例中的每一个应用。分析员接下来要做的事情是：
①标识候选的可复用的对象；
②指明标识对象为可复用的理由；
③定义可复用对象的适合性；
④估计在论域中可做到对象复用的应用的百分比；
⑤用名字标识对象并使用配置管理技术控制它们。
一旦标识了对象,分析员应当估计一个典型的应用能够使用可复用对象构造的百分比。

此外,论域分析员还应建立一组复用指南,并给出一个例子,说明如何使用论域对象来建立新的应用。

总之,论域分析实际上是一种学习,涉及与应用论域有关的所有知识。论域的边界可能很模糊,很多是凭借经验和实际考虑(如可用资源)。主要思想是想把考虑的论域放宽一些,把相关的概念都标识到,以帮助更好地掌握应用的核心知识。当用户改变他们对系统的需求时,范围广泛的分析可以帮助预测这些变化。

3. 应用分析

应用分析的依据是在论域分析时建立起来的论域分析模型,并把它用于当前正在建立的应用当中。客户对系统的需求可以当作限制来使用,用它们缩减论域的信息量。就这一点来说,保留的信息受到论域分析视野的影响。论域分析产生的模型并不需要用任何基于计算机系统的程序设计语言来表示,而应用分析阶段产生影响的条件则伴随着某种基于计算机系统的程序设计语言的表示。响应时间需求、用户界面需求和某些特殊的需求,如数据安全等,都在这一层分解抽出。

许多模型识别的要求是针对不止一个应用的。通常我们着重考虑两个方面:应用视图和类视图。必须对每个类的规格说明和操作详细化,还必须对形成应用结构的类之间的相互作用加以表示。

二、面向对象分析的基本模型

OOA 提供信息、状态和处理三种形式的模型。这三种模型被有机地结合,相互影响,相互制约。

1. 信息模型

信息模型是 OOA 的基础。它的基本思想是描述三个内容:对象、对象属性和对象之间的关系。对象之间存在一定的关系,关系是以属性的形式表现的。信息模型用两种基本的形式描述:一种是文本说明形式,包括对系统中所有的对象、关系的描述与说明;另一种是图形表示形式,它提供一种全局的观点,考虑系统中的相干性、完全性和一致性。信息模型的图形描述方式有信息结构图、信息结构概图。信息模型的文本文件描述方式有对象说明文件、关系说明文件、概要说明文件。

2. 状态模型

OOA 设定所有对象和关系,都具有其生命周期。生命周期由许多阶段组成,每个特定的阶段都包括一系列的运行规律和行为规则,用以调节和管理对象的行为。对象和关系的生命周期即用状态模型描述对象和关系的状态、状态转换的触发事件和对象行为。

状态:对象或关系在其生命周期中的某个特定阶段或所处的某种情形。

事件:用以说明和控制对象从一种状态转换到另一种状态的现实世界中的事件,即对象状态转换的控制信息。

行为:当对象达到某种状态时所发生的一系列处理操作。

状态模型可用多种形式描述,如状态转换图和状态转换表。在实际中,这两种描述都需要。图形描述可以帮助人们理解对象生命周期的转换过程;表格描述更详细地说明对象的状态转换关系。

3. 处理模型

处理模型是为状态模型中的每个状态建立的一个数据流图。数据流图可以清楚地说明与状态有关的行为处理过程。建立处理模型可使系统分析者对系统设计进行精化。比较某状态模型中所有状态的数据流图,就可发现一些相同或相似处理的重复使用。在这种情况下,建立处理模型有利于对处理操作的定义进行调整,以便使系统结构更趋合理和完善。

三、Coad 与 Yourdon 的 OOA 方法

我们采用 Coad 与 Yourdon 提出的 OOA 方法来讨论分析的过程。这种方法是在信息模型化技术、面向对象程序设计语言及知识库系统的基础上发展起来的。

1. OOA 的考虑

Coad 与 Yourdon 认为 OOA 的主要考虑在于与一个特定应用有关的对象以

及对象与对象之间在结构与相互作用上的关系。OOA 有两个任务：

(1) 形式地说明所面对的应用问题，最终成为软件系统基本构成的对象，还有系统所必须遵从的，由应用环境所决定的规则和约束。

(2) 明确地规定构成系统的对象如何协同合作，完成指定的功能。这种协同在模型中是以一组消息连接来表示的，它们承担了各个对象之间的通信。

通过 OOA 建立的系统模型是以概念为中心的，因此称为概念模型。这样的模型由一组相关的类组成。OOA 可以采用自顶向下的方法，逐层分解建立系统模型，也可以自底向上地从已经定义的基本类出发，逐步构造新的类。软件规格说明就是基于这样的概念模型形成的，以模型描述为基本部分，再加上接口要求、性能限制等其他方面的要求说明。

构造和评审 OOA 概念模型和由五个层次组成。这五个层次不是构成软件系统的层次，而是分析过程中的层次，也可以说是问题的不同侧面。每个层次的工作都为系统的规格说明增加了一个组成部分。当五个层次的工作全部完成时，OOA 的任务也就完成了。这五个层次是类与对象、属性、服务、结构和主题。

图 7.8 给出了这五个层次，以及每个层次中涉及的主要概念和相应的图形表示。

2. 标识对象和类

OOA 的第一个层次是识别类和对象。类和对象是对与应用有关的概念的抽象。不仅是说明应用问题的重要手段，同时也是构成软件系统的基本元素。这一层的工作是整个分析模型的基础。

1) 如何找出对象和类

对于一个给定的问题论域，找出一个适当的对象集合才能确保可复用性和可扩充性，并能借助面向对象的开发模式，提高软件开发的质量和生产率。

在做问题识别时，系统分析员应按以下五个步骤找出描述应用论域的对象和类：

(1) 亲自到现场了解在相同应用论域中类似系统的运行情况。

(2) 注意听取该应用论域的专家对问题解决相关问题的解说，并进行讨论。

(3) 调查以往是否有相同或类似应用论域的面向对象分析的结果。若有，看是否有可复用对象和类。

(4) 详细阅读客户提交的问题陈述，并阅读与该应用论域相关的资料或书籍。同时，将在客户的问题陈述中出现的所有名词开列出来。

(5) 建立系统原型，交给客户试用，根据客户的意见和要求，修改系统规格说明。

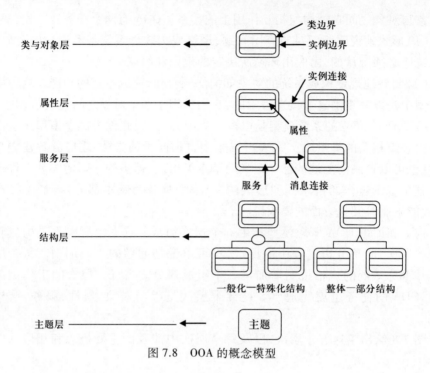

图 7.8　OOA 的概念模型

2）选择对象和类的原则

（1）对象应该具有记忆其自身状态的能力。而且对象的属性应当是系统所关心的，或是系统正常运行所必需的。

（2）对象应当具有有意义的服务（操作），可用以修改对象本身的状态（属性值）。而且对象可以利用其服务为系统中的其他对象提供外部服务。如果类不需提供任何服务，则此类或对象可不必包含在分析模型中。

（3）对象应当具有多个有意义的属性。仅有一个属性的对象最好表示为其他对象的属性。

（4）为对象定义的属性应适合于对象的所有实例。如果对象的某一个实例不具备某属性，则意味着应用论域中存在尚未发现的继承关系。应该利用继承关系将原来的对象和特殊的实例区分为两个对象。

（5）为对象定义的有关服务应适合于对象的所有实例。

（6）一个类中应当有一个以上的实例：如果一个类中只要一个实例或对象，那么有可能这个类没有存在的必要；但如果一个类虽然只有一个实例，但它反映的应用论域的某一种概念，那么它必须作为一个类存在。

（7）对象应是软件分析模型的必要成分，与设计和实现方法无关。

（8）有时为了提高执行速度，需要增加一些类或对象或属性，用以保存另一些类或对象产生的暂时结果,以避免重复计算。但这应是设计阶段考虑的问题,不应是分析阶段做的事。

在面向对象的分析活动中,对对象的识别和筛选取决于应用问题及其背景,也取决于分析员的主观思维。

3. 类结构的确定

OOA 的下一个层次是结构层,用于标识对象之间的组装和继承关系。在 OOA 中,标识结构是处理 OOA 模型复杂性的机制之一。典型的结构有两种:一般化—特殊化结构和整体—部分结构,如图 7.9 和图 7.10 所示。

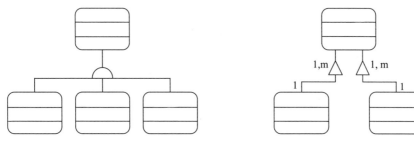

图 7.9　一般化—特殊化结构的例子　　　图 7.10　整体—部分结构的例子

整体—部分结构也称为组装结构,表示聚合关系,即由属于不同类的成员聚合而形成新的类,它用符号 △ 表示有向性,在 △ 的上面是一个整体对象,下面是部分对象。

一般化—特殊化结构也称为分类结构。其中,特殊化类是一般化类的派生类,一般化类是特殊化类的基类。分类结构具有继承性,一般化类和对象的属性和服务一旦被识别,即可在特殊化类和对象中使用。采用继承来显式地表达属性和服务的公共部分,这可以实现在分类结构中恰如其分地分配属性和服务。将共同的属性放在上层,而将特有的属性放在下层;将共同的服务放在上层,而将特有的服务放在下层。分类结构还可以形成层次或网络,以描述复杂的特殊化类,有效地表示公共部分。

继承适合于结构、表格和定义,不适用于值。例如,"鸡"是"鸟"的特殊化,它们之间共享了许多属性和服务,如"翅膀"。"鸡"和"鸟"可以共享"翅膀"的定义,但不能共享"翅膀"的特定值。

从整体的视点来看,一个整体—部分结构可看作一个"has a"结构。例如,Vehicle has a Engine 。其中,Vehicle 是整体对象,Engine 是局部对象。

整体—部分结构不是类与类之间的对应关联,而是类的实例与实例之间的对应关联。一个整体对象可以有不同种类的部分对象,且可以有多个部分对象。因此,在整体—部分连线的两端应标注一个数量(Amount)或范围(Range),以表

明一个整体对象可以拥有的部分对象的数目。通常,这种结构表明以下几种关联:

(1)总体—部分(Assembly-Parts)关联,如飞机与发动机之间的关系。

(2)包容—内含(Container-Content)关联,如飞机与飞行员之间的关系。

(3)收集—成员(Collection-Members)关联,如机构与职员之间的关系。

从特殊化的视点来看,一个一般化—特殊化结构可以看作是"is a"或"is a kind of"结构。例如,A Truck Vehicle is a Vehicle 或 A Truck Vehicle is a kind of Vehicle。

一般化—特殊化结构形成的继承关系可能是单继承,也可能是多继承。它们形成一个层次结构。在单继承的层次结构中,派生类之间可能会出现一些冗余信息;而多继承的层次结构常常会导致较多的派生类,增加了模块复杂性,但能够很好地标识共同性。

4. 标识属性

属性层包括对象属性和对象之间的关系(实例连接)。对象所保存的信息称为它的属性,通常把它们封装在对象内部。类的属性所描述的是状态信息,每个实例的属性值表达了该实例的具体状态值。实例连接可以看成是一种事务规则或应用论域限制,表达了一个类的实例与其他类的实例的可能对应关系。

1)标识属性的策略

分析人员应从问题陈述中搞清:哪些性质在当前问题的背景下完全刻画了被标识的某个对象。通常,属性对应于带定语的名词,如"文件的密码""学生的出生年月"等。属性在问题陈述中不一定有完整的显式的描述,要识别出所关心的潜在属性,需要对应用论域有深刻的理解。

(1)每个对象至少应含有一个属性,使得对象的实例能够被唯一地标识。

(2)必须仔细地定义属性的取值。属性的取值必须能应用于对象类中的每一个实例。其取值不能为"不适用"。

(3)出现在一般化—特殊化关系中的对象所继承的属性必须与一般化—特殊化关系一致。子对象不能继承那些不是为该子对象定义的属性,所继承的属性必须在应用论域中有意义。

(4)所有系统的存储数据需求必须说明为属性。

在识别属性的过程中,为避免找出冗余的或不正确的属性,应注意以下问题:

(1)对于应用论域中的某个实体,如果不仅其取值有意义,而且它本身也有必要独立存在,那么,应将该实体作为一个对象,而不宜作为另一个对象的属性。

（2）对象的导出属性应当略去。例如，"年龄"是由属性"出生年月"与系统当前日期导出。因此，"年龄"不应作为人的基本属性。

（3）在分析阶段，如果某属性描述对象的外部不可见状态，应将该属性从分析模型中删去。如果在标识属性的过程中发生以下情况，应考虑调整对象识别的结果。

（4）如果属性只适应于对象的某些实例，而不适应于对象的另外一些实例，则往往意味着存在另一类对象，而且这两类对象之间可能存在着继承关系。

（5）仅有一个属性的对象可以标识为其他对象的属性。

（6）对于对象的某一个属性，如果该对象的某一个特定实例针对该属性有多重属性值，则应当将该对象分为几个对象。

通常，属性放在哪一个类中应是很明显的。较一般的属性应放在一般化—特殊化结构中较高层的类或对象中，较特殊的属性应放在较低层的类或对象中。

数据视图 ERD 中实体可能对应于某一对象。这样，实体属性就会简单地成为对象属性。如果实体（如人）不只对应于一类对象，那么这个实体的属性必须分配到 OOA 模型的不同类的对象之中。

2）找出实例连接

实例连接是一种表示应用论域的映像模型，它表明某一对象为完成其职责，需要其他对象的参与。这一步骤要为每一个实例连接定义重复度（$1:1, 1:m, m:m$）。

在标识完实例连接之后，可能需要对对象进行调整。

（1）查看是否有什么属性描述的是多对多的实例连接，如果有，则可能需要增加一个新的"交互"对象。

（2）查看在同一个类各个实例之间的实例连接。对于每一个连接，看是否有属性描述它。如果有，应当建立新的类或对象。例如，"婚姻"是人与人之间的关系，为描述婚姻发生的地点、时间等，除了"人"这个对象外，还需要建立"婚姻"事件对象。

（3）检查对象之间的实例连接情况。如果两个对象之间有两个或两个以上的实例连接时，可能需要加入一个类或对象来区分这些实例连接的含义。

5.定义服务

下一个层次称为服务层。在这一层标识对象所执行的服务以及对象之间传递的消息，建立对象之间的动态关系，其目的在于定义对象的行为和对象之间的通信（消息连接），说明所标识的各种对象是如何共同协作，使系统运作起来。定义服务的步骤如下：

（1）标识在每个对象中必须封装的一组服务。

①简单的服务。每一个类或对象都应具备的服务,这些服务包括:建立和初始化一个新对象,建立或切断对象之间的关联,存取对象的属性值,释放或删除一个对象。

②复杂的服务。分为两种:计算服务,利用对象的属性值计算,以实现某种功能;监控服务,处理外部系统的输入/输出、外部设备的控制和数据的存取。

(2)将服务与对象的属性相比较,验证其一致性。如果已经标识了对象的属性,那么每个属性必然关联到某个服务,否则该属性就形同虚设,永远不可能被访问。

(3)画出对象之间的消息通信路径,协调系统的行为。

通常消息有以下几类:发送对象激活接收对象;发送对象传送信息给接收对象;发送对象询问接收对象;发送对象请求接收对象提供服务。这几种类型可根据描述对象之间动作关系的动词和句型来区分。对象之间的通信只能通过消息的发送和接收来完成。消息由发送对象传给接收对象,其中包含有发送者希望完成的服务名和相关的参数。

①自底向上的方法。访问每一个对象,给出在对象生存期中从建立到消亡的所有状态。每一状态的改变都关联到对象之间消息的传递。从对象着手,逐渐向上分析。

②自顶向下的方法。一个对象必须识别某个系统中发生或出现的事件,产生发送给其他对象的消息,由那些对象做出响应。所以对象应能够询问需要执行什么服务,以便接收、处理、产生每个消息。它是从系统行为着手,然后逐渐分析到对象。

当一个对象将一个消息传送给另一个对象时,另一个对象又可传送一个消息给另一个对象,如此下去就可得到一条执行线索。检查所有的执行线索,确定哪些是关键执行线索(Critical Threads of Execution)。这样有助于检查模型的完备性。

应当指出的是,从服务层中的消息连接可以看到一个对象在什么状态下对哪个消息做出怎样的反应。也就是说,每个对象被看成一个自动机。系统中所有这样的自动机构成了描述系统动态行为的基础。然而,这种零散的说明让人很难从中形成一个总体的概念。因此,Coad 与 Yourdon 加上了事件—响应对象交互图 EROI(类似于 OMT 的事件追踪图),用来标识和描述对象之间的相互通信。对于每一个事件,EROI 图表明了由哪一个对象来识别事件的发生,产生什么消息;其他哪些对象接收这些消息,并产生什么响应。EROI 图的表示方法如图 7.11 所示。

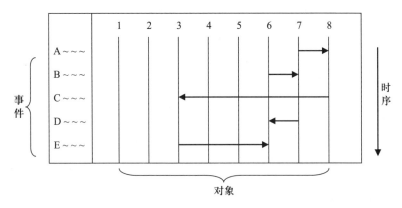

图 7.11 事件—响应对象交互图

6.标识主题

对于复杂的应用,可能会识别出大量的对象,但分析员同时能处理的对象却不宜过多。因此,引入主题机制。通过建立多个主题,可以处理规模比较大的复杂模型,降低系统的复杂性。每个主题可以看作为一个子模型,甚至是一个子系统。在分析的某一时刻,分析人员只需重点关注某个特定的主题域。

可以依据子论域、子系统,甚至组织或地域区分主题。对于非常庞大与复杂的系统,可以建立多级主题,在主题中可以包含另一主题,形成一个层次结构。

不同的主题之间可以有重叠部分,用自顶向下(先建立主题层)或自底向上(先建立对象—类层和结构层)方式都可以建立主题。何时将主题加入分析模型中,应当根据待开发系统的开发计划而定。如果开发计划中规定的类或对象的个数不超过 40,可以在完全了解所有的类或对象之后再将主题加入。如果系统开发计划规定的系统规模较大,主题则应尽快加入,以便将问题论域划分成若干问题子论域,进而建立工作单元。为做到这一点,需要由有经验的分析员很快标识出类和结构,粗略确定一些暂时的主题,将它们分发给负责开发的各个小组去继续进行分析。在深入了解问题论域和应用系统的职责之后,还需要对那些暂时的主题进行修正及调整。

第四节　面向对象的设计方法

系统分析的产品就是系统设计的依据。因此,面向对象系统设计的依据,就是面向对象系统分析所产生的分析模型。本节简要讨论面向对象系统设计的方法。

系统设计阶段不是设计具体的某个程序,而是制定各种原则,从系统整体的角度规划程序、数据和操作。它包括的系统问题有：
(1) 组织共享数据的系统性规则是什么？
(2) 控制系统存取的系统性规则是什么？
(3) 系统中程序共同遵守的规则是什么？
(4) 系统中将需要什么数据？
(5) 将要求的处理过程划分成程序的基本原则是什么？
(6) 需要建立哪些程序？

面向对象的系统设计需要做以下工作：
(1) 外部说明。
(2) 软件结构设计。
(3) 信息量设计。
(4) 数据结构设计。
(5) 划分程序。

一、外部说明

通过面向对象的系统分析，形成一个抽象的系统模型，它是一个基于信息的实体，能够以一种系统的、确定的、可预见性的方式响应输入和激励。但是，它并没有说明计算机是如何参与进去的。从处理角度看，分析文件并没说明哪一个处理由计算机执行，哪一个处理由人来执行。外部说明阶段的目的就是决定计算机应该做什么和不应该做什么。

到目前为止，还没有任何系统性的方法来进行外部说明，因为这确实是一件很复杂的工作。它涉及整个计算机系统实现的可能性、实现的费用、实现的时间、实现的可靠性等问题。

尽管如此，建立外部说明仍有两种思路供我们考虑。

第一，将计算机系统看成"黑箱"，找出"黑箱"之外的外部事件并对其进行分析，从而逐步明确人机之间的界面，分清各自的处理任务。由于 OOA 方法提供的信息模型、状态模型和处理模型清楚地揭示了问题的内在约束和使任何特定事件成为外部事件的含义，因此，OOA 方法的成果能为外部说明工作提供强有力的支持。

第二，从将被放入计算机内部的抽象系统模型入手，也可建立外部说明。其所涉及的问题是：自动系统的范围是什么？自动系统将进行什么样的操作？

除完成逻辑上的功能分析之外，在外部说明阶段还要完成以下工作：
(1) 屏幕设计。
(2) 报表格式设计。
(3) 与其他自动系统界面的详细设计。

(4)操作员的操作规程。

二、软件结构设计

这一步要解决的问题是：

(1)组织和存取共享数据。

(2)如何触发程序。

(3)对程序所做的某种必要的约定。这些约定与程序之间的界面有关,它是从数据组织、数据存取和程序触发规则转化而来的。

例如:可能要确定数据库系统,用来组织和控制存取共享数据;被终端程序在任何时候都能援引的程序;对程序所做的必要的约定;等等。

三、信息量设计

系统的信息量设计要确定自动系统所需的信息量。通过考察数据流程图,确定处理过程所需要的数据,就可以很容易地确定系统所需的信息。考察结果是用精化了的信息模型来表达的。

精化的信息模型中的每一个属性,都是自动系统中某一个处理过程所必需的。在原来的信息模型中,如果有些属性没有任何处理过程引用,它将被去掉。如果一个对象的所有属性都被去掉了,那么此对象本身也就被去掉了。

注意,当去掉一个参考性属性时,意味着没有任何处理过程使用相应的关系,自动系统不会察觉到在现实世界中存在着这样的一个关系,此关系就被去掉了。

四、数据结构设计

这一步将把概念上的数据结构转化为实现所用的数据结构。这一结构或者决定于数据库管理系统所支持的统一结构,被多个程序存取,或者决定于单个程序中所具有的数据结构。

在许多应用中,最重要的是数据的存取结构。为了确定一个合适的结构,应该考察系统中的处理过程,用以确定:

(1)关系被处理过程单方向引用还是双方向引用。

(2)处理过程访问对象和关系的频率。

(3)什么时候进行处理操作。

在进行数据结构的设计中,必须进行综合考虑,精化了的信息模型提供了一个建立数据结构的可能方法。这种结构具有最小的数据冗余,并且能够对所有的数据元素进行平衡存取,也就是说,这种结构使你能用大致相等的搜索次数搜索所有关系中的数据。对这种结构做任何改变均会增加数据冗余,并且使得存取某些关系中数据更容易,存取其他关系中数据更困难。作为一般规则,设计的数据结构要能最大限度地反映精化了的信息模型,而仍能满足处理过程的要求。

五、划分程序

为了得到一个紧凑的、清楚的系统,应该建立一条原则将要建立的处理过程划分成程序段。面向对象系统设计中的一个最自然的程序划分方式是将分析模型中的每个状态模型写一段面向对象的程序,也就是说用面向对象的程序设计方法分别实现一个个对象。

另外,在面向对象的系统设计中,应充分考虑程序的可重用性问题,这样可以加快开发过程。

可重用性是面向对象技术的重要特性和主要优势之一,这种重用性不仅包括数据的重用,还包括处理过程的重用。在软件开发过程中,可重复使用的程序或程序段称为可重用资源。可重用资源有用户根据自己的应用自行开发的,也有由第三方软件厂家开发的通用资源。后者数量大,质量高,应用的涉及面广,是软件开发的宝贵财富。目前,市场上的这类产品大都支持面向对象的开发。

因此,划分程序的另一项工作就是产生系统可重用成分,并将其分离出来。

第五节 UML 概述

本节主要介绍 UML 的发展和内容。UML 的出现统一了面向对象的建模语言,标志着面向对象技术和方法已经成熟。

一、UML 的演变

面向对象技术不仅是一种程序设计方法,它还是一种对真实世界的抽象思维方式。随着计算机应用技术的高速发展,信息系统的等软件的复杂程度不断提高,源代码的规模越来越大。在长期的研究和实践中,人们越来越深刻地认识到,建立简明准确的表示模型是把握复杂系统的关键。模型可以使人们从全局上把握系统的全貌及其相关部件之间的联系,可以防止人们过早地陷入各个块的细节。因此,面向对象的分析和设计应该从建模开始。统一建模语言(Unified Modeling Language,UML)就是当前最为重要的面向对象的建模语言。

UML 是在吸收了众多面向对象技术和方法的基础上建立起来的。Booch 是面向对象的最早倡导者,他于 1993 年提出的面向对象技术 Booch1993 成为 UML 最重要的基础。Booch1993 适合于系统的设计和构造。UML 的第二个来源是

Rumbaugh 等人提出的面向对象的建模技术(Object-oriented Modeling Techniques, OMT)。OMT 方法使用对象模型、动态模型、功能模型和用例模型共同完成对整个系统的建模,所定义的概念和方法可用于软件开发的分析、设计和实现全过程。Jacobson 于 1994 年提出了面向对象软件工程(Object-Oriented Software Engineering, OOSE)的方法,其最大特点是用例,并在用例的描述中引入了外部角色的概念。

但是,面对众多的建模语言,用户没有能力区别不同语言之间的差别,并且这些建模源各有千秋。客观上,需要统一这些建模语言。1994 年 10 月,Booch 和 Rumbaugh 开始致力于这项研究工作。1996 年 10 月,Jacobson 加盟到了这项研究工作中。经过这些研究人员的努力,1996 年 10 月发布了 UML0.91 版本。后来,许多大公司参与到了这项工作中,这些大公司包括 DEC、HP、Oracle、Microsoft 等。1997 年 1 月,发布了 UML1.0 版本。

需要补充的是,UML 只是一种建模语言,而不是一种建模方法。一般任何方法都应该由建模语言和建模过程两部分组成,其中建模语言提供了这种方法中用于表示设计的符号,建模过程则描述了进行设计所需要遵循的步骤。UML 统一了面向对象建模的基本概念、术语和图形符号,为人们建立了便于交流的共同语言。然而,人们可以根据所开发软件的类型、环境和条件,选用不同的建模过程。

二、UML 的主要内容

UML 的定义包括 UML 语义和 UML 表示法两个部分。UML 语义通过其元模型来严格地定义,元模型为 UML 的所有元素在语法和语义上提供了简单、一致、通用的定义性说明。UML 表示法定义了 UML 的表示符号,为建模者和建模支持工具的开发者提供了标准的图形符号和正文语法。

客观现实世界是一个复杂的系统。如果希望理解客观现实的系统,那么需要从不同的角度来考察才能真正地理解这个系统。为了支持从不同的角度来考察系统,UML 提供了 5 类、9 种模型图。

第一类是用例图,它从用户的角度描述系统的功能,并且指出各功能的操作者。

第二类是静态图,包括类图、对象图和包图。类图用于定义系统中的类,包括描述类之间的联系(如关联、依赖、聚合)以及类的内部结构,即类的属性和操作。类图描述了系统中类的静态结构,在系统的整个生命周期中都是有效的。对象图所使用的符号与类图几乎完全相同,它们之间的不同点在于对象图只是类的实例,而不是实际的类。也就是说,一个对象图是某个类图的实例。包图由包或类组成,主要表示包与包、包与类之间的关系。包图用于描述系统的分层结构,不是一种独立的模型图。

第三类是行为图,描述系统的动态模型和组成对象间的交互关系。行为图包括两类,即状态图和活动图。状态图描述一类对象的所有可能的状态以及事件发生时状态的转移条件。通常状态图是对类图的补充。实际上,并不需要为所有的类绘制状态图,而只需要为那些有多个状态,并且其行为受外界环境的影响而会发生改变的类绘制状态图。另一种行为图是活动图,它描述为满足用例要求所要进行的活动以及活动间的约束关系。使用活动图可以很方便地表示并行活动。

第四类是交互图,描述对象间的交互关系。一种是顺序图,用以显示对象之间的动态合作关系。它强调对象之间消息发送的顺序,同时也显示了对象之间的交互过程。另一种是合作图,它着重描述对象之间的协作关系。合作图和顺序图类似,显示对象之间的动态合作关系。除了显示信息交换之外,合作图还显示对象以及它们之间的关系。如果强调时间和顺序,应当使用顺序图;如果强调通信关系,则选择使用合作图。这两种图合称为交互图。

第五类是实现图,包括构件图和配置图。构件图描述代码部件的物理结构以及各部件之间的依赖关系。一个部件可能是一个源代码部件、一个二进制部件或一个可执行部件。它包含逻辑类或实现类的有关信息。构件图有助于分析和理解部件之间的相互影响程度。配置图定义系统中软硬件的物理体系结构。它可以显示实际的计算机和设备以及它们之间的连接关系,也可以显示连接的类型及部件之间的依赖性。在节点内部,放置可执行部件和对象,以显示节点与可执行软件单元之间的对应关系。

第六节　使用 UML 建立模型

本节介绍如何使用 UML 的模型图分析和建立信息系统的模型。由于 UML 的模型图比较多,这里只介绍最常使用的 UML 模型图,这些模型图包括用例图、类图和对象图、状态图、构件图和配置图。

一、用例图

用例图描述系统外部的执行者与系统提供的用例之间的某种联系。所谓用例是指对系统提供的功能或用途的一种描述,执行者是那些可能使用这些用例的人或者外部系统,用例和执行者之间的联系描述了谁使用哪个用例。用例图着重于从系统外部执行者的角度来描述系统需要提供哪些功能。用例图特别有助于开发信息系统的用户需求。图 7.12 是一个销售管理系统的用例图示例。

在如图 7.12 所示的用例图中,椭圆表示用例,小人符号表示执行者,用例和

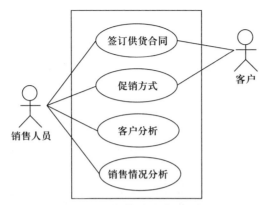

图 7.12　销售管理系统的用例图

执行者之间的连线表示二者之间存在着某种关联,也可以解释为通信。矩形表示系统的边界。这个用例图表示:

(1)销售人员和客户之间需要签订供货合同。
(2)销售人员可以针对不同的客户采取不同的促销方式。
(3)销售人员可以得到销售统计信息。
(4)销售人员可以得到客户的分析信息。
(5)该系统的主要功能包括签订合同、选择促销方式、销售统计、客户分析等。

执行者是指用户在系统中所扮演的角色,在如图 7.12 所示的用例中,有两个执行者,即销售人员和客户。执行者执行用例。一个执行者可以执行多个用例,一个用例也可以由多个执行者所使用。

获取用例首先需要找出系统的所有者。可以通过用户回答一些问题的答案来识别执行者。例如,可以使用下面一些问题:

(1)谁使用系统的主要功能?
(2)谁需要系统支持他们的日常工作?
(3)谁来维护、管理系统使其能正常工作?
(4)系统需要控制哪些硬件?
(5)系统需要与哪些系统交互?
(6)对系统产生的结果感兴趣的是哪些人或哪些事物?

一旦得到了执行者,就可以对每个执行者提出一些问题,然后从执行者对这些问题的答案中获取用例。例如,可以使用下面一些问题:

(1)执行者要求系统提供哪些功能?
(2)执行者需要读取、产生、删除、修改或存储系统中的信息包括哪些类型?

（3）必须提醒执行者的系统实践有哪些？
（4）执行者必须提醒系统事件有哪些？

表7.1列出了用例图中常用到的可视化图符以及这些图符的名称和功能描述。

表7.1 用例图中常用到的图符

可视化图符	名称	功能描述
○	用例	用于表示用例图中的用例，每个用例表示所建模系统的一项外部功能需求，即从用户的角度分析所得的需求
👤	执行者	用于描述与系统功能有关的外部实体，它既可以是用户，也可以是外部信息系统
□	系统	用于界定系统功能范围。描述该系统的用例都置于其中，而描述外部实体的执行者都置于其外
────	关联	连接执行者和用例，表示该执行者所代表的系统外部实体与该系统用例所描述的系统需求有关，这是执行者和用例的连接
---《包含》--→	包含	由用例A连向用例B，表示用例A包含用例B的行为或功能
──▷	泛化	由用例A连向用例B，表示用例B描述了一项基本需求，而用例A则描述了该需求的特殊情况
---《扩展》--→	扩展	由用例A连向用例B，表示用例B描述了一项基本要求，并声明扩展点，而用例A则描述了该基本需求在扩展点上的扩展
📄	注释体	用于对UML实体进行文字描述
----------	注释连接	将注释体与要描述的实体相连

二、类图和对象图

类图技术是面向对象方法的核心技术。在面向对象的建模技术中，类、对象和它们之间的关系是最基本的建模元素。对于一个希望描述的系统来说，其类模型、对象模型和它们之间的关系揭示了系统的本质结构。建立类模型的过程，实际上是对客观现实的一个抽象过程，它把客观现实中与问题有关的各种对象及其相互之间的关系进行适当的抽象和分类描述。分类是一种分析和解决问题的有效方法。通过分类，可以有效地使复杂问题简单化，以便发现复杂问题的内在规律，从而帮助人们更深刻地认识和理解问题的本质，进而找到解决问题的有效方法。在使用面向对象程序设计语言来构造软件系统时,这些类和它们之间的关系将最终转换为实际的程序代码。

对象是指与所涉及的应用问题有关联的某个事物,是对该事物的抽象描述。对象是客观现实的某个客观实体,它既可以是一个有形的事物也可以是一个无形的概念。例如,学生、公司、客户、经理、业务、比赛等都可以是对象。实际上,对象还不是这些实体或概念的本身,而是对这些实体或概念的描述。

类是一类具有相同特征的对象的描述。对象的基本特征包括对象的属性和对象的行为。类描述了此类对象的属性和行为,对象则是某个类的实例。

类图描述了系统中的类和类之间的各种关系,其本质反映了系统中包含的各种对象的类型以及对象之间的各种静态关系,即关联关系和子类型关系。

图 7.13 是一个类图的示例。在这个类图中,包含了三个类,即人类、学生类和教师类。人类包含了属性和该类的行为,学生类和教师类是人类的子类型。学生类和教师类都继承了人类的所有的属性和行为,且这些子类也有自己特有的属性和行为。

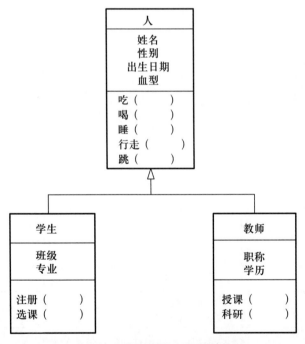

图 7.13 包含了子类型的类图示例

对象是类的一个实例。图 7.14 表示了两个对象,一个是学生对象李润敏,表示李润敏是学生类的一个实例,另一个是教师对象孟全山,表示孟全山是教师类的一个具体的实例。

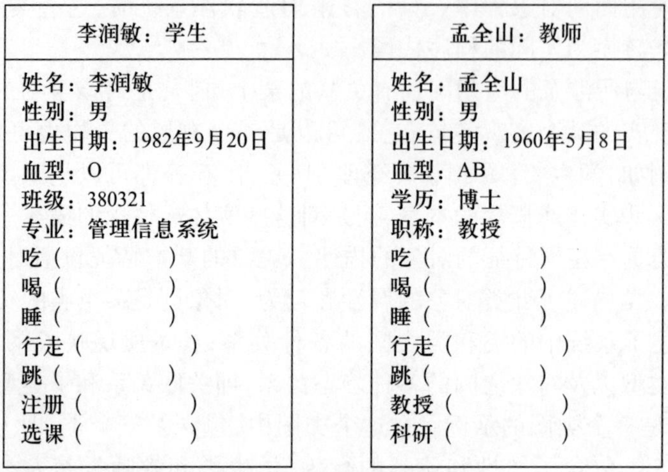

图 7.14 学生和教师实例

类中实例之间的某种关系称为类的关联。图 7.15 是一个简单的销售管理信息系统的类图,这个类图中包含了相应的关联关系。

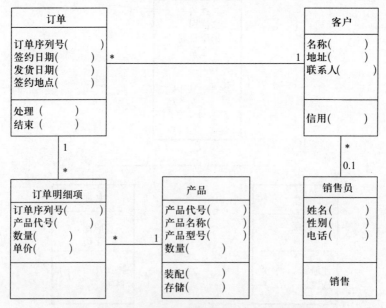

图 7.15 一个简单的销售管理信息系统的类图

在如图 7.15 所示的类图中,对于客户类和订单类之间,一个客户可以有 0 个、1 个或多个订单,每一个订单一定对应着一个客户。

在订单类和订单明细项类之间,一个订单可以有 0 个、1 个或多个订单明细项,而每一个订单明细项只能对应一个订单。

在订单明细项类和产品类之间,一个产品可以有0个、1个或多个订单明细项,而每一个订单明细项只能对应一个产品。

在客户类和销售员类之间,一个销售员可以有0个、1个或多个客户,而每一个客户只可以有0个或1个销售人员。

表7.2列出了类图和对象图中常用到的可视化图符以及这些可视化图符的名称和功能描述。

表7.2 类图和对象图中常用到的图符

可视化图符	名称	功能描述
	类	表示类,其中第一栏是类名,第二栏是类的属性,第三栏是类的操作
	包	表示类图的集合,是一种分组机制
	关联	表示类对象之间的关系,其特殊形式是组成关联和聚合关联
	聚合关联	表示类的对象之间是整体和部分之间的关系
	组成关联	表示类的对象的这种关系,整体拥有部分,部分与整体共存,如果整体不存在了,则部分也随之消失
	泛化关系	也称继承关系,定义类和包之间的一般元素和特殊元素之间的分类关系
	依赖关系	有两类元素A和B,如果修改元素A可能引起元素B的修改,则称B依赖A
	对象	对象是类的一个实例,第一栏表示对象名(带下划线),第二栏表示属性和行为值
	注释体	用于对UML实体进行文字描述
	注释连接	将注释体与要描述的实体相连

三、状态图

状态图是对类的一种补充描述,它展示了此类对象所具有的所有可能的状态以及某些事件发生时其状态的转移情况。大多数面向对象技术都使用状态图描述一个对象在其生命周期中的所有行为。

图7.16显示了一个销售管理信息系统中订单对象的状态图。该状态图显示了订单对象的所有可能的状态及其转移情况。

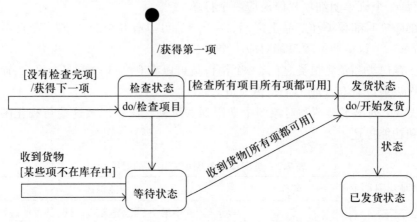

图 7.16 销售管理信息系统中订单对象的状态图

在如图 7.16 所示的状态图中,黑点表示状态的开始。首先转移到检查状态。这个转移上标有"获得第一项"。也就是说,可以在状态之间的转移上带有一个标注,标注的语法格式是:事件[条件]/动作。在这种标注中,每一项都可以省略。

进入检查状态。检查状态包含了一个活动,活动的语法格式是:do/活动名。检查状态的活动是"do/检查项目"。

虽然转移中的动作和状态中的活动都是一种过程,都需要订单对象中的方法来实现,但是它们的处理方式不同。动作与转移关联,能够被极快的速度处理而不会被中断。活动与状态关联,持续时间比较长且可以被某些事件中断。

转移中的事件表示输入条件。当状态中的活动完成之后,并且当相应的输入事件发生时,转移才会发生。如果某个转移上面没有标明引发转移的事件,则表示状态中的活动一旦完成,转移不需要任何输入,便立即发生。

从检查状态出来三个转移,每个转移都标有条件。仅当转移上的条件为真时,该转移才会发生。这三个条件分别是:

(1)如果没有检查完所有项,则获得下一项并且回到检查状态继续检查。

(2)如果已经检查完所有项,且所有的货物项都足够使用,则转移到发货状态。

(3)如果已经检查完所有项,但是还有缺货,则转移到等待状态。

对于等待状态来说,该状态没有活动,因此该状态只是一个等待事件。从等待状态出来两个转移,每个转移上都标有事件和条件。只有当相应的事件发生且满足条件时,该状态发生转移。

在发货状态中,有一个启动发货的活动"do/开始发货",同时还有一个发货事件触发的、未加任何附加条件的简单转移。这表明如果发货事件一旦发生,则该转移必将发生。

表 7.3 列出了状态图中常用到的可视化图符以及这些可视化图符的名称和功能描述。

表 7.3　状态图中常用到的图符

可视化图符	名称	功能描述
●	初态	表示状态图的起点
▭	中间状态	用于表示简单的状态
▢	复合状态	用于表示复合状态,可以进一步细化为多个子状态。子状态之间有或关系和与关系
⬤	终态	用于表示状态图的终点
◇	条件判断	用于表示状态之间的条件分支转移
▮	并发条	用于表示并发状态
Ⓗ	历史标识	复合状态中的一个子状态标识。表示当再次进入该复合状态时,将通过它转向上次退出复合状态时最后所处的状态
→	转移	用于说明两个对象之间存在某种关系,如果满足,某个条件且某个事件发生时,对象的状态将发生转移
▭	注释体	用于对 UML 实体进行文字描述
--------	注释连接	将注释体与要描述的实体相连

四、构件图和配置图

构件图和配置图都是系统的实现图,它们的特性包括源代码的静态结构和运行时刻的实现结构。其中,构件图用于描述程序代码的逻辑结构,配置图显示系统运行时刻的结构。

构件图显示了软构件和这些软构件之间的依赖关系。软构件实际上是一个文件,它的类型可以是源代码构件、二进制构件、可执行构件等。构件图可以用来显示编译、链接、执行时构件之间的依赖、接口、调用等关系。图 7.17 是一个构件图的示例。

在如图 7.17 所示的构件图中,客户端程序 client.exe 既可以调用绘制圆的程序 drawcircle.dll,也可以调用绘制矩形的程序 drawrectangle.dll。

配置图用来描述系统硬件的物理拓扑结构以及在此结构上执行的软件。配置图

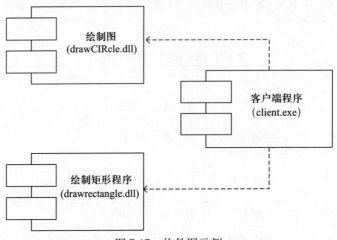

图 7.17　构件图示例

可以显示计算机节点的拓扑结构和通信路径、节点上运行的软构件、软构件包含的逻辑单元等。特别是对于分布式系统,配置图可以清楚地描述硬件设备的配置、通信以及在各硬设备上各种软构件和对象的配置。图 7.18 是一个配置图的示例。

在如图 7.18 所示的配置图中,客户端程序通过 TCP/IP 协议与应用服务器通信。应用服务器上安装了 AERP(Advanced ERP,先进 ERP)系统。应用服务器可以与安装了 Microsoft SQL Server 系统的数据库服务器通信。

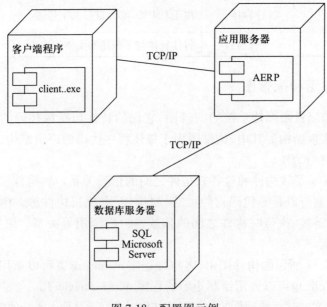

图 7.18　配置图示例

表 7.4 列出了构件图中常用到的可视化图符以及这些可视化图符的名称和功能描述。

表 7.4　构件图中常用到的可视化图符

可视化图符	名称	功能描述
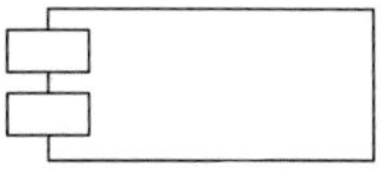	构件	用于表示可执行的物理代码模块
	界面	用于表示对外提供的可视操作和属性
	依赖关系	有两类元素 A 和 B,如果修改元素 A 则有可能引起元素 B 的修改,则称 B 依赖 A
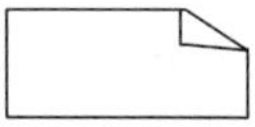	注释体	用于对 UML 实体进行文字描述
	注释连接	将注释体与要描述的实体相连

表 7.5 列出了配置图中常用到的可视化图符以及这些可视化图符的名称和功能描述。

表 7.5　配置图中常用到的可视化图符

可视化图符	名称	功能描述
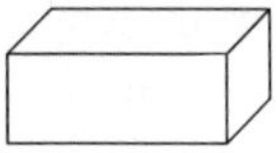	节点	用于表示物理设备和在其上运行的软件系统
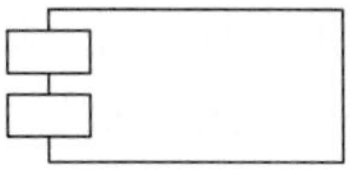	构件	用于表示可执行的物理代码模块
	界面	用于表示类的一个实例
	连接	用于表示节点之间的连接,表示系统之间进行的通信路径
	依赖关系	有两类元素 A 和 B,如果修改元素 A 则有可能引起元素 B 的修改,则称 B 依赖 A
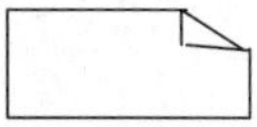	注释体	用于对 UML 实体进行文字描述
	注释连接	将注释体与要描述的实体相连

第七节　UML 对基于 B/S 模式的图书管理系统的分析与设计

一、介绍

使用计算机软件对图书进行管理，是计算机应用的一部分。以实现图书检索迅速、可靠性高、存储量大、寿命长、成本低等特点，能极大程度地提高图书管理的效率，也是图书管理信息化、正规化管理的必然趋势。

针对用户对图书资源进行有效利用和管理的功能需求，用建模技术对图书管理资源采用面向对象的描述方式，在具体系统功能实现之前，建立起系统模型是很必要的，这里采用具有可视化、能够柔性实现分析、设计和开发系统的统一建模语言实现系统模型构建。同时，结合最流行的基于浏览器的数据管理模式，建议采用基于组件技术的 B/S(Brower/Server) 系统结构。

二、图书管理系统用例分析

要开发一个软件系统，首先要对软件系统的需求进行分析，要做的工作是深入描述目标系统的功能和性能，确定软件设计的限制和软件同其他系统元素间的接口细节，定义软件的其他有效性需求。运用 UML(Unified Modeling Language)的目的可以捕捉系统的功能需求、分析，提取所开发系统领域的类以及描述它们之间合作概况，在完成系统的 OOA 的基础上，对系统进行 OOD。

UML 的用例图较详细和确切地描述了用户的功能需求，使系统责任明确到位，奠定 UML 对系统建模的基础，这样，其他模型图的构造和发展依赖于用例图中所描述的内容，直至系统能够实现用例图中描述的功能。采用用例图描述的图书管理主要包括三类用户：读者、图书管理员、系统管理员。其中，读者较多，图书管理员若干，系统管理员只有一个。对于系统，读者可以查询自己的借阅情况、分门别类地查询图书和在规定期限内续借不能超过一次操作的情况下进行自行登录续借图书等。图书管理员日常主要是负责以下几个工作环节：图书订购、新书验证、书目录入、图书登记、读者信息管理、借阅图书登记、图书信息注销和读者信息注销等。而系统管理员统筹管理图书的系统相关事宜，如权限维护、日志维护、增删用户和管理系统后台数据等。用例间关系、用户与用例关系如图 7.19 所示。

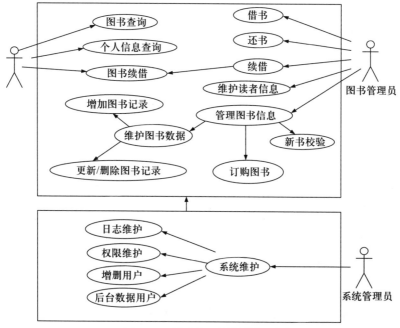

图 7.19 图书管理用例分析图

三、系统静态建模

在用例分析基础上，根据需求可建立起系统的静态数据模型，即建立系统类图，以及相关的关系和方法。在面向对象分析中，一般只考虑与问题描述域和系统功能相关的对象。在对系统进行分析时，这里把系统的类对象抽象为图书管理、图书流通两方面。针到这两部分可以分化为以下相关类：图书类（Lib_Book）、图目类（Lib_Category）、订书类（Lib_Order）、报表类（Lib_Form）、读者类（Lib_Reader）、流通书类（Lib_CirBook）、部门类（Lib_Department）、出版社类（Lib_Publish）等。这些类之间可以用朴素的关联关系做简要表述。图 7.20 为图书管理静态类图，在图中每条有直接多重性关联的线上已标示出多重性，这为以后编程中提供了更好的关联参考价值，并为类在整个开发中的统一性奠定了基础。

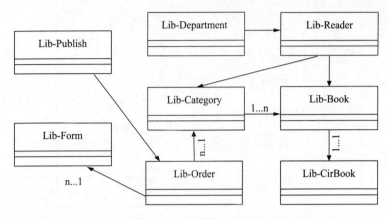

图 7.20　图书管理静态类图

四、系统动态建模

在考察了系统某一时刻的对象及对象之间朴素关系的静态结构后,下面要关注的是在任何时刻对象及其关系改变的情况,这些情况可以用 UML 的动态模型进行形象化描述,可以借助 UML 中的状态图来描述,在状态图中,把每时刻的系统状态抽象成状态和事件,然后组成一个网络,侧重于描述每一类对象的动态行为。它是对某一时刻中属性特征的概括,并且每种状态间存在着迁移,迁移则表示了这类对象在何时对系统内外发生的哪些事件做出何种响应。状态图设计一般是在对操作序列的顺序图细化的基础上表达。这里以借书的状态图为例,把上面的面向对象分析与设计,并结合系统静态结构,建立起系统动态数据的逻辑视图,如图 7.21 所示,以此为点,可以建立起整个系统的状态流程分析,这里不再详述。

五、基于 B/S 模式的系统结构

在完成了系统的用例分析、模型化静态数据描述以及局部动态数据的状态控制后,基本上掌握了系统在进行逻辑数据处理的流程。而最终要成为一个系统管理体系,这就需要从总体上把握系统数据的获取、处理及存储。在基于 B/S 模式的软件开发中,其体系结构一般分为三层,浏览器层、Web 逻辑处理层和数据库管理层。这里系统的开发建议采用基于 Java 的面向对象开发技术,将设计的逻辑组件、数据访问组件运行在 JavaBean 和 COM+组合的运行环境,底层数据处理则采用数据管理安全性稳定性很强的 Oracle9i。不仅增强了系统访问数据的安全性,同时也可以处理后台数据库的并发、远程、跨平台访问。在数据库管理层也是通过 JavaBean 对象组件完成对后台数据库服务的访问,整个逻辑处理

过程如图 7.22 所示。

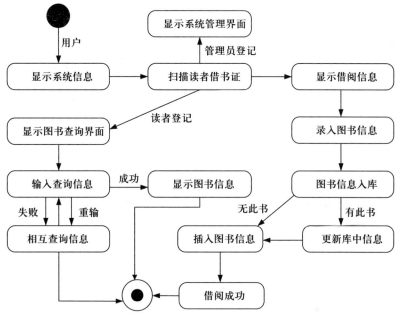

图 7.21 借书状态图

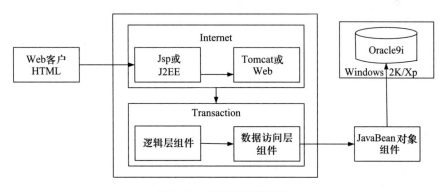

图 7.22 系统组件框架图

习题

1. 什么是面向对象技术？
2. 面向对象技术的基本思想是什么？
3. 试比较面向对象开发方法同传统开发方法的区别。
4. 试述面向对象的基本概念(对象、类、继承、消息、封装、多态性)，以及面向对象的含义。

5.OOA 的三种基本模型是什么？它们各自描述的内容及其描述工具是什么？

6.面向对象的设计包括哪些内容？

7.以 Coad 和 Yowdon 的方法为基础，试述面向对象系统开发的过程。

8.UML 的主要内容是什么？

9.UML 的常用模型图有哪些？它们各自建立的模型有什么不同？

参考文献

[1]薛华成.管理信息系统[M].第 6 版.北京:清华大学出版社,2017.

[2]D Jeya Mala, S Geetha. UML 面向对象分析与设计[M],马恬煜,译.北京:清华大学出版社,2018.

[3]David Kroenke. Management Information System[M].Second Edition.McGraw-Hill Inc.,2017.

第八章 管理信息系统的应用

第一节 办公自动化系统

一、介绍

办公自动化(Office Automation,OA)就是采用Internet/Intranet技术,基于工作流的概念,使企业内部人员方便快捷地共享信息,高效地协同工作;改变过去复杂、低效的手工办公方式,实现迅速、全方位的信息采集、信息处理,为企业的管理和决策提供科学的依据。一个企业实现办公自动化的程度也是衡量其实现代化管理的标准。它不是像MS Office一样的桌面(个人)办公系统,而是主要着眼于企业的工作人员间的协同工作。

对于一个企业而言,不仅包括具体的生产、销售、采购过程和财务、人力资源等专项管理,而且同时有着大量的日常办公工作,有着大量不同职位、不同部门间的协同工作。企业办公自动化系统就是通过应用软件为企业的日常办公、协作提供支撑的平台。

办公自动化系统与ERP、SCM、CRM等系统都是企业应用软件系统的重要组成部分,都为提升企业信息化水平、增强企业竞争力起着重要作用。但它们之间也存在着显著的差异。

最基本的是它们的功能不同。办公自动化系统(企业OA)着眼于协同工作、公文处理、文档管理、行政办公等。ERP着眼于企业的销售、采购、生产、库存、财务等过程及资源控制与计划,SCM着眼于与上下游的衔接,CRM着眼于客户关系的管理,等等。

更主要的是它们的目标不同。可以说,ERP、SCM、CRM等系统更着重于企业的具体业务过程运作,而企业办公自动化系统更着重于企业的管理过程。前者是通过优化业务过程的效率来提高生产效率、提高资金使用效率、加强对财、物的管理等,后者则是通过优化管理过程来提高企业的日常办公与决策效率、提高企业反应速度、决策能力、加强管理过程的规范性。

办公自动化系统从名称上讲与办公软件有相近之处,从概念上讲像MS Office等桌面办公软件也是办公自动化的组成部分。但从办公自动化系统的典型概念上,与桌面办公软件有着很大的差异。

桌面办公软件应该说也是一种重要的办公自动化工具。但它们主要解决的是个人办公,面向的是个人工作效率的提高。虽然目前桌面办公软件也逐渐有一些协同工作的功能,但都还是简单的协作,无法面向企业级的、复杂的工作流程与协同工作。

办公自动化系统主要面向的是企业整体办公效率的提高,其重点在于对跨岗位、跨部门的流程进行电子化处理,提高协同工作的效率与规范性,加强各部门间的知识共享,提高整体办公效率等。

办公自动化系统通常包括工作流、协同工作、知识管理、公文处理、行政办公等。办公自动化系统经历了数代发展,目前形成了以工作流技术为核心、以 B/S 应用模式为主流、多种支撑平台并存的技术方向。

虽然诸如 Lotus 1-2-3 和 MS Office 系列的许多应用软件可以提高办公效率,但是这仅仅是针对个人办公而言。办公自动化不仅兼顾个人办公效率的提高,更重要的是可以实现群体协同工作。协同工作意味着要进行信息的交流,工作的协调与合作。由于网络的存在,这种交流与协调几乎可以在瞬间完成,并且不必担心对方是否在电话机旁边或是否有传真机可用。这里所说的群体工作,可以包括在地理上分布很广,甚至分布在全球上各个地方,以至于工作时间都不一样的一群工作人员。

办公自动化可以和一个企业的业务结合得非常紧密,甚至是定制的。因而可以将诸如信息采集、查询、统计等功能与具体业务密切关联。操作人员只需点击一个按钮就可以得到想要的结果,从而极大地方便了企业领导的管理和决策。办公自动化还是一个企业与整个世界联系的渠道,企业的 Intranet 网络可以和 Internet 相联。一方面,企业的员工可以在 Internet 上查找有关的技术资料、市场行情,与现有或潜在的客户、合作伙伴联系;另一方面,其他企业可以通过 Internet 访问你对外发布的企业信息,如企业介绍、生产经营业绩、业务范围、产品/服务等信息,从而起到宣传介绍的作用。随着办公自动化的推广,越来越多的企业将通过自己的 Intranet 网络链接到 Internet 上,所以这种网上交流的潜力将非常巨大。

目前,各单位的办公自动化程度可以划分为以下四类:

(1)起步较慢,还停留在使用没有联网的计算机,使用 MS Office 系列、WPS 系列应用软件以提高个人办公效率。

(2)已经建立了自己的 Intranet 网络,但没有好的应用系统支持协同工作,仍然是个人办公。网络处在闲置状态,单位的投资没有产生应有的效益。

(3)已经建立了自己的 Intranet 网络,单位内部员工通过电子邮件交流信息,实现了有限的协同工作,但产生的效益不明显。

(4)已经建立了自己的Intranet网络;使用经二次开发的通用办公自动化系统;能较好地支持信息共享和协同工作,与外界联系的信息渠道畅通;通过Internet发布、宣传企业的产品、技术、服务;Intranet网络已经对企业的经营产生了积极的效益。现在正着手开发或已经在使用针对业务定制的综合办公自动化系统,实现科学的管理和决策,增强企业的竞争能力,使企业不断发展壮大。

二、基于工作流的开发方法

国际工作流管理联盟(Workflow Management Coalition,WfMC)给出的工作流定义是:工作流是一类能够完全或者部分自动执行的经营过程,它根据一系列过程规则,文档、信息或任务能够在不同的执行者之间进行传递与执行,在实际情况中可以更广泛地把凡是由计算机软件系统(工作流管理系统)控制其执行的过程都称为工作流。一个工作流包括一组活动及它们的相互顺序关系,还包括过程及活动的启动和终止条件,以及对每个活动的描述办公自动化系统的开发相对于其他软件的开发有其特殊的原则和方法,尤其是在Web这种分布式环境下,对系统的通用性和易用性要求非常高,这就必须通过需求分析和系统分析,抽取出其中的通用功能再加以组合,而其基础工作就是抽取元工作流。一个"工作流"就是一个连贯的工作过程或几个紧密相关的连贯的工作过程的执行。在此执行过程中,文档、信息或任务按一定的过程规则在参与者之间进行传递。其设计过程如下:

(1)对系统做深入的需求分析。明确用户单位的组织结构和各个组织机构之间及其内部的具体业务处理过程、处理过程中的数据来源及流向。

(2)对每个组织机构的各个工作进行细化,即定义每个工作的工作过程、数据流向,通过对各个组织机构的工作进行归纳,提取元工作流。

(3)抽取出各个元工作流之后,还不能真正成为一个系统,因为各个元工作流还是孤立和分散的。这就要求将各个基本的元工作流通过定义一定的过程规则加以组合形成高层次的工作流,这种高层次的工作流具有通用性和动态性的特点,因为元工作流是与具体组织机构无关的,而过程规则是可以自定义的。

(4)在高层次工作流的基础上,可以进一步进行内聚,将其中具有一定联系的工作流组合起来,形成各个功能模块,最终形成整个系统。

以上过程可以用图8.1进行说明。

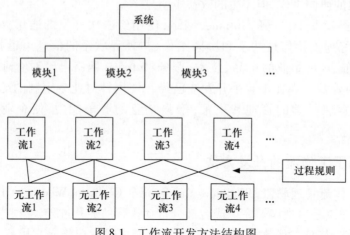

图 8.1 工作流开发方法结构图

三、OA 系统的 B/S 结构

软件体系结构的设计是整个软件开发过程中的关键点。不同类型的系统需要不同的结构体系,系统的设计往往在很大程度上取决于体系结构的选择。本章采用基于 B/S 网络结构体系,开发 OA 系统(图 8.2)。B/S 结构将 OA 系统中的三要素(数据、功能、行为)分离,形成前端客户层,负责可移植的逻辑表达;中间的应用层,允许用户通过将其与设计应用隔离而共享和控制业务逻辑;后端的设计隔离和服务层,提供对专门数据服务的访问,处理客户端与数据库间的数据流。

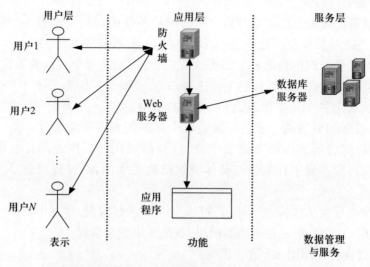

图 8.2 OA 系统 B/S 三层体系结构

四、OA 系统的功能模块

OA 系统作为现代化的办公系统,不仅要有办公事务处理的功能,而且还必须具有办公业务的管理功能(如对公文流转的支持等),以及人力资源的管理等诸多功能,以增强 OA 系统办公处理能力。

此 OA 系统的设计内容包括以下几个主要模块:日常办公、公文管理、会议管理、辅助办公、档案管理、系统管理、职工社区,支撑模块有公文管理、档案管理、系统管理等。各个模块定位明确,相互依赖。其核心为两大模块:公文管理和档案管理。公文管理模块实际依托的是工作流技术,是工作流技术的具体体现,它针对办公的业务流程,详细地记录和反映整个工作全部过程。整个 OA 系统的功能结构如图 8.3 所示。

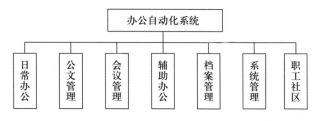

图 8.3 OA 系统功能结构

OA 系统的各个模块各自独立,又相互依存,组合成一个完整有机的整体。日常办公模块包括待办事项、公告栏、领导日程、工作日历、内部电子信箱。公文管理模块包括待办公文、收文浏览、发文浏览、收文统计、发文统计、公文管理功能、打印、阅文登记、阅文管理、阅文提醒办理、阅文查询、文件归档、归档处理、不归档处理、归档文件查询。会议管理模块包括预安排表、会议通知、会议浏览、会议室、发送通知、组合查询。辅助办公模块包括论坛、因特网个人书签、名片夹、专题消息、办公物品管理、登记物品、图书管理、一般人事管理、办公车辆管理、个人资料夹。档案模块包括会议纪要归档、借阅、查询、统计分析、案卷管理。系统管理模块包括环境变量配置、公文配置、MSS 配置、用户配置、发文流程配置、收文流程配置、打印管理配置。职工社区模块包括公告栏、常用资料、知识库、休息室、假日空间、专业教育。

五、OA 系统的体系结构

Internet 为工作流的应用提供了良好的网络平台。在实践中,可以建立一个如图 8.4 所示的基于 B/S 的应用工作流技术的办公信息系统。它应该包括客户端浏览器、Web 服务器、数据库服务器、工作流服务器等。由于采用 Web 浏览的形式,在客户端只要求安装 Web 浏览器,用户在客户端进行信息浏览、业务操作、工作流的处理等,而处理过程在服务器端完成。

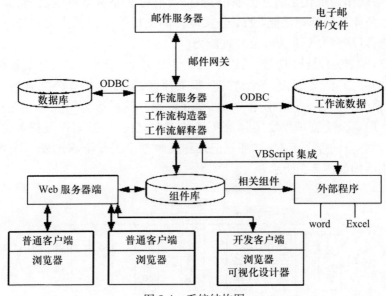

图 8.4 系统结构图

工作流服务器包括以下两个处理部分:

(1)工作流构造器。工作人员利用已经定义好的工作流定义工具和模板,对文件流程进行定义,实现文件流动的自动化控制。

(2)工作流解释器。建立工作流引擎,根据工作流模型的定义解释模型。它创建活动并对活动状态进行控制,对各种办公室人员根据角色进行权限管理。分配工作项给相应的角色或人员,实时监控工作流的运行状态,及时地根据活动的处理结果完成后续的流程等。工作流解释器还包括对组件库的管理。组件是对应用的外部程序的包装。它们被工作流引擎激活,完成流程定义所要求的工作。

六、系统关键部分的实现

以下将以 OA 系统中较为关键的"公文流转"流程为实例来说明应用工作流技术和 UML 开发工作流的过程。

公文流转主要处理内外部公文在各办理人员间的传递,其重点是通过网络在不同的部门间实现多点协作、处理同一公文,达到协同工作的效果。公文流转子系统分为:发文管理、收文管理、公文办理、用产权限管理等几个主要部分。主要实现公文的拟稿、流程定制、审核、会签、登记、查询、传阅、归档、销毁、公文催办、公文跳转以及公文办理流程跟踪等功能。

公文除了在办理人员间流转外,部分公文可以让本单位其他员工查看,所以对公文要有权限的控制。用户可以根据实际需要定义公文的密级,如普通、机密、绝密等。对于每一级密级可以设定其查看标题的权限,查看内容的权限等。

以下我们将从业务流程、用例图、概念数据模型三个角度具体描述公文流转子系统的需求。

1. 业务流程分析

根据来源公文一般分为内部公文和外部公文。内部公文指本单位员工自行拟制的各类公文。外部公文,即外来文,指外单位发来的各种文件。内外部公文的创建过程不同,内部公文通过公文拟制产生,外部公文通过收文登记来产生。无论内外部公文,创建以后都可以根据实际办理的需要定制流程,进入办理过程。

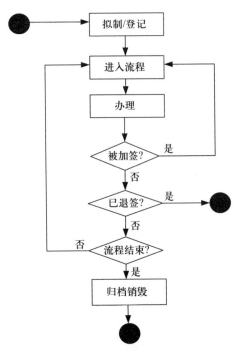

图 8.5 公文流转业务处理模型图

首先要经过拟制或者登记创建一个公文,即公文的起草过程,包括拟制公文的文号、类别、密级、紧急程度等基本信息,拟制公文正文内容,拟制公文办理流程。公文拟制之后令其进入流转,首先经过第一次办理,即根据公文流程流向办理人。办理人对公文做相应的处理,包括审核、会签、签发、传阅等,还可以加签

(即当前工作点的办理人员在办理公文时加入其他办理人员),撤销(即退回公文,不再办理)。办理完毕,判断公文是否被撤销或加签,若被撤销,公文被视为无效;若被加签,则进入流转转向新增办理人;若既没被撤销也没加签,则判断流程是否结束,若否,则公文流向下一级办理人,若是,则公文等待归档销毁,公文生命结束。公文流转业务处理模型如图 8.5 所示。

2.功能模型

公文流转实现公文的创建、查询、办理、催办、跳转、归档和销毁等功能。其中公文创建指内部公文的拟制和外部公文的登记,还包括对公文的修改。办理是流转过程的核心,办理过程对公文进行审核、批复、加签、退签等,还可以对公文正文进行修改。公文催办指拟制人通过电子邮件或者 SMS 短信系统向办理人发出催办信息。公文跳转指让公文跳过流程中的某一级流入下一级办理。公文归档和销毁是公文办理完毕后,有归档或销毁权限的人员对公文做的相应处理。

根据以上需求和功能的描述,公文流转子系统可以设计用例(Use Case)图如图 8.6 所示。

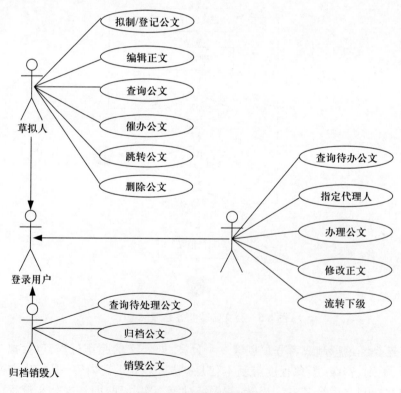

图 8.6 公文流转用例图

用户登录后,首先可以拟制权限范围允许的各类公文,或者登记一些发文。对于自己拟制的公文或登记的发文,在进入流转前可以对其进行修改,包括内容、正文和流程的修改。当公文进入如流转以后拟制人可以查询其办理情况,对办理人发出催办或者跳转。用户登录后如果有公文需要办理,对于该公文你就是办理人,需要对公文进行审核、批复等,也可以指定某一类公文的办理代理人。另外,如果有公文需要归档或者销毁,对于该公文你就是归档人或者销毁人,你应该按照相应的办法处理公文。

3. 公文流转的详细设计

图 8.7 给出公文拟制过程中的一次典型交互的时序图。用户登录后,可以在自己的权限范围内拟制相应的公文,首先建立公文的基本内容,包括公文的文号、类型、紧急程度、发文单位、主送单位等,基本内容成功保存后可以编辑公文的正文。在公文基本内容建立之后可以定制公文流程,根据该公文实际需要经过的单位和人员,定制相应的流转路径。在公文定制之后,在进入流转之前用户可以对其基本内容、正文和流程进行修改。当确认公文内容及流程定制成功之后,该公文就可以进入流转,根据公文流程向办理人发送办理请求。

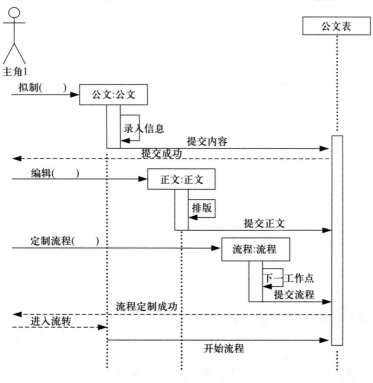

图 8.7 公文拟制时序图

第二节　企业资产管理

一、介绍

EAM 又称企业资产管理,其前身为计算机化的设备维护管理系统(Computerized Maintenance Management System,CMMS)。从定义可以看出,CMMS 更多侧重维修管理,包括预防性、预测性维修计划;从系统的应用范围来看,CMMS 更多停留在部门级的水平。由于科学技术的不断发展,设备现代化水平大大提高,设备大型化、高速化、电子化以及结构复杂化,从研究、设计、试制、制造、安装调试、使用、维修一直到报废,环节多,各环节之间相互影响,相互制约。因而设备管理的发展大致有以下几个阶段:

(1)事后维修阶段。就是等设备发生故障才进行抢修,维修人员就像救火队一样随时待命。备"点检定修"管理办法,使企业资产有了"设备的主人"。

(2)预防性维修阶段。就是在设备正常运行时制订维修计划,预先进行防患于未然的维修,这样常会造成维修过度或维修不足。

(3)生产维修阶段。就是通过周期性的检查,分析制订维修计划的管理方法。例如,按照设备的运行状态等参数,制订维修计划,这样的维修避免了计划维修的盲目性,做到维修的有的放矢。该阶段有代表性的维修方式有预测性维修、基于状态的维修、以可靠性为中心的维修等。

(4)统一化、综合化维修阶段。综合应用各种维修方式,吸收生产维修工程学、后勤工程和日本全员维修等内容,水平得到真正提高。它具有最优化的管理理念,把维修看成企业内部和外部的。

现代的 EAM 继承并发展了 CMMS,不仅包括设备维修管理的内容,还整合了采购管理、库存管理、人力资源管理。所以现代企业资产管理是以设备资产台账为基础,工单(Work Order)的提交、审批和执行为主线,按照计划检修、预防性维修、预测性维修、全员维修及可靠性维修等维修保养模式,综合了采购管理、库存管理、人力资源管理,对设备进行全寿命管理的数据充分共享的管理体系。它是现代资产密集型企业资产管理的解决方案。

二、EAM 的工作过程

1.企业

企业应符合以下条件之一:①企业是资产密集型企业;②企业效益来源于设备的稳定和连续运转;③控制企业资产成本同"增长企业利润,提高企业效益"

挂钩。

典型行业有电力、采矿、制造业、交通运输业。EAM 中管理范畴是企业管理资产的全维护、维修活动过程,尽管这些活动由不同行政和财务分离的实体来实现,所以这里所说的企业是活动实体。EAM 项目实施中,总可以感觉到存在着不同财务实体在管理企业内部资产的维护、维修活动,在设计时一定要清楚了解这一点才能找到工作流程差异的主要根源,才可能找到合适方法处理其中业务关系。这对于整个 EAM 实施有着重要意义。

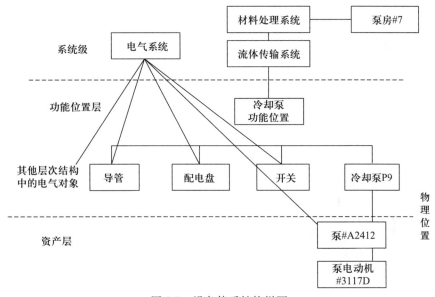

图 8.8　设备体系结构样图

2. 资产

为确保生产而要对其管理的对象,其核心是设备,但随着管理要求的提高,维修管理工作的扩展。管理设备对象也在不断扩大,目前较公认的有以下几类。

(1)地理位置:设备存放物理地址,可以是一些建筑设施,如 1 号厂房、2 号办公楼。

(2)系统:资产和功能位置的组合,实现一定管理功能,一旦某一部件出现故障就影响整个系统功能,如冷却系统、通风系统。

(3)功能位置:资产安装确定位置(如电厂已编的 KKS 码)在设计阶段根据建筑结构和系统功能需要已确定,如生产线上安装机床、电动机位置。至于最终是 3 号电动机还是 5 号电动机,根据后期具体设备信息确定。

(4)设备:需维护和修理的具体设备,依靠其运转来实现生产,从而带来产值,如 3 号电动机。

注意：

(1)以上四种对象在一个确定企业不要求都一一具备,要根据企业设备管理特点设计。有些企业较淡化地理位置,如发电企业等生产设备很少移动,在地理位置设计上有个轮廓即可。简单标记电厂、机组;有些企业设备无须在系统和功能位置上进行严格区分。而有些企业须建立全部对象层次,才能满足管理要求,如核电。

(2)以上四种管理对象都可独立进行层次分解,如可根据管理需要将设备分解为子设备、部件。

(3)企业设备管理体系结构是以上四种对象或其中几种共同构成,图8.8是一个设备体系结构样图。

3. 管理

EAM的有效管理应包括资产如何进入企业,到最后如何退出生产使用的全过程管理,即资产生命周期管理(Asset Life Cycle Management),它分为采购、跟踪、管理、出让(设备报废)四个阶段,如图8.9所示。

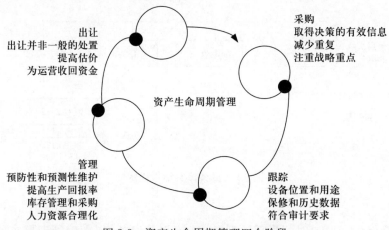

图 8.9　资产生命周期管理四个阶段

管理内容可归纳为三个方面内容：

1) 工作管理

(1)设备跟踪:从设备进入企业建立设备台账开始,跟踪其安装、移动、技术更新改造等全过程,让企业清楚设备归属。

(2)紧急维修:处理设备故障或非正常停机导致生产停产和生产停产风险的紧急应对方法和流程。

(3)日常维护:对于设备经常性需进行维护工作的安排、跟踪执行、维修记录的管理方法和流程。

(4)运行操作:对于设备生产或试生产时操作的要求、步骤进行严格管理和监督执行。

(5) 计划性维修:状态检修、纠正性维修、基于可靠性维修、基于时间周期的周期计划维修(周、月、季度、半年、年检修计划),基于性能参数的周期计划性维修(流量、车辆里程、过煤量(煤炭)、发电量)。对于这些维修计划的建立、执行过程的流程管理。

(6) 项目维修:针对不同类型项目(如基建、技术改造、标准大修、非标准大修、技措项目)的提出、审批、执行、检查、完成、分析整个过程的管理。

2) 资源管理

(1) 备件管理—库存:维修中所需备件库存管理,一是库存基础管理,如仓库、货位、备件台账、备件类型管理等;二是备件仓库流程管理,如发放、归还、盘点、移库、货位调整等备件在企业内部进行扭转和调整管理的过程。

(2) 备件管理—采购:当备件不足时补给库存的管理过程,一是采购基础管理,如采购条款、运输条款管理;二是采购流程管理,如采购申请、采购、询价、接收、退货、供应商管理、合同管理。

(3) 工具管理:维修过程中的工具管理。工具可分为个人工具、部门工具、企业工具,实现对这些工具的基础管理,如工具种类、工具可用性管理、工具发出和归还、工具定期校正管理。

(4) 人力资源管理:维修涉及的人力管理,如技术工种、人员资格、人员可用性、人员培训管理以及人员休假管理。当然现代企业要求把供应商、服务商资源也纳入内部资源管理。

3) 知识管理

(1) 维修标准管理:建立企业内部维修标准,如安全操作、备件使用、任务执行、设备使用、标项任务规范等。

(2) 故障体系管理:针对不同类型的设备进行特征故障定义,并建立故障原因和处理方法、手段,可帮助在以后故障处理中快速诊断和快速解决。

(3) 设备资料管理:管理设备相关资料,如设备维护手册、操作手册、技术手册、采购保修合同等可方便维修和操作人员快速查询。

三、EAM 的概念性定义

在对 EAM 进行深入分解后来看如何对 EAM 进行定义,EAM 是:

(1) 以设备资产为基础。

(2) 以工作单的提交、审批和执行、分析为主线。

(3) 按计划检修、预防性维修、预测性维修、TPM 及 RCM 等维修保养模式和多种维修管理思想,对设备进行多角度跟踪、操作、维护、维修管理。

(4)结合物资、工具、人员等资源安排管理,以及物资准备采购管理。

(5)对设备进行全生命周期管理的数据充分共享的资产信息系统。

该定义核心点:管理的核心对象是设备;管理的核心内容是设备跟踪、维护、维修工作:支持维修模式的发展,拥有有效的管理思想基础;全生命周期管理:信息充分共享,信息是其运转的基础;这也是建立企业EAM核心基础和目标。

四、EAM实现原理

讨论 EAM 管理时应了解其内在原理,像 ERP 一样,其基础理论来源于 MRP—Ⅱ。那么对于 EAM 也应有其内在理论原理,是其之所以称为 EAM 核心所在。EAM 实现的逻辑过程如图 8.10 所示。

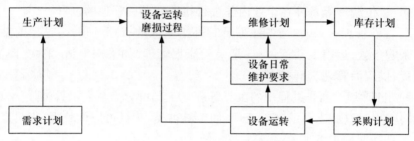

图 8.10 EAM 实现的逻辑过程

逻辑原理:

(1)需求计划:是所有企业直接获取价值的源泉,是企业生产来源。

(2)生产计划:根据需求计划。企业准备生产计划,安排设备和人员进行生产工作,保证对需求计划的提报。

(3)设备运转磨损过程:设备投入运行,根据设备及设备部件性能要求、寿命,需建立定期设备维护、维修计划,对设备进行维护、维修工作,保证设备正常运行,保证生产计划的执行。

(4)库存计划:为保证维修工作能正常进行,对维修所需备件和材料进行一定储备。避免因物料短缺影响生产,延长停机时间,同时控制好库存成本。

(5)采购计划:当库存不能满足维修使用,提出采购计划并执行采购,补给库存和现场维修需求。

(6)设备运转:在维护、维修工作支持下设备持续运转,再形成新的维修计划。

(7)维修计划:根据生产计划安排维修计划,从而牵动库存采购计划;保证设备在满足生产前提下最大化利用,同时控制维修和库存成本。

五、工单管理模块的应用

EAM 系统可分为三大功能模块:设备管理模块、仓储/采购管理模块和工单管理模块。其中,工单管理模块是 EAM 系统的功能核心,它以工单的提交、审核、执行为主线来进行管理、计划和监控维修工作。工单是用来安排和记录一项维修任务或者生产任务的记录卡。工单流程管理是通过工作单,解决了常规的、计划性的、非计划性的维修工作;把复杂、庞大的维修工作细分,有阶段、有计划地逐步去完成。通过工单把维修的信息进行了系统记录,实现了计算机化管理,解决了个人经验无法为整体利用的局限。工单的工作流程如图 8.11 所示。为了实现不同的管理目标,在系统中根据维修工作的性质又将工单分为计划维修工单、标准工单、计划预防性维修工单、非计划工单与外委工单等不同的类型。

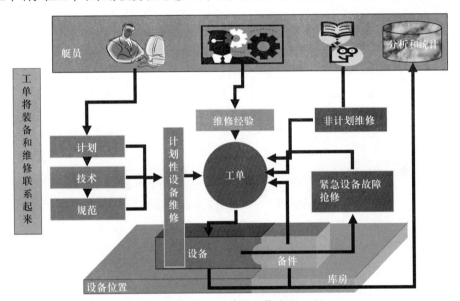

图 8.11　工单的工作流程

1. 计划维修工单

计划维修工单是我们现场的维修人员使用频率最高的工单类型。EAM 系统将计划维修工单模式根据黄骅港维修的实际情况,定制特定的工作流程,并把该流程固化到本系统中,帮助建立规范的维修管理体制,使之成为计划维修管理的标准。标准计划维修工单流程图如图 8.12 所示。我们的技术人员可以依照标准的维修工单的作业流程,有计划地、高效地完成维修工作。

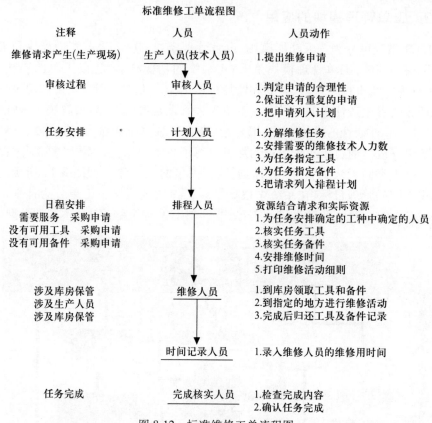

图 8.12　标准维修工单流程图

2. 标准工单

对维修活动中经常进行、比较规范的工作,通过日常维修经验和知识的逐步积累,形成标准维修体系。标准工单的使用使维修工作更为准确、规范和高效。对于维修活动中经常重复进行的、比较规范的工作,在 EAM 系统内设定成通用的格式,必须预先进行任务安排、物料选取、工具安排,形成标准作业。使用标准工单可以将维修工作标准化,从而减少人为的工作误差。另外,标准工单也是维修经验和知识的积累过程,通过对维修经验的总结,形成有效的专家知识库,为以后的维修工作安排提供可靠依据。不论管理层如何变化,也无论技术与维修人员怎样流动,设备的某类维修工作模式基本稳定不变,企业会实现从以前的个人维修经验积累到企业集体维修经验积累的转变,尽可能避免因为专业技术人员的外流给企业带来困难与损失。

3. 计划预防性维修工单

EAM 系统实施后,正在逐步形成系统化的预防性维修和预测性维修体制,计划预防性维修工单可以指导、监督、控制设备使用单位全面实现预防检修维护。对于周期性的维修、保养工作计划性预防维修工单会在一定的时限内触发工单,对我们的技术人员进行提示。技术人员可以根据所触发的工单,有针对性、有计划的工作,完全可以遗漏和重复工作。预防性维修工单的工作流程如图8.13 所示。

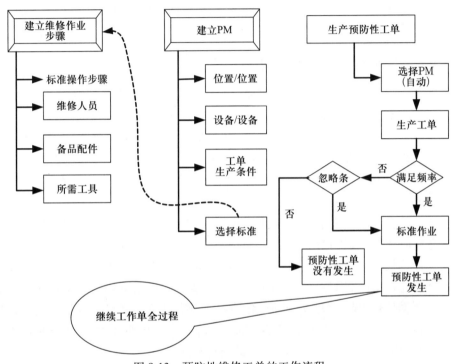

图 8.13 预防性维修工单的工作流程

4.非计划工单与外委工单

非计划工单用于突发性紧急维修工作。公司系统内不能完成的维修工作,需要委托外单位才可完成的维修工作,包括聘请外部人员,形成外委工单。外委工单的建立丰富了工单管理的内容,使整个维修工作更加标准化、规范化。

第三节 供应链管理信息系统

一、介绍

供应链管理是一项运用网际网络的整体解决方案,目的在于把产品从供应商那里及时有效地运送给制造商与最终用户,将物流配送、库存管理、订单处理等资讯进行整合,通过网络传输,其功能在于降低库存,保持产品有效期,降低物流成本以及提高服务品质。

网络供应链管理全面采用计算机和网络支持企业及其客户之间的交易活动,包括产品销售、服务、支付等;帮助企业拓展市场,拉近企业与客户之间的距离;促进企业合作,建立企业与客户之间的业务流程的无缝集成,最终达到生产、采购、库存、销售以及财务和人力资源管理的全面集成,使物流、信息流、资金流发挥最大效能,把理想的供应链运作变成现实。

二、供应链管理信息系统体系结构

供应链管理包含了从供应商到客户的全过程,它能够使企业实现从外购、进货、生产、库存管理、销售、运输、客户服务等日常工作流程自动化、同步化,使管理者及时获取与企业相关的各种信息,及时捕捉市场机遇。供应链管理中核心内容是实现分布企业信息系统的集成,分布作业的协调及多种异构资源的优化利用。这不可避免地将要求信息在各合作企业间的畅通与协同,为此必须建立一个有效的信息管理系统。

供应链管理系统中信息的流动是跨企业进行的,因而系统必须实现跨地区的信息实时传输、远程数据访问、数据分布处理和集中处理的结合、多个异地局域网连接等技术。Internet 的出现和 Web 技术为供应链管理技术的实现展现了一条新的途径,即采用基于 Internet 的 B/S 模式,企业之间通过 Internet 可以进行低成本数据传输、操作和共享处理,终端用户只需浏览器就可以轻松访问所有的应用,而且终端用户采用的浏览器是标准软件,大大降低了系统维护和培训费用,从而也相应地降低了企业 IT 系统的整体成本。

供应链管理信息系统的总体结构如图 8.14 所示。

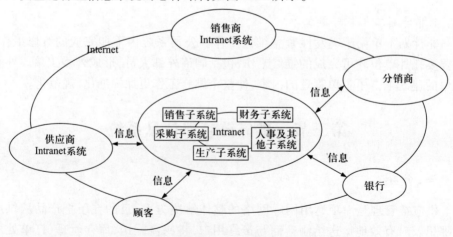

图 8.14　供应链管理信息系统总体结构

供应链上核心企业通常只有一个,发挥着信息处理中心的作用,供应商、销售商、分销商都属于供应链上的合作企业,其个数由供应链大小及行业状况而定。供应链上企业由于其规模以及与核心企业之间业务关系的不同其基本设施也不同,对于一些合作密切的企业可共同进行改造。

三、网络供应链信息管理系统设计

供应链信息管理主要涉及四个领域:供应、生产计划、物流、需求。供应链管理是以同步化、集成化生产计划为指导,以各种技术为支持,尤其以 Internet/Intranet 为依托,围绕供应、生产作业、物流、满足需求来实施。

信息是供应链成功的关键,因为信息能够使管理者更有效地进行决策。对于供应链的驱动要素、库存、运输和设施,在进行决策前,管理者需要获得供应链中公司所有部门和组织的准确、及时的信息,主要是供应信息、生产信息、配送和销售信息以及需求信息等。设定库存水平,需要来自顾客的下游信息,来自可利用的供应商的信息,以及现有库存水平的信息、成本和收益的信息;运输决策的制定需要了解顾客、供应商、线路、成本、时间以及运输数量信息;设施的决策既需要了解供需信息,又需要了解公司内部的生产能力、收益及成本的相关信息。

供应链的信息系统设计过程中,要将从供应商到制造商、分销商,最后到达客户的整个流程的物流、资金流的信息反映到系统当中,因此,设计一个适用的供应链信息系统是一个非常复杂的过程。按照各个环节,该信息系统可分为采购管理、生产计划、运输管理、销售管理、库存管理和客户关系管理几个模块。

(1)生产计划模块。主要是根据客户需求信息和库存信息来确定要生产的产品的需求量,根据需求量制订材料需求计划,安排产品的生产,并在产品生产过程中对产品的生产进度进行监督。

(2)运输模块。一般采用"表上作业法",列出产销地运价运量表,按最小元素法,通过按运价最小的优先供应的方法,给出一个初始基本可行解。再用位势法进行最优解判别,得到最后的车辆调运方案。

配送线路设计是这个模块解决的关键问题。可采用"最短路径设计"和"节约里程"相结合的方法进行线路设计。从物流角度看,客户的需求量接近或大于可用车辆的定额载重量,需专门派一辆或多辆车一次或多次送货,配送线路设计时,追求的是最短配送距离。当由一个配送中心向多个客户进行共同送货,在同一条线路上的所有客户的需求量总和不大于一辆车的额定载重量时,由一辆装着所有客户需求的货物,按照一条预先设计好的最佳线路依次将货物送出,一般采用节约法进行配送线路设计。

(3)采购管理模块。按照生产计划下达的任务,制订出采购部门的采购计划，并根据这个计划完成采购的业务过程。

（4）销售管理模块。供应链管理中的销售主要涉及产品销售数量的地区分布、销售渠道、企业与分销商之间的合作关系、促销策略、质量、价格、销售信息反馈及市场预测的管理。由于供应链管理强调各相邻环节的联系，因此还涉及生产部门与销售部门联系。

（5）库存管理模块。本系统设计采用定量订货法进行库存管理，即库存量下降到预定的最低库存量时，按规定数量进行订货补充的库存控制方法。主要靠控制订货点和订货批量两个参数来控制订货进货，达到既最好地满足库存需要，又能使总费用最低的目的。实际中采用"双堆法"来处理。就是将商品库存分为两堆，一堆为经常库存，另一堆为订货点库存，当消耗完就开始订货，并使用经常库存，不断重复操作。这样可减少盘点库存的次数，方便可靠。

（6）客户关系管理模块。通过管理与客户间的互动，努力减少销售环节，降低销售成本，发现新市场和渠道，提高客户价值、客户满意度、客户利润贡献度、客户忠诚度，实现最终效果的提高。

（7）系统管理模块。主要对系统的公共信息和安全性进行管理。

四、基于 Internet/Intranet 的供应链管理信息集成模式

供应链管理信息系统运行在基于 Web 服务的多层客户机/服务器结构的开放式 Internet/Intranet 环境中。企业可通过数据专线连接到 Internet 骨干网中，通过路由器与自己的 Intranet 相连，再由 Intranet 内主机或服务器为其内部各部门提供各项服务。在企业内部网上采用 HTTP、TCP/IP 作为通信协议，利用 Internet 技术以 Web 模型作为标准平台，通过网络访问 Web 服务器，并建立防火墙把 Internet 与 Intranet 隔开。基于 Internet/Intranet 的供应链管理信息集成模型如图 8.15 所示。

根据该模型，在供应链企业中充分利用 Internet 与 Intranet 建立的管理信息系统。第一层为表示层。供应商和用户可以使用客户机上的浏览器，通过 Internet 调用 Web 服务器相应的 URL 地址，来访问企业提供的服务。第二层功能层。Web 服务器接受用户的申请，通过执行多种数据库访问技术如 CGI、jsp 或者 ASP 程序等，将用户申请信息转换为数据库可识别语句，与数据库连接并提取信息，然后返回给用户。供应链管理系统的核心驻留在 Web 服务器上。第三层为数据层。为方便数据管理拟订将企业数据分为业务数据库、客户数据库和通信数据库。这样客户浏览器、Web 应用服务器、数据库服务器就构成了一种开放式的三层客户机/服务器的集成模式。

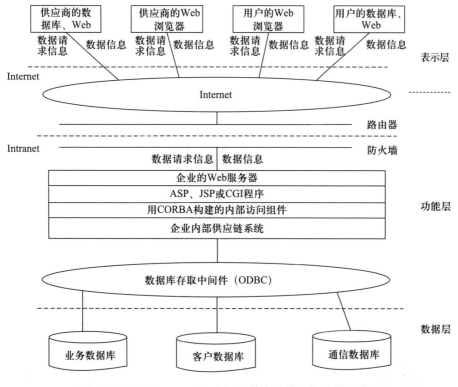

图 8.15 基于 Internet/Intranet 的供应链管理信息集成模型

第四节 电子商务与电子政务信息系统的设计

一、电子商务介绍

所谓电子商务系统,广义上讲是支持商务活动的电子技术手段的集合;狭义上讲是指在 Internet 和其他网络的基础上,以实现企业电子商务活动为目标,满足企业生产、销售、服务等生产和管理的需要,支持企业的对外业务协作,从运作、管理和决策等层次全面提高企业信息化水平,为企业提供商业智能的计算机系统。从技术的角度看,电子商务系统由三部分组成:企业内部网、企业内部网与国际互联网的连接、电子商务应用系统。从商务角度看,电子商务系统由企业内部、企业间以及企业与消费者之间组成。

电子商务一般指两方或多方通过计算机和某种形式的计算机网络(直接连

接的网络或 Internet 等)进行商务活动的过程。它包括企业和企业之间的商务活动(B2B)、网上的零售业(B2C)和金融企业的数字化处理过程。

电子政务类似于电子商务,可以使企业更高效地进行交易(B2B)和使消费者更接近企业(B2C)。电子政务包含了宽泛的政府部门及其政务活动。信息和服务的传递分为政府部门之间(G2G)、政府部门与企业(G2B)、政府部门与公众(G2C)三类。有些人提出第四种方式,即政府与雇员(G2E)的电子政务。

(1)政府和政府的电子政务(G2G):这一方式是电子政务的主干。一些专家建议政府在用电子方式向公众和企业成功地传递服务之前应不断提高和更新它们自己的内部系统和办事程序。G2G 式的电子政务包括在政府部门之间、内部机构之间以及在中央、省和地方政府之间分享数据和信息交流。

(2)政府和企业的电子政务(G2B):这一方式得到了很大的关注,部分因为商业领域的高度积极性,以及通过实践的改进和竞争的增加,有可能降低成本。G2B 方式包括政府服务于企业和获取企业的服务。尽管不是所有服务都直接依靠于信息技术,但是与 G2B 相关,有几种不同的获取方式。基于性能的合同是一种考察合同授予者的实际达到的目标和成绩的方式。分享储蓄合同则是合同授予者项目的前端花费(如新的计算机系统的安装),从旧系统反向拍卖所得中得到报酬。另外,依赖于信息技术的使用,可能成为购买那些标准的和质量易于评价的产品的常用方法,如低技术含量的部件或办公用品。借助因特网,一个反向拍卖使得公司相互实时竞叫并赢得政府合同。反向拍卖的目的就是将价格降至市场水平。通过对价格的分析发现,反向拍卖特别适合于质量和期望性能明确和易于评估的产品和项目。

(3)政府与公众的电子政务(G2C):一些分析家认为它是电子政务的基本目标,主要为了推动市民与政府的互动,实现网上交易。例如,更新执照和证书、报税、申请等,既省时又易于实现。G2C 也力求透过网站和(或)报亭等分发工具的使用,使公众更易于获取信息。许多 G2C 的另一个特征是试图削弱以机构为中心的,同时管理过程相互重叠的政府职能。一些电子政务的倡导者认为实施电子政务的目的之一应该是建立一个"一站式办公"网站,给公众提供多任务集成服务,尤其是涉及多个机构的服务,避免逐个地与各个机构打交道。G2C 的一个潜在的副产品是,通过提供更多的机会克服时间和空间的障碍,从而推动公众之间的互动,激发公众的参政意识。

二、B2C 业务流程和设计实现

用户进入网站主页后,实现选择商品、搜索商品、购买商品以及结账等功能。管理员可对 Sqlserver2000 或其他数据库操作,添加删除修改商品的信息,用户登录信息和订单信息。

用户界面使用 asp.net 或其他网页实现。网站中使用了 asp.net 中的标准控件,如 datagrid、datalist 等,并定义了用户控件来做一些可重用的界面元素。商城的数据存储在数据库中。商品图片存放在商城的服务器上,数据库中只记录图片文件的路径。用户购物流程图如图 8.16 所示。

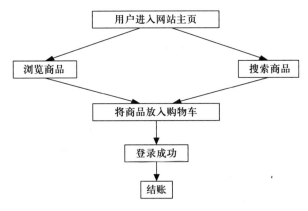

图 8.16 用户购物流程图

电子商务网站可分为以下几个部分:

1. 商城主页

用户进入网站首先进入商城主页,主页提供商品类别目录。用户可根据需要点击进入相应类别。可以读取数据库中销售量统计以显示销量最好的商品。主页负责介绍网站,可以看到与本商城有关的新闻,主页底部提供链接。

2. 商品管理

商品管理模块有三部分:①goodlist.aspx。页面允许用户浏览商品列表,商品列表按照商品类别显示商品。商品列表可以显示商品小图、商品型号名称及价格。点击商品名称或商品小图可以进入商品详细信息页。②Gooddetails.aspx。提供查看商品详细信息的功能,可以显示商品详细介绍及商品大图,点击购物车可以将此商品放入购物车以待结算。③Goodsearch.aspx 提供搜索商品的功能,用户输入商品名称可以查到相应商品。

3. 购物车

顾客可以把商品加入购物车,查看购物车内容,对自己购物情况进行修改或者确认。点击更新购物车可以自动计算应付总额。顾客确认无误后可以结账。点击最终结算后,生成订单,并显示订单号。该模块包括 shoppingcart.aspx、addtocart.aspx、checkoutaspx。

4.订单管理

订单管理模块包括 orderlist.aspx、orderdetails.aspx 两个页面。Orderlist.aspx 负责显示某个用户全部的历史订单纪录。顾客进入后可以看到自己所有订单的纪录。可以看到订单编号、订单日期、订单总金额。点击显示详细信息可看到订单的具体信息。Orderdetails.aspx 负责显示某个具体订单的详细信息,可以看到订单号、订单日期、产品名称、产品类别、数量、单价、总计。

5.用户管理

Register.aspx 页面允许顾客注册为本商城的用户。顾客要按要求输入相关项目才能成为本商城的注册用户,只有已注册的用户并登录后,才能购买商品生成订单。注册用户通过 login.aspx 页面输入用户名和密码,从而登录商城。

6.用户控件

用户控件模块包括 header、ascx、bottom、ascx、goodscategories、ascx、populargoods.ascx 四个按钮。Header.ascx 提供登录,查看订单和购物车及查询商品的快捷按钮。Bottom.ascx 显示商城的信息及友情链接。Goodscategories.ascx 提供分类浏览产品列表的链接。Populargoods.ascx 显示销量最好的六种商品。上述功能模块如图8.17所示。

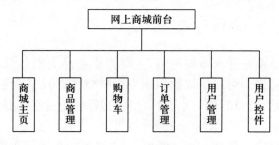

图8.17 功能模块图

数据结构设计

(1)系统包括用户、商品、订单三个主要实体,每个实体都用一个类来表示。类定义如下:

Userdetails 类用户类

public class UserDetails

{

public String UserName;//用户注册名

public String Email;//电子邮件地址

public String Password;//用户密码

public String Name;//用户真名

```
public String CardNumber;//身份证号
public String TelephoneNumber;//电话号码
}
public class GoodsDetails 商品详情类
{
public String ModelNumber;//型号
public String ModelName;// 型名
public String GoodsPicture;//货物图片
public decimal UnitCost;//单位价格
public String Description;//商品描述
}
public clas OrderDetails 订单情况类
{
public DateTime OrderDate;//订单日期
public decimal OrderTolalCzxst;//订单总额
public DataSet OrderItems;//订单项
}
```

（2）根据商城的功能要求以及功能模块的划分，需要存储的数据如下。

用户注册资料：用户 ID、用户注册名、密码、用户名、电邮地址、身份证号、电话号码。

商品类别的资料：种类 ID、种类名称。

商品的资料：商品 ID、商品名称、商品单价、商品描述、商品图片等。

购物车的资料：购物车 ID、购买商品、购买商品的数量等。

订单的资料：下订单的客户 ID、下订单日期、送货日期、所购买的商品的单价和数量。

根据需要存储的数据，商城数据库需建六个表：

Users，用户信息表；goodscategories，商品种类表；goods 商城商品信息表；shoppingcarts 记录用户购买商品的情况；orders，记录每张订单的信息；ordermntent，记录每个订单所包含的商品的详细信息。

数据库表间逻辑关系如图 8.18 所示。

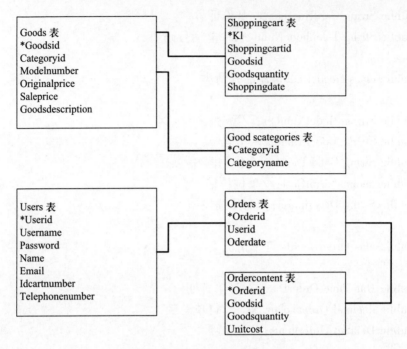

图 8.18　数据库表间逻辑关系图

三、B2B 业务流程和设计实现

21 世纪的竞争不再是单一企业之间的竞争,更不是单一企业与企业链的竞争,必然发展成为企业链与企业链之间的竞争。

价值链具有共享资源的优势,能帮助企业链中的每一个单体形成必要的虚拟组织,成为互相依靠的实体,以最大限度利用资源和提升整体竞争力。从企业内、外部供应链基础出发,由内到外整合企业资源,实施企业内部协同、外部协同的开放式链条管理,打造一个具有灵活竞争力的企业团队。

价值链集成的概念是进行 B2B 的主要指导思想。价值链集成就是在顾客、企业、供应商以及其他商业伙伴之间,实现经营流程和信息系统的融合及连续性,以达到经营运作一体化。

因此,价值链的参与者涵盖了企业经营范围内的顾客、供应商、其他商业伙伴和企业自身。物资流通企业建立企业自身的 B2B 电子商务,用于与上下游企业维持紧密的长期合作关系。建立类似 VPN 的企业虚拟网络,最大限度地实现供应链的价值,缩短物流、资金流、信息流在供应链环节上的流通时间,提高效率;并通过 B2B 电子商务提供完善的客户服务、订单跟踪等功能。这些必将极大地提高企业的工作效率、市场竞争力,为企业带来可观的经济效益和社会效益。所以物资流通企业建立基于价值链的

B2B 电子商务模式(图 8.19)是符合电子商务发展趋势和企业实际的,是行之有效的。

由于物资流通企业的电子商务是基于价值链的 B2B 电子商务,为有效实现企业与客户、分销商、供应商的价值链集成,需从供应链的采购端和销售端入手来实现整个供应链的完善和改造,提升整条供应链的价值,最终实现电子市场,电子商务系统总体功能框架图如图 8.20 所示。

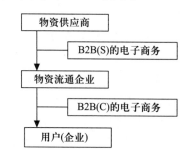

图 8.19　基于价值链的 B2B 电子商务示意图

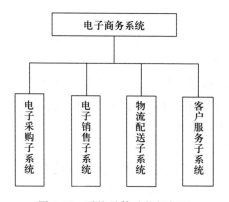

图 8.20　系统总体功能框架图

1.电子采购子系统

(1)会员供应商管理。包括:会员资料维护/查询/统计分析;会员邮件列表管理、交易历史记录;会员分级管理(如 A/B/C 级),不同级别的会员享有不同的权益和义务;会员级别评估,根据会员的交易履约和产品质量等,评估会员的信誉和等级,或取消资格。

(2)产品管理。包括:产品发布,允许供应商按照产品目录分类发布自己的产品;包括文字说明和图片;产品维护,可以基于权限维护、修改自己的产品信息。

(3)采购目录管理。包括:目录定义,对采购物品的目录进行设置;目录维护,包括增加、删除和修改。

（4）价格策略管理。供应商可以管理自己的价格,定义自己的价格批量折扣政策。

（5）在线审批。审批人对采购员提交的订单/合同进行在线审批。

（6）订单/合同查询。采购员、审批员可以根据权限查询历史订单及目前的订单状态。

（7）订单/合同跟踪。跟踪订单/合同的执行进展状态,随时提醒相关工作人员审批、付款、接货、验收及更改库存等,实现在途管理。

2.电子销售子系统

（1）信息中心。主要包括商品信息和销售信息两个部分。商品信息主要用于查询商品的具体信息(会员和一般用户查看各自的信息);销售信息主要用于查询客户对应的销售记录信息(只限会员客户使用)。

（2）我的交易。主要包括交易步骤和进入交易两个部分。交易步骤主要用于提供交易的说明。进入交易只提供一个链接,如果客户已登录,进入产品查询页面;如果客户未登录,要求登录。

（3）交易跟踪。主要包括购买意向查询、订单查询和合同查询三部分。购买意向查询指查询客户已提交了的请购单(未被公司确认)信息,查询到后客户可以进行修改、取消等操作;订单查询主要用于查询请购单经过审批生成订单的信息,客户可以进行修改、取消等操作;合同查询主要用于已生成合同的订单信息的查询(订单开单、是否出货信息),客户不能修改,客户如果想取消此笔交易,必须及时向企业有关人员联系。

3.物流配送子系统

（1）客户管理层。处理物流作业和物流活动的有关事务,提供相应的合同、票据、报表管理及输入/输出的手段和功能。

（2）业务层。包括订单管理、货物管理和财务管理三个模块,提供仓库作业计划、库存管理、车辆运输路径选择等控制与管理,提供对物流系统状况、货物、车辆的监视与跟踪功能。

（3）决策分析层。为客户提高网上查询和信息服务手段以及为企业高层领导及管理人员提高相应的分析、优化及辅助决策服务,如业务量分析、经营成本分析、业务机构效益分析、利润增长点分析、事故情况分析、库存配载优化、数据挖掘等。

四、电子政务的系统设计和实现

1.基本功能

1)公众服务门户层功能(外门户)

根据国家标准化管理委员会、国务院信息化工作办公室颁布的《电子政务标准化指南》，通常意义下的电子政务的总体框架由网络基础设施层、应用支撑层、应用层和公众服务层组成，信息安全与管理贯穿于各个层面中。电子政务系统软件平台实现的主要功能包括公众服务层(门户)、政务应用层以及政务应用支撑层上的功能。

公众服务门户层是电子政务系统软件平台的对外应用层，是面向公众的门户。通过此门户，电子政务平台向本地区市民，以及其他区域的公众提供多种层次的公众化服务，从而实现公众服务网络化。具体地讲，公众服务门户层的功能包括政府公告、政务查询、网上申报、网上反馈、办事程序、办事指南、投诉受理、各审批业务系统角色网络描述、系统间角色网络互联描述、身份验证、邮件系统、留言板和各部门的网上审批功能等。

2) 政务应用层功能(内门户)

政务应用层是电子政务系统软件平台的对内服务层，是实现政府信息资源数字化、业务处理网络化、管理决策科学化的应用层面。政务应用层为政府各部门提供业务系统和办公工作流自动化，并且实现各部门之间以及各部门与政府之间的信息共享和办公无纸化。政务应用层具体功能包括政府及各职能部门的综合业务处理系统、各职能部门并联审批与协同办公、公文处理系统、分布式档案系统、政府内务管理系统、空间数字应用系统(即数字城市综合服务平台)、视频会议、远程办公、离线办公、统一消息通知系统、辅助预测与决策等。

3) 政务应用支撑层功能

政务应用支撑层是公众服务门户层以及政务应用层功能得以实现的重要技术支持。具体地说，它就是一个政务宽带网络软件平台系统。该平台系统必须提供基于 Web Service 的同步/异步应用功能交换、基于 XA 标准的事务处理系统、工作流和长事务处理系统、通用 Internet 网络数据访问，以及目录服务等底层应用功能。政务应用支撑层为公众服务门户层以及政务应用层功能实现提供了多种服务以及运行环境，并且有效地保证了各职能部门之间以及各职能部门与政府之间的信息共享，彻底解决了信息孤岛问题。

由此可见，政务应用支撑层是电子政务系统软件平台中十分重要的一个层次，这些核心技术极其复杂，在底层需要进行大量的功能封装工作，将复杂的技术功能以简洁的方式提供给电子政务的多种层次的用户。

2. 电子政务业务模型

1) 提供者/使用者工作模型

政务活动有的只涉及一个部门，有的涉及多个部门。凡是只涉及一个单位的可直接导入相应的业务系统。而涉及两个或两个以上的单位的业务的协同处理，就存在着使用者同提供者的信息同步和处理问题，这是典型的提供者/使用者模型,也是 Web 服务重点要解决的内容。有两种方法处理该类问题,即实时型和事先提供型(图8.21)。

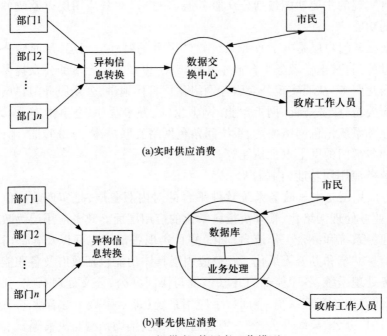

图 8.21 提供者/使用者工作模型

2) 多节点多路径传递与返回异步/同步工作模型

实现各单位的协同工作,要解决的一个重要任务就是并联文件审批(或政务事务流管理)。审批的发起者是任何一个政府职能部门,它们的工作时机是随机的,这样节点之间的工作方式有异步和同步类两种。异步工作方式,即当某一节点审批完毕即把信息发往下一节点,而不直接等待下一站的审批结果;而同步方式,即在发往下一站后,只有当结果返回时,该流程才在本节点作完成处理,如政务工作中会签业务。另外,还有多节点同步、多节点异步方式,以实现会签等功能。解决好这些事务流的异步/同步,是多部门协同工作的关键。要实现政务真正公开,有时还要把局内(即一个节点内的)审批流程向公众展开,所以本模型在每一个节点内还嵌套着同步/异步子流程,这个嵌套子流程要统一定义且可按要求开放、关闭。

3) 基于角色的门户模型

电子政务的门户系统十分重要,它代表着一方政府的形象,门户中按角色封闭它在系统中的权力、义务和职责。它也直接关系着政府内的办事效率和广大市民是否对政府满意。

门户的管理和设计十分重要,首先要对用户群进行分类,使他们能按角色进入网站而享受不同的服务。同时,网站的安全、用户的个性化服务以及市民与政府的互相的交流方式都反映在门户的定义和管理上。

图8.22给出了门户系统及其同其他部分的关系。

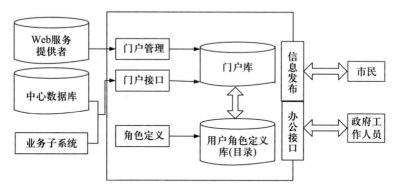

图8.22 电子政务门户模型

3.门户的实现方案设计

1)用户网站的结构

门户系统处在整个电子政务的最前端,它将不同的资源整合在统一的门户中,在电子政务系统中占有重要的核心地位。图8.23给出了电子政务门户网站得逻辑结构。

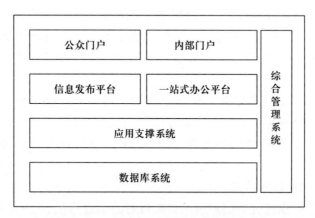

图8.23 电子政务门户网站的逻辑结构图

电子政务门户网站的后台管理系统包括信息发布平台、一站式办公平台、应用支撑系统和综合管理系统。"信息发布平台"是党政机关实现对外信息发布的平台,解决统一授权之下的分布式信息发布问题。"一站式办公平台"为党政机关开展面向公众的网上交互办事提供一站式服务支持,重在解决部门间的工作协同与业务协同,同时为领导监管和领导决策提供支持。应用支撑系统解决门户网站与后端业务系统的数据交换与集成问题。综合管理系统解决身份认证、授权和审计等问题。

(1)信息发布平台。信息发布平台为跨部门信息提供发布支持,有效地保障系统对公众的信息服务。信息发布平台是将网页上的某些需要经常变动的信息,类似政府公告和新闻等更新信息集中管理,并通过信息的某些共性进行分类,最后系统化、标准化发布到网站上的一种网站应用程序。网站信息通过一个操作简单的界面加入数据库,然后通过已有的网页模板格式与审核流程发布到网站上。信息发布平台大大减轻了网站更新维护的工作量,通过网络数据库的引用,将网站的更新维护工作简化到只需录入文字和上传图片,从而使网站的更新速度缩短。

(2)一站式办公平台。一站式办公平台为跨部门业务提供整合支持,有效地保障"平台"对公众的电子政务服务,实现社会公众网上交互式办事一站式服务。一站式办公应满足三个方面的需求:

①公众服务。企业和个人通过网络查看政务公开信息和网上审批流程,提交申请,随时了解审批状态,办理过程和结构及时反馈。具体功能如下:办事指南和表格下载、审批申请用户的管理、网上提交申请及反馈、审批动态信息的发布和审批信息的网上查询。

②业务处理。各政府职能部门接受审批申请,处理审批业务,公布审批结果,查询审批事项信息,便于与已有业务系统无缝集成。具体功能如下:审批流程管理、网上审批处理、自动督办催办、审批文档管理、审批收费管理、审批状态自动及时反馈。

③政务监管。政府各级领导可随时查看审批业务办公信息、监控业务办公过程,提供强大的辅助决策支持和业务监管功能。具体功能有网上审批情况查询、审批过程监管督办、单位审批报表查询、审批过程效率分析、违规审批统计分析。

2)门户网站的性能特点

(1)全面的信息整合。门户网站集成现有的信息系统,包括政府的各种Web服务系统,整合其中的内容,并在保证实现安全控制的基础上,提供分布式的信息发布功能。

(2)突出个性化服务,实现内部门户网站和公众门户网站的互动。在公众门户网站上,个人或企业用户经过安全认证后,可以访问其个性化主页。系统将自动把与该用户有关的,由政府有关部门提供的信息,以及该用户申请的;由政府有关部门办理的事宜的办理情况,集成地显示在用户的面前。另外,内部门户网站中的信息可经过审核后直接发布到公众门户中。在内部门户网站上,系统可以自定义组织结构,各个政府部门可以建立自己的工作主页。个人或企业用户在公众门户申请的各项服务,可以直接在内部门户网站中相关部门的工作主页上,以待办事宜的形式显示出来,并直接由工作流引擎驱动,进行相关处理。相关结果可以在公众门户的个人或企业的主页上查询。在内部门户网站上,各个政府部门的工作主页,显示出应办理事宜和会议通知等,可以直接完成在线审批。

(3)统一的注册中心。统一的注册中心可以避免因用户的重复注册而造成的客户资料的重复和管理上的不便。身份注册完成后,用户可以在政务平台上注册与维护基本信息,其注册的信息将分发给各单位,用户在不同单位办理审批业务时,不用重复进行用户注册与登录,实现全网通行。

(4)安全性保证。门户网站必须提供可靠的安全性保证。不仅要保证发布在 Web 服务器和应用服务器上的信息的正确性和完整性,防止服务被破坏,还要保证服务的安全传送和发布。系统主要以信息防篡改服务器和密码服务系统来保障门户网站的安全性,通过多种方式校验各类用户身份的合法性,尤其是确保信息发送人员身份的真实性。

(5)良好的服务性能。门户网站是整个电子政务系统的门户,其服务性能是一个非常重要的方面,因此必须提供 Web 访问流量的负载均衡功能,确保整个 Web 门户系统服务的可用性。

习题

1. 请使用 FoxPro 数据库管理系统,设计一个发文管理数据库文件结构。
2. 试述归档子系统的各模块的功能。
3. 简述公文与档案的关系。
4. 简述企业资产管理(EAM)与企业资源规划(ERP)的关系。
5. 简述 EAM 的实现原理与方法。
6. 简述工单的功能与流程。
7. 电子商务发展现状显示,网络诚信在很大程度上影响了网络交易的普及。为改善企业的网络形象,提高诚信度,某企业的网上商店重新制定了该网站的退、换货制度。请写出该网站应考虑的重点,并提出实现的方法。
8. 请以国内网站为例,说明教育网站的分类。
9. 简述电子政务的基本功能。
10. 简述电子政务网站与电子商务网站的区别和共同点。

11. 供应链管理系统一般包含哪几个功能模块?
12. 试画出供应链管理系统的层次结构。

参考文献

[1] 杨启龙.政务办公自动化系统的设计与实现[D].吉林大学,2017.
[2] 王栋.电子政务中办公自动化系统应用与完善研究[D].北京邮电大学,2016.
[3] 李灿.商业公司办公自动化系统设计与实现[D].青岛大学,2017.
[4] 薛华成.管理信息系统(第6版)[M].北京:清华大学出版社,2017.

第四篇 案例篇

第九章 学科资源网站设计与实现
第十章 军务管理信息系统的设计与实现

第九章　学科资源网站设计与实现

海军工程大学管理工程系网站是公布和发布管理工程系信息资源,展示和宣传管理工程系形象的阵地,是同学向系里反映情况的渠道,是管理工程系对外办理公共事务的窗口,是传承文化的载体。院系的学科资源网站作为校园网一个子栏目,通过管理工程系网站,全面宣传,展示管理系风采、优点与特色,发布管理系的活动安排与科研成果等信息内容,使学员增加对管理系的了解,增强学员与管理系之间的联系,促进管理系教学科研质量的提升。

第一节　相关技术背景

一、HTTP 协议简介

在 WWW 的背后有一些协议和标准支持它完成如此动人的工作,这就是 Web 协议族,其中就包括 HTTP 超文本传输协议。HTTP 超文本传输协议(HTTP-Hypertext transfer protocol)是万维网协会(World Wide Web Consortium)和 Internet 工作小组 IETF(Internet Engineering Task Force)合作的结果,是一种详细规定了浏览器和 Web 服务器之间互相通信的通信规则,通过 Internet 传送 Web 文档的网络数据通信协议。

HTTP 是一个具有简洁、快速特点的应用层面向对象通信协议,因此适合用于分布式超媒体信息网站的开发应用之中。HTTP 协议可以提高浏览器的效率,减少网络的传输压力。它不仅能保证计算机快速准确地传输超文本文档,还能确定传输文档中的哪一部分,以及哪部分内容首先显示(如文本先于图形)等。

HTTP 是应用层协议,由请求和响应两部分组成,是一个标准的 C/S 模型。

HTTP 请求由请求行、消息报头、请求正文三部分组成。请求行通常以方法符号开头,并用空格把内容分开,最后面是该请求的 URI 和通信协议的版本号。一个标准的请求行格式:Method Request-URI HTTP-Version CRLF,格式中 Method 代表的是这个请求的方式;而 Request-URI 是一个统一资源标识符;HTTP-Version 则主要用来标示这个请求的通信协议版本;而 CRLF 则表示换行和回车(除了结尾的 CRLF 标示符外,不允许出现其他单独存在的 CR 或 LF 字符)。客户端可通过使用请求报头向服务器端传递客户端的自身信息和请求的附加信息。目前,常用的请求报头主要有 Accept、Accept-Charset、Accept-Encoding、Accept-Language、Authorization 以及 Host 等。请求正文则是请求的正式内容部分。

HTTP 的响应则由状态行、消息报头以及响应正文三个部分组成。状态行格式如下:

HTTP-Version Status-Code Reason-Phrase CRLF。其中,HTTP-Version 用于表示服务器中 HTTP 协议的版本;Status-Code 表示服务器发回的响应状态代码;而 Reason-Phrase 则表示状态代码的文本描述。响应报头允许服务器传递不能放在状态行中的附加响应信息,以及关于服务器的信息和对 Request-URI 所标识的资源进行下一步访问的信息。常用的响应报头有 Location、Server 及 WWW-Authenticate。响应正文则是服务器发回的正文部分。

HTTP 具有以下主要五大特点:

(1)支持 C/S(客户端/服务器)模式结构。

(2)方便快速。当客户计算机需要向服务器发出服务请求时,只需通过简单的 GET、HEAD、POST 等请求方法和 URL 路径。不同的客户计算机与服务器联系类型,则通过不同的请求方法,GET 和 HEAD 方法是 HTTP 服务器必须能够实现的,而其他方法则是可选方法。因为 HTTP 协议使用起来非常简单,通过 HTTP 协议开发的程序规模较小,所以访问服务器的通信速度会比较快。

(3)灵活。各种各样的数据对象都可以通过 HTTP 协议进行传输。Content-Type 标记可用来表示目前正在传输的对象类型。

(4)无连接。当服务器完成响应并得到客户端发回的应答后将断开与客户端的连接,并且每一次的连接都只会处理一个请求。通过这种方式节省传输时间。

(5)无处理记录。HTTP 协议在对事务的处理过程中没有详细记录。没有详细记录则表示如果需要继续处理之前的事物,则必须重新发起请求和响应。

二、B/S 结构

本网站采用浏览器和服务器(Browser/Server,B/S)结构,它随着 Internet 技术的发展,是对 C/S 结构的变化或改进。在 B/S 架构模式中,客户端用户的工作主要是通过浏览器来进行,少部分的事务逻辑在客户端浏览器实现,但是大量的主要事务逻辑则是在服务器端进行,形成了一种所谓的三层结构。

B/S 架构是网页应用程序兴起后主流采用的一种网络框架模式,它统一了客户端,并且由服务器来集中处理应用程序的核心部分功能实现,使得应用程序的开发、维护以及使用越来越简单。B/S 架构的重要组成部件主要包括了客户机、Web 服务器和数据服务器。网页浏览器是客户机最主要及最常用的应用软件。客户机上只要安装一个浏览器（Browser），如 Internet Explorer、火狐浏览器、腾讯浏览器、360 浏览器或 NetscapeNavigator，服务器安装 Access、SQL Server、Oracle，或 Sybase 等数据库。用户通过客户机的浏览器访问 Internet 上的信息，这些信息都是由 Web 服务器产生的。Web 服务器通过各种方式与数据库服务器相连，实现对应用程序的集中管理以及事物处理。而对于数据的日常管理则通过数据服务器进行。通过这样的方式最大限度地减轻了客户端设备的压力，使应用程序的维护成本和工作量得到了减少，总体成本得到了进一步压缩。

B/S 架构拥有以下特点，我们先从它的优点来介绍。

（1）B/S 架构最大的优势在于打破了地域的界限，无论用户身处何方，只要可以接入网络就可以随时随地任意使用。

（2）客户端计算机不需要特殊维护，用户设备只需要安装了网页浏览器就可以随意使用。

（3）具有较强的网站扩展性，用户只需接入网络，从网站管理员那里获取一个账号和密码，就可以使用网站了。用户甚至可以通过在线申请，通过网络内部的安全认证后，不需要人的参与，网站即可自动分配一个账号给用户进入网站。

而 B/S 架构的缺点则表现如下：

（1）与传统 CS 架构相比，B/S 架构的图形表现能力以及运行的速度要弱于 CS 架构。

（2）B/S 架构还有一个比较突出的缺点，就是会受到程序运行环境的制约。由于 B/S 架构主要依赖浏览器，而目前市面上浏览器的品牌及版本较多，许多浏览器的核心架构差别也较大，因此导致了对于网页的兼容性也有较大区别，尤其是针对 CSS 样式布局及 JAVASCRIPT 等脚本程序的执行等方面，会有很大影响。

三、ASP 简介

Active Server Pages 即 ASP 是微软开发的一种类似超文本标识语言（Hypertext Markup Language，HTML）Script（脚本）与通用网关接口（Common GAteway Interface，CGI）的结合体，它没有提供自己专门的编程语言，而是允许用户使用包括 VBSCRIPT、javascript 等在内的许多已有的脚本语言编写 ASP 的应用程序。ASP 的程序编制比 HTML 更方便且更有灵活性。它是在 WEB 服务器端运行，运行后再将运行结果以 HTML 格式传送至客户端的浏览器。因此 ASP 与一般的脚本语言相比，要安全得多。ASP 是服务器端脚本编写环境，使用它可以创建和运行动态，交互的 Web 服务器应用程序。使用 ASP 可以组合 HTML 页，VBScript 脚本命令和 JavaScript 脚本命令等，以创建交互的 Web 页和基于 Web 的功能强大的应用程序。由于脚本程序是在服务器上而不是在客户端运行,传送到浏览器上的 Web 页是在 Web 服务器上生成的,因此不必担心浏览器能否处理脚本:Web 服务器已经完成了所有脚本的处理,并将标准的 HTML 页面传输到浏览器。由于只有脚本的结果返回到浏览器,因此服务器端脚本不易被别人复制,用户看不到创建他们正在浏览的页的脚本命令。

(1) ASP 的运行环境:ASP 只能用于 Web Server、IIS、Microsoft Personal Web Server。

(2) ASP 的编程语言:ASP 可以使用 VBScript 和 JavaScript 进行程序编写。

(3) ASP 文件 ASP 的文件后缀名为.asp,以区别于同样可以包含 Script 的 HTML 文件,一个.asp 文件是一个文本文件,可以包括下列元素的任意组合:文本(text)、HTML 标志(tags)、Script 命令。

(4) ASP:不需要任何 HTML 的 tag,保存在文件中,起个好听的名字,文件名的后缀一定要改为.asp,然后上传到服务器上一个有执行权的目录下,接下来的问题是,怎么执行这个 ASP 程序。

四、SQL server 2008 数据库

SQL Server 2008 是微软 SQL server 数据库系列中一个重大的产品版本,它主要具有以下优点:

(1) 保护用户的资料。SQL Server 2008 可通过透明数据加密、全面审核功能和外围应用配置器(仅启用所需服务最大限度地减少安全攻击)等手段提高安全性和符合性。

(2) 保证业务的连续性。利用 SQL Server 2008 附带提供的数据库镜像可以简化发生存储失败后的恢复过程,提高应用网站的可靠性。

(3) 提供可预测响应。SQL Server 2008 提供了新的中央数据存储库(存储性能数据)、改进的数据压缩(使用户可以更有效地存储数据)以及更广泛的性能数据收集方式。

(4) 最大限度地减少管理监视。DMF(Declarative Management Framework)是 SQL Server 2008 中一个新型的基于策略的管理框架,它通过对大多数的数据库操作定义一组通用的操作策略来简化日常维护操作,从而降低成本。

(5) 良好的数据集成性。SQL Server 2008 提供了改进的查询性能以及效率更高且成本更低的数据存储模式,用户可以通过它来扩展和管理数量庞大的用户数据。

(6) 提供相关信息。使用户可以在 Word 和 Excel 中利用 SQL Server 2008 创建复杂报表,并在它们的内部及对外分享这些报表。员工可以即时访问相关信息做出更快、更多和更好的相关决策。

（7）完全支持 Web 标准。SQL Server 2008 提供了以 Web 标准为基础的扩展数据库编程功能。丰富的 XML 和 Internet 标准支持允许用户使用内置的存储过程以 XML 格式轻松存储和检索数据。用户还可以通过 XML 更新程序轻易地对数据库进行插入、更新和删除等操作。

（8）能通过 Web 轻松访问数据库数据。用户可以通过 SQL Server 2008 使用 HTTP 协议对数据库数据发起查询、通过 Web 进行自然语言查询或者对数据库中存储的文档执行全文搜索。

（9）提供基于 Web 的强大而灵活的分析功能。SQL Server 2008 提供因特网层面的分析服务功能。用户可通过使用网页浏览器来控制和访问多维数据。

（10）具有极高的可靠性和可伸缩性。通过使用 SQL Server 2008 可以获得极高的可靠性和可伸缩性。对于苛刻的企业应用程序和电子商务的要求，用户可通过向外扩展和向上伸缩的功能来满足需求。

（11）向外扩展功能。向外扩展功能可以通过分配多台服务器来共同承担数据库和数据负载。

（12）向上伸缩功能。SQL Server 2008 使用了对称多处理器网站。SQL Server Enterprise Edition 允许最多可以同时使用 64GB 的内存和 32 路处理器。

（13）可用性。SQL Server 2008 通过使用新增的备份策略、增强的故障转移群集和日志传送等功能最大程度上保障网站的可用性。

（14）快速进入市场。SQL Server 数据库是微软公司.NET Enterprise Server 的数据分析和管理中枢。SQL Server 2008 包括从概念到最后交付开发过程的加速工具。

（15）提供可扩展和集成的分析服务。通过 SQL Server 2008，用户可以建立一个带有集成工具的端到端分析解决方案，并从数据中创造价值。此外，用户还可以根据得到的分析结果从最复杂的统计中快速地检索自定义结果集并自动驱动商业过程。

（16）数据转换、快速开发、调试功能。SQL Server 2008 带有交互式调试和调节查询、在不同的数据源之间迅速移动和进行数据转化，并且可以根据 Transact-SQL 的方式定义和使用函数。程序开发人员可以从任何的 Visual Studio 工具中通过可视化的方式设计和编写数据库应用网站。

（17）简化的管理和调节。使用 SQL Server 2008，用户可以轻易地集中管理数据库。可以在保持网站在线的同时简单方便地在不同计算机或实例之间迁移和复制数据库。

除此以外，SQL Server 数据库还可以与 Visual Studio 开发团队协同工作，提供集成化的开发体验，能够让开发人员在统一的环境中跨越客户端、中间层以及数据层进行开发。

五、ADO.NET 数据库连接技术

ADO.NET 是.NET Framework 中的一套类库,是数据库的一种访问方式,在很大程度上封装了数据库访问和数据操作的动作。ASP.NET 中对数据库的访问是通过 ADO.NET(ActiveX Data object.NET)来实现的。它是.NET 框架中用于数据访问的重要组件,是.NET 框架中必不可少的重要组成部分。ADO.NET 的功能非常强大,它提供了对关系数据库、XML 以及其他数据存储的访问。应用程序可以通过 ADO.NET 连接到这些数据源,对数据进行增删改查。

ADO.NET 主要包括了数据集 DataSet 和.NET 数据提供程序.NET Data provider 这两大部分,主要用于实现对数据的存取和管理。

DataSet 数据集的设计让它可独立于任何数据来源外而存取数据。因此,它可与众多不同的数据来源搭配使用并可与 XML 数据搭配使用,或用于管理应用程序的本机资料。DataSet 包含了一个或多个由数据列和数据行所组成的数据表(DataTable)类集合,以及数据表物件中的主索引键、外部索引键、条件约束(Constraint)及资料的相关信息。

.NET 数据提供程序是一种用于管理数据以及用于快捷的存取顺向只读数据的工具,其包括了多个对象和类。Connection 对象主要用于提供数据来源的连接。而 Command 对象可让开发人员存取数据库命令,以便传回数据、修改数据和执行预存程序(StoredProcedure),并且对参数信息进行传送或撷取。数据阅读器 DataReader 类则可用于提供来自数据来源的高速数据流。最后,DataAdapter 类会向数据集 DataSet 提供物件与数据来源之间的桥接器(Bridge)。DataAdapter 会使用 Command 物件与数据来源处执行 SQL 命令,以便将资料载入数据集 DataSet,并且将数据集 DataSet 内的资料变更调节回数据来源。

ADO.NET 对数据库的整个连接访问过程可分为检索数据和修改数据两部分。当检索数据的时候,客户端首先向服务器请求数据,当服务器接收到客户端的请求信息后,首先把数据发送到数据集 DataSet,DataSet 再把数据发送给客户端。当需要对数据进行修改时,客户端则首先修改数据集中的数据,然后数据集再把修改后的数据传给服务器。

第二节 网站需求分析

管理工程系资源网站的建设目的是:着眼于院系发展,为院系教员和学员服务,具体来说,它是院系事务处理的平台,是专业资源共享的平台,是展示院系风采的平台,是教员和学员交流互动的平台。所以,管理工程系网站建设的必要性和可行性是显而易见的。

一、系统功能需求

经过大量的详细调查分析,对管理工程系网站的功能进行总结:网站框架共分为八大模块,29个子栏目功能(表9.1)。

表9.1 管理工程系网站栏目结构表

大栏目	子栏目	功能说明
院系概况	关于我们	主要内容为对管理工程系基本情况的介绍和认识
院系新闻	教育新闻	实现对院系新闻的分类和归纳,方便用户浏览,了解院系动态
	学术交流	
	院系新闻	
	院系公告	
学员风采	学员刊物	以图片和文字的形式展示院系学员的风采
	学员活动	
	学员之星	
	学员作品	
在线课堂	互动	实现院系在线课堂,在线授课,学员可直接通过该模块进行学习
	课程	
	作业	
	测试	
	考勤	
在线成绩查询	查询	学员可以查询和重置自己的成绩
	重置	
作业管理	学员页面	不同的用户实现对作业的不同管理
	教员页面	
	管理员页面	
留言咨询	查看信箱	以写信的方式与院系之间实现留言交流
	签写信箱	

续表

大栏目	子栏目	功能说明
管理员后台	网站配置	以管理员的身份实现对整个网站模块和资源的管理,维护网站的正常运行
	用户管理	
	新闻管理	
	成绩管理	
	作品管理	
	在线课堂	
	作业管理	
	教员档案	

二、系统性能需求

开发管理工程系网站除了要满足展示院系发展的需求,还考虑网站具有一定的有效性、易用性、稳定性和可扩展性。

(1)有效性。确保开发出来的网站能满足师生和访客的要求。因此,本网站在开发之前考虑相关专业学员的需求,做了大量的前期调研工作,而且在整个开发过程中结合学院自身特点参考了许多兄弟院校的学科网站,力求最终开发出来的网站能达到预期的使用效果。

(2)易用性。也是衡量网站的重要指标之一。管理工程系网站在设计的时应该最大限度地降低对软硬件的部署要求。另外,针对管理员的网站制作水平,在设计中考虑尽量简化操作,界面友好,符合用户的日常使用和操作习惯,并提供必要的使用手册等帮助说明文档。

(3)稳定性。对于应用管理网站来说,稳定性也是衡量网站的关键指标,有至关重要的地位。网站运行后,如何支持大并发量访问,保障功能模块的平稳运行也是网站设计的又一重要目标。

(4)可扩展性。随着院系的发展,对网站功能的需求也会跟着相应扩大,导致网站需要添加新的功能模块,这就需要网站具有良好的可扩展性。由于该网站是采用面向对象的方法进行开发,通过使用大量的"类"来对业务逻辑进行封装,然后使用调用类的方法,实现功能代码的重复使用,提高了网站代码的可重用性和可维护性。因此,该网站具有较高的可扩展性。

第三节 网站系统设计

一、系统总体设计

整个管理工程系网站采用目前流行的 B/S 结构。

1. 系统用例图

用例图是一种面向对象的表达方式,主要用于描述网站参与者和用例之间关系,它主要由参与者、用例、关系三部分组成。

本网站的参与者主要有访客和管理员两种类型,访客登录网站主要是查看学科网站栏目内容或在交流互动中提出自己的问题,所有这些动作都是围绕着访客完成的。另外,学科主持人维护网站栏目内容及回答访客提问等功能需要通过用户登录之后才能使用。两者的 UML 用例图如图 9.1、图 9.2 所示。

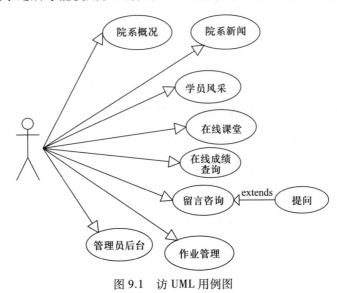

图 9.1 访 UML 用例图

2. 系统功能模块

院系网站的版面设计通常讲究便捷清晰,网站功能区分清晰,能让访客直接找到其所需要的服务和资源。再结合前面的需求分析和 UML 用例图,如图 9.3 所示管理工程系网站主要包含以下几个模块:首页、院系概况、院系新闻、学员风采、作业管理、成绩查询、留言咨询、在线课堂、管理员后台。其中管理员登录后进入学科网站,可维护网站各栏目内容,并可回答访客提出的问题。

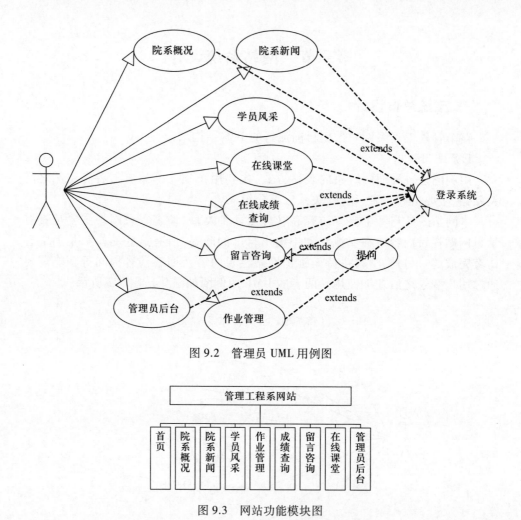

图 9.2 管理员 UML 用例图

图 9.3 网站功能模块图

二、详细设计

1. 管理员后台模块设计

1）流程描述

用户进入网站首页，在首页导航中有一个为"管理员后台"的导航栏目。点击登录后台，输入自己用户名、密码、认证码和验证进行登录。网站自动将所输入的信息与数据库进行比对。如果输入的信息与数据库表中的信息相符，则通过身份验证，管理员进入后台管理界面，管理员对该网站进行维护；否则，返回验证失败信息，浏览器提示登录失败。

2)功能描述

用户进入该网站,能浏览该管理工程系的基本网站信息。若能进入管理员界面,则可以对网站首页的信息内容进行维护和更改操作;若不能,则作为一般用户,仅仅对管理工程系的网站信息进行浏览。

2. 作业管理模块设计

1)流程描述

用户点击该栏目导航,出现欢迎页面,此外用户通过输入用户和密码以及用户类型可以相应登录学员页面、教员页面、后台管理页面。开始欢迎页面包括学员注册登录模块、教员注册登录模块。学员通过该模块注册,以便进入学员主页面提交作业,正确的登录才能提交作业。

学员页面包括以下小模块:学员上交作业模块、作业成绩查询模块、我要提问模块。学员上传作业时,学员可将作业的所有文档压缩成一个 zip 文件,然后填写学号,选择课程然后提交。学员可以通过我要提问模块向教员提出问题,教员给予解答。

教员页面包括以下小模块:教员工作区管理模块、教员工作区答疑模块、作业打分模块、作业成绩查询模块。教员工作区显示学员的学号作业序号,以及下载作业、评判作业。教员可以通过答疑模块回答学员的问题。教员点击评判作业,进入打分页面,为学员作业打分。

后台管理页面:它的用户是管理员,能够删除作废的作业和答疑的问题,保证网站的正常运行。

2)功能描述

作业管理功能如表 9.2 所列。

表 9.2 作业管理功能表

模块名称	功能
学员注册登录模块	完成学员注册登录功能,学员通过该模块登录至学员主页面
教员注册登录模块	完成教员注册登录功能,教员通过该模块登录至教员主页面
学员上交作业模块	完成学员上传作业功能
作业成绩查询模块	显示作业成绩功能
教员工作区管理模块	教员在该页面上可以下载学员作业,并能给予打分,同时可显示成绩等功能
作业打分模块	教员打分功能

续表

模块名称	功能
学员我要提问模块	进入该模块,学员可以看到所有的提问列表,可以点击查看提问的详细信息,并能够提出新问题
教员工作区答疑模块	进入该模块,教员可以查看所有提问列表,并进入答疑详细信息页面答疑,完成答疑操作

3.留言咨询模块设计

1)流程描述

用户进入网站首页,点击"留言咨询"导航按钮,进入首页信箱反馈可以查看历史留言咨询。点击签写信箱,输入咨询信息,按照要求填写相应内容,点击保存,更新数据库,等待管理员回复。返回查看信箱即可查询自己的咨询内容。

2)功能描述

留言咨询平台是对所有的网络用户开放,系内外师生以及广大网络访客都可以针对学科的建设和现状,针对院系的发展提出自己的问题和意见。

4.在线课堂模块设计

1)流程描述

用户进入首页点击"在线课堂"导航栏目,进入在线课堂界面,该页面主要面对对象为学员。选择"互动""课程""作业""测试""考勤"小栏目,执行相应功能,浏览相应信息。其中进入"互动"功能,出现课堂登录界面,输入基本信息,验证通过,进行互动。

2)功能描述

学员界面小功能如表9.3所列。

表9.3 学员界面小功能表

模块名称	功能
互动	实现与教员管理员的在线互动,讨论相应问题
课程	实现网络上课资源的浏览、学习
作业	显示作业统计情况,章节课程作业以及小组作业得分
测试	显示测试题以及测试结果
考勤	对人员考勤情况进行统计

5.其他功能模块的设计

除上述主要功能外,管理工程系网站的作用主要是为广大网络用户提供了院系信息的浏览功能,这主要是涉及了多个栏目的信息浏览。该功能主要是根据一些基本参数从数据库中提取出相关栏目的内容并加载到网页上,并不需要用户进行太多的操作。

三、数据库设计

数据库是网站存放和管理数据的重地,而且本网站的数据还需与现有的院系信息化资源实现资源的共享,因此,合理的数据库设计显得尤为重要。

1.主页的总体数据库设计(表9.4-表9.9)

表9.4 主页总体主要用到的数据库设计

表名	作用
guan_li_s_manage	管理员信息表
guan_li_s_io	新闻管理信息表
guan_li_s_po	图片管理信息表
guan_li_s_Message	留言信息表
guan_li_s_Navigation	导航信息表

表9.5 管理员信息表

名称	数据类型	作用
ID	自动编号	管理员ID
AdminName	文本	管理员名
Password	文本	管理员密码
UserName	文本	管理员真实姓名
AdminPurview	备注	管理员操作权限
Working	数字	管理员是否正常使用状态
LastLoginTime	日期/时间	最后一次登录时间
LastLoginIP	文本	最后一次登录IP
Explain	文本	说明
AddTime	日期/时间	管理员创建时间

表 9.6 新闻管理信息表

名称	数据类型	作用
ID	自动编号	编号
ClassId	数字	ID 号
Topid	数字	主 ID 号
UserID	数字	会员
InfoName	文本	新闻标题
KeyWord	文本	关键字
Source	文本	新闻来源
BigPic	文本	首页图片
ViewFlag	数字	审核显示
VoticeFlag	数字	推荐显示
NoticeFlag	数字	置顶显示
IndexFlag	数字	首页显示
Descriptions	备注	简介内容
Content	备注	详细内容
Hits	数字	点击次数
AddTime	日期/时间	点击次数

表 9.7 图片管理信息表

名称	数据类型	作用
ID	自动编号	编号
ClassId	数字	ID 号
Topid	数字	主 ID 号
UserID	数字	用户 ID
PhotoName	文本	标题
KeyWord	文本	关键字
Source	文本	新闻来源
BigPic	文本	首页图片
MaxPic	备注	首页图片

续表

名称	数据类型	作用
ViewFlag	数字	审核显示
VoticeFlag	数字	推荐显示
NoticeFlag	数字	置顶显示
IndexFlag	数字	首页显示
Content	备注	详细内容
Hits	数字	点击次数
AddTime	日期/时间	添加时间

表9.8 留言信息表

名称	数据类型	作用
ID	自动编号	编号
MesName	文本	主题
Content	备注	内容
MemID	数字	信息号
Linkman	文本	留言人
Telephone	文本	电话号码
Email	文本	E-mail
ViewFlag	数字	审核
SecretFlag	数字	查看
AddTime	日期/时间	添加时间
ReplyContent	备注	回复内容
ReplyTime	日期/时间	回复时间
LastLoginIP	文本	最后登录 IP

表9.9 导航信息表

名称	数据类型	作用
ID	自动编号	编号
NavName	文本	简体栏目名称
FontCor	文本	字体色彩

续表

名称	数据类型	作用
ViewFlag	数字	是否在简体版网站显示,即候用标记
NavUrl	文本	栏目 URL
Remark	文本	备注说明
Sequence	数字	手动排列显示顺序
AddTime	日期/时间	回复时间

2.作业管理功能模块的数据库设计(表 9.10-表 9.16)

表 9.10 作业管理用到原数据库的关键表

表名	作用
TeaUserInfo	教员用户信息表
Homework	作业信息表
Course	课程信息表
StuUserInfo	教员用户信息表
TeaLogin	教员登录表
StuLogin	学员登录表

表 9.11 教员登录表

名称	数据类型	作用
TeaUserID	文本	教员号
TeaName	文本	教员姓名
TeaPassword	文本	教员登录密码

表 9.12 学员登录表

名称	数据类型	作用
StuUserID	文本	学号
StuName	文本	学员姓名
major	文本	学员专业
StuPassword	文本	学员登录密码

表 9.13　学员用户信息表

名称	数据类型	作用
StuUserID	文本	学号
StuName	文本	学员姓名
Belongclass	文本	所属班级
StuE-mail	文本	学员 E-mail
major	文本	学员专业

表 9.14　教员用户信息表

名称	数据类型	作用
TeaUserID	文本	教员号
TeaName	文本	教员姓名
TeaE-mail	文本	教员 E-mail

表 9.15　课程信息表

名称	数据类型	作用
CourseID	数字	课程号码
CourseName	文本	课程名称
AvailableTeacher	文本	指定教员
CoursePoint	数字	课程学分

表 9.16　作业信息表

名称	数据类型	作用
HomeworkID	文本	作业序号
HomeworkName	文本	作业名称
BelongStu	文本	所属学员

3.在线课堂功能模块的数据库设计(表 9.17-表 9.24)

表 9.17　在线课堂主要用到原数据库的关键表

表名	作用
D_admin	管理员信息表

续表

表名	作用
D_bigzhang	章节信息表
D_use	学员信息表
D_Use_classNow	学员互动信息表
D_Use_sel	学员测试信息表
D_use_work	学员作业信息表
D_vot	考勤信息表

表 9.18 管理员信息表

名称	数据类型	作用
id	自动编号	编号
Dname	文本	姓名
Dpass	文本	密码
Demail	文本	E-mail

表 9.19 章节信息表

名称	数据类型	作用
id	自动编号	编号
Dzhangjie	文本	大章节
Djie	文本	小章节
Dno	数字	排序

表 9.20 学员信息表

名称	数据类型	作用
id	自动编号	编号
Deng_no	文本	姓名号
D_name	文本	姓名
D_xingbie	文本	性别
D_NJ	文本	年级
D_BJ	文本	班级

续表

名称	数据类型	作用
D_zuohao	数字	座号
D_pass	文本	密码
D_check	备注	考勤情况
D_work	备注	作业情况
D_grade	备注	分数
D_sel	备注	测试情况
BeiZhu	备注	备注信息
D_XiaoZu	文本	小组号
D_XiaoZuZhang	是/否	小组显示情况

表 9.21 学员互动信息表

名称	数据类型	作用
ID	自动编号	编号
Uid	数字	主 ID
classNowID	数字	互动题号
Cont	备注	备注信息
FenShu	数字	分数
sel	数字	测试
date_time	日期/时间	日期
D_time	日期/时间	时间
classID	数字	课程号

表 9.22 学员测试信息表

名称	数据类型	作用
ID	自动编号	编号
UseID	数字	学员号
keID	数字	课程号
selnum	备注	测试号

续表

名称	数据类型	作用
UseScore	数字	学员分数

表 9.23 学员作业信息表

名称	数据类型	作用
ID	自动编号	编号
D_NJ	文本	年级
D_article_id	数字	课程号
D_BJ	文本	班级
D_Name	文本	姓名
D_time	日期/时间	日期
D_date	日期/时间	时间
D_cont	备注	备注信息
D_defen	数字	得分
D_tecPJ	备注	教员评价
D_tecPF	数字	教员打分

表 9.24 考勤信息表

名称	数据类型	作用
ID	自动编号	编号
D_id	数字	ID 号
D_date	日期/时间	日期
D_vote	数字	考勤情况
D_IP	备注	备注信息

第四节 网站的主要实现

本节以网站设计为基础,描述从开发环境及服务器配置、数据库配置到具体开发实现过程,并详细说明网站各个模块的运行实验流程和方法。

一、开发环境、服务器软硬件及相关配置

本学科网站建设网站基于以下开发及部署环境：
（1）开发的网站平台是 Windows 7 旗舰版操作网站。
（2）开发软件平台是微软的 Visual Studio 2010。
（3）开发语言为 Asp 和 VB.net。
（4）网站建模过程使用微软的 Visio 2008。
（5）网站数据库平台为 SQL server 2008 数据库。
（6）网站发布平台服务器安装 Windows2008 R2 操作网站及 IIS 发布网站。

二、管理工程系网站首页的实现

1.页面实现

用户进入管理工程系主界面，导航栏上方直接浏览当前日期。导航栏目依次为院系首页、院系概况、院系新闻、院系风采、在线课堂、成绩查询、作业管理、留言咨询、管理员后台。整个界面分块放置不同的链接项目，依次有主任寄语、院系新闻、学术交流、教育新闻、院系公告、成绩查询、教学科研、系本科研、学员之星、学员作品、院系风采、优秀教案、办公软件等模块。其界面如图 9.4 所示。

图 9.4 管理工程系网站首页

打开浏览器，输入网址 http：//localhost：800/guanli/访问管理工程系网站首页，用户点击相应导航栏目进入相应的栏目功能操作。例如，点击"成绩查询"进入成绩查询功能，如图 9.5 所示。

图 9.5 成绩查询界面

选择考试性质(期中考试/期末考试),输入准考证号,如 3061201119,输入考生姓名,如林智储,点击查询,实现成绩查询功能。

同时,首页可以直接点击分块区域的相应词条,进入相应内容,如点击学员之星"海鸥"进入连接,如图 9.6 所示。

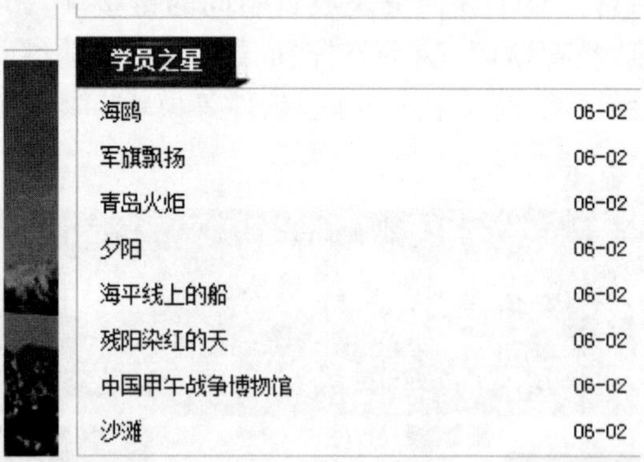

图 9.6 学员之星界面

2.主要代码调用实现

网站运行是在本机 IIS 调试运行的成功下,浏览 IIS 中管理工程系绑定的文件内容,网站各个模块的构成均有后缀为.asp 的程序构成,如图 9.7 所示。

其中主界面对应为 index.asp,院系概况为 about.asp,院系新闻为 Info_list.asp,学员风采为 Photo_list.asp,在线课堂为 ktjxxt/index.asp,成绩查询为 Seamar.asp,作业管理为 student/index.asp,留言咨询为 Book_list.asp,管理员后台为 admin_login.asp。

输入网址 http://localhost:800/guanli/调用程序 index.asp 浏览首页内容。事例点击【成绩查询】调用程序 Seamar.asp。

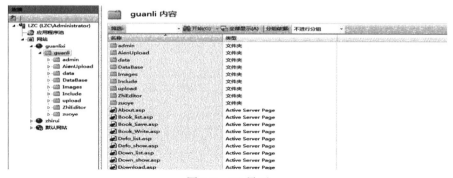

图 9.7　IIS 界面

三、管理员后台模块的实现

1. 页面实现

1）后台登录界面的实现

用户以管理员的身份进入后台管理，实现对网站信息的管理，其登录界面如图 9.8 所示。

图 9.8　后台登录界面

点击管理工程系网站首页中"管理员后台"导航，进入登录界面，输入用户名、密码及认证码，实现登录。

2）后台主页界面的实现

输入对应信息，验证成功进入后台管理主界面，后台界面点击上方栏目，包括网站首页、网站配置、用户管理、新闻管理、成绩管理、作品管理、在线课堂、作业管理、教员档案等功能。左边栏目会出现对应的子功能。

点击"网站配置"，左边对应子功能为网站配置、信箱管理、扩展管理、链接管理、空间占用、安全注入、导航管理、文件管理、广告管理、关于我们、数据备份、封锁管理。

点击"用户管理",左边对应子功能为管理员、密码修改、添加会员、查看会员。

点击"新闻管理",左边对应子功能为新闻管理、新闻添加、新闻评论。

点击"成绩管理",左边对应子功能为成绩管理、添加成绩、成绩类别。

点击"作品管理",左边对应子功能为作品管理、作品添加、作品评论。

点击"在线课堂",左边对应子功能为快速通道、课程互动、课程管理、学员信息、日常管理、密码修改、关于程序。

点击"作业管理",左边对应子功能为学员管理、教员管理、作业管理、问题管理、修改密码。

点击"教员档案",左边对应子功能为查看档案、档案添加。其界面如图9.9所示。

图 9.9　后台管理主界面

点击上方相应模块,选择左方需要控制的子模块进行管理。例如,点击"成绩管理",点击左方栏目中的"添加成绩",选择考试性质,填写准考证号、考生姓名、考生性别、考生班级以及各科的成绩,点击保存。其界面如图9.10所示。

2.主要代码调用

【管理员后台】对应程序为 admin_login.asp,用户输入用户名、密码、认证码等信息,调用 Admin_Cklogin.asp 对信息进行核查,若出现相应的错误信息,若信息正确,调用 admin_index.asp 进入后台管理主界面。后台主页面相应导航功能对应程序代码如下:

系统首页——Admin_main.asp

图 9.10 成绩添加界面

系统配置——Admin_Config.asp

用户管理——Admin_List.asp

新闻管理——Admin_infoli.asp

成绩管理——Admin_markli.asp

作品管理——Admin_Poli.asp

在线课堂——ktjxxt/Admin_index.asp

作业管理——student/main.asp

教师档案——Admin_Dossier.asp

事例进行成绩录入：调用 Admin_markli.asp

四、作业管理模块的实现

1.页面实现

注册信息界面实现

点击作业管理模块，实现作业管理相关功能，其界面如图 9.11 所示。

图 9.11 作业管理主界面

点击"学员注册"注册用户信息,点击注册更新数据库。进入如图 9.12 所示的界面。

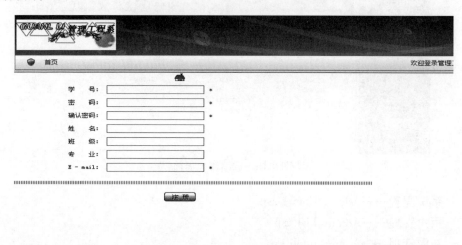

图 9.12　学员注册界面

输入学号、密码、确认密码、姓名、班级、专业、E-mail 等信息,其中学号、密码、确认密码以及 E-mail 为必填项目。点击"注册",弹出"注册成功"对话框,用户可根据注册的学号,密码登录。

点击"教员注册"注册用户信息,点击注册更新数据库。进入如图 9.13 所示的界面。

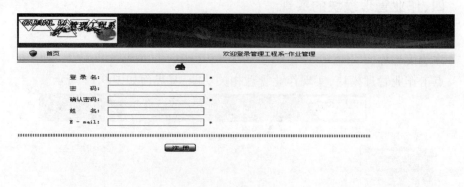

图 9.13　教员注册界面

输入登录名、密码、确认密码、姓名、E-mail 等信息,其中登录名、密码、确认密码和 E-mail 为必填项目。点击"注册",弹出"注册成功"对话框,用户可根据注册的登录名,密码登录。学员登录后的主界面如图 9.14 所示。

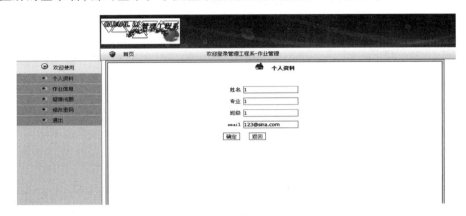

图 9.14　学员主界面

左边栏目为学员可操作的功能,依次为个人资料、作业信息、疑难问题、修改密码、退出。点击"个人资料"可修改姓名,专业,班级,E-mail 等信息,点击"确定"保存。

点击"作业信息"进入如图 9.15 所示的界面。

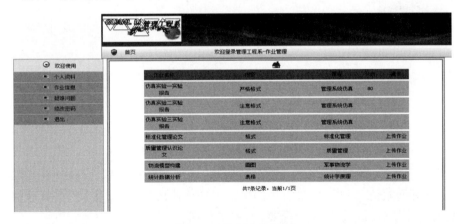

图 9.15　作业信息界面

学员可以查询作业的名称、内容、相应的课程和分数。对于还没有上传的作业,相应的作业后面会有上传作业的链接按钮,点击该链接跳转到如图 9.16 所示的界面。

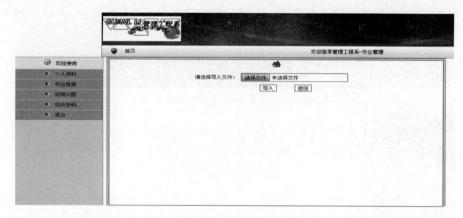

图 9.16 作业上传界面

选择已压缩为.Zip 格式的作业文件,点击导入,弹出"上传成功"对话框。
点击"疑难问题"进入如图 9.17 所示的界面。

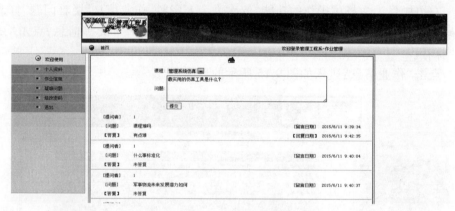

图 9.17 疑难问题界面

学员可以浏览问题记录以及教员的回答,也可以选择课程进行提问。例如,选择"管理网站仿真"提问"最实用的仿真工具是什么?"点击"提交"。管理网站仿真的任课教员就可以收到这条提问,并进行回答。

点击"修改密码"进行密码的修改。

点击"退出"退出学员界面。

教员登录后主界面如图 9.18 所示。

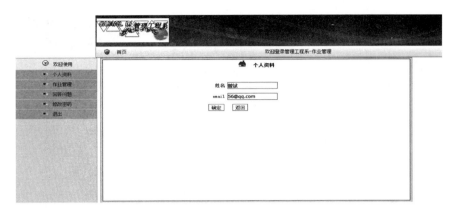

图9.18 教员界面

左边栏目为教员可操作的功能,依次为个人资料、作业管理、回答问题、修改密码、退出。

点击"个人资料"可修改姓名和E-mail,点击"确定"保存。

点击"作业管理"进入如图9.19所示的界面。

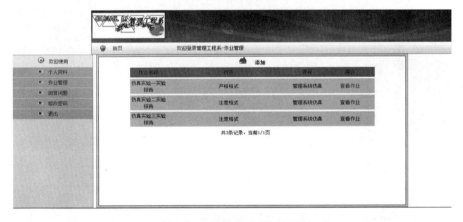

图9.19 教员作业管理界面

教员可以查询本课程的作业情况,点击"查看作业",显示学员上交作业情况,如图9.20所示。

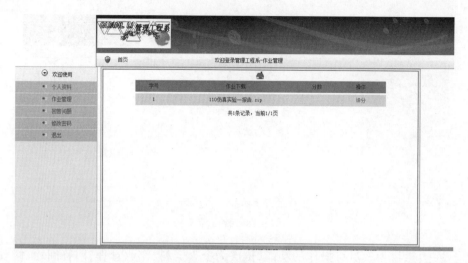

图 9.20　教员作业查看界面

点击"评分",教员对学员作业进行评分,如图 9.21 所示。

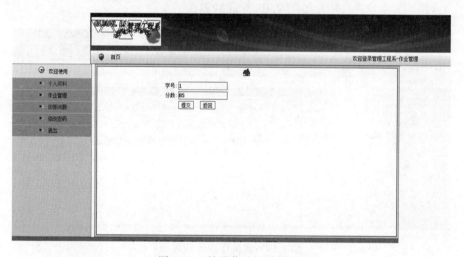

图 9.21　教员作业评分界面

教员对学号"1"的学员作业打分为"85"分,点击提交,学员可在学员界面查看自己的作业得分。

同时教员可以点击"作业管理"界面"添加"按钮添加作业,如图 9.22 所示。

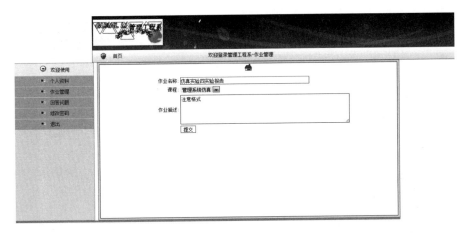

图 9.22　教员添加作业界面

输入作业名称"仿真实验四实验报告",课程选择"管理网站仿真",作业描述为"注意格式",点击"提交"添加作业。

点击"回答问题"进入如图 9.23 所示的界面。

图 9.23　回答问题界面

教员可以查看关于本课程的问题提问情况,页面显示提问者学号、问题、留言日期,以及问题的答复情况。若显示为"未回答",点击相应问题的"回答"按钮,进入如图 9.24 所示的界面。

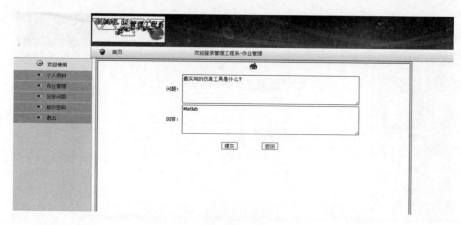

图 9.24　教员答案提交界面

回答问题"最实用的仿真工具是什么?"输入答案"Matlab"点击提交,完成回答。

点击"修改密码"进行密码修改。

点击"退出"退出教员界面。

管理员登录后界面如图 9.25 所示。

图 9.25　作业管理管理员界面

左边可操作的功能栏目为学员管理、教员管理、课程管理、作业管理、问题管理、修改密码、退出。

点击"学员管理"可浏览学员基本信息,并执行添加、修改和删除等操作。

点击"教员管理"可浏览教员基本信息,并执行添加、修改和删除等操作。

点击"课程管理"可浏览课程名称以及相对应的任课教员,并执行添加、删除和修改等操作。

点击"作业管理"浏览作业名称、内容、课程,并执行删除操作,如图9.26所示。

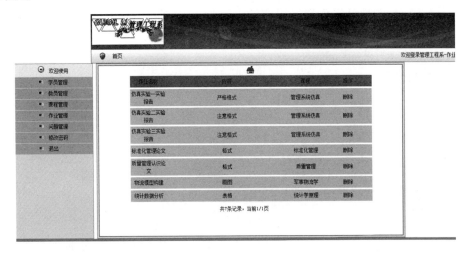

图9.26 管理员作业管理界面

点击"问题管理"可浏览学员提问的问题以及回答情况,并执行删除操作。

点击"修改密码"可进行密码修改。

点击"退出"退出管理员界面。

2.主要代码调用实现:

点击"学员注册"调用 sturegist.asp。

点击"教员注册"调用 tearegist.asp。

注册成功后,返回登录界面 login.asp,登录学员账号,调用 check.asp,若信息验证成功,则调用 main.asp 进入学员操作界面,学员操作栏目对应的程序为:

"个人资料"——updatesturegist.asp

"作业信息"——stuzygl.asp

"疑难问题"——addwenti.asp

"修改密码"——updatepwd.asp

"退出"——login.asp(返回登录界面)

登录教师账号,调用 check.asp,若信息验证成功,则调用 main.asp 进入教员操作界面,教员操作栏目对应的程序为:

"个人资料"——updatetearegist.asp

"作业管理"——zygl.asp

"回答问题"——teawenti.asp

"修改密码"——updatepwd.asp

"退出"——login.asp(返回登录界面)

登录管理员账号,调用 check.asp,若信息验证成功,则调用 main.asp 进入管理员操作界面,管理员操作栏目对应的程序为:

"学员管理"——studentgl.asp

"教员管理"——teachergl.asp

"课程管理"——coursegl.asp

"作业管理"——adminzygl.asp

"问题管理"——adminwenti.asp

"修改密码"——updatepwd.asp

"退出"——login.asp(返回登录界面)

五、留言咨询模块的实现

1. 页面实现

点击"留言咨询"模块,用户可以查看信箱和签写信箱。界面如图 9.27 所示。

图 9.27　查看信箱界面

签写信息,咨询自己的问题,进入如图 9.28 所示的界面。

输入主题、信箱内容、留言人、电话、电子邮箱、验证码,点击"保存"保存内容。其中主题、信箱内容、留言人为必填项目。咨询的内容主要是针对院系建设的问题和意见,不涉及具体的作业问题和在线互动问题。

图 9.28 签写信箱界面

2.主要代码调用实现

点击【留言咨询】调用 Book_List.asp。

点击"签写信箱"调用 Book_Write.asp。

六、在线课堂模块的实现

1、页面实现

点击"在线课堂"导航进入如图 9.29 所示的界面。

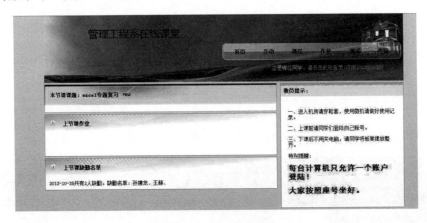

图 9.29 在线课堂界面

界面导航功能有首页、互动、课程、作业、测试、考勤。首页右边显示模块"教员提示",右边依次显示模块:本节课课程,上节课作业,上节课缺勤名单。

学员登录点击"您是哪位同学,请点击此处登录",进入课堂登录界面,选择用户"66 dd",输入密码"123456",点击"登录"返回首页。

点击"课程",页面出现"你所在的页面:所有课程列表"浏览各个章节的内容,如点击"1.初识计算机网络"可浏览该章节学习目标以及课件资源下载,如图9.30所示。

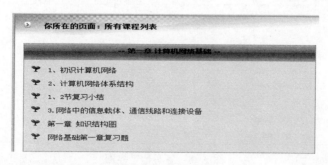

图 9.30　课程界面

点击"互动"出现界面如图9.31所示。

图 9.31　互动界面

输入互动问题的答案,点击"确定",与教员进行直接互动。

点击"作业",进入如图9.32所示的界面。

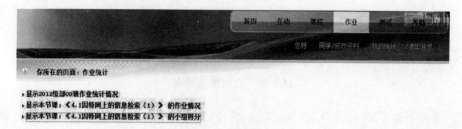

图 9.32　作业界面

页面出现"显示 2012 级部 09 班作业统计情况""显示本节课:'4.1 因特网上的信息检索(1)'的作业情况""显示本节课:'4.1 因特网上的信息检索(1)'的小组得分"点击相应词条,展开可浏览。

点击"测试"显示"你所在的页面:测试",界面如图 9.33 所示。

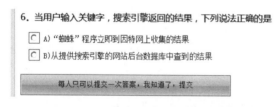

图 9.33　测试界面

进行测试,测试完毕后,点击"每人只可以提交一次答案,我知道了,提交",保存答案,如图 9.34 所示。

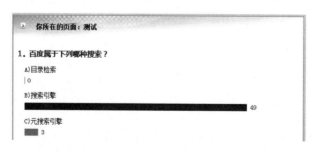

图 9.34　测试界面

点击测试界面"显示汇总结果",查看每一道题目的测试汇总,界面如图 9.35 所示。

图 9.35　测试汇总界面

图 9.35 结果表明,选择选项 A 的人为 0,B 的人为 49,C 的人为 3。

点击"考勤"显示"你所在界面:考勤统计",查看学员出勤情况,如图 9.36 所示。

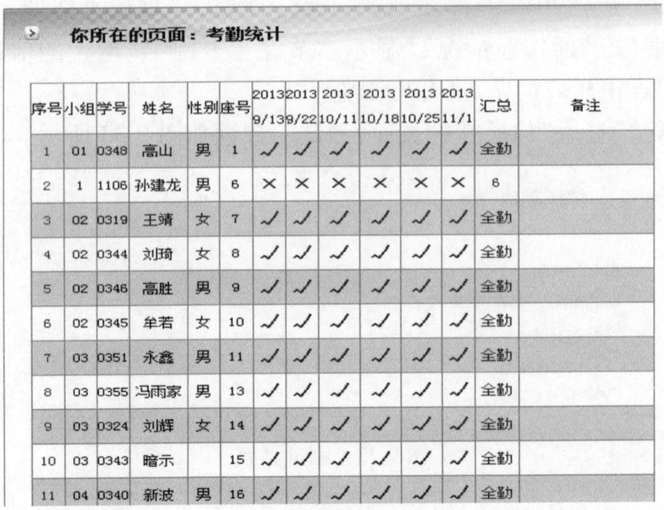
你所在的页面：考勤统计

序号	小组	学号	姓名	性别	座号	2013 9/13	2013 9/22	2013 10/11	2013 10/18	2013 10/25	2013 11/1	汇总	备注
1	01	0348	高山	男	1	√	√	√	√	√	√	全勤	
2	1	1106	孙建龙	男	6	×	×	×	×	×	×	6	
3	02	0319	王靖	女	7	√	√	√	√	√	√	全勤	
4	02	0344	刘琦	女	8	√	√	√	√	√	√	全勤	
5	02	0346	高胜	男	9	√	√	√	√	√	√	全勤	
6	02	0345	牟若	女	10	√	√	√	√	√	√	全勤	
7	03	0351	永鑫	男	11	√	√	√	√	√	√	全勤	
8	03	0355	冯雨家	男	13	√	√	√	√	√	√	全勤	
9	03	0324	刘辉	女	14	√	√	√	√	√	√	全勤	
10	03	0343	暗示		15	√	√	√	√	√	√	全勤	
11	04	0340	新波	男	16	√	√	√	√	√	√	全勤	

图 9.36　考勤界面

2.主要代码调用实现

点击【在线课堂】调用 ktjxxt/index.asp，在线课堂相关操作对应程序如下：

“互动”——classnow/index.asp

“课程”——class.asp

“作业”——work.asp

“测试”——exam.asp

“考勤”——check.asp

其中点击“您是哪位同学，请点击此处登录”调用 ktjxxt/login.asp，输入信息，调用 ktjxxt/loginok.asp 进行核查，若信息正确返回主界面 ktjxxt/index.asp。

第十章 军务管理信息系统的设计与实现

第一节 系统分析

一、功能需求分析

军务管理信息系统的主要功能在于使各级工作有机统一,因此必须结合实际情况,使各级尤其是基层领导能够对本系统产生浓厚兴趣,这样才能对其工作起到真正的推进作用。此外,对于系统管理员维护的要求也应简单化,使管理员在管理的过程中尽量不会因为技术原因而消极怠工。因此,军务信息管理系统的功能需求全面,根据前期调查,后期总结,系统总共分为八个大方面管理,22个小方面管理。

本系统设计为大学军务部门、学员旅和学员队三级使用,因此,其权限角色也分为此三级。军务部门权限拥有最高权限,可以对系统内所有功能进行操作;学员旅权限可以对所辖学员队工作进行检查和审批;学员队权限具有最低级权限,只能对本队的工作进行操作。

军务部门系统管理员(图10.1):

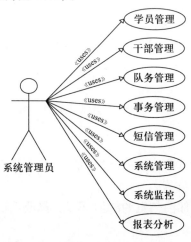

图 10.1 UML 系统管理员用例图

学员旅管理员(图10.2):

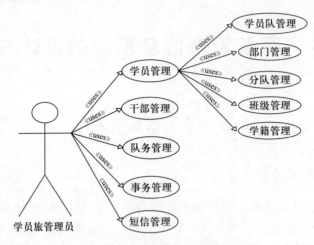

图10.2　UML旅管理员用例图

学员队管理员(图10.3):

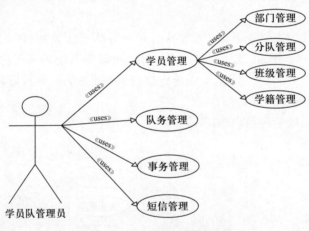

图10.3　UML队管理员用例图

1.学员管理

学员队管理:提供学员队信息的添加、删除、修改功能。包括学员队名称、学员队简介、学员队管理人员等。

部门管理:提供学员部门信息的添加、删除、修改功能。包括部门名称、部门简介、所属学员队等信息。

分队管理:提供学员分队信息的添加、删除、修改功能。包括分队名称、分队简介、所属部门、所属学员队等信息。

班管理:提供学员班信息的添加、删除、修改功能。包括班名称、班简介、所属分队、所属部门、所属学员队等信息。

学籍管理:提供学员学籍信息的添加、删除、修改功能。包括学员姓名、曾用名、性别、出生日期、民族、健康状况、入学日期、家庭人数、所属学员队、所属部门、户口地址、家庭住址、学籍号、身份证号、政治面貌、特长情况等信息,并提供学员奖惩记录、学员简历、家庭成员的管理功能。

2.干部管理

干部管理主要是指干部档案的管理。此功能模块包括干部姓名、性别、出生日期、身份证号、籍贯、现任职务、职称、入职时间、文化程度、专业等信息。

3.队务管理

计划管理:干部对学员管理的计划进行设计的模块,提供添加、修改、删除功能,包括计划主题、做计划的干部姓名、设计的时间、审批情况等。

施训管理:干部对施训的详细信息的管理,提供添加、修改、删除功能,包括负责人姓名、施训时间、施训学员队名称、施训部门名称、施训分队名称、施训班名称、施训科目、施训题目、成绩、录入时间等信息。

考核管理:包括两项内容。一是考核安排部门,提供添加、修改、删除功能,包括考核主题、学年、学期、考核类型、安排部门时间、安排部门人员等信息;二是成绩管理,提供学员个人信息添加、修改、删除功能,包括考试日期、学员姓名、性别、学年、学期、考试类型、科目、成绩、主管干部、所属学员队、所属部门、录入时间等信息。

考勤管理:主要针对学员日常科目训练在位情况的统计。提供添加、查询功能,包括学员姓名、考勤时间、早操缺勤、迟到时间、累计时间、请假事由、缺课节次、录入时间等信息。

日志管理:为学员队值班员提供日志记录、修改、删除、查询等功能,包括学员队名称、学员队值班员姓名、公差勤务、重大事项记录、开始时间、结束时间等信息。

绩效管理:针对学员绩效成绩的管理。包括学年名称、学期名称、绩效项目、学员姓名、开始时间、结束时间等信息。

作息管理:提供一日生活制度的添加、修改、查询功能。

4.事务管理

公告管理:对上级下达的公告进行管理的模块。提供添加、修改、查询、删除功能,包括公告主题、公告类型、公告内容、阅读人数、过期时间、发布人员名称等信息。

文档管理:主要用于干部个人的文档上传管理,提供添加、修改、删除功能。

请假管理:干部请销假的管理,提供添加、修改、删除、审核功能,包括请假主题、请假日期、请假干部姓名、开始时间、结束时间、请假事由、审批状态、审批人姓名、审批时间等信息。

日程管理:干部相关日程的管理。主要包括日程的相关信息,如时间、执行人员、日程内容、日程状态等信息。

5.短信管理

主要用于系统内部人员相互之间的信息交流与传递。此模块提供短信的撰写、发送、接收、编写草稿等功能。使用操作类似于 E-mail 的相关功能。

6.系统管理

1)基础数据

此子模块中主要是关于系统中基础数据的管理,其中包括科目管理、考场设置、职务管理、考勤项目、文档目录、学年设置、学期设置、考试类型、绩效项目等数据。

2)权限管理

权限管理在应用系统资源分配和功能使用上对用户进行分配,这是因为在一个应用系统中,首先要考虑符合用户的需求,其次才是安全控制方面。主要包括部门管理、角色权限、用户管理三个方面。

3)菜单管理

此模块主要是用于系统菜单的编辑,包括菜单的编号、名称、地址、描述、父级编号、内部编号等信息。

7.系统监控

登录日志:记录该登录该系统的相关信息,包括登录人员的登录名、干部名称、登录时间、退出时间、在线时长、登录IP、登录结果等信息。

操作日志:记录登录后相关操作的记录,包括登录名、登录干部姓名、操作功能名称、操作内容等信息。

异常日志:记录系统使用过程中出现的异常,包括异常来源、客户端IP、发生时间、浏览器名称、详细描述等信息。

8.报表分析

学员分析:对学员各科目成绩进行分析,能够将学员平时的成绩进行汇总并进行简单分析。

二、性能需求分析

开发军务信息管理系统的主要目的,除对学员进行基本行管管理外,更重要的是将学校各级军务工作进行有机整合,使其能够有效地结合在一起,提高其运行效率。由于系统是基于网络数据库,用户需要在网上进行操作,因此,本系统除考虑数据库的稳定性、安全性外,还应考虑网站的有效性、易用性、稳定性和可扩展性等。本系统在开发之前先从基层学员队的需求考虑,而后对各级做了大量的调研工作,并且在开发过程中结合实际情况并参考各项军务工作的网站系统,力求最终开发出来的军务系统能够达到预期的效果,使各级有效使用。

(1)安全性。本系统首先对用户的权限进行控制,不同级别的用户只能管理自己权限范围内的事务。并且,用户登录及操作的详细情况也被系统实时记录并存入数据库中,如果各级工作有所纰漏,系统管理员能够方便地从操作日志中进行调查。程序学员队接数据库时也是通过相关加密工具进行加密的,能够有效抵挡黑客通过网站对数据库进行入侵。

(2)易用性。军务信息管理系统在设计时最大限度降低对软硬件的部署要求,如用户只需普通的浏览器便能对本系统进行操作。另外,针对管理员的系统开发水平,在设计中尽量简化操作,界面友好,符合用户的日常使用和操作习惯,并提供必要的使用手册等帮助说明文档。

(3)稳定性。对于 Web 数据库系统来说,稳定性是衡量其总体性能的关键指标,有至关重要的地位。系统运行后,其相关网站如何支持大并发量访问,保障功能模块的平稳运行,数据库的读写速度如何得到有效保障等也是本系统开发的又一重要目标。

(4)可扩展性。随着学校的发展,对军务信息管理系统功能的需求也会跟着相应扩大,这就需要系统具有良好的可扩展性。由于该系统是采用面向对象的方法进行开发,通过使用大量的"类"来对业务逻辑进行封装,然后使用调用类的方法,实现功能代码的重复使用,提高了系统代码的可重用性和可维护性。

第二节 系统设计

一、总体设计

军务信息管理系统是针对我校实际情况开发设计的,将被放到我校军网上供各级使用。因此,本系统软件编程采用释放用户机压力的 B/S 结构。针对本系统实际情况,将 B/S 结构稍做扩展,除 B/S 标准的数据层、功能层、表示层外,还增加了公共层、框架层和管理层,如图 10.4 所示。

运行过程 UML 顺序图如图 10.5 所示。

管理信息系统

图 10.4 软件结构图

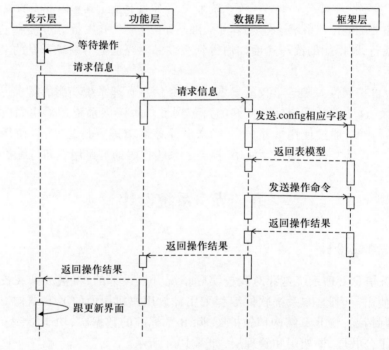

图 10.5 UML 层次顺序图

二、功能详细设计

系统功能总图如图 10.6 所示。

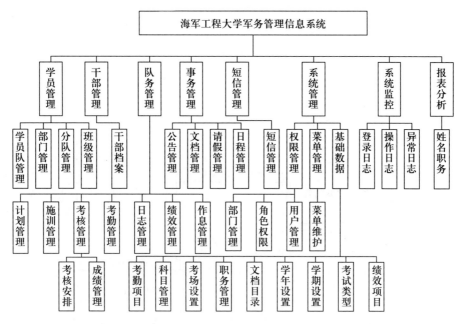

图 10.6 系统功能总图

1. 学员管理

1）分队管理

分队管理内容如表 10.1 所列。

表 10.1 分队管理内容表

区域	内容	操作		
显示	分队名称	增加	修改	删除
	分队简称			
	所属学员队			
	所属部门			
	拼音码			
	启用状态			
	备注			

点击"修改"按钮,弹出编辑界面 UML 顺序图如图 10.7 所示。

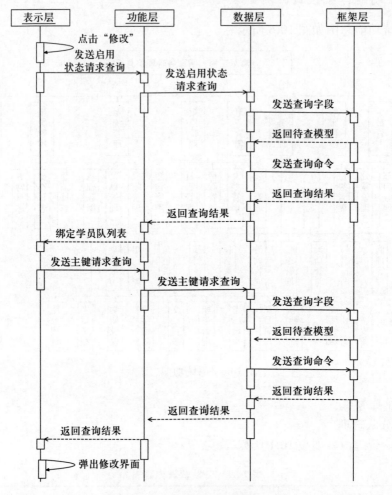

图 10.7　UML 分队修改顺序图 1

保存修改结果 UML 顺序图如图 10.8 所示。

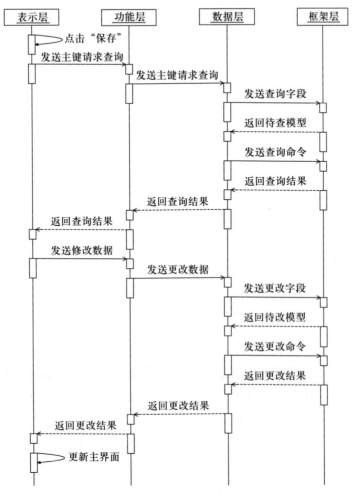

图 10.8　UML 分队修改顺序图 2

点击"增加"按钮,弹出增加界面顺序图如图10.9所示。

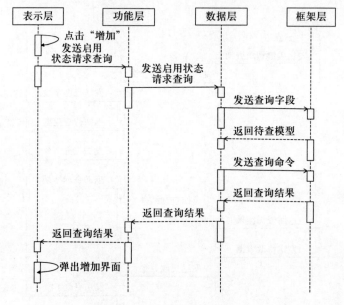

图 10.9　UML 分队增加顺序图 1

保存增加结果 UML 顺序图如图 10.10 所示。

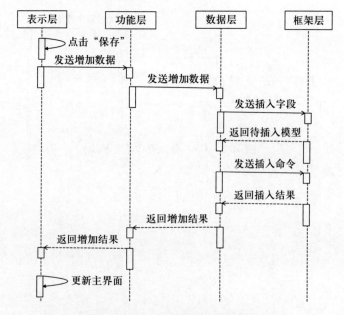

图 10.10　UML 分队增加顺序图 2

删除功能 UML 顺序图如图 10.11 所示。

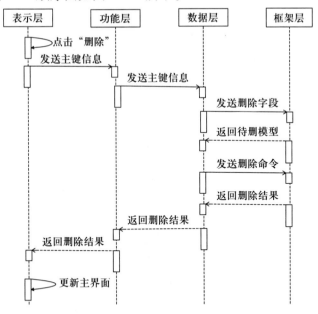

图 10.11 UML 分队删除顺序图

2）分队管理

学籍管理是学员管理的一项重要内容，它包含了学员的学籍号、身份证号、姓名、入学日期等十余项学员基本信息。用户可以对其进行增加、修改、删除等操作，也可以设置其"出校"状态，即学员是否毕业。用户可以根据学员所属编制（学员队、部门、分队、班级）情况来查询学员信息，也可以根据学员姓名或学籍号查询学员信息。

学籍管理内容如表 10.2 所列。

表 10.2 学籍管理内容表

区域	内容	操作	
查询	所属学员队	查询	清空
	所属部门		
	所属分队		
	所属班级		
	学员姓名		
	学籍号		
	身份证号		

续表

区域	内容	操作		
导入文件	浏览(选择文件)	检查	导入	
显示	学籍号	出校	增加	修改	删除
	学员姓名				
	曾用名				
	性别				
	出生日期				
	身份证号				
	入学日期				
	班级				
	家庭人数				
	电话号码				

除了管理界面显示的信息，数据库还记录学员户口地址、家庭地址、奖惩记录、学员简介、家庭成员情况等多项信息，用户可以双击管理界面上学员信息条进入编辑界面进行查看。

查询学员信息 UML 顺序图如图 10.12 所示。

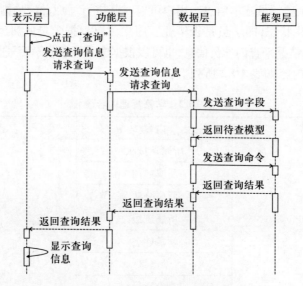

图 10.12　UML学员信息查询顺序图

用户可以添加.xls文件导入学员信息,而对倒入信息的检查功能只在表示层完成,其流程图如图10.13所示。

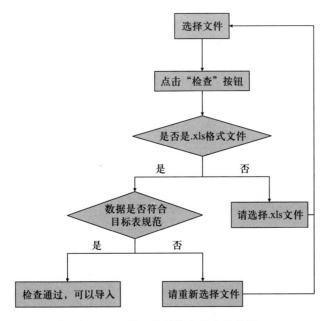

图10.13 导入学员信息检查流程图

导入数据UML顺序图如图10.14所示。

2.干部管理

干部管理内容如表10.3所列。

表10.3 干部管理内容表

区域	内容	操作	
查询	干部姓名	查询	清空
	文化程度		
	性别		
导入文件	浏览(选择文件)	检查	导入
显示	干部姓名	增加	修改	删除
	性别			
	身份证号			
	籍贯			
	现任职务			
	文化程度			
	专业			

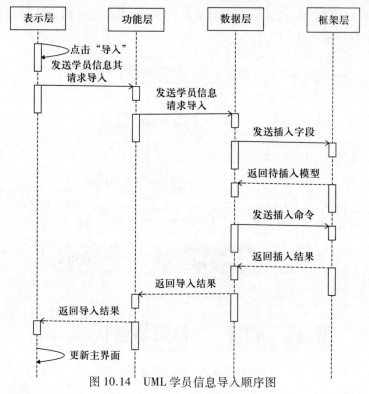

图 10.14 UML 学员信息导入顺序图

3.队务管理

计划管理内容如表 10.4 所列。

表 10.4 计划管理内容表

区域	内容	操作			
查询	干部名称	查询		清空	
	计划主题				
	审批情况				
	关键字				
	开始时间				
	结束时间				
显示	计划主题	增加	修改	删除	审核（军务、旅）
	干部名称				
	设计时间				
	审批情况				
	录入时间				

审批 UML 顺序图如图 10.15 所示。

第四篇 案例篇

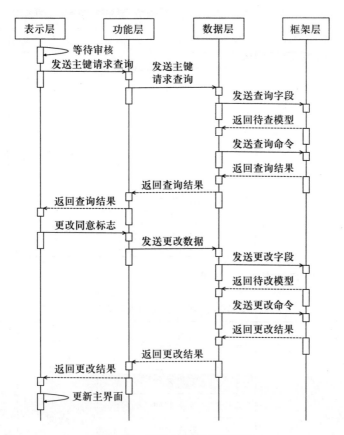

图 10.15 UML 计划审核顺序图

施训管理内容如表 10.5 所列。

表 10.5 施训管理内容表

区域	内容	操作	
查询	学员队	查询	清空
	部门		
	分队		
	班级		
	学员姓名		
	施训科目		

441

续表

区域	内容	操作		
显示	学员队	增加	修改	删除
	部门			
	分队			
	班级			
	学员姓名			
	施训干部			
	施训科目			
	开始时间			
	结束时间			

考核安部门内容如表 10.6 所列。

表 10.6 考核安部门内容表

区域	内容	操作		
查询	学年名称	查询	清空	
	学期名称			
	考核类型			
	考核主题			
	开始时间			
	结束时间			
显示	考核主题	增加	修改	删除
	学年			
	学期			
	考核类型			
	安部门时间			
	安部门人员			

成绩管理内容如表 10.7 所列。

表 10.7 成绩管理内容表

区域	内容	操作	
查询	所属学员队	查询	清空
	所属部门		
	所属分队		
	所属班级		
	学员名称		
	科目名称		
	考试类型		
	所属学年		
	所属学期		
导入	浏览（选择文件）	检查	导入
显示	考试日期	增加	修改	删除
	学员姓名			
	性别			
	学年			
	学期			
	考核类型			
	科目			
	成绩			
	主管干部			
	所属学员队			
	所属部门			
	所属分队			
	所属班级			
	录入日期			

考勤管理内容如表 10.8 所列。

表 10.8 考勤管理内容表

区域	内容	操作	
查询	学员队	查询	清空
	部门		
	分队		
	班级		
	考勤项目		
	学员姓名		
	早操缺勤		
	开始时间		
	结束时间		
显示	学员姓名	增加	修改	删除
	所属班级			
	考勤时间			
	早操缺勤			
	迟到时间			
	累计时间			
	请假事由			
	缺课节次			
	录入日期			

日志管理内容如表 10.9 所列。

表 10.9 日志管理内容表

区域	内容	操作	
查询	学员队名称	查询	清空
	队值班员		
	公差勤务		
	重大事项		
	开始时间		
	结束时间		

续表

区域	内容	操作		
显示	学员队名称	增加	修改	删除
	值班员名称			
	大事记录			
	公差勤务			
	录入时间			

绩效管理内容如表 10.10 所列。

表 10.10 绩效管理内容表

区域	内容	操作	
查询	学年名称	查询	清空
	学期名称		
	绩效项目		
	学员队		
	部门		
	分队		
	学员姓名		
	开始时间		
	结束时间		
显示	学员队	增加	修改	删除
	学年			
	学期			
	绩效项目			
	转换比率			
	所得分值			
	录入日期			

作息管理内容如表 10.11 所列。

表 10.11 作息管理内容表

区域	内容	操作	
查询	作息主题	查询	
显示	明细标题	增加	修改
	开始时间		
	结束时间		
	是否上课		

4.事务管理

公告管理内容如表 10.12 所列。

表 10.12 公告管理内容表

区域	内容	操作		
查询	公告主题	查询	清空	
	开始时间			
	结束时间			
显示	公告主题	增加	修改	删除
	公告类型			
	公告内容			
	阅读次数			
	发布人员			
	发布时间			

文档管理内容如表 10.13 所列。

表 10.13 文档管理内容表

区域	内容	操作		
显示	文档名称	增加	修改	删除
	目录名称			
	文件大小			
	上传人员			
	上传日期			
	是否共享			

请假管理内容如表 10.14 所列。

表 10.14　请假管理内容表

区域	内容	操作			
查询	请假干部	查询	清空		
	请假项目				
	审核状态				
显示	请假主题	增加	修改	删除	审核
	请假日期				
	请假干部				
	开始时间				
	结束时间				
	请假事由				
	审批状态				
	审批人员				
	审批日期				

日程管理内容如表 10.15 所列。

表 10.15　日程管理内容表

区域	内容	操作	
查询	日程主题	查询	清空
	干部名称		
	提醒状态		
	日程状态		
	开始时间		
	结束时间		

续表

区域	内容	操作		
显示	日程主题	增加	修改	删除
	安部门时间			
	执行人员			
	日程内容			
	提醒状态			
	日程状态			
	录入日期			

5.短信管理

短信管理用于各部门之间的通信，可以收发短信。其内容如表10.16所列。

表 10.16 短信管理内容表

区域	内容	操作	
接收信箱	收信人	删除	
	主题		
	短信内容		
	发送时间		
	发送人员		
发送信箱	收信人	删除	
	主题		
	短信内容		
	录入日期		
	录入人员		
草稿信箱	收信人	修改	删除
	主题		
	短信内容		
	录入日期		

续表

区域	内容	操作		
撰写短信	收信人	存草稿	发送	取消
	发信人			
	时间			
	主题			
	内容			

6. 系统管理

基础数据内容如表 10.17 所列。

表 10.17 基础数据内容表

基础数据	操作		
科目管理	增加	修改	删除
考场设置			
职务管理			
考勤项目			
文档目录			
学年设置			
学期设置			
考试类型			
绩效项目			

部门管理内容如表 10.18 所列。

表 10.18 部门管理内容表

区域	内容	操作		
显示	序号	增加	修改	删除
	Dept ID			
	部门代码			
	部门名称			
	上级部门			
	部门类型			

角色管理内容如表 10.19 所列。

表 10.19 角色管理内容表

区域	内容	操作		
显示	序号	增加	修改	删除
	角色名称			
	创建人			
	角色描述			

用户管理内容如表 10.20 所列。

表 10.20 用户管理内容表

区域	内容	操作		
显示	序号	增加	修改	删除
	用户名称			
	所属部门			
	职务			
	账户			
	移动电话			
	办公电话			
	邮箱			

菜单管理内容如表 10.21 所列。

表 10.21 菜单管理内容表

区域	内容	操作	
菜单信息	菜单编号	保存	清空
	菜单名称		
	菜单地址		
	父级编号		
	菜单描述		
	菜单级别		
系统操作	新增		
	修改		
	删除		
	查看		
	审核		

7.系统监控

登录日志内容如表10.22所列。

表10.22 登录日志内容表

区域	内容	操作	
查询	干部姓名	查询	清空
	开始时间		
	结束时间		
显示	登录名	删除	
	干部姓名		
	登录时间		
	退出时间		
	在线时间		
	登录IP		
	登录结果		

操作日志内容如表10.23所列。

表10.23 操作日志内容表

区域	内容	操作	
查询	干部姓名	查询	清空
	开始时间		
	结束时间		
显示	登录名	删除	
	干部姓名		
	操作日期		
	操作功能		
	操作内容		

异常日志内容如表10.24所列。

表 10.24　异常日志内容表

区域	内容	操作	
查询	干部姓名	查询	清空
	开始时间		
	结束时间		
显示	登录名	删除	
	异常来源		
	客户端 IP		
	发生时间		
	详细描述		

8.报表分析

报表分析内容如表 10.25 所列。

表 10.25　报表分析内容表

区域	内容	操作	
查询	学年名称	查询	清空
	学期名称		
	考试类型		
	学员队名称		
	班级名称		
	科目名称		
显示	学号	无	
	姓名		
	军容风纪		
	内务卫生		
	体能训练		
	总分		
	部门名		

三、数据库详细设计

数据库是军务管理信息系统存放和管理数据的重地,因此,合理的数据库设计显得尤为重要。

由于本系统涉及的表过多,本书仅挑选学员管理、干部管理和队务管理三个管理功能涉及的表进行论述。

1.学员管理

学员管理数据库如表 10.26 所列。

表 10.26 学员管理数据库表

表名	作用
dbo.StuGrade	存放学员队信息
dbo.StuClass	存放部门信息
dbo.StuDetachment	存放分队信息
dbo.StuSquard	存放班级信息
dbo.StuArchives	存放学员信息

学员队表(dbo.StuGrade)内容如表 10.27 所列。

表 10.27 学员队表内容表

名称	类型	作用
GradeID	Int	主键,唯一标示学员队
GradeName	Nvarchar(50)	学员队名称
SimpleName	Nvarchar(20)	学员队简称
PinYin	Nvarchar(20)	学员队拼音
ManagerRoleID	Int	管理员角色 ID
IsUse	Smallint	是否启用标志

部门表(dbo.StuClass)内容如表 10.28 所列。

表 10.28 部门表内容表

名称	类型	作用
StuClassID	Int	主键,唯一标示部门
GradeID	Int	学员队 ID

续表

名称	类型	作用
ClassName	Nvarchar(50)	部门名称
SimpleName	Nvarchar(20)	部门简称
PinYin	Nvarchar(20)	部门拼音
Remark	Nvarchar(100)	备注
IsUse	Smallint	是否启用标志

分队表(dbo.StuDetachment)内容如表10.29所列。

表10.29 分队表内容表

名称	类型	作用
StuDetachment	Int	主键,唯一标示分队
GradeID	Int	学员队ID
StuClassID	Int	部门ID
DetachmentName	Nvarchar(50)	分队名称
SimpleName	Nvarchar(20)	分队简称
PinYin	Nvarchar(20)	分队拼音
Remark	Nvarchar(100)	备注
IsUse	Smallint	是否启用标志

班级表(dbo.StuSquard)内容如表10.30所列。

表10.30 班级表内容表

名称	类型	作用
StuSquardID	Int	主键,唯一标示班级
GradeID	Int	学员队ID
ClassID	Int	部门ID
StuDetachmentID	Int	分队ID
SquardName	Nvarchar(40)	班级名称
SimpleName	Nvarchar(20)	班级简称
PinYin	Nvarchar(20)	班级拼音
Remark	Nvarchar(100)	备注

续表

名称	类型	作用
IsUse	Smallint	是否启用标志

学员表(dbo.StuArchives)内容如表 10.31 所列。

表 10.31 学员表内容表

名称	类型	作用
StuArchivesID	Int	主键,唯一标示学员
StuThose	Int	学员队 ID
StuClassID	Int	部门 ID
StuDetachmentID	Int	分队 ID
StuSquardID	Int	班级 ID
StuNumber	Nvarchar(20)	学籍号
StuName	Nvarchar(20)	学员姓名
OleName	Nvarchar(20)	曾用名
StuSex	Int	性别(从性别列表中调取)
StuBirth	Datetime	出生日期
StuCardID	Nvarchar(20)	身份证号
EntranceDate	Datetime	入学日期
StucSquard	Nvarchar(50)	班级名称
HomeNum	Int	家庭人数
PerIncome	Nvarchar(20)	电话号码

学员管理功能对应表的 E-R 图如图 10.16 所示。

管理信息系统

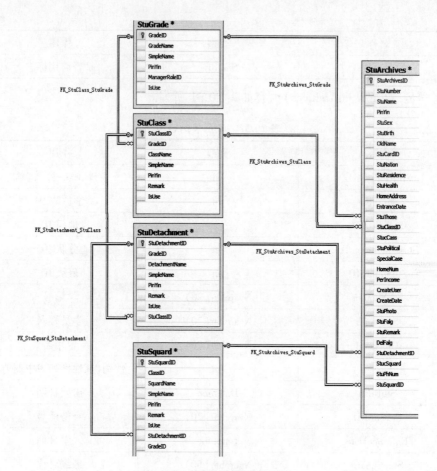

图 10.16 学员管理表 E-R 图

2.干部管理

干部管理数据库如表 10.32 所列。

表 10.32 干部管理数据库表

表名	作用
dbo.TeaTeacher	存放干部信息

干部管理表(dbo.TeaTeacher)内容如表 10.33 所列。

表 10.33 干部管理表内容表

名称	类型	作用
TeacherID	Int	主键,唯一标示干部

456

续表

名称	类型	作用
UserID	Int	用户 ID 号
TeaName	Nvarchar(40)	干部姓名
TeaSex	smallint	性别(从性别列表中调取)
TeaBirth	datetime	出生日期
TeaCard	Nvarchar(20)	身份证号
TeaPlace	Nvarchar(100)	籍贯
CurrPosition	Nvarchar(20)	现任职务
CreateDate	datetime	填表日期

3.队务管理

队务管理数据库如表 10.34 所列。

表 10.34 队务管理数据库表

表名	作用
dbo.SenTeachingPlan	存放计划信息
dbo.SenLectureRecords	存放施训信息
dbo.SenExamArrange	存放考核安部门信息
dbo.SenExamScores	存放成绩信息
dbo.SenGroundRecords	存放考勤信息
dbo.SenCompanyLogging	存放日志信息
dbo.SenPerformScores	存放绩效信息
dbo.SenRestTime dbo.SenRestTimeDetails	存放作息信息

计划表(dbo.SenTeachingPlan)内容如表 10.35 所列。

表 10.35 计划表内容表

名称	类型	作用
PlanID	Int	主键,唯一标示计划
TeachingTitle	Nvarchar(200)	计划主题
DesignUserID	Int	干部 ID

续表

名称	类型	作用
DesignDate	Datetime	设计时间
Approval	Smallint	审核情况
InDate	Datetime	录入时间

计划表相关表 E-R 图如图 10.17 所示。

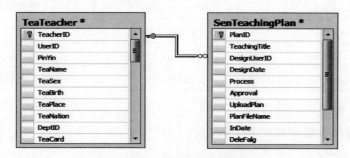

图 10.17　计划表相关表 E-R 图

施训表(dbo.SenLectureRecords)内容如表 10.36 所列。

表 10.36　施训表内容表

名称	类型	作用
LectureID	Int	主键,唯一标示训练
StuGradeID	Int	学员队 ID
GradeName	Nvarchar(20)	学员队名称
StuClassID	Int	部门 ID
ClassName	Nvarchar(20)	部门名称
StuDetachmentID	Int	分队 ID
DetachmentName	Nvarchar(20)	分队名称
StuSquardID	Int	班级 ID
SquardName	Nvarchar(20)	班级名称
StuArchivesID	Int	学员 ID
TeacherID	Int	干部 ID
CourseID	Int	科目 ID

续表

名称	类型	作用
Summary	Nvarchar(500)	备注
BeginDate	Datetime	开始时间
EndDate	Datetime	结束时间

施训表相关表 E-R 图如图 10.18 所示。

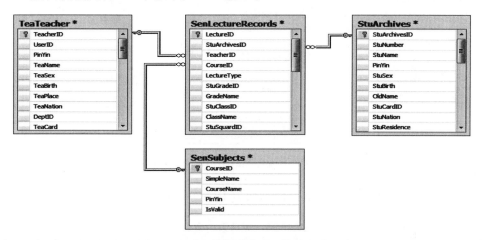

图 10.18　施训表相关表 E-R 图

考核安排表(dbo.SenExamArrange)内容如表 10.37 所列。

表 10.37　考核安排表内容安排表

名称	类型	作用
ArrangeID	Int	主键,唯一标示考核安排部门
ExamTitle	Nvarchar(100)	考核主题
ExamTypeID	Int	考核类型 ID
SchoolYearID	Int	学年 ID
SemesterID	Int	学期 ID
ArrangeDate	Datetime	安部时间
ArrangeUserID	Int	安部人员

考核安部门表相关表 E-R 图如图 10.19 所示。

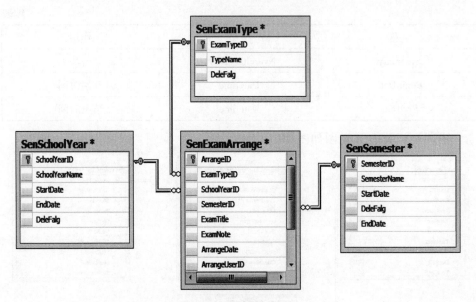

图 10.19 考核安部门表相关表 E-R 图

成绩表(dbo.SenExamScores)内容如表 10.38 所列。

表 10.38 成绩表内容表

名称	类型	作用
ExamScoresID	Int	主键,唯一标示成绩
ExamDate	Datetime	考试日期
StuArchivesID	Bigint	学员姓名 ID
SchoolYearID	Int	学年 ID
SemesterID	Int	学期 ID
ExamTypeID	Int	考试类型 ID
CourseID	Int	科目 ID
SubjectScore	Decimal(18,2)	成绩
TeacherID	Int	主管干部 ID
InDate	datetime	录入日期

成绩表相关表 E-R 图如图 10.20 所示。

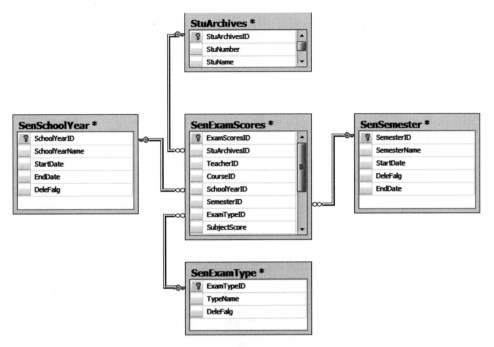

图 10.20 成绩表相关表 E-R 图

考勤表(dbo.SenGroundRecords)内容如表 10.39 所列。

表 10.39 考勤表内容表

名称	类型	作用
GroundID	Int	主键,唯一标示考勤内容
StuArchivesID	Int	学员姓名
GroundDate	Datetime	考勤时间
LateTime	Int	迟到时间
TotalTime	Decimal(18,2)	累计时间
GroundRemark	Varchar(500)	请假事由
AbsentTimes	Int	缺课节次
InDate	Datetime	录入日期

考勤表相关表 E-R 图如图 10.21 所示。

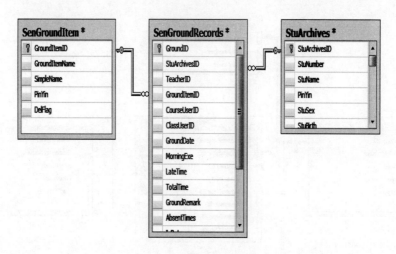

图 10.21 考勤表相关表 E-R 图

日志管理表(dbo.SenCompanyLogging)内容如表 10.40 所列。

表 10.40 日志管理表内容表

名称	类型	作用
CompLoggingID	Int	主键,唯一标示日志
WatcherID	Int	值班干部 ID
WatcherName	Nvarchar(20)	值班干部姓名
Notice	Nvarchar(Max)	事件记录
Business	Nvarchar(200)	公差勤务
InDate	Datetime	录入日期
CompID	Int	学员队 ID
CompName	Nvarchar(50)	学员队
Weather	Nvarchar(50)	天气

日志表相关表 E-R 图如图 10.22 所示。

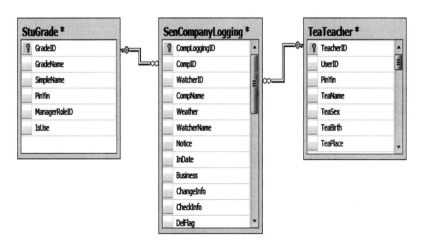

图 10.22　日志表相关表 E-R 图

绩效管理表(dbo.SenPerformScores)内容如表 10.41 所列。

表 10.41　绩效管理表内容表

名称	类型	作用
PerformScoreID	Int	主键,唯一标示绩效内容
StuArchivesID	Int	学员 ID
GradeID	Int	学员队 ID
StuClassID	Int	部门 ID
StuDetachmentID	Int	分队 ID
StuSquardID	Int	班级 ID
SchoolYearID	Int	学年 ID
SemesterID	Int	学期 ID
PerformanceItemID	Int	绩效项目 ID
PerformScore	Int	绩效分值
InDate	Datetime	录入日期

绩效管理表相关表 E-R 图如图 10.23 所示。

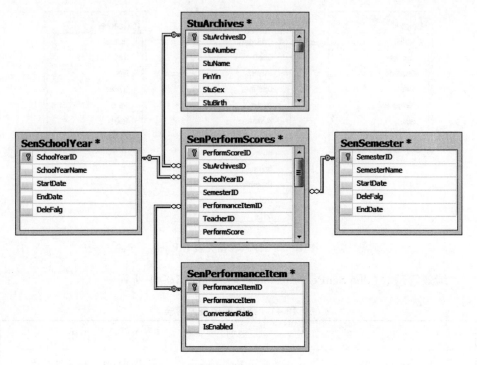

图 10.23 绩效管理表相关表 E-R 图

作息表(dbo.SenRestTime)内容如表 10.42 所列。

表 10.42 作息表内容表

名称	类型	作用
RestTimeID	Int	主键,唯一标示作息内容
RestTitle	Nvarchar(100)	作息主题
ExecutionTime	Datetime	执行时间
IsActive	Smallint	是否启用标志

作息明细表(dbo.SenRestTimeDetails)内容如表 10.43 所列。

表 10.43 作息明细表内容表

名称	类型	作用
RestTimeDetailsID	Int	主键,唯一标示作息明细
RestTimeID	Int	作息 ID
DetailsTitle	Nvarchar(100)	作息明细主题

续表

名称	类型	作用
StartTime	Datetime	开始时间
EndTime	Datetime	结束时间
IsActive	Smallint	是否启用标志位

作息表相关表 E-R 图如图 10.24 所示。

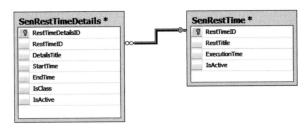

图 10.24　作息表相关表 E-R 图

第三节　系统实现

一、分队管理程序实现

1.前台程序实现

主要控件细则如表 10.44、表 10.45 所列。

表 10.44　分队管理界面控件表

控件	ID	作用
SiteMapPath	SiteMapPath2	显示当前界面位置
RadGrid	rgDetachment	显示分队信息
ImageButton	ImgBtnAdd	增加按钮

注：修改、删除按钮内嵌与 RadGrid 控件。

表 10.45　分队编辑界面控件表

控件	ID	作用
SiteMapPath	SiteMapPath2	显示当前界面位置
TextBox	txtDetachmentName	分队名称

续表

控件	ID	作用
TextBox	txtSimpleName	分队简称
TextBox	txtPinYin	拼音码
DropDownList	ddlGradeName	所属学员队
DropDownList	ddlClassName	所属部门
TextBox	txtRemark	附加说明
RadioButton	rbUse	启用
RadioButton	rbNoUse	未启用
Button	btnSave	保存
Button	btnClose	取消

2. 后台程序实现

(1) 分队管理界面如图 10.25 所示。

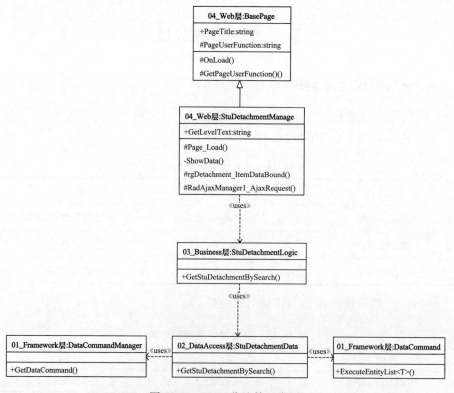

图 10.25 UML 分队管理类图

（2）分队编辑界面如图 10.26 所示。

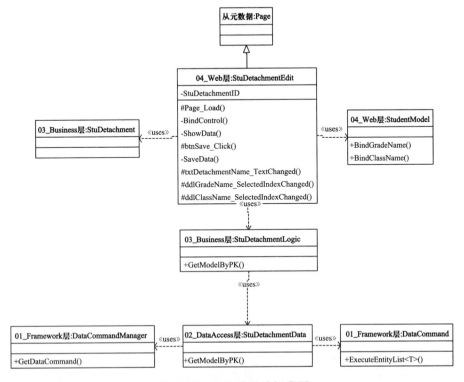

图 10.26　UML 分队编辑类图

后台与前台信息交互由 04_Web 层的 StuDetachmentManage 类或 StuDetachmentEdit 类完成，数据经过层层传递，最终交由 02_DataAccess 层进行处理。如点击权限树下的分队管理进入界面时，02_DataAccess 层需要调用 StuDetachmentData.GetStuDetachmentBySearch( ) 函数根据条件查找数据库表 dbo.StuDetachment 中的记录，此函数调用 01_Framework 层的 DataCommandManager.GetDataCommand( ) 函数获取相应 .config 文件的配置信息，最后调用 01_Framework 层的 DataCommand.ExecuteEntityList( ) 函数获取数据库相应数据。

二、学籍管理程序实现

1. 前台程序实现

主要控件细则如表 10.46、表 10.47 所列。

表 10.46 学籍管理界面控件表

控件	ID	作用
DropDownList	ddlGradeName	所属学员队
DropDownList	ddlClassName	所属部门
DropDownList	ddlDetachmentName	所属分队
DropDownList	ddlSquardName	所属班级
TextBox	txtStuName	学员姓名
TextBox	txtStuNumber	学籍号
Button	btnSearch	查询
Button	btnClear	清空
ImageButton	ImgBtnAdd	增加
RadGrid	rgTeacher	显示学员信息

表 10.47 学籍编辑界面控件表

控件	ID	作用
TextBox	txtStuName	学员姓名
TextBox	txtStuNumber	学籍号
DropDownList	ddlStuSex	学员性别
TextBox	txtStuCardID	身份证号
TextBox	txtEntranceDate	入学日期
DropDownList	ddlGradeName	所属学员队
DropDownList	ddlClassName	所属部门
DropDownList	ddlDetachmentName	所属分队
DropDownList	ddlSquardName	所属班级
Button	btnSave	保存
Button	btnBack	返回

2.后台程序实现

(1)学籍管理界面如图 10.27 所示。

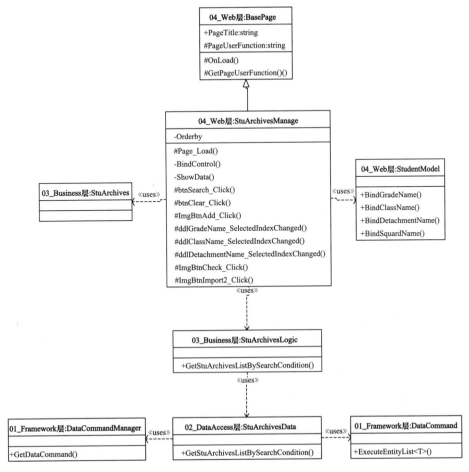

图 10.27　UML 学籍管理类图

（2）学籍编辑界面如图 10.28 所示。

后台与前台信息交互由 04_Web 层的 StuArchivesManage 类或 StuArchivesEdit 类完成,数据经过层层传递,最终交由 02_DataAccess 层进行处理。如点击权限树下的学籍管理进入界面时,02_DataAccess 层需要调用 StuArchivesData.GetStuArchivesListBySearchCondition( ) 函数根据条件查找数据库表 dbo.StuArchives 中的记录,此函数调用 01_Framework 层的 DataCommandManager.GetDataCommand( ) 函数获取相应.config 文件的配置信息,最后调用 01_Framework 层的 DataCommand.ExecuteEntityList( ) 函数获取数据库相应数据。

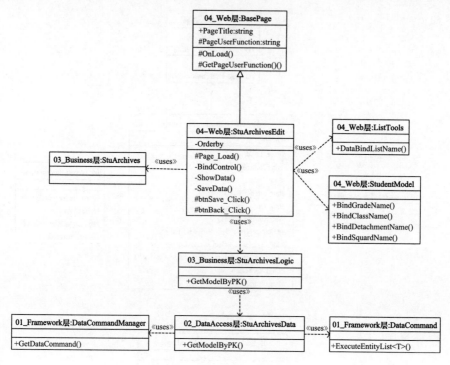

图 10.28　UML 学籍编辑类图

三、施训管理程序实现

1.前台程序实现

主要控件细则如表 10.48、表 10.49 所列。

表 10.48　施训管理界面控件表

控件	ID	作用
SiteMapPath	SiteMapPath2	显示当前界面位置
DropDownList	ddlGradeName	所属学员队
DropDownList	ddlClassName	所属部门
DropDownList	ddlDetachmentName	所属分队
DropDownList	ddlSquardName	所属班级
DropDownList	ddlTeaName	施训干部

续表

控件	ID	作用
RadComboBox	rcbStudentName	学员姓名
DropDownList	ddlSubjects	施训科目
TextBox	txtBeginDate	开始时间
TextBox	txtEndDate	结束时间
RadGrid	rgLecture	显示施训信息
Button	btnSearch	查询
Button	btnClear	清空
ImageButton	ImgBtnAdd	增加

表 10.49 施训编辑界面控件表

控件	ID	作用
SiteMapPath	SiteMapPath2	显示当前界面位置
DropDownList	ddlGradeName	所属学员队
DropDownList	ddlClassName	所属部门
DropDownList	ddlDetachmentName	所属分队
DropDownList	ddlSquardName	所属班级
DropDownList	ddlTeaName	施训干部
RadComboBox	rcbStudentName	学员姓名
TextBox	txtSummary	训练内容
Button	btnSave	保存
Button	btnBack	取消

2. 后台程序实现

(1)施训管理界面如图 10.29 所示。

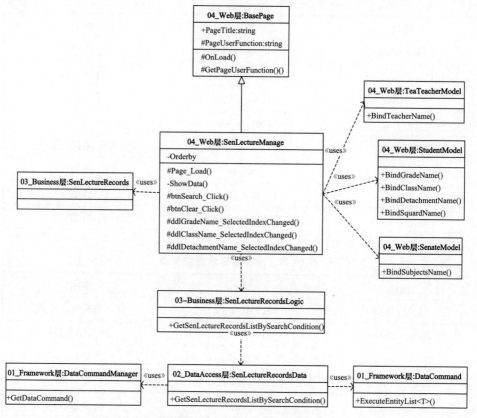

图 10.29 UML 施训管理类图

（2）施训编辑界面如图 10.30 所示。

施训管理前台后台信息交互方式与前面的分队管理及学籍管理相似。但如果所有数据处理都采用存储过程形式，要实现从学员队到个人任意编制训练便比较困难。当施训情况以非个人形式存入数据库后，原有存储过程不能将其查找出来。为此，本系统采用了效率更高的数据缓存方式实现此功能。步骤如下：

建立一个全系统变量 FLAG 用于判别第一次进入界面或查询刷新界面。新建 .cs 文件定义一个 public 的 Overall 类，在其中定义 FLAG 变量，将 .cs 文件生成，从 debug 文件下找到相应的 Overall.dll 文件，将其放入需要调用地方的 bin 文件中，在解决方案中使用"引用"添加此文件。至此，整个系统皆可使用 FLAG 变量。

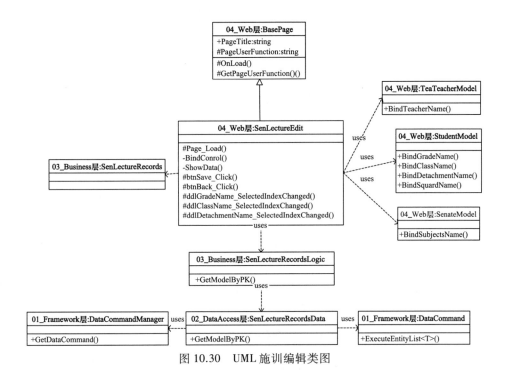

图 10.30　UML 施训编辑类图

在相应 .config 文件下新建查询以不同编制施练的字段，在 02_DataAccess 层的条件查询中将所需编制的数据全部查询出来装入一个新定义的 DataSet 类如 model 中。如果条件中加入了其他查询条件如施训干部则可以使用此条件在缓存中进行查询，如：

while (int i<pageCount)
｛
if ((int) dt.Tables［0］.Rows［i］［2］= = search.TeacherID)
｛
Result.Tables［0］.Rows.Add (model.Tables［0］.Rows［i］.ItemArray)；
　｝
　i++；
｝

此程序表示将缓存进行遍历，查找出满足相应施训干部的数据，并存入 Result 缓存中。最后，只需将 Result 返回即可。

四、考勤管理程序实现

1. 前台程序实现

主要控件细则如表 10.50、表 10.51 所列。

表 10.50　考勤管理界面控件表

控件	ID	作用
DropDownList	ddlGradeName	所属学员队
DropDownList	ddlClassName	所属部门
DropDownList	ddlDetachmentName	所属分队
DropDownList	ddlSquardName	所属班级
RadComboBox	rcbStudentName	学员姓名
DropDownList	ddlGroundItem	考勤项目
RadGrid	rgGroundRecords	显示考勤信息
Button	btnSearch	查询
Button	btnClear	清空
ImageButton	ImgBtnAdd	增加

表 10.51　考勤编辑界面控件表

控件	ID	作用
DropDownList	ddlGradeName	所属学员队
DropDownList	ddlClassName	所属部门
DropDownList	ddlDetachmentName	所属分队
DropDownList	ddlSquardName	所属班级
RadComboBox	rcbStudentName	学员姓名
DropDownList	ddlGroundItem	考勤项目
RadioButton	rbUse	未缺勤
RadioButton	rbNoUse	缺勤
TextBox	txtGroundDate	考勤时间
TextBox	txtGroundRemark	请假事由
RadNumericTextBox	txtAbsentTimes	缺课节次
Button	btnSave	保存
Button	btnClose	取消

2.后台程序实现

(1)考勤管理界面如图 10.31 所示。

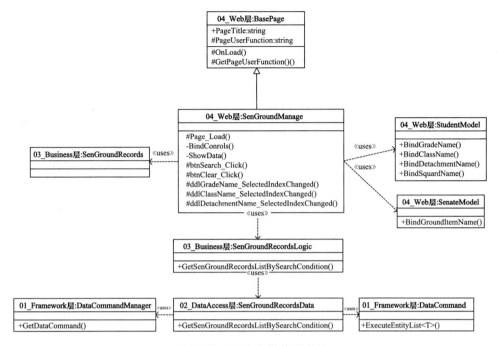

图 10.31 UML 考勤管理类图

（2）考勤编辑界面如图 10.32 所示。

后台与前台信息交互由 04_Web 层的 SenGroundManage 类或 SenGrounEdit 类完成，最终交由 02_DataAccess 层进行处理。如点击权限树下的分队管理进入界面时，02_DataAccess 层需要 GetSenGroundRecordsListBySearchCondition() 函数根据条件查找数据库表 dbo.SenGroundRecords 中的记录，此函数调用 01_Framework 层的 DataCommandManager.GetDataCommand() 函数获取相应 .config 文件的配置信息，最后调用 01_Framework 层的 DataCommand.ExecuteEntityList() 函数获取数据库相应数据。

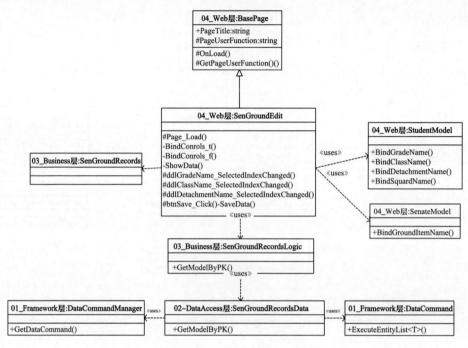

图 10.32　UML 考勤编辑类图

五、绩效管理程序实现

1. 前台程序实现

主要控件细则如表 10.52、表 10.53 所列。

表 10.52　绩效管理界面控件表

控件	ID	作用
SiteMapPath	SiteMapPath2	显示当前界面位置
DropDownList	ddlGradeName	所属学员队
DropDownList	ddlClassName	所属部门
DropDownList	ddlDetachmentName	所属分队
RadComboBox	rcbStudentName	学员姓名
DropDownList	ddlSchoolYearName	学年名称
DropDownList	ddlSemesterName	学期名称
DropDownList	ddlPerformanceItem	绩效项目

续表

控件	ID	作用
RadGrid	rgGroundRecords	显示绩效信息
Button	btnSearch	查询
Button	btnClear	清空
ImageButton	ImgBtnAdd	增加

表 10.53　绩效编辑界面控件表

控件	ID	作用
DropDownList	ddlGradeName	所属学员队
DropDownList	ddlClassName	所属部门
DropDownList	ddlDetachmentName	所属分队
RadComboBox	rcbStudentName	学员姓名
DropDownList	ddlSchoolYearName	学年名称
DropDownList	ddlSemesterName	学期名称
DropDownList	ddlPerformanceItem	绩效项目
RadNumericTextBox	txtPerformScore	所得分值
Literal	lblInDate	录入日期
Button	btnSave	保存
Button	btnClose	取消

2.后台程序实现

(1)绩效管理界面如图 10.33 所示。

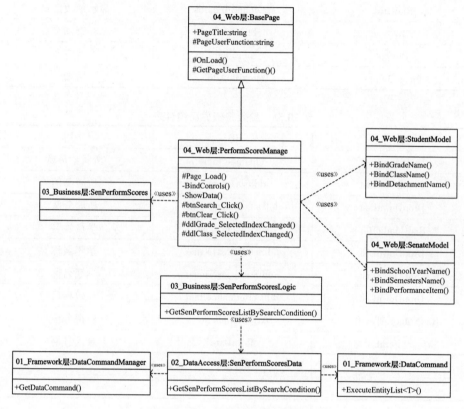

图 10.33　UML 绩效管理类图

(2)绩效编辑界面如图 10.34 所示。

后台与前台信息交互由 04_Web 层的 PerformScoreManage 类或 PerformScore-Edit 类完成,交由 02_DataAccess 层进行处理。如权限树下进入分队管理时,02_DataAccess 层 GetSenPerformScoresListBySearchCondition()函数根据条件查找数据库表 dbo.SenGroundRecords 中的记录,此函数调用 01_Framework 层的 DataCommandManager.GetDataCommand()函数获取相应.config 文件的配置信息,最后调用 01_Framework 层的 DataCommand.ExecuteEntityList()函数获取数据库相应数据。

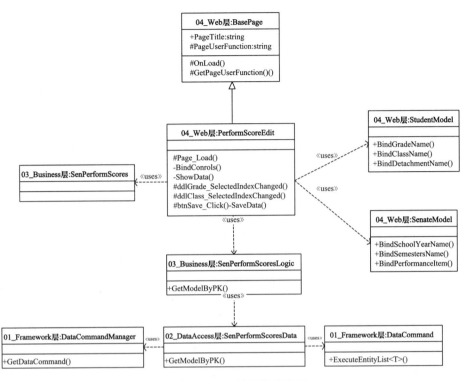

图 10.34　UML 绩效编辑类图

六、界面展示

用户进入本系统,需输入用户名和密码,如图 10.35 所示。

图 10.35　登录界面

当用户通过验证后,将进入系统首页,如图 10.36 所示。

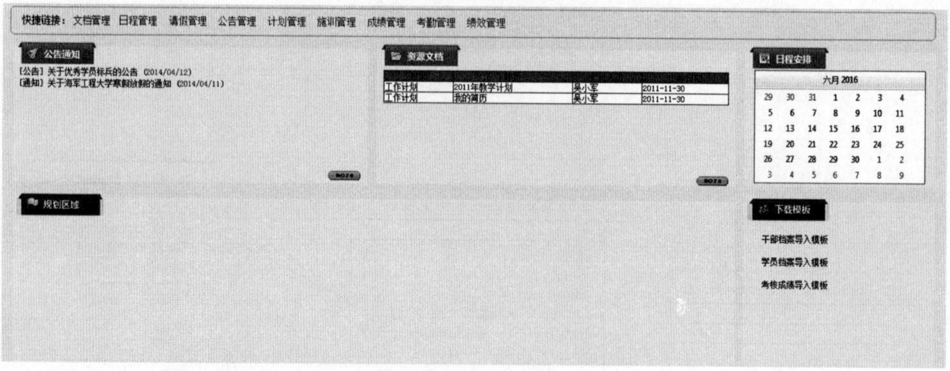

图 10-36　系统首页

用户可以点击左侧的权限树进入相应界面进行操作,权限树的功能列表是根据用户的权限进行显示的,当用户的权限不足时,不能操作的功能不会显示出来。

由于系统界面较多,本书选取学员管理和干部管理两项管理功能进项界面展示。

1.学员管理

学员队、部门、分队和班级界面基本相同,在此选择班级界面进行展示,如图 10.37、图 10.38 所示。

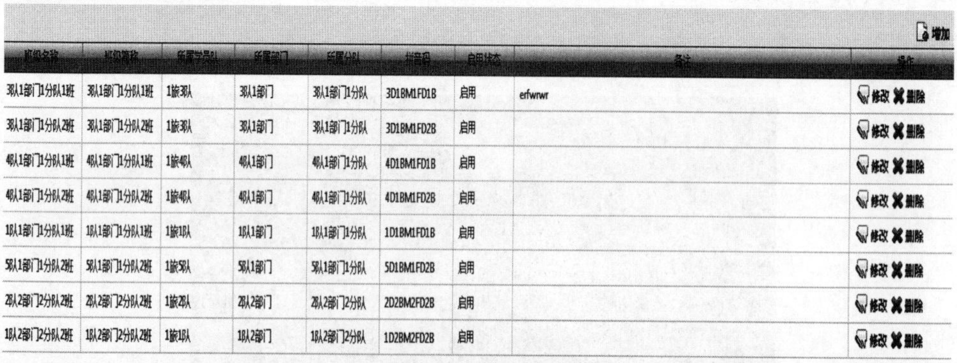

增加

班级名称	班级简称	所属学员队	所属部门	所属分队	拼音码	启用状态	备注	操作
3队1部门1分队1班	3队1部门1分队1班	1旅3队	3队1部门	3队1部门1分队	3D1BM1FD1B	启用	erfwrwr	修改 删除
3队1部门1分队2班	3队1部门1分队2班	1旅3队	3队1部门	3队1部门1分队	3D1BM1FD2B	启用		修改 删除
4队1部门1分队1班	4队1部门1分队1班	1旅4队	4队1部门	4队1部门1分队	4D1BM1FD1B	启用		修改 删除
4队1部门1分队2班	4队1部门1分队2班	1旅4队	4队1部门	4队1部门1分队	4D1BM1FD2B	启用		修改 删除
1队1部门1分队1班	1队1部门1分队1班	1旅1队	1队1部门	1队1部门1分队	1D1BM1FD1B	启用		修改 删除
5队1部门1分队2班	5队1部门1分队2班	1旅5队	5队1部门	5队1部门1分队	5D1BM1FD2B	启用		修改 删除
2队2部门2分队2班	2队2部门2分队2班	1旅2队	2队2部门	2队2部门2分队	2D2BM2FD2B	启用		修改 删除
1队2部门2分队2班	1队2部门2分队2班	1旅1队	1队2部门	1队2部门2分队	1D2BM2FD2B	启用		修改 删除

图 10.37　班级管理界面

图 10.38 班级管理编辑界面

编制的规划是为学员学籍管理服务的,学籍管理界面展示如图 10.39、图 10.40 所示。

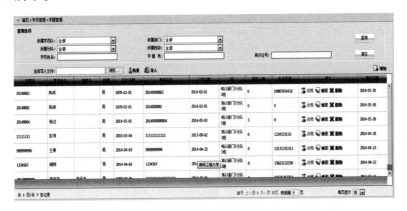

图 10.39 学员学籍管理界面

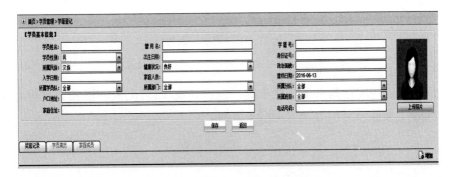

图 10.40 学员学籍管理编辑界面

2. 干部管理

干部管理只包含干部档案管理，界面如图 10.41、图 10.42 所示。

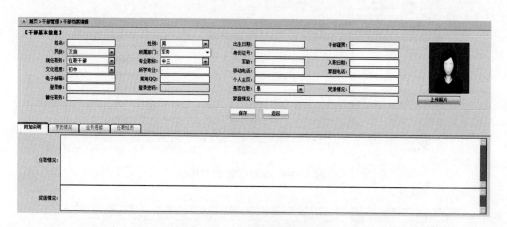

图 10.41　干部管理界面

图 10.42　干部管理编辑界面

3. 系统功能完成度展示

系统开发的成功与否最终在于能不能达到设计目标，能不能投入实际使用。本系统各项功能测试情况如表 10.54 所列。

表 10.54 功能完成度展示表

主功能	子功能	功能描述	测试情况	是否符合预期设计
学员管理	学员队管理	对学员队的管理,可增加修改删除学员队	对学员队进行基本操作,效果良好	是
	部门管理	对学员队内部门的管理,可增加修改删除某学员队内的部门	对部门进行基本操作,效果良好	是
	分队管理	对部门内分队的管理,可增加修改删除某部门内的分队	对分队进行基本操作,效果良好	是
	班级管理	对分队内班级的管理,可增加修改删除某分队内的班级	对班级进行操作,效果良好	是
	学籍管理	对学员的基本信息进行管理	整理学员基本信息,并将其编入相应编制,效果良好	是
干部管理	干部档案	对干部基本信息进行管理	干部档案信息完整,效果良好	是
队务管理	计划管理	对学员队训练、活动等计划进行管理	对计划进行查询、增加、修改、删除、审核等操作,效果良好	是
	施训管理	对学员队施训工作进行管理	可采用不同编制为单位进行施训,各项操作效果良好	是
	考核管理	考核管理又分为考核安部门和成绩管理,可对考核情况进行安部门并记录学员成绩	考核安部门和成绩管理各项操作效果良好	是

续表

主功能	子功能	功能描述	测试情况	是否符合预期设计
队务管理	考勤管理	对学员日常表现进行考勤管理	学员考勤内容完善,基础操作良好	是
	日志管理	对学员队每日工作情况的日常登记	能够涵盖现有学员队日志记录内容,效果良好	是
	绩效管理	对学员基本素质如思想、身体等进行绩效管理	能够有效记录学员发展情况,操作效果良好	是
	作息管理	对每日作息情况进行管理	基础操作良好,能够对学员队作息起指导作用	是
事务管理	公告管理	对上级通知或表彰情况进行公告,公告主题可在界面上方滚动显示	基本操作良好,能在网页上方滚动显示	是
	文档管理	对干部日常工作文档的管理	能够储存干部日常文档,效果良好	是
	请假管理	上级干部对下级干部请假的管理	干部请假申请被上级审核同意后方能请假,基础操作效果良好	是
	日程管理	对工作日程的管理	能对下级任务进行有效提醒监督,基础操作效果良好	是
短信管理	短信管理	各级管理员间的通信管理	具有普通邮箱功能,效果良好	是

续表

主功能	子功能	功能描述	测试情况	是否符合预期设计
系统管理	基础数据	分为科目管理、考场设置、职务管理等九项基础数据的管理,为下级管理提供管理的内容	各项基础数据能够有效管理,基础操作效果良好	是
	权限管理	分为部门管理、角色权限和用户管理,可对各级用户进行管理	能够有效管理各个角色权限及各用户权限,效果良好	是
	菜单管理	可对本系统的菜单进行维护管理	能根据实际情况增减菜单,基础操作效果良好	是
系统监控	登录日志	对各用户登录情况进行监控	能有效监控用户登录情况,效果良好	是
	操作日志	对各用户的操作情况进行监控	能有效监控用户操作情况,效果良好	是
	异常日志	对用户操作中出现的异常情况进行监控	能有效监控用户使用中的异常情况,效果良好	是
报表分析	学员分析	对学员各项成绩进行统计分析	能够根据以前的成绩进行成绩分析,效果良好	是

由上可见,系统设计功能全部完成,效果良好。此外,考虑到系统在使用过程中管理的实际情况将随时变化,因此,本系统各个方面的设计都是灵活多变的,将降低今后对系统管理员的要求,使其能够短时间内通过简单操作使系统符合实际需要。